Jetzt helfe ich mir selbst

Motorbuch Verlag

Umschlagentwurf und Buchgestaltung: Anita Ament.
Umschlagfotos: BMW.

ISBN 3-613-01462-9

Auflage Nr. 1012903
Copyright © by Motorbuch Verlag, Postfach 103743, 7000 Stuttgart 10;
ein Unternehmen der Paul Pietsch-Verlage GmbH & Co.
Sämtliche Rechte der Speicherung, Vervielfältigung und Verbreitung sind vorbehalten.
Die in diesem Buch enthaltenen Ratschläge werden nach bestem Wissen und Gewissen erteilt, jedoch
unter Ausschluß jeglicher Haftung.
Dieser Band wird bei jeder Neuauflage auf den aktuellen Stand gebracht. Dennoch können Änderungen
durch Weiterentwicklung der beschriebenen Fahrzeuge nicht enthalten sein.
Manuskriptbearbeitung: Redaktion »Jetzt helfe ich mir selbst«.
Fotos: Axmann 1, BMW 14, Bosch 3, Haeberle 1, Herrmann 1, Lautenschlager 156, Riesen 121.
Zeichnungen: Archiv Verfasser 1, autopress 4, BMW 37, Bosch 2, Brunner 3, Hella 1, Opel 1, Pirelli 1, Sachs 1,
Teves 1, Uniroyal 1, Volkswagen 1.
Bildgrafik: Ulrike Nülsen, Stefan Conzelmann.
Stromlaufpläne: BMW.
Satz und Druck: Rung-Druck GmbH & Co., 7320 Göppingen.
Bindung: Wilhelm Nething, 7315 Weilheim.
Printed in Germany.

Dieter Korp
Thomas Lautenschlager
Roland Riesen

BMW 320i, 325i
ab Januar '91

Motorbuch Verlag
Stuttgart

Inhaltsverzeichnis

Seite

7 Vorwort

8 Der BMW stellt sich vor
Drei Generationen BMW 3er-Reihe, Die Motorisierung, Viele Besonderheiten an Karosserie und Fahrwerk, Elektrik und Elektronik an Karosserie und Kombi-Instrument

14 Motorraum-Bildseite
Die Einzelteile im Motorraum eines BMW 3er mit Sechszylindermotor

15 Das Wartungssystem
Service-Intervallanzeige, Wartungsrhythmus, Wartungsintervalle für Selbstpfleger, Wartungsplan

18 Der sichere Arbeitsplatz
Wagen abstützen, Aufbockmöglichkeiten, Wagenheber

10 Diagnose – ein Kapitel für sich
Das Funktionsprinzip, Handhabung, Der Service-Tester hilft bei der Reparatur, Modic – der kleine Bruder des Service-Testers, Fahrzeugdiagnose hilft bei der Selbsthilfe

22 Schmieren aller Teile
Motoröl, Ölstand, Ölverbrauch, Ölsorten, Ölwechsel, Ölfilter, ATF für Schalt- und Automatikgetriebe, Hinterachsantrieb, Servolenkung, Sonstige Schmierstellen

30 Der Motor und sein Innenleben
Vierventil-Technik, Konstruktion, Einzelteile, Schmiersystem, Lebensdauer, Drehzahlen, Kompressionsdruck, Steuerketten, Zylinderkopfausbau, Lagerschaden, Motorausbau

47 Die Auspuffanlage
Einzelteile, Zustandsbeurteilung, Aus- und Einbau

50 Die Abgas-Entgiftung
Zusammensetzung der Abgase, Funktion des Katalysators, Funktion der Lambda-Sonde, Fahren mit Katalysator-Fahrzeugen

53 Das Kühlsystem
Funktion, Kühlflüssigkeit, Frostschutz, Kühler, Thermostat, Wasserpumpe, Kühlerventilator, Störungsbeistand

62 Vom Tank zur Kraftstoffpumpe
Kraftstoffsorten, Tank, Tankentlüftung, Geber der Tankanzeige, Kraftstoffleitungen, Kraftstoffpumpe, Kraftstoffilter

68 Motronic-Einspritzung
Einzelteile, Funktion, Lambda-Regelung, Störungssuche, Gaszug, Abgas-Sonder-Untersuchung, Drosselklappenstutzen-Beheizung, Luftfilter, Störungsbeistand

	Seite
Die Kupplung	81

Funktion, Kupplungsbetätigung, Kupplung prüfen, Kupplungshydraulik, Fahren mit defekter Kupplungsbetätigung, Aus- und Einbau, Ausrücklager, Störungsbeistand

Getriebe und Achsantrieb	88

Schaltgetriebe, Getriebegeräusche, Getriebe aus- und einbauen, Automatisches Getriebe, Drehmomentwandler, Automatikgetriebe aus- und einbauen, Kardanwelle, Hinterachsgetriebe, Antriebswellen

Radaufhängung und Lenkung	97

Achsgelenke, Radeinstellung, Radlagerspiel, Stoßdämpfer, Vorderradaufhängung zerlegen, Arbeiten an der Hinterradaufhängung, Lenkung, Lenkrad, Airbag

Die Bremsen	112

Funktion, Bremsflüssigkeit, Scheibenbremsen, Handbremse, Hauptbremszylinder, Bremskraftverstärker, Bremsschläuche und -leitungen, Störungsbeistand

Das Antiblockiersystem	126

Funktion, Hydraulikeinheit, Drehzahlfühler, Steuergerät, Relais, Störungen

Räder und Reifen	129

Die richtigen Reifen, Reifenbezeichnungen, Felgenbezeichnungen, Radschrauben, Sonderfelgen, Reifendruck, Reifenzustand, Rad-Unwuchten, Radwechsel, Reifenkauf, Winterreifen

Elektrik und Elektronik	136

Elektrik, Elektronik, Halbleiter, Weitere Bauelemente

Elektrische Messungen	137

Meßmethoden, Spannung, Strom und Widerstand messen

Die Karosserie-Elektrik	139

Masse, Normung, Leitungen, Karosserie-Elektrik, Einbauorte, Schaltrelais, Sicherungen, Sicherungstabelle

Die Stromlaufpläne	145

Lesen und Anwenden der Stromlaufpläne, Eine Auswahl an Teil-Stromlaufplänen für den BMW

Die Batterie	168

Funktion, Batterie-Daten, Batterie-Reserven, Wartungsfreie Batterie, Batterie-Säurestand, Ladezustand, Batterie laden, Start mit leerer Batterie

Die Lichtmaschine	172

Leistung, Ladekontrolle, Spannungsregler, Ladespannung, Schleifkohlen, Fahren mit defekter Lichtmaschine, Keilrippenriemen, Störungsbeistand

Der Anlasser	177

Funktion, Ausbau, Schleifkohlen, Störungsbeistand

Seite

179 Die Zündung
Funktion, Der richtige Zündzeitpunkt, Automatische Zündverstellung, Vorsichtsmaßnahmen bei Hochspannung, Störungssuche, Zündspulen, Zündfolge, Zündkerzen

188 Die Beleuchtung
Ersatzlampen, Scheinwerfer, Scheinwerfer-Einstellung, Leuchtweitenregulierung, Lampenwechsel rund ums Fahrzeug, Nebelscheinwerfer, Leuchten im Wageninnern, Leuchten am Armaturenbrett

200 Die Signaleinrichtungen
Blink- und Warnblinkanlage, Bremsleuchten, Hupe, Lichthupe

204 Instrumente und Geräte
Kontrollinstrumente und -leuchten, Kombi-Instrument, Service-Intervallanzeige, Uhr, Bordcomputer, Schalter, Zündschloß, Heizbare Heckscheibe, Scheibenwischer und -wascher, Intensivreinigungsanlage, Scheinwerfer-Waschanlage, Elektrische Spiegelverstellung, Elektrische Fensterheber, Zentralverriegelung, Schiebedachantrieb, Radio

234 Heizung und Lüftung
Funktion, Elektronische Heizungsregelung, Luftgebläse, Heizungs-/Lüftungsbetätigung, Betätigungszug, Luftdüsen, Klimaanlage

240 Die Karosserieteile
Fahrzeugfront, Stoßfänger, Motorhaube, Kotflügel, Türen, Schlösser, Fenster, Spiegel, Stoßleisten, Kofferraumdeckel, Schiebedach

253 Der Innenraum
Sitze, Armaturenbrett, Sicherheitsgurte

256 Die Werterhaltung
Wagenunterseite waschen, Wasserablauflöcher, Lackierung, Unterbodenschutz, Durchrostungs-Garantie

258 Defektsuche mit System
Fehlerquelle Elektrik, Fehlerquelle Zündung, Fehlerquelle Kraftstoffversorgung

260 Werkzeug und andere Hilfen
Werkzeug-Grundausstattung, Weitere Werkzeuge, Flüssige Hilfen, Spezial-Schmierstoffe

262 Schleppen und Abschleppen
Abschleppseil, Abschleppstange, Abschleppen, Anhängekupplung

264 Technische Daten
Motor, Kraftstoffanlage, Kraftübertragung, Fahrwerk, Bremsanlage, Elektrische Anlage, Maße, Füllmengen

268 BMW-Betriebsstoffempfehlungen (Auszug)

269 Stichwortverzeichnis

Wartungsplan
innen auf der hinteren Umschlagseite

Alles unter Kontrolle

Neuer Technik gegenüber war BMW stets aufgeschlossen – eines der Erfolgsrezepte des Hauses. Dieser Drang zur Innovation drückte sich früher in legendär laufruhigen Motoren und solider Fahrwerkstechnik aus, heute zusätzlich im konsequenten Einsatz von Elektronik im Fahrzeug. Wie elektrisch ein 3er-BMW ist, zeigt schon die hohe Zahl der Relais und Steuergeräte, die in einem Wagen mit allem Zubehör eingebaut sein kann. All diese elektronischen Systeme sind heute diagnosefähig. Dieses Wort gebrauchen die BMW-Techniker, wenn sie den großen Service-Tester oder den mobilen Diagnose-Computer an der Zentralsteckdose des Wagens anschließen. Der hat nämlich Zugriff auf die Fehlerspeicher, die der Elektronik gleich mitgegeben wurden. Mit anderen Worten: Fehler in der Funktion schreibt sich der BMW in sein internes Notizbuch, aus dem der Service-Tester lesen kann.

Kann man sich bei so komplexer Technik noch selbst helfen? Wir meinen ja. Denn zur Selbsthilfe gehört in erster Linie, sich über sein Auto zu informieren. Autos werden, zumal ein BMW, immer anspruchsvoller in der Technik, und darüber sollte man einfach Bescheid wissen, z.B. zu einer ersten Störungshilfe oder wenn es um Werkstattfragen geht. Und auch bei modernen Autos bleibt ein breiter Bereich zur Selbsthilfe übrig – denken wir nur an die zahlreichen Arbeiten an der Karosserie, das Auswechseln der Lämpchen am Armaturenbrett, die man ohne Know-how kaum auffinden kann, oder an die üblichen Servicearbeiten oder Reparaturen an der Motor-Mechanik.

Doch auch dort, wo die Elektronik mitmischt, läßt sich noch vieles selbst prüfen. So kann man zwar nicht das Motronic-Steuergerät kontrollieren – dafür gibt es die aufwendige BMW-Prüftechnik –, wohl aber die entschieden anfälligeren Geber und Sensoren. Um nur dieses Beispiel zu nennen.

Und, wie gesagt, da ist die Information. Sie gehört zur ganz starken Seite unseres Buches: Dieser Band informiert Sie – umfassend und für den Laien leicht verständlich – über die umfangreiche Fahrzeugtechnik, über die Funktion der zahlreichen elektronischen Baugruppen und über vieles mehr. Kein anderes Buch bietet so viel Information. Solche Kenntnis macht Sie nicht nur mit Ihrem Auto vertrauter, sondern hilft ganz sicher beim Gespräch mit der Werkstatt.

Damit Sie sich im Innern dieses Bandes leichter zurechtfinden, ist bereits im Inhaltsverzeichnis auf den vorhergehenden Seiten eine kleine Auswahl der Stichworte herausgegriffen, die in den einzelnen Kapiteln zur Sprache kommen. Weitere Orientierungshilfen bietet der Wartungsplan innen auf der hinteren Umschlagseite, das Verzeichnis der Störungsbeistände auf Seite 259 sowie das Stichwortverzeichnis hinten im Buch.

Ebenfalls der besseren Orientierung dient die Buchgestaltung auf den einzelnen Seiten. So sind Passagen, die der Information dienen, stets einspaltig abgedruckt, während reine Arbeitsschritte generell zweispaltig erscheinen. Je nach Interessenlage können Sie sich also mehr dem einen oder dem anderen Wissensgebiet zuwenden.

Natürlich konnten wir alle die im Buch genannten Tips und Tricks nicht einfach aus dem Ärmel schütteln. Viele hilfsbereite Menschen aus allen Bereichen der Automobilbranche haben uns deshalb mit Rat und Tat unterstützt. Ihnen wollen wir an dieser Stelle herzlich danken.

Die Verfasser

Der BMW stellt sich vor

Flotter Dreier

Für das Haus BMW ist die 3er-Reihe die Basis-Baureihe; und das gleich in zweierlei Wortsinn: Zum einen ist sie die Einsteiger-Baureihe, zum anderen ist sie – die Stückzahlen beweisen es – die Basis für das Automobilgeschäft bei BMW schlechthin. Man glaubt es kaum: Jeder zweite BMW ist ein 3er.

Aus kleinen Anfängen

Die BMW 3er-Reihe hat zwar keine lange, doch eine recht interessante Ahnengalerie. Gemeinsamkeit dieser Wagen ist die kompakte Bauform und die sportliche Prägung.

Die sportliche Mittelklasse

Den großartigen wirtschaftlichen Aufschwung seit dem zweiten Weltkrieg verdankt BMW vor allem der Einführung eines sportlichen Mittelklassewagens; einer Idee, die bereits 1959 mit dem sportlich geprägten BMW 700 realisiert wurde. Den echten Durchbruch schaffte jedoch erst der BMW 1500, der zusätzlich dem Anspruch eines zuverlässigen, vollwertigen Automobils gerecht wurde.

Dem 1500er stellte man nach und nach weitere Motor- und Ausstattungsversionen zur Seite. 1600, 1800 und 2000 lauteten die Bezeichnungen. Stets auf ausreichend Motorleistung bedacht, entwickelten die Bayern daraus weitere Varianten mit Mehrvergaser- und Einspritzanlagen.

Den für die 3er-Reihe entscheidenen Meilenstein markiert die Zweitürer-Karosserie des BMW 1600–2 (später 1602), die ab '68 als 2002 auch mit 100 PS zu haben war. »Scharfe« Versionen, wie der 2002 tii und turbo, folgten.

Das 3er Coupé – also der Zweitürer – präsentiert sich hier mit kompletter Ahnengalerie. Von links nach rechts: Das BMW 700 Sportcoupé, der BMW 1600-2, der BMW 3er der ersten Generation sowie sein Nachfolger.

Der Schritt zur ersten 3er-Reihe war danach ein vergleichsweise kleiner, wenn auch diese Modellreihe die Verkaufszahlen der Vorgänger noch übertraf. Noch mehr Attraktivität gewann der kleine BMW, nachdem in dieser Modellreihe seit 1977 zwei Sechszylindermotoren zur Verfügung standen; damals ein Novum in dieser Fahrzeugklasse.

Ende 1982 war die Zeit reif für die Vorstellung einer grundlegend überarbeiteten neuen 3er-Generation – werksintern E30 genannt. Die neue Karosserie wirkt durch die niedrigere Gürtellinie zierlicher und wartet gegenüber der Vorgängerversion mit einem besseren Luftwiderstandsbeiwert auf. Stark überarbeitet ist auch das Fahrwerk, was vor allen Dingen der Vorderachse zugute kommt.

Erstmals wird die Limousine auch viertürig angeboten. Allrad-, Cabrio- und Dieselversion rundeten das Angebot dieser Baureihe ab. Legendär ist die Sportversion M3.

Im Laufe der Bauzeit sind zahlreiche Detailverbesserungen angesagt: So wurde z.B. der c_w-Wert ab 1985 verringert (beim 324d auf 0,37). Dazu wurde neben anderen Detailarbeiten die Frontschürze verändert. Außerdem wurden die Räder mit Vollblenden versehen.

1987 bekommt der 318i einen völlig neu konstruierten Motor, und die gesamte 3er-Reihe erfährt eine optische Aufwertung: Neue Stoßfänger aus Kunststoff, die einen Stoß mit 4 km/h ohne Beschädigung aushalten (Cabrio und M3 behalten ihre bisherigen Stoßstangen). Ellipsoid-Frontscheinwerfer mit Linsenoptik (erstmals im 7er eingebaut) sorgen für besseres Abblendlicht. Am Heck: Schwarze Zierblende und größere Rückleuchten.

Die neue Motorengeneration gibt es ab 1988 auch für den 316i, 1989 wird den beiden Vierzylindern der sportliche 318is mit Vierventiltechnik zur Seite gestellt.

Selbst nach Vorstellung der Nachfolgemodelle bleibt die E30-Baureihe in zweitüriger Ausführung sowie in den Versionen touring, Cabrio und M3 noch für einige Zeit im Verkaufsprogramm.

Der 3er-BMW weist trotz seiner modischen Karosserieform alle klassischen BMW-Stilelemente auf, als da wären: Knick im hinteren Dachpfosten, Doppelscheinwerfer und die charakteristische »Niere« als Kühlergrill.

Der dritte 3er

Der 3er der dritten Generation ist zwar eine völlig neu entwickelte viertürige Limousine – sie ist jedoch anhand von typischen Stilelementen wie der Niere im Kühlergrill, den Doppel-Rundscheinwerfern (aus Gründen der Aerodynamik diesmal hinter einem Deckglas) und des Gegenschwungs im hinteren Dachpfosten eindeutig als BMW zu identifizieren. Zwei- und Viertürer gelten als eigenständige Modellreihen. Das Zweitürer-Modell wird nach der Einführung im Januar 1992 als »Coupé« vermarktet.

Die Motoren

Die Sechszylinder-Modelle der 3er-Reihe sind mit den modernen Vierventil-Triebwerken, die wir vom 520i und 525i kennen, bestückt. Sie lösen damit die letzten Vertreter der alten M20-Motorengeneration ab, die noch in der Vorgänger-Modellreihe bis Produktionsschluß eingebaut war. Vorteil eines solchen Baukastensystems: Es handelt sich stets um ausgereifte, erprobte und in hoher Stückzahl produzierte Triebwerke. Leistungsdaten: 320i: 110 kW/150 PS; 325i: 141 kW/192 PS.

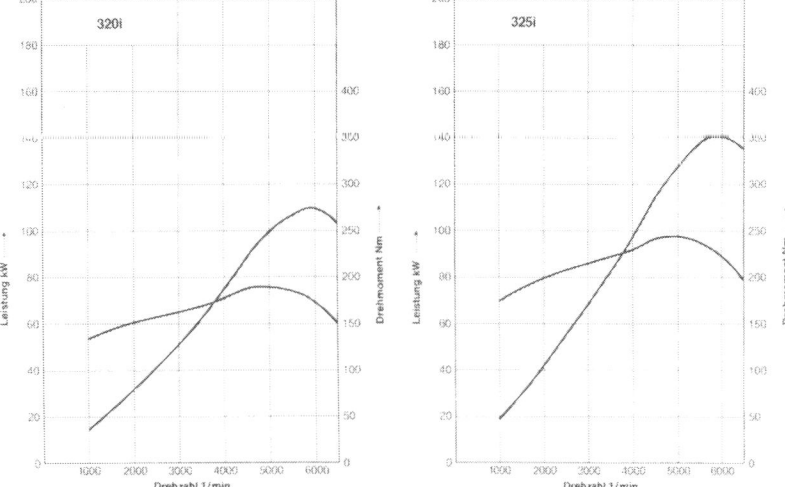

Den Verlauf von Drehmoment und Leistung über der Motordrehzahl zeigen diese beiden Diagramme für die Modelle 320i und 325i. Die Leistungskurve ist jeweils rot abgesetzt, die Drehmomentenkurve ist in schwarz dargestellt.

Die Karosserie

Die Blechhaut des 3ers hat es in sich: So ist z.B. durch optimierte Trägerprofile und verklebte Front- und Heckscheiben die Verwindungssteifigkeit stark erhöht. Auch die Aerodynamik kommt nicht zu kurz: Der c_w-Wert liegt je nach Version zwischen 0,29 und 0,32. Zu diesen guten Werten tragen neben der markanten Keilform der Karosserie – mit weit abgesenkter Motorhaube und anhobener Heckpartie – die außenbündigen Scheiben ebenso bei wie die verkleideten Scheinwerfer und gezielte Kühlluftführung im Motorraum.

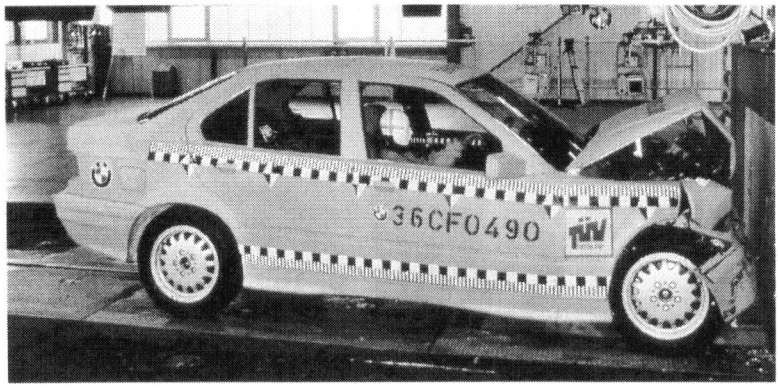

Bevor ein Fahrzeugmodell in Serie geht, müssen zahlreiche Crash-Tests überstanden werden. Hier ist der BMW 3er mit ca. 50 kmh frontal auf ein feststehendes Hindernis geprallt.

Saubere Umströmung der Karosserie senkt auch die Windgeräusche bei hohen Geschwindigkeiten – ein weiterer Grund für die außen angesetzen Seitenscheiben. Außerdem dämpft ein doppeltes Dichtungssystem an den Türen.

Kleinere Rempeleien übersteht der BMW ohne Beschädigung. Elastische Dämpfer in der Stoßfängeraufhängung ermöglichen dies. Bis 16 km/h bleibt der Aufprall ohne schwerwiegende Folgen. Es müssen nur die Prallelemente der Stoßfängeraufhängung sowie die Stoßfänger selbst ersetzt werden. Die Trägerstruktur des Heckbereiches ist ebenfalls so ausgelegt, daß selbst bei schweren Unfällen keine Gefahr für die Fahrzeuginsassen besteht. Der Träger ist in der Abbildung dunkel abgesetzt. Das in den Kofferraumboden eingelassene Reserverad ist übrigens auch Bestandteil des Aufprallschutzes.

Unfallsicherheit Die Unfallsicherheit der Karosserie läßt nichts zu wünschen übrig. Angefangen von den Prallboxen hinter dem vorderen Stoßfänger, die einen Stoß bis 4 km/h durch Hydraulikdämpfer absorbieren können und die bei einem 16-km/h-Aufprall zwar ersetzt werden müssen, aber weitere Karosserieschäden vermeiden. Bis hin zum crashsicher unter der Rückbank angeordneten hochflexiblen Kraftstofftank. Fast schon logisch, daß der BMW den für die USA-Zulassung vorgeschriebenen 56-km/h-Frontalaufprall ohne Deformation der Fahrgastzelle

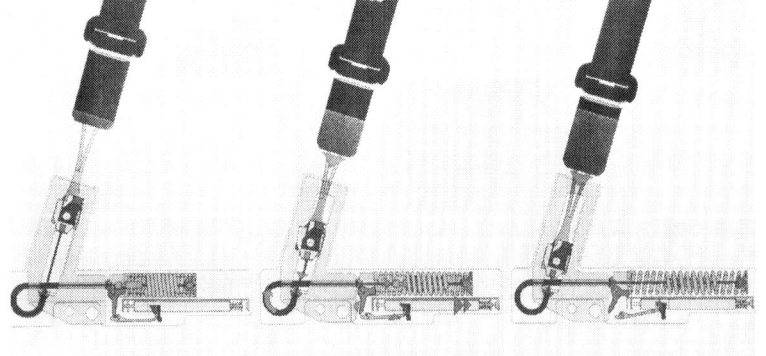

Der BMW besitzt sogenannte Gurtstrammer an den Gurtschlössern. Bei einem Aufprall wird eine Feder ausgelöst, die das Gurtschloß nach unten zieht und somit über dem Körper strafft, was Verletzungen durch zu lose angelegte Sicherheitsgurte vermeidet. Die Abbildungen demonstrieren das Auslösen des Gurtstrammers. Links: Gurtstrammer in Normalstellung. Mitte: Die Feder zieht das Gurtschloß nach unten. Rechts: Das Gurtschloß ist komplett nach unten gezogen, die Feder ist entspannt.

übersteht. Auch der hintere Stoßfänger ist in der Lage, einen 4-km/h-Aufprall mit den Prallelementen zu »verdauen«. Höhere Geschwindigkeiten verursachen hier allerdings Karosserieschäden.
Erwähnt seien noch die mechanischen Gurtstrammer am Gurtschloß der Vordersitze. Sie straffen im Auslösefall Schulter- und Beckengurt um jeweils 6 cm. Ein Durchtauchen der Insassen unter dem Gurt wird damit zusätzlich erschwert bzw. ein lose angelegter Gurt hat weniger Körperbewegung zur Folge.

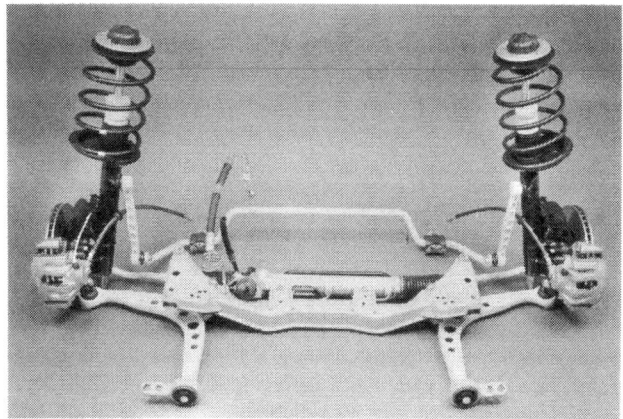

Die Vorderachse des 3er-BMW basiert weitgehend auf der Achse der Vorgänger-Modellreihe, charakteristische Merkmale sind die sichelförmigen unteren Querlenker und die langen Federbeine.

Das Fahrwerk

Ausgewogenes Fahrverhalten wird erzielt, wenn Vorder- und Hinterachse des Wagens gleich stark belastet sind (Achslastverteilung von 50:50). Das wurde erreicht, indem man den Radstand – also den Abstand von Vorder- und Hinterachse – gegenüber dem Vorgängermodell um 130 mm vergrößerte. Die Vorderachse rutschte weiter nach vorn, das Motorgewicht wirkt so auch zum Teil auf die ansonsten nur schwach belastete Hinterachse.
Die schwereren Sechszylindermotoren würden dieses Verhältnis wieder stören, weshalb bei diesen Modellen die schwergewichtige Batterie in den Kofferraum weichen mußte. Ein Pluspol-Abgriff im Motorraum ermöglicht trotzdem Starthilfe ohne Komplikationen.

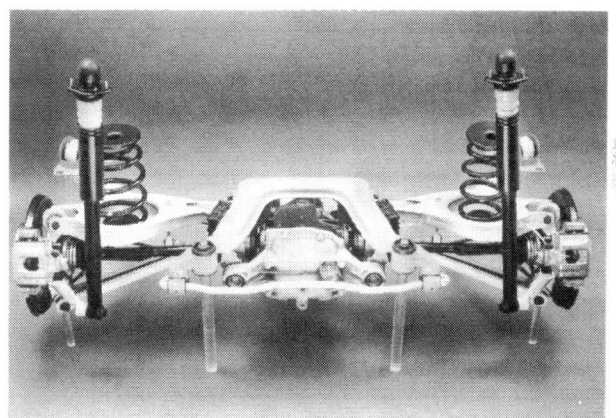

Die Hinterachse des 3er-BMW kann die Verwandtschaft zur BMW Z1-Achse nicht leugnen. Fahrwerksysteme wie diese können heute ohne Computerunterstützung nicht mehr entwickelt werden.

Vorderachse

In diesem Bereich finden wir die aus der Vorgänger-Modellreihe bewährten Komponenten mit neuen Ideen angereichert:
Kern der Vorderradaufhängung ist nach wie vor das sogenannte Federbein, an dem das Rad direkt befestigt ist und das sich gleichzeitig für Federung und Stoßdämpfung zuständig fühlt. Ein elastisch aufgehängtes Lager verbindet das Federbein an der Oberkante mit der Karosserie. Die elastische Aufhängung verhindert, daß Fahrwerksgeräusche aus den Stoßdämpfern auf die Karosserie übertragen werden. Auch der eigentliche Achsträger ist zur Geräuschminderung über Gummilager mit der Karosserie verschraubt.
Unten ist das Federbein über den sogenannten Querlenker gelenkig mit dem Vorderachsträger und der Karosserie verbunden. Mit der Lenkung haben die Querlenker übrigens nichts zu schaffen – ihren Namen bekamen sie vielmehr, weil an ihnen die Federbeine angelenkt (sprich: gelenkig aufgehängt) sind und weil sie quer zur Fahrtrichtung stehen.

An den beiden Querlenkern ist ferner noch ein mehrfach gebogener Rundstab aus Federstahl befestigt – der sogenannte Stabilisator. Der bewirkt folgendes: Wenn bei Kurvenfahrten das kurveninnere Rad ausfedert, wird der Stabilisator in sich verwunden. Mit der so entstehenden Federkraft wird nun die kurvenäußere Radaufhängung unterstützt und somit deren Feder gewissermaßen verstärkt. Erfolg: Der Wagen neigt sich beim Kurvenfahren wesentlich schwächer. Federt der Wagen etwa beim Bremsen vorn gleichmäßig ein, bleibt der Stabilisator wirkungslos.

Hinterachse

Als Hinterachse dient beim 3er eine sogenannte Zentral-Lenker-Achse, die in ihrer Grundkonstruktion dem BMW Z1 entstammt. Diese Achskonstruktion besteht aus einem oberen und einem unteren Querlenker, dem Längslenker, der mit dem Radträgergehäuse kombiniert ist, und dem eigentlichen Hinterachsträger.
Beide Querlenker sind an der Innenseite am Achsträger aufgehängt und außen mit dem Radträger verbunden. Der Radträger wiederum mündet vorn in einen Längslenker, und dieser ist elastisch an der Karosserie gelagert. Logisch, daß alle Teile beweglich miteinander verbunden sind, um die Federbewegungen zuzulassen. Federn und Stoßdämpfer treten hier als einzelne Bauteile auf, sind also nicht zu einem Federbein zusammengefaßt. Wie an der Vorderachse unterbindet auch hier ein Querstabilisator allzu große Seitenneigung.

Stoßdämpfer

Serienmäßig sind sogenannte Zweirohrdämpfer eingebaut. Sie bestehen aus einem Arbeitszylinder, in dem ein mit einer Kolbenstange verbundener Arbeitskolben auf und ab gleiten kann. Der Arbeitszylinder ist von einem zweiten Zylinder umgeben, der als Vorratsbehälter für das Stoßdämpfer-Hydrauliköl dient. Bei Federbewegungen eines Rades verschiebt sich der Kolben im Zylinder. Das in Bewegung versetzte Spezialöl wird durch Ventile hindurchgepreßt, was die Kolbenbewegung verlangsamt und damit die Schwingungen des jeweiligen Rades dämpft.

Die Lenkung

Der 3er-BMW ist mit einer sogenannten Zahnstangenlenkung ausgestattet. Ein Ritzel am Ende der Lenksäule greift in eine Zahnstange ein und verschiebt diese je nach Drehrichtung am Lenkrad nach rechts oder links. Diese Bewegungen übertragen die beiden an der Zahnstange angeschraubten Spurstangen auf die schwenkbaren Radzapfen, die mit dem jeweiligen Federbein eine Baueinheit bilden. Das Rad kann also in die gewünschte Richtung geschwenkt werden. Drehpunkte für das Federbein sind das Stoßdämpferlager oben und das Achsgelenk unten.
Die Sechszylindermodelle sind serienmäßig mit einer Servolenkung ausgestattet. Hier dient die Zahnstange im Lenkgetriebe gleichzeitig als Kolben. Dieser wird vom hineingepumpten Hydrauliköl nach rechts oder links verschoben. In welche Richtung gepumpt wird, bestimmen Sie beim Drehen des Lenkrads. Diese Drehung wird auf ein Ventilsystem übertragen, das Richtung und Menge des Flüssigkeitsstromes regelt. Den Druck im hydraulischen System erzeugt eine Flügelpumpe, die der Motor über einen Keilrippenriemen antreibt.
Kleiner Gag bei dieser Lenkung: Die Lenkkraftunterstützung ist drehzahlabhängig. Das heißt: Niedrige Motordrehzahl (wie beim Einparken) – hohe Lenkkraftunterstützung; hohe Drehzahl (Autobahn) – geringe Lenkkraftunterstützung.

Räder und Bremsen

Grundsätzlich rollt der BMW jetzt auf 15"-Felgen. Die lassen in der Felgenschüssel viel Platz für große Bremsscheiben mit 286 mm Durchmesser an der Vorder- und 280 mm an der Hinterachse. Bei den Sechszylinder-Modellen sind die vorderen Scheiben zur besseren Kühlung innenbelüftet. Zusätzlich ist seit 9/91 das Antiblockiersystem (Teves ABS) bei allen 3ern serienmäßig. Zuvor war das nur beim 325i der Fall.

Elektrische Ausstattung der Karosserie

Beginnen wir mit den Scheinwerfern: Damit das typische BMW-Gesicht gewahrt bleibt, besitzt der 3er vier Rundscheinwerfer, die wegen der niedrigen Haubenkante klein ausfallen mußten. Um ein ebenso gutes Abblendlicht wie bei größerem Reflektordurchmesser zu erhalten, griff man zu zwei Ellipsoid-Scheinwerfern mit eingebauter Linsenoptik. Die Fernscheinwerfer besitzen herkömmliche Technik. Auch die Aerodynamik hat Einfluß auf die Gestaltung der Scheinwerfer: Die zusätzliche Glasabdeckung ist ein Zugeständnis an eine bessere Umströmung.
Bemerkenswert ist auch die Scheibenwischersteuerung des BMW: In der ersten Wischerstufe erfolgt bei Fahrzeugstillstand ein automatisches Zurückschalten der Wischer auf Intervallbetrieb. Ist der Wagen mit einer Intensivreinigungsanlage ausgestattet, kann die Intervallzeit von 0–25 Sekunden frei programmiert werden. Bei Fahrzeugstillstand verdoppelt sich die Intervallzeit.
Die Scheinwerfer-Reinigungsanlage funktioniert ohne eigene Wischer. Hochdruckdüsen unter den Scheinwerfern werden im Bedarfsfall ca. 40 mm ausgefahren und lassen Spritzwasser mit 2,5 bar Überdruck auf die Scheinwerferabdeckungen auftreffen.

Kombi-Instrument

Den Fahrer erwartet ein Rundinstrumenten-Kombi in vertrauter BMW-Aufteilung mit Tankuhr, Tachometer, Drehzahlmesser mit Verbrauchsanzeige, Temperaturanzeige, Kontrolleuchten und Service-Intervallanzeige. Dem Stand der Technik entsprechend sind die Instrumente in Durchleuchttechnik angelegt, d.h. die Skalenbeleuchtung scheint nicht von vorn auf das Ziffernblatt, sondern die Ziffern und Zeiger selbst sind von hinten beleuchtet.

Wie bei den größeren BMW-Modellen erscheint der Kilometerstand über eine Flüssigkristall-Anzeige unten im Tachometer. Der Kilometerstand ist natürlich stets gespeichert, und zwar unabhängig von der Spannungsversorgung durch die Batterie.

Check-Control

Nur der 325i ist mit Check-Control ausgestattet. Diese Einrichtung, die Fahrer älterer BMW-Modelle als Anzeigetafel oberhalb des Innenspiegels kennen, ist in dieser Modellreihe in die Mittelkonsole integriert. Die

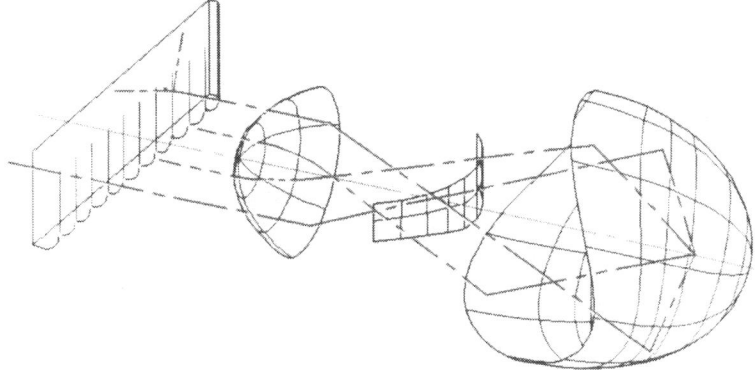

Gutes Licht aus kleinen Scheinwerfern erfordert hohen Aufwand an optischen Einrichtungen. Die Grafik zeigt den Verlauf der Lichtstrahlen durch Linsen und Blenden im Hauptscheinwerfer des BMW.

Defektanzeige erscheint in gut leserlichen Buchstaben im dafür vorgesehenen Schriftfeld – aber eben nur, wenn wirklich ein Teil defekt ist oder eine Fahrzeugfunktion oder ein Flüssigkeitsstand kontrolliert werden muß. Je nach Dringlichkeit der Sache meldet sich die Check-Control in unterschiedlicher Weise.

Dasselbe Schriftfeld wird auch dazu benutzt, um die Anzeige des Bordcomputers – Sonderausstattung – einzuspielen. Bei Bordcomputer ohne Check-Control oder Digitaluhr mit Außentemperaturanzeige ist ebenfalls eine Bedieneinheit mit Schriftfeld in der Mittelkonsole vorhanden.

Das Kombi-Instrument der 3er-Modelle besitzt nach wie vor die klassische BMW-Aufteilung. Hinter der traditionellen Fassade gibt sich die Instrumenten-Kombination dagegen vollelektronisch.

Eigendiagnose

Bei der Vielzahl der elektronischen Systeme im BMW wird ein Verfahren notwendig, Fehlern in diesem Bereich leicht und schnell auf die Spur zu kommen. Die Voraussetzungen dafür sind in den Steuergeräten des 3ers angelegt – sie sind diagnosefähig. Was das zu bedeuten hat, erfahren Sie im übernächsten Textkapitel.

Motorraum-Bildseite

Sextett

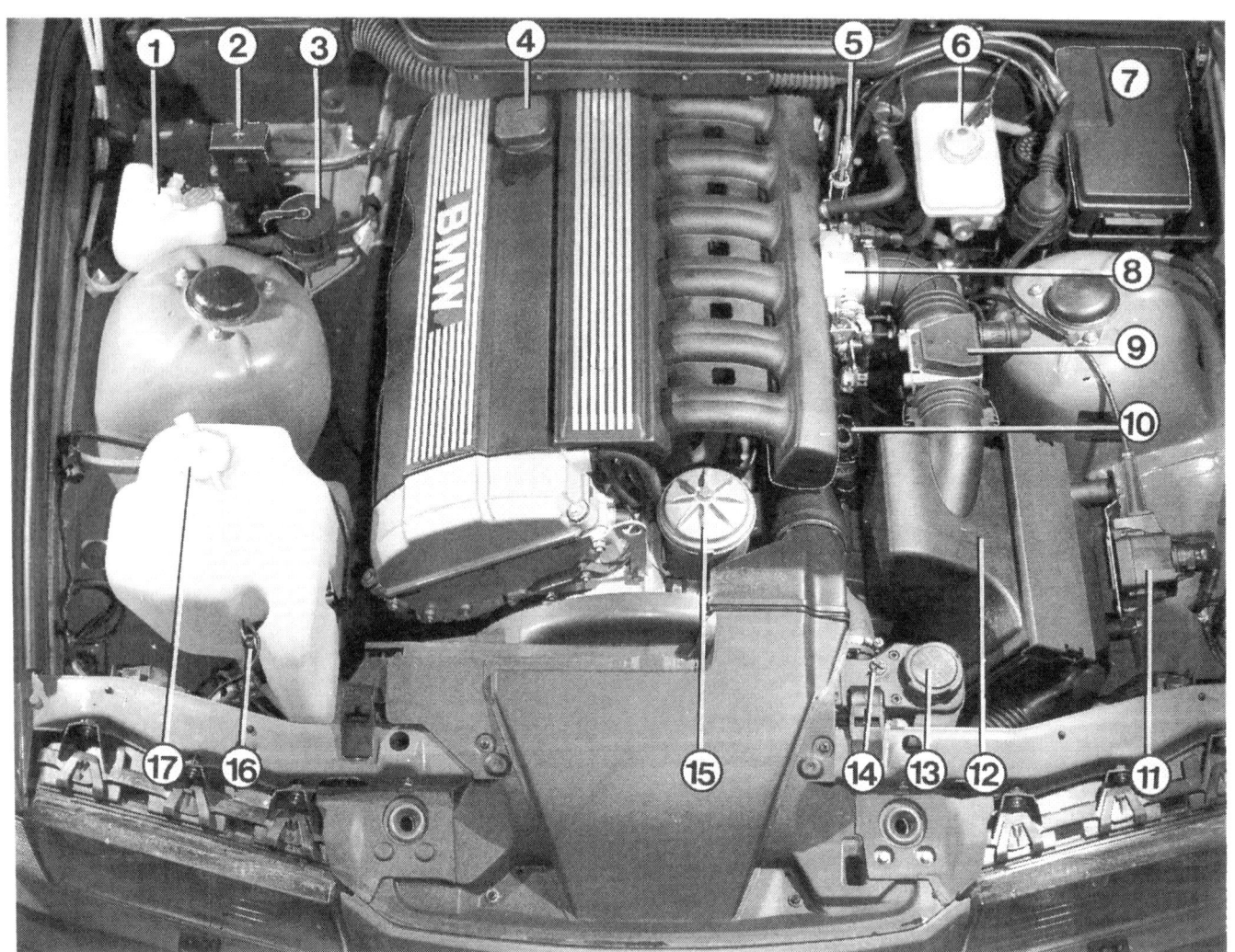

Im Motorraum eines 3er-BMW mit Sechszylinder-Motor sind hier die folgenden Teile bezeichnet: 1 – Vorratsbehälter für Intensivreiniger; 2 – Pluspol-Abgriff der Batterie; 3 – Diagnose-Steckdose; 4 – Öleinfüllstutzen; 5 – Ölpeilstab; 6 – Bremsflüssigkeits-Vorratsbehälter; 7 – Stromverteilerkasten mit Relais und Sicherungen; 8 – Drosselklappenstutzen; 9 – Luftmassenmesser; 10 – Vorratsbehälter der Servolenkung; 11 – Tempomatstellmotor; 12 – Luftfiltergehäuse; 13 – Kühlsystem-Verschlußdeckel; 14 – Entlüfterschraube für Kühlsystem; 15 – Ölfiltergehäuse; 16 – Scheibenwaschwasserpumpe; 17 – Behälter für Scheibenwaschwasser.

Das Wartungssystem

Selbstkontrolle

Eigendiagnose lautet eines der Zauberworte im BMW – Elektronik macht's möglich. Genauso wie einige Systeme im Wagen sich selbst überwachen und eine »Krankmeldung« ausstellen, sagt uns der BMW selbst, wann er wieder durchgecheckt werden möchte.

Die Service-Intervallanzeige

Um die Art der Benutzung eines Autos zu erkennen, entwickelte man für den BMW einen kleinen Mikroprozessor, der ständig Verschleißdaten sammelt. Dazu gehören Motordrehzahl, Kühlmitteltemperatur und die zurückgelegte Wegstrecke. Aus diesen Informationen ermittelt er einen Vergleichswert für den Fahrzeugverschleiß, der naturgemäß für ein Langstreckenfahrzeug geringer ist als für einen Wagen, der nur im Stop-and-go-Verkehr einer Großstadt bewegt wird. Zusätzlich kommt noch eine Zeitkomponente mit ins Spiel, denn auch ein nicht benutzter Wagen altert.
Ist ein festgesetztes, vom elektronischen Rechner bewertetes Verschleißmaß überschritten, signalisiert die Anzeige am Armaturenbrett, daß nun eine Wartung ansteht.

Individuelle Wartung

Mittels verschiedener Leucht- und Schriftfelder zeigt die Service-Intervallanzeige unmißverständlich, wann die Fahrzeugtechnik gewartet werden soll und was zu tun ist:
○ **Grüne Leuchtfelder** signalisieren, daß noch **keine Wartung** nötig ist. Je mehr grüne Leuchtfelder beim Einschalten der Zündung brennen, desto mehr Zeit haben Sie bis zur nächsten Wartung.
○ Das **gelbe Leuchtfeld** sagt Ihnen, daß nun eine **Wartung** durchgeführt werden muß. Damit sie nicht übersehen wird, brennt sie beim Start und während der Fahrt. Welche Maßnahme jetzt zu treffen ist, zeigt die gleichzeitig aufleuchtende Schrift **OILSERVICE** oder **INSPECTION**.
○ Das **rote Leuchtfeld** brennt erst, wenn Sie der Aufforderung zur Wartung nicht nachgekommen sind und den **Termin überzogen** haben.
○ Das **Uhrensymbol** leuchtet bis Baujahr 8/90 einmal im Jahr, seit 9/90 alle zwei Jahre in Verbindung mit dem Schriftzug »INSPECTION«. Dann ist die **Jahreskontrolle** unabhängig von der Kilometerleistung fällig.

Sonderfälle

Bisweilen gerät die Service-Intervallanzeige in Verdacht, falsche Informationen zu liefern. Meist sind aber in einem solchen Fall die unregelmäßigen Wartungsgewohnheiten des Fahrzeugbesitzers die Ursache für die vermeintliche Fehlanzeige, denn:
○ Durch Überziehen der Wartungsintervalle können Sie den Rechner der Service-Intervallanzeige nicht überlisten. Er sammelt weiter seine Verschleiß- und Wartungsdaten und bittet Sie dann eben beim nächsten Mal früher zum Wartungstermin.
○ Auch bei einem nicht benutzten Fahrzeug fordert die Anzeige nach einem Jahr zur Inspektion bzw. Jahreskontrolle auf. Grundlage dafür ist die Erkenntnis, daß auch ein nicht benutzter Wagen altert.

Fingerzeig: Durch Abklemmen der Fahrzeugbatterie kann der Speicher der Service-Intervallanzeige nicht gelöscht werden. Das Bauteil besitzt einen kleinen Festspeicher, der die Informationen speichert.

Wartungsrhythmus

Angeregt durch die Service-Intervallanzeige ergibt sich der Rhythmus der verschiedenen, aufeinanderfolgenden Wartungen so:
Ölservice – Inspektion I – Ölservice – Inspektion II – Ölservice – Inspektion I usw.
Zusätzlich muß natürlich die **BMW-Jahreskontrolle** durchgeführt werden. Die geschieht getrennt vom übrigen Wartungsrhythmus und wird auch durch das Uhrensymbol getrennt angezeigt. Die Jahreskontrolle braucht also nicht mit einer regulären Inspektion zusammengelegt zu werden, sondern sie erfolgt nach Aufleuchten des Uhrensymbols.

Wartungsintervalle für den Selbsthelfer

Die verschleißorientierte Wartung mit Service-Intervallanzeige bringt auch dem Selbsthelfer erhebliche Vorteile. Wir basieren deshalb auch hier im Buch auf diesem System. Um nach dieser Methode arbeiten zu können, müssen wir jedoch in der Lage sein, die Anzeige der SI zurückzustellen – ein Problem, auf das wir im folgenden Abschnitt eingehen.
Eine andere Möglichkeit für den Selbstpfleger sehen wir darin, die SI zu ignorieren und die Wartung wieder

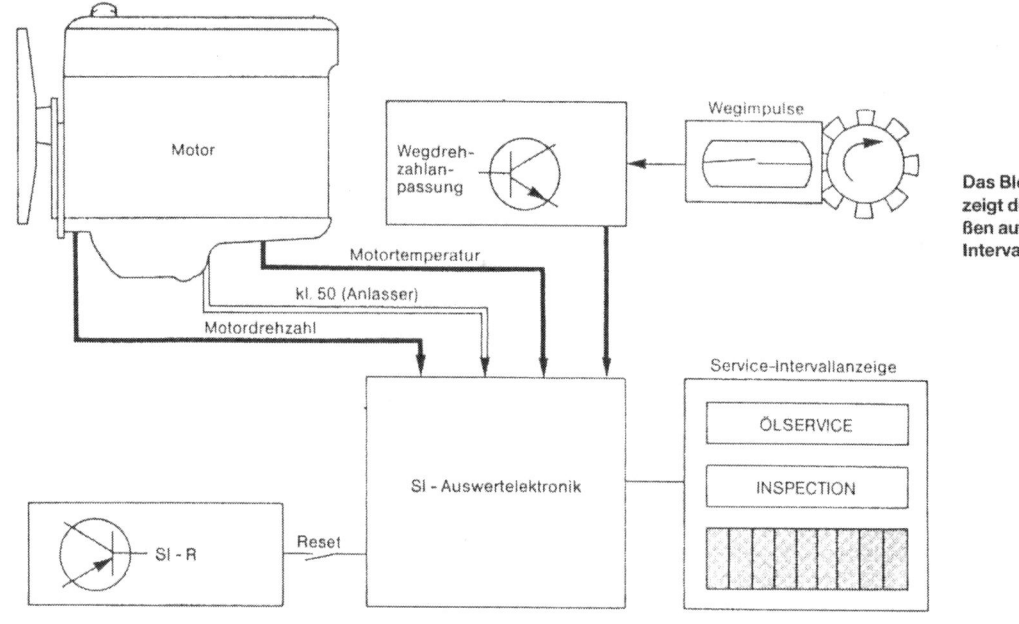

Das Blockschaltbild zeigt die Einflußgrößen auf die Service-Intervallanzeige.

nach festen Kilometer- und Zeit-Intervallen durchzuführen. Laut Untersuchungen von BMW ist dann der Ölservice alle 7500–12500 km fällig, die Inspektion alle 15000–23000 km. Langstreckenfahrer dürfen die obere Intervallgrenze ausnutzen, bei normaler Nutzung gilt – wie vor Einführung der SI – der jeweils niedrigere Kilometer-Wert. Der Wartungsrhythmus bleibt wie gehabt, die Jahreskontrolle natürlich auch.

Letztere Methode halten wir jedoch nicht für sinnvoll. Der Selbsthelfer bringt sich dadurch um die zahlreichen Vorzüge der Intervallanzeige.

Service-Intervallanzeige zurückstellen

Nach erfolgter Wartung muß die SI wieder zurückgestellt werden, wenn man sich auf die nächste Wartungs-Ankündigung verlassen will. Da stehen uns mehrere Möglichkeiten offen:

○ Die BMW-Werkstatt stellt den Rechner freundlicherweise zurück. Auch freie Werkstätten verfügen häufig über ein Rückstellgerät. Guter Werkstattkontakt ist meist Voraussetzung für diese Gefälligkeit.

○ Man erwirbt – evtl. zusammen mit anderen BMW-Fahrern – ein Rückstellgerät von BMW (Bestell-Nr. 62 1 110).

○ Man kauft ein Rückstellgerät beim Zubehörhandel, über eine der zahlreichen Anzeigen in Automobilzeitschriften oder direkt beim Hersteller (z.B. Fa. Hermann Elektronik, Rathausstraße 1–5, 8501 Cadolzburg-Wachendorf). Vorteil der Rückstellgeräte: Bedienungsfehler sind nicht möglich.

Beim Kauf des Rückstellgeräts darauf achten, daß es für den großen Motordiagnose-Stecker paßt. Sonst muß evtl. zusätzlich ein teurer Adapter erworben werden.

○ Mit einer Drahtbrücke überbrückt man die Rückstellkontakte im Motordiagnose-Stecker, wie im folgenden Abschnitt beschrieben. Allerdings ist bei dieser Methode Vorsicht und umsichtiges Arbeiten geboten.

Fingerzeige: Die Anzeige »Jahreskontrolle« durch das Uhrensymbol wird in derselben Weise gelöscht wie die Anzeige »INSPECTION« der Verschleißwartung.

Zurückstellen der Service-Intervallanzeige mittels Rückstellgerät. Das Gerät wird dazu in den Motordiagnose-Stecker (Pfeil) eingesteckt.

Nach Rückstellen der Jahreskontrolle (Uhr) bleibt die Leuchtfeldanzeige unverändert. Sollte der Sonderfall eintreten, daß Jahreskontrolle und Verschleiß-Inspektion zusammenfallen und somit auch zusammen zurückgestellt werden müssen, können die beiden Rückstellvorgänge nacheinander mit einer Pause von mindestens 10 Sekunden erfolgen.

SI-Anzeige mit Drahtbrücke löschen

Wer den Kauf eines Rückstellgeräts für die SI-Anzeige scheut, geht so vor:
- Eine Drahtbrücke aus einem kurzen Stück flexibler Leitung fertigen. Guten Kontakt schaffen sogenannte Aderendhülsen für 4-mm²-Kabel (vom Elektriker), die an den Kabelenden festgelötet werden.
- **Zündung einschalten**, Motor aber **nicht starten**.
- Deckel des Motordiagnose-Steckers abschrauben.
- Drahtbrücke zunächst in Kontakt 19 (Masse) und erst dann in Kontakt 7 einschieben – so kann es keine Schäden durch statische Aufladung geben.
- Die Numerierung ist am Stecker aufgedruckt.
- Zum Rückstellen bei »OILSERVICE« die Brücke **ca. 3 Sekunden** lang eingesteckt lassen. Abstoppen der Zeit mit der Armbanduhr ist genau genug.
- Zum Rückstellen bei »INSPECTION« die Brücke **ca. 12 Sekunden** lang eingesteckt lassen.
- Deckel des Motordiagnose-Steckers wieder anschrauben.

Der Wartungsplan

Damit Sie zu unserem Pflegeplan während der Arbeit nicht ständig zurückblättern müssen, haben wir ihn **innen auf der hinteren Umschlagseite** abgedruckt. So haben Sie ihn ständig vor Augen und können die Arbeiten Punkt für Punkt erledigen. Die Reihenfolge haben wir speziell für den Heimwerker zusammengestellt und auch zusätzliche Punkte eingefügt, die nach unseren Erfahrungen wichtig sind.

Ganz zu Anfang finden Sie eine Anzahl von Arbeiten unter der Überschrift »Ständige Kontrollen«. Diese Wartungspunkte lassen sich in kein herkömmliches Intervall pressen, und ein Teil der Kontrollpunkte wird zusätzlich durch das Check-Control-System (falls eingebaut) regelmäßig geprüft. Dennoch kann es nicht schaden, all diese Teile von Zeit zu Zeit selbst in Augenschein zu nehmen.

Was können Sie selbst machen?

Fast alle Wartungsarbeiten am BMW können Sie selbst ausführen, das entsprechende Wissen hierzu liefert unser Handbuch. Wenn dennoch Werkstatt oder Tankstelle den einen oder anderen Wartungspunkt rationeller durchführen können, so haben wir das im Wartungsplan vermerkt. Die Selbsthelfer-Ampel weist Ihnen dabei vor jedem Wartungspunkt in den bekannten Farben grün – gelb – rot den richtigen Weg:

Grün – Freie Fahrt für den Selbsthelfer. Diese Arbeit können Sie mit den Kenntnissen aus diesem Buch fachgerecht ausführen und Geld sparen.

Gelb – Die Arbeit ist zwar nicht schwierig, doch es fehlen meist die nötigen Einrichtungen. An der Tankstelle sind Sie in diesem Fall am besten aufgehoben.

Rot – Halt, hier lassen Sie am besten die Werkstatt ran. Spezielle Werkzeuge oder Meßgeräte sind erforderlich, der Aufwand an Eigenarbeit lohnt sich nicht, weil die Werkstatt wesentlich schneller arbeitet oder weitergehende Kenntnisse erforderlich sind.

Einschränkungen innerhalb der Garantiezeit

Solange Ihr Wagen noch jünger als ein Jahr ist oder wenn ein Austauschmotor eingebaut wurde, verlangt das Werk, daß die entsprechenden Wartungsarbeiten termingerecht in einer BMW-Werkstatt erledigt werden. Andernfalls können auch berechtigte Garantieansprüche abgelehnt werden.

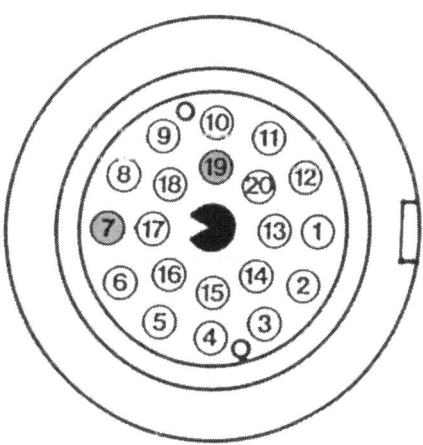

Links: Die Polbelegung – wie sie die Zeichnung zeigt – ist mit kleinen Zahlen im Stecker aufgedruckt.
Rechts: Rückstellen der Service-Intervallanzeige mittels Drahtbrücke: Deckel (Pfeil) vom Motordiagnose-Stecker abschrauben. Mit der Drahtbrücke Steckkontakt 19 (= Masse) und Steckkontakt 7 (= Rückstell-Leitung) verbinden, wie im Text beschrieben.

Der sichere Arbeitsplatz

Veranstaltungsort

Wenn die Autopflege Hobby bleiben soll, müssen die äußeren Voraussetzungen stimmen. Das gilt auch für die Wahl des Pflegeplatzes: Beim Suchen nach heruntergefallenen Kleinteilen auf Rasenplätzen verliert man schnell die Lust am Basteln.

Wagen immer abstützen!

Wagenheber sind – wie ihr Name schon sagt – nur dazu da, das Fahrzeug anzuheben. Das gilt generell für alle Wagenhebertypen. Sie sind keine ausreichende Abstützung für Arbeiten an der Wagenunterseite! **Lassen Sie es auch in der größten Eile nie an der fachgerechten Abstützung des aufgebockten Fahrzeugs fehlen!** Sonst kann die eigenhändige Reparatur das Leben kosten. Zum richtigen Abstützen gehört natürlich auch das Unterlegen der Räder mit Steinen oder Holzkeilen, damit der Wagen beim Anheben nicht wegrollen kann.

Womit abstützen?

Hohlbocksteine haben sich als eine preisgünstige Abstützmöglichkeit erwiesen. Doch sie dürfen weder feucht noch rissig sein, sonst könnten sie unter Belastung in sich zusammenbrechen. Zwischen Stein und Karosserie muß ein Brett gelegt werden, damit sich die Last gleichmäßig über den ganzen Stein verteilen kann. Der Hohlblockstein selbst muß mit den Öffnungen senkrecht auf ebenem und tragfähigem Grund (Beton oder Asphalt) stehen.

Unterstellböcke stellen eine ideale Ergänzung zum Rangierwagenheber dar. Bei allen anderen Hebern – aber auch bei seitlich angesetztem Rangierheber – besteht die Gefahr, daß der auf der gegenüberliegenden Seite angesetzte Dreibeinbock einfach zur Seite weggedrückt wird.

Auffahrrampen sind die schnellste Aufbockmöglichkeit, da kein Wagenheber gebraucht wird. Auch steht der Wagen dann absolut sicher.

Wagenheber

Wagenheber gibt es für jeden Geldbeutel und Einsatzzweck. Hier die verschiedenen Typen:

Bordwagenheber: Er schafft nur eine geringe Hubhöhe, und das auch nur nach langem Kurbeln, wodurch er letztlich ein Notbehelf für unterwegs bleibt. Kleines Brettchen zum Unterlegen mitnehmen, damit sich der Wagenheberfuß nicht in den Untergrund drücken kann.

Scherenwagenheber: Hiervon ist nur eine stabile Ausführung ratsam. Er schafft eine größere Hubhöhe bei geringerer Kurbelarbeit. Bei älteren, rostgeschwächten Fahrzeugen kann er an stabilen Fahrwerksteilen angesetzt werden.

Hydraulischer Stempelwagenheber: Er kann den Wagen sehr schnell und bequem anheben. Doch vor dem Kauf die Hubhöhe kontrollieren! Eine zu kurze Ausführung kann die Räder nicht weit genug vom Boden abheben. Ein zu hoher Heber läßt sich erst gar nicht am Wagenboden ansetzen.

Rangierwagenheber: Für den Heimwerker geeignet ist ein kleiner Rangierheber, der gut zu verstauen ist.

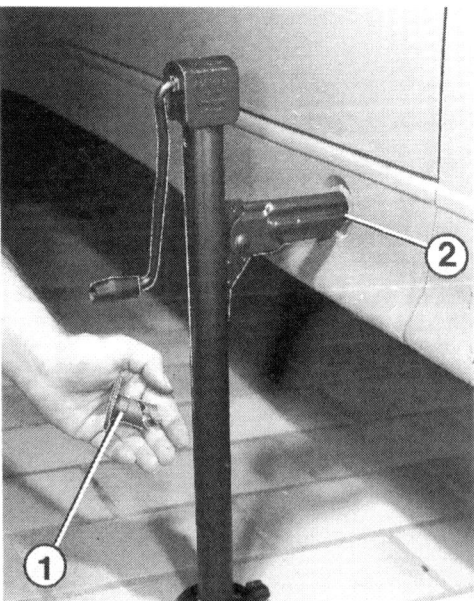

Links: Am Längsträger unter dem Wagenboden (hinter dem vorderen Radkasten) läßt sich ein Unterstellbock ansetzen. Passenden Holzklotz (Pfeil) zum Schutz des Trägers zwischenlegen. Rechts: Vor dem Ansetzen des Bordwagenhebers (2) muß der Deckstopfen (1) im Schweller herausgedreht werden. Dazu Abdeckstopfen beispielsweise mit einer Münze linksdrehen.

Diagnose – ein Kapitel für sich

Wo fehlt's denn?

Oft ist die Suche nach einem Fehler langwierig und damit der teuerste Posten der Werkstattarbeit – speziell dann, wenn es sich um Effekte handelt, die nur hin und wieder auftreten. Was läge da näher, als die Nervenstränge eines Automobils anzuzapfen, um auf diesem Weg sofort über die Probleme in seinem Innersten Kenntnis zu erhalten?

Idee und Realisierung

Leider läßt sich nicht alles, was logisch erscheint, auch leicht realisieren. Weshalb z. B. VW Ende der 60er Jahre mit einem umfassenden Diagnosesystem Schiffbruch erlitt. Zu viele Widrigkeiten – etwa Temperatur- und Kabelsteckerprobleme – stellten sich einer verläßlichen Anzeige entgegen. Die Zeit war noch nicht reif für derartige Systeme.
Bei BMW arbeitet man seit 1977 an einer Problemlösung. Damals wurde zunächst damit begonnen, einen kleinen Stecker am Motor zu montieren, an dem ein fest installierter Geber (OT-Geber) angeschlossen war, der beim Einstellen des Zündzeitpunkts half. Ermuntert durch diese Erfolge bauten die BMW-Techniker das Diagnosesystem weiter aus. Ende 1986 mit Einführung der zweiten Generation der 7er-Reihe stand dann die fertige Problemlösung auf den Beinen, wie wir sie heute kennen.

Das Prinzip

Diagnosefähige Steuergeräte gibt es im BMW nicht wenige. Das Steuergerät der Motronic (Einspritzung, Zündung), das Wisch/Wasch-Modul oder des Antiblockiersystems seien hier genannt. Diagnosefähig ist ein solches Steuergerät, wenn es über einen Fehlerspeicher verfügt, in dem Fehlfunktionen im Fahrbetrieb festgehalten werden. Darüber hinaus muß es eine Sender- und eine Empfängerleitung besitzen, über die es mit dem Service-Tester in der BMW-Werkstatt kommunizieren kann.

Die Handhabung

Richtig angewandt funktioniert die Sache dann so: Der Autofahrer kommt mit seinem BMW in die Vertragswerkstatt, und noch vor Beginn jeglicher Arbeiten am Wagen wird dieser an den Service-Tester angeschlossen. Der druckt als erste Maßnahme ein komplettes Fehlerprotokoll aus, auf dem alle diagnosefähigen Steuergeräte ihr Herz ausschütten – sprich: den Inhalt ihrer Fehlerspeicher anzeigen. Der Tester führt dabei den Monteur mittels entsprechender Bildschirmanzeige durch sein Programm. Zum Schluß liegt zweifelsfrei fest, wo repariert werden muß.

Unterstützung bei der Reparatur

Unterstützt durch Werkstattliteratur zeigt das Rechnerprogramm die Fehlersuchpfade am Bildschirm Schritt für Schritt an – etwa so: Liegt Batteriespannung an Pin 5 an? – nein → Leitung prüfen, ggf. Spannungsversorgung instand setzen.
Entscheidend für eine zügige Reparatur ist auch eine Tester-Funktion, die BMW »Statusabfrage« nennt. Gemeint ist damit folgendes: Elektrische Funktionen – wie etwa das Betätigen der elektrisch getriebenen Türfenster – lassen sich vom Service-Tester aus in Betrieb setzen.
So kann grundsätzlich geklärt werden, ob der jeweilige Elektromotor defekt ist oder ob der Fehler am Steuergerät gesucht werden muß – eine ganz wesentliche Erleichterung bei der Fehlersuche.

Fingerzeig: Steht man vor dem verschlossenen Wagen, wohl wissend, daß der einzig greifbare Autoschlüssel sich im ebenso verschlossenen Kofferraum befindet, so ist das eine ärgerliche Situation. Doch auch hier kann der Service-Tester helfen, den Wagen ohne Einbruchspuren wieder zu öffnen. Die BMW-Mechaniker brauchen nur die Motorhaube von außen zu öffnen und mittels Statusabfrage die Türentriegelung zu betätigen. Die Abschleppkosten zur nächsten BMW-Werkstatt sind bestimmt geringer als der Aufwand zum Beseitigen der sonst nötigen Gewalteinwirkung.
Wie man es schafft, den Schlüssel in den verschlossenen Kofferraum zu bekommen? Ganz einfach: Man schließt die Türen ab, während der Kofferraumdeckel noch offen ist, legt Jacke samt Autoschlüssel in den Gepäckraum und schlägt die Klappe zu.

Er deckt auf, wo Fehler im Fahrzeug sitzen und hilft bei der Reparatur: Der BMW Service-Tester.

Fehlerabfrage im Diagnosesystem

Wartung Nr. 3

Im Sicherheitstest und in den Arbeitsumfängen der Inspektionen ist das Auslesen der Fehlerspeicher mit enthalten. Die Werkstatt hat damit sogar ohne Kundengespräch einen Überblick über etwaige Fehler an den Elektronikbauteilen des Fahrzeugs.

Wer die Wartung komplett selbst in die Hand nimmt, kann auf diesen Arbeitspunkt verzichten, zumal er ja den Wagen im Alltagsbetrieb ständig beobachtet – Fehlfunktionen wären in der Regel aufgefallen.

Aktualisierung der Daten

Mit jedem neuen BMW-Modell und natürlich auch mit jeder Änderung an den bestehenden Modellreihen müssen auch die Daten im Tester aktualisiert werden. Das geschieht im sogenannten Kommunikationsmodul des Testers, dessen Diskettenlaufwerk die jeweils aktuelle Datendiskette aufnimmt, damit die Daten im Rechner auf den neuesten Stand gebracht werden. Die neuesten Disketten erhält der BMW-Händler regelmäßig über die Werks-Händlerorganisation.

Wer's nicht weiß: Disketten sind die dünnen Datenträger-Scheiben, die in allen Computern zum Speichern und Sichern von Daten verwendet werden.

Modic

Fast alle Funktionen des großen Service-Testers hat auch der kleine **Mo**bile **Di**agnose-**C**omputer zu bieten. Das handliche Gerät ist aber letztlich immer vom großen Tester abhängig, weil er seinen Datenspeicher (der ist 1 Mega-Byte groß) nur am großen Bruder aktualisieren kann.

Doch ansonsten ist das Handgerät dank eigener Spannungsversorgung über Batterien selbständig einsatzfähig – etwa, wenn das Fahrzeug unterwegs stehenbleibt. Dann kann der BMW-Mechaniker mit dem Modic im Handgepäck anreisen und an Ort und Stelle entscheiden, ob der Wagen wieder flottzukriegen ist oder ob abgeschleppt werden muß.

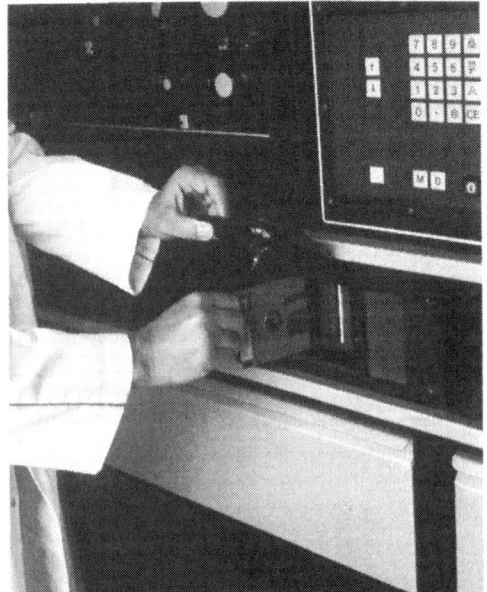
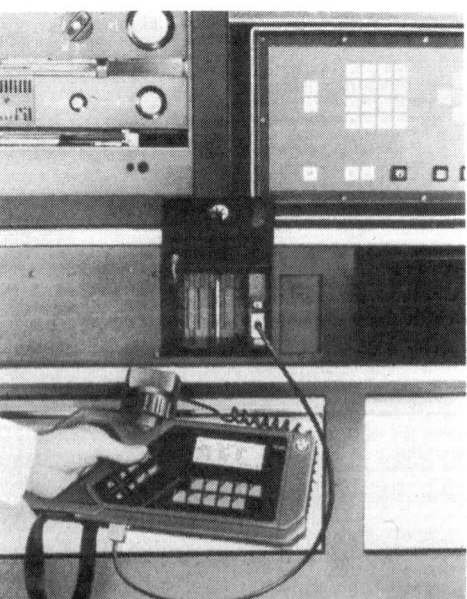

Links: Zum Aktualisieren der Daten im Service-Tester wird hier die neue Diskette in das Kommunikationsmodul gesteckt.
Rechts: Der Modic ist gewissermaßen der »Service-Tester für unterwegs«.

Wie man den BMW-Mechaniker samt Modic zum defekten BMW bekommt? Ganz einfach: Man wählt die Tag und Nacht zum Ortstarif erreichbare Nummer des BMW-Bereitschaftsdienstes **0130/3332**. Von dort aus wird eine Service-Mechaniker aus der nächstgelegenen dienstbereiten Werkstatt benachrichtigt.

Eine Funktion hat der Modic dem Service-Tester voraus: Er kann Steuergeräte codieren. Wird also beispielsweise ein Motronic-Steuergerät ausgewechselt, muß das neue mit der passenden Länder-Codierung versehen werden. Denn für alle Versionen stehen nur noch einheitliche, nicht codierte Steuergeräte zur Verfügung, die erst beim Einbau angepaßt werden. Das betrifft im besonderen Zündung und Einspritzung, die länderspezifische Differenzierungen aufweisen.
Derselbe Vorgang ist natürlich auch dann möglich, wenn ein hiesiges Fahrzeug ins ferne Ausland exportiert wird und den dortigen Gegebenheiten und Bestimmungen angepaßt werden soll.

Steuergeräte codieren mit Modic

Diagnose als Hilfe bei der Selbsthilfe

Die Zeiten als man – wie am VW Käfer – alles am Auto selbst reparieren konnte, sind endgültig vorbei. Doch das heißt längst nicht, daß Selbsthilfe am eigenen Wagen passé wäre. Ganz im Gegenteil. Wir müssen nur die Vorgehensweisen etwas verändern und uns die moderne Technik zunutze machen.
So läßt sich beispielsweise die Diagnose in der Werkstatt durchaus sinnvoll in unser Selbsthelfer-Programm einbauen. Die folgenden Beispiele sollen das veranschaulichen:

○ Der Motor bringt unter Vollast zu wenig Leistung. Wir haben gerade wenig Zeit und wollen uns die Mühe nicht machen, alle Punkte im Störungsbeistand »Einspritzung« hier im Buch nachzuprüfen.
○ Also melden wir uns zu einer Fahrzeugdiagnose (mit Auslesen der Fehlerspeicher) beim BMW-Händler an, was dieser mit 6 Arbeitswerten (ca. 40 DM) verrechnet. Extra berechnet wird die genaue Lokalisierung des Fehlers.
○ In unserem Fall hat die Diagnose einen Fehler am Drosselklappen-Potentiometer ergeben. Wir können uns nun dafür entscheiden, den Potentiometer im Ersatzteillager zu kaufen und selbst (nach der Beschreibung im Einspritzungs-Kapitel hier im Buch) einzubauen. Oder wir lassen uns den Preis für den Einbau nennen und vergeben die Arbeit an die Werkstatt.
○ Wie immer wir uns entscheiden, wir waren bei dieser Vorgehensweise genau informiert, was dem Wagen fehlt und konnten uns den weiteren Ablauf des Geschehens aussuchen. Die Diagnose hat Klarheit über Art und Umfang des Schadens gebracht.

Selbsthelfer-Beispiel 1

○ Der elektrische Fensterheber rechts vorn geht nicht mehr.
○ Wir machen uns auf die Suche nach denjenigen Fehlermöglichkeiten, die wird in Eigenregie leicht ergründen können. Als da wären: Sicherungen, Schalter, Kabelstecker zur Tür, sowie (nach Abnehmen der Türverkleidung) der Fensterhebermotor.
○ Höchstwahrscheinlich haben Sie den Fehler jetzt schon gefunden, denn mit großer Wahrscheinlichkeit liegen die Defekte an Teilen der Peripherie, also der Umgebung des Steuergeräts und nicht am Steuergerät selbst.
○ War bis jetzt keine Fehlerursache zu finden, lohnt sich weiteres Suchen nicht. Ab in die Werkstatt zur Diagnose! Alles andere ist Zeitverschwendung.

Selbsthelfer-Beispiel 2

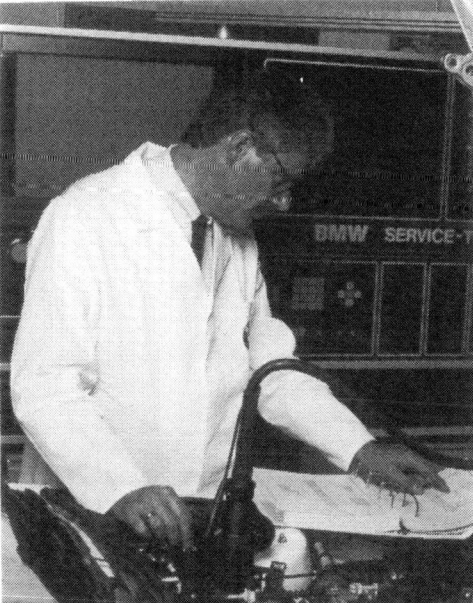

Werkstattliteratur (links) und Bildschirmanzeige (rechts) ergänzen sich bei der Fehlersuche am Fahrzeug.
Hier zeigt der Service-Tester, welche diagnosefähigen Steuergeräte im Wagen eingebaut sind.

Schmieren aller Teile

Schmierige Geschichte

Motoröl hat es schwer! Es muß viele verschiedene Eigenschaften besitzen und soll selbst noch bei extremen und extremsten Bedingungen seine Schmierfähigkeit behalten. Auch soll es möglichst langsam altern, damit lange Ölwechselintervalle realisiert werden können.

Motorölstand prüfen

Ständige Kontrolle

- Den Peilstab sollten Sie nach jedem zweiten Volltanken ziehen. Dazu:
- Wagen auf waagrechtem Untergrund abstellen.
- Nach dem Abstellen des vorher warmgefahrenen Motors mindestens fünf Minuten warten, damit alles Öl in die Ölwanne abtropfen kann. Besser ist die Kontrolle vor dem ersten Start bei kaltem Motor.
- Peilstab an der Grifföse herausziehen, mit sauberem, fusselfreien Lappen oder Papiertuch abwischen, bis zum Anschlag wieder hineinschieben, kurz warten und erneut herausziehen.
- An der Peilstabspitze können Sie nun den Ölstand ablesen: Der Pegel muß sich **zwischen den Markierungen** befinden; dann ist alles in Ordnung.
- Reicht die Schmiermittelmenge nur noch bis zur unteren Markierung, muß Motoröl bis zur oberen Peilstabmarke nachgefüllt werden.
- Die Ölmenge zwischen unterer und oberer Peilstabmarke beträgt **ca. 1 Liter**.

Darf man Öle mischen?

Die Motorölsorten aller Hersteller lassen sich ohne Gefahr mischen, auch Einbereichs- mit Mehrbereichsölen. Diese Mischbarkeit ohne schädliche Folgen ist eine Grundforderung der internationalen Öl-Normen. Entscheidend ist lediglich, ob die **Spezifikation** für den BMW ausreicht – doch davon später.

Fingerzeig: Wegen ihrer doch sehr unterschiedlichen Eigenschaften raten wir vom Mischen von Mineralöl mit synthetischem Öl ab, obwohl das theoretisch ohne nachteilige Folgen möglich sein muß.

Ölverbrauch

Ein Teil des Motoröls verbrennt bei seiner Schmiertätigkeit. Ölverbrauch ist also völlig natürlich. Gut eingefahrene Motoren kommen mit **0,2 Liter Öl auf 1000 km** aus, bei BMW gilt als **höchstzulässiger Wert** ein Verbrauch von **1,5 Liter je 1000 km**, was aber tatsächlich als die Obergrenze des Vertretbaren anzusehen ist.

Ölverbrauch messen

Wenn Sie den Ölverbrauch exakt messen wollen, muß der Wagen jeweils auf einer absolut waagrechten Stelle stehen und der Motor mindestens fünf Minuten stillstehen.
Am einfachsten geht das vor dem ersten Start. Dann wird der Ölstand ganz genau angezeigt, da über Nacht alles Öl in die Ölwanne zurückgesickert ist.

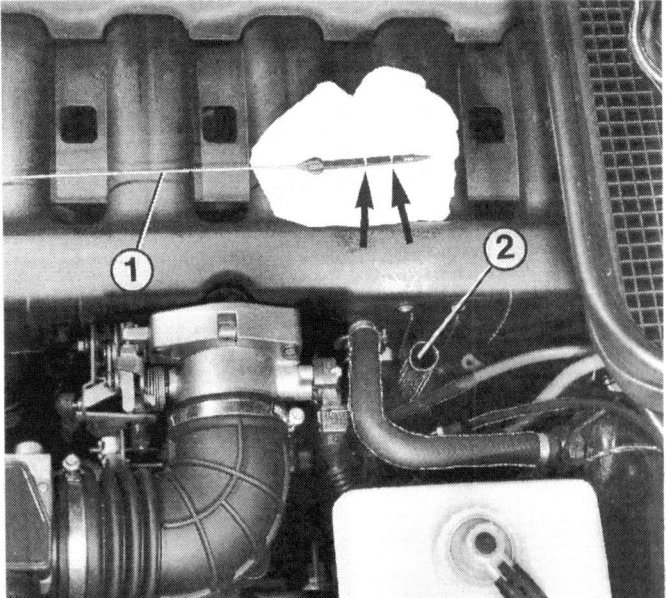

Zur Ölstandskontrolle wird der Peilstab (1) aus dem Führungsrohr (2) an der linken Motorseite gezogen. Der Pegel muß sich zwischen den Marken (Pfeile) an der Peilstabspitze befinden. Genau ist die Messung nur, wenn der Wagen auf waagrechtem Untergrund steht.

Zu hoher Ölverbrauch

Wieviel Öl Ihr BMW verbraucht, hängt von folgenden Umständen ab:
○ Ölverlust wird häufig mit Ölverbrauch verwechselt. Bevor also der Ölverbrauch kritisiert wird, müssen erst die illegalen Ölquellen beseitigt werden (siehe Motor-Kapitel).
○ Wer Öl bis weit über die obere Peilstabmarke einfüllt, hat automatisch höheren Ölverbrauch, denn der übrige Schmierstoff wird zur Kurbelgehäuse-Entlüftung hinausgeblasen.
○ Mehrbereichsöl, das zu lange im Motor bleibt, hat einen höheren Nachfüllbedarf.
○ Scharfe Fahrweise treibt nicht nur den Kraftstoffkonsum in die Höhe. Nach unseren Erfahrungen hängt auch der Ölverbrauch davon ab, ob bevorzugt in den höchsten Drehzahlen gefahren wird.
○ Einlaufvorgang noch nicht abgeschlossen (mindestens 5000 km).
○ Defekt im Motor; z.B. Ventilschaftabdichtungen defekt, Spiel zwischen Ventilführung und Ventilschaft zu groß, Kolbenringe falsch eingebaut oder schadhaft, beschädigte Zylinderwand durch Kolbenfresser.

Ihr Motor verbraucht kein Öl?

Im winterlichen Kurzstreckenbetrieb kann es vorkommen, daß der Ölstand steigt, statt wie normal leicht abzufallen. Sie haben dann nicht etwa eine Ölquelle entdeckt, sondern der Ölwanneninhalt wurde durch Kraftstoffkondensat verdünnt, das sich an den Kolbenringen vorbeigemogelt hat. Sie riechen den Benzingehalt im Öl sogar am herausgezogenen Ölpeilstab.
Die Schmiereigenschaften des Öls sind dadurch beträchtlich herabgesetzt. Ein zusätzlicher Ölwechsel zwischen den Intervallen (oft schon nach 3000 km) ist da kein Luxus, denn er kann Ihnen schwere Motorschäden ersparen. Der Ölfilter braucht dabei natürlich nicht gewechselt zu werden.
Bei geringerer Ölverdünnung kann auch eine längere Fahrt Ölstand und Schmierfähigkeit des Öls wieder ins Lot bringen. Bei Öltemperaturen über 100°C verdunsten die Kondensatanteile nach etwa einer halben Stunde. Wichtig ist jetzt die sofortige Ölstandskontrolle! Durch die Verdunstung kann der Ölpegel erheblich absinken.

Die Ölqualität

Ölspezifikationen

Zahlreiche Institutionen, aber auch einzelne Automobilhersteller haben es sich zur Aufgabe gemacht, Schmierstoffe nach unterschiedlichen, aber letztlich doch ähnlichen Prüfbedingungen zu erproben. Mit Erfolg geprüfte Öle dürfen als Qualitätsnachweis die erreichte Spezifikation auf der Verpackung tragen.
BMW akzeptiert lediglich die Qualitätsprüfungen des American Petroleum Institute (API) und die der Vereinigung der Automobilhersteller der Europäischen Gemeinschaft (CCMC). Dabei handelt es sich aber um zwei der gebräuchlichsten Ölnormen.

Die richtige Ölspezifikation

BMW gibt für seine Benzinmotoren ausdrücklich nur die folgenden Ölspezifikationen frei:
○ CCMC-G4   ○ CCMC-G5
○ API SF   ○ API SG

Egal, ob Sie das Motoröl teuer an der Tankstelle oder billig im Supermarkt kaufen, auf der Verpackung muß mindestens **eine** der geforderten Ölspezifikationen aufgedruckt sein.

Fingerzeig: Öle mit der Bezeichnung CCMC-PD2 oder API CD bzw. API CC sind reine Dieselöle und somit für den BMW ungeeignet. Anders ist das bei Ölen mit Doppelbezeichnung, z.B. API SF/CD oder CCMC-G4/PD2. Diese Öle sind für beide Motorentypen geeignet.

Zähflüssigkeit des Öls

Damit der Anlasser den kalten Motor durchdrehen kann, darf das Öl keinen großen Widerstand dagegensetzen. Außerdem soll es schnellstmöglich an die Schmierstellen gelangen; dazu muß es dünnflüssig sein. Bei hohen Temperaturen und Drehzahlen muß der Schmiersaft dagegen ausreichend zäh sein, damit der Schmierfilm nicht abreißt. Mineralöl ist leider umgekehrt veranlagt. Bei Kälte ist es zäh, mit zunehmender Erwärmung dagegen leichtflüssig. Das Öl und die vorherrschenden Betriebstemperaturen des Motors müssen daher genau aufeinander abgestimmt werden.
Das Fließverhalten, also die Dick- oder Dünnflüssigkeit, wird durch die Viskositätsklasse angegeben. Die entsprechenden Klassen wurden von der amerikanischen **S**ociety of **A**utomotive **E**ngineers (SAE) festgelegt. Die Viskositätsklassen reichen von den mit **W** gekennzeichneten Winterölen SAE 5W, 10W, 15W über die Übergangsstufe SAE 20W/20 zu den Sommerölen SAE 30, 40 und 50.

Mehrbereichsöl ist Standard

Mehrbereichsöle sind Motoröle, die mehrere der genannten Viskositätsklassen überspannen. Öle mit nur einer Viskositätsklasse nennt man Einbereichsöle, doch die gibt BMW mittlerweile schon gar nicht mehr frei, da sie nicht ins BMW-Wartungssystem passen und auch mittlerweile an der Tankstelle kaum noch erhältlich sind.
Das Standard-Motoröl ist heute Mehrbereichsöl. Es besitzt Viskositätsindex-(VI-)Verbesserer – lange Molekülketten, die beim Erhitzen quellen und beim Abkühlen wieder schrumpfen. Das Öl kann sich damit den

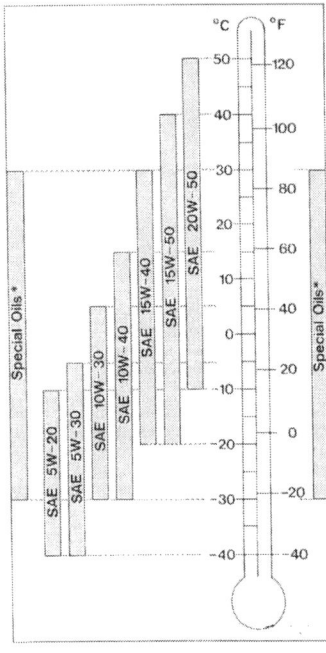

Die Grafik zeigt die Verwendbarkeit der verschiedenen Ölviskositäten in Abhängigkeit von der Außentemperatur. Was hier als Spezialöl deklariert wird, sind die von BMW namentlich freigegebenen Leichtlauföle.

Temperaturen elastisch anpassen und mehrere Viskositätsklassen überspannen. Ein Öl SAE 15 W–50 entspricht bei einer Temperatur von –15°C der Zählflüssigkeitsklasse 15 W und bei 100°C der Klasse 50. Problematisch ist bei mineralischen Mehrbereichsölen, daß die Molekülketten ihrer Viskositäts-Verbesserer bei hoher Alterung regelrecht kleingehackt (abgeschert) werden können. Dann ist die obere Zähflüssigkeitsklasse nicht mehr gesichert, das Öl also nicht mehr in vollem Umfang temperaturbeständig. Aus diesem Grund sind Mehrbereichsöle der Klassen SAE 5 W–20, 5 W–30, 10 W–30 und 10 W–40 in der warmen Jahreszeit für die BMW-Motoren nicht freigegeben.

Die richtige Ölviskosität Bei welchen Temperaturen der BMW-Motor welche Öl-Zähflüssigkeit verlangt, zeigt die **Grafik oben**. Für mitteleuropäische Verhältnisse ist nach dieser Tabelle das Öl **15 W–40** am besten geeignet.

Das richtige Motoröl für den BMW

Hier die Zusammenfassung der Kriterien für den Kauf des richtigen Motoröls. Das Öl muß haben:
○ Die richtige **Ölspezifikation**. Etikettenschwindel auf der Packung ist da äußerst selten, denn die Ölfirmen überwachen sich gegenseitig.
○ Die richtige **Ölviskosität** (Zähflüssigkeit). Sie hängt von der überwiegenden Außentemperatur ab und kann aus der Grafik oben entnommen werden.
Andere Faktoren, wie Ölpreis oder Herkunft, sagen nichts über die Verwendbarkeit aus!

Leichtlauföle Leichtlauf- oder Benzinsparöle sind teurer als herkömmliche Mehrbereichsöle. Die in kaltem Zustand sehr dünnflüssigen Leichtlauf-Schmierstoffe verringern vor allem in der Warmlaufphase und im Kurzstreckenverkehr die innere Reibung im Motor, setzen ihm also weniger Widerstand entgegen. Man kann realistisch mit einer Benzinverbrauchs-Einsparung von rund 3% rechnen. Diese Ersparnis macht sich nur bei einem Motor bezahlt, der einen geringen Ölverbrauch hat.
BMW gibt Leichtlauföle nur für Außentemperaturen von –30° bis +30°C frei, was für die hiesigen Klimaverhältnisse völlig ausreichend ist. Kurzfristige Überschreitungen der Temperaturgrenzen werden toleriert. Genauer nimmt man die Auswahl der Leichtlauf-Schmierstoffe: Sie müssen der Qualitätsstufe CCMC–G5 entsprechen und **vom BMW-Kundendienst freigegeben** sein. Die Freigabeliste liegt dem BMW-Händler vor; einen Auszug aus der Tabelle finden Sie am Ende des Buches.

Alles über den Ölwechsel

Wo Öl wechseln? ○ In den Werkstätten kostet der Ölwechsel nach unseren Erfahrungen das meiste Geld, weil nur sehr teure Ölsorten vorrätig sind. Außerdem ist der Motor oft schon wieder kalt, bis das alte Öl abgelassen wird, so daß nicht aller Schmutz herausgeschwemmt wird. Manche Werkstätten berechnen die Arbeit für den Ölwechsel zusätzlich zum Ölpreis.
○ An Tankstellen kommt der Wagen dagegen meist sofort dran. Sie können auch ein billigeres Öl aus dem Tankstellen-Verkaufsprogramm auswählen, und im Ölpreis ist die Arbeit des Tankwarts inbegriffen.
○ Gegen den SB-Ölwechsel mit Absauggerät an der Tankstelle bestehen keine Bedenken, vorausgesetzt der Ölfilter wird ebenfalls ausgetauscht.

○ Ölwechsel zu Hause lohnt sich, wenn Sie das Öl preisgünstig einkaufen (Zubehörhandel, Großmarkt, Warenhaus oder Mitnahme-Öl an der Tankstelle).

Wie oft Öl wechseln?

Die Service-Intervallanzeige gibt die Ölwechsel-Abstände abhängig von der Fahrzeugnutzung recht realistisch an. Es gibt kaum Veranlassung, die Intervalle nach eigenem Gutdünken zu verändern.
Lediglich im Winter kann es durch Kraftstoffkondensat im Öl durch ausschließlichen Kurzstreckenverkehr erforderlich sein, einen zusätzlichen Ölwechsel zwischenzuschieben. Für diesen Fall kann man sich natürlich den Wechsel des Ölfilters sparen.
Wer sich in seinen Wartungsgewohnheiten nicht nach der Service-Intervallanzeige orientiert, ist als Langstreckenfahrer nicht schlecht beraten, den Ölwechsel alle 12500 km durchzuführen. Bei vorwiegenden Kurzstreckenfahrten muß das Intervall dagegen noch unter 7500 km gelegt werden. An Wagen mit noch geringerer Jahresfahrleistung sollte wenigstens einmal im Jahr das Öl gewechselt werden.

Was wird gebraucht?

Folgende Hilfsmittel erleichern dem Selbst-Ölwechsler das Leben:
○ Motoröl nach den entsprechenden Spezifikationen (preisgünstig im 5-Liter-Kanister).
○ Ein Ölfiltereinsatz mit Dichtung, z.B. Et-Nr. 11 42 1727 300 oder unter verschiedenen Herstellerbezeichnungen im Zubehörhandel.
○ Einen neuen Dichtring für die Ölablaßschraube.
○ Auffangefäß für das Altöl. Ein alter Ölkanister mit herausgeschnittener Seitenwand oder eine ausgediente Spülschüssel leisten hier gute Dienste.
○ Ein Altölkanister zum Wegschaffen des Altöls.
○ Mit einer Ölkanne erleichtert man sich das Einfüllen des frischen Motoröls.

Wohin mit dem Altöl?

Das beim Ölwechsel anfallende Altöl muß ordnungsgemäß beseitigt werden. Wer es einfach ins Erdreich versickern läßt, vergräbt oder in die Kanalisation schüttet, verunreinigt das Grundwasser, gefährdet die Trinkwasserversorgung und muß mit hohen Geldstrafen rechnen. Altöl kann man kostenlos dort abgeben, wo man Motoröl kauft (Quittung aufbewahren!) oder bei einer nahegelegenen Altölsammelstelle. Deren Adresse erfahren Sie von der Gemeindeverwaltung, der örtlichen Polizei oder einer Autoclub-Geschäftsstelle.

Fingerzeige: **Das beim Ölwechsel anfallende Altöl wird von spezialisierten Firmen bei Tankstellen, Werkstätten usw. eingesammelt und der Wiederverarbeitung zugeführt. Voraussetzung für die Verarbeitung des Altöls ist, daß keine Fremdstoffe beigemischt sind, andernfalls ist das Altöl lediglich noch Abfall, dessen Beseitigung Geld kostet.
Der alte Ölfiltereinsatz darf nicht in die Mülltonne wandern, sondern muß – wie übrigens auch ölgetränkte Lappen – zum Sonder-Müll gegeben werden. Die Adresse der Sammelstelle erfahren Sie von der Gemeindeverwaltung.**

Ausstattung für den Heimwerker-Ölwechsel:
1 – **Trichter zum Umfüllen des Altöls;**
2 – **Motoröl in ausreichender Menge;**
3 – **Öleinfüllkanne;**
4 – **Altölkanister;**
5 – **Ölkanister mit herausgeschnittener Seitenwand zum Auffangen des Ablaßöls.**

Die Ölablaßschraube (Pfeil) sitzt in Fahrtrichtung rechts an der Ölwanne. Zum Lösen ist ein Ringschlüssel das am besten geeignete Werkzeug.

Motoröl und Ölfilter wechseln

Wartung Nr. 1

- Öl nur bei betriebswarmem Motor wechseln! Deshalb den Wagen evtl. warmfahren.
- Den BMW möglichst waagrecht aufbocken (abstützen!) oder über eine Rampe fahren.
- Geeignetes Gefäß unter die Ölwanne stellen.
- Ablaßschraube mit Ringschlüssel öffnen, Öl auslaufen lassen. Vorsicht, es ist heiß!
- Haben Sie den Wagen nur vorn aufgebockt, sollten Sie ihn zum völligen Auslaufenlassen des Altöls nochmals ablassen. Aufpassen, daß dabei das Auffanggefäß nicht beschädigt wird oder umkippt.
- Zentrale Schraube oben am Filterdeckel losdrehen, Deckel abnehmen.
- Filtereinsatz auswechseln.
- Beim Zusammenbau auf die Dichtungen achten, defekte Dichtungen ersetzen.
- Zentralschraube mit 30 Nm anziehen.
- Ölablaßschraube sauberreiben und mit neuem Dichtring eindrehen; nicht anknallen, sonst wird das Führungsgewinde in der Ölwanne beschädigt (33 Nm).
- Öl einfüllen.
- Motor kurz laufen lassen, Öldichtheit kontrollieren.

Die Ölfüllmenge

Modell	Ölfüllmenge ohne Filterwechsel (zwischen den Intervallen)	Ölfüllmenge mit Filterwechsel
320i/325i	5,75 Liter	6,5 Liter

ATF-Stand im Schaltgetriebe kontrollieren

Wartung Nr. 13

Im Getriebe wird das Schmiermittel nicht wie im Motor verbraucht, sondern kann allenfalls durch undichte

Auswechseln des Ölfiltereinsatzes. Es bedeuten:
1 – Gehäusedeckel;
2 – Filtereinsatz;
3 – Filtergehäuse.
Der Pfeil zeigt auf den oberen Dichtring des Filtereinsatzes.

Zur Verdeutlichung, daß im Schaltgetriebe ATF eingefüllt ist, sind Ölablaßschraube (2) sowie die Kontroll- und Einfüllschraube (1) mit Außensechskant versehen.

Stellen ins Freie gelangen. Zeigt das Getriebegehäuse von außen keine feuchtigkeitsdurchtränkte Schmutzkruste, ist nicht mit ATF-Verlust zu rechnen. Wer's genau wissen will, macht beim Schaltgetriebe die Probe an der Kontroll- und Einfüllschraube (siehe Bild oben):

- Fahrzeug waagrecht aufbocken.
- Sechskantschraube SW 17 herausdrehen.
- Läuft nun bereits etwas ATF heraus, stimmt der Flüssigkeitsstand.
- Ansonsten Finger in das Schraubengewinde stecken und fühlen, ob die Schmierflüssigkeit bis an die Öffnung heranreicht: Ausreichender Flüssigkeitsstand.
- Bei größerem Flüssigkeitsmangel an der Tankstelle oder in der Werkstatt die vorgeschriebene ATF-Sorte einfüllen lassen.

ATF für Schalt- und Automatikgetriebe

Das Getriebe unserer BMW-Modelle wird – egal, ob Schalt- oder Automatikgetriebe nur mit **ATF**, einer Flüssigkeit, die ursprünglich nur für automatische Getriebe gedacht war, befüllt. Ein beliebiges Fabrikat darf es aber nicht sein. Deshalb hat BMW eine Freigabeliste erstellt. Einen Auszug daraus finden Sie am Ende des Buches.

ATF im Schaltgetriebe wechseln

Wartung Nr. 39

Anläßlich der Inspektion II ist beim BMW ein Wechsel der ATF im Schaltgetriebe fällig. Für diese Arbeit sind Sie an der Tankstelle oder in der Werkstatt am besten aufgehoben. Dort verfügt man über die nötige Einfüllvorrichtung. Wer dennoch an Selbsthilfe denkt, verfährt so:

- Bei betriebswarmem Getriebe Ablaßschraube öffnen und alte ATF ablaufen lassen.
- Ablaßschraube wieder eindrehen, aber nicht zu fest anknallen.
- **1,0 Liter** ATF wird beim **320i** in die Einfüll- und Kontrollöffnung gegossen.
- **1,2 Liter** ATF erhält der **325i**.
- Zum leichteren Einfüllen gibt es ATF-Dosen mit einem kurzen Schlauchstück zu kaufen. Bei herkömmlichen Dosen muß man sich mit einem separaten Schlauch und aufgestecktem Trichter behelfen.
- Das Getriebe ist richtig befüllt, wenn die ATF bei waagrecht stehendem Wagen **bis zur Unterkante** der Einfüllbohrung reicht bzw. ein wenig aus der Bohrung herausläuft.
- Einfüllschraube eindrehen. Nicht zu fest anknallen, da konisches Gewinde.

ATF im Automatikgetriebe wechseln

Wartung Nr. 40

Mit jeder Inspektion II wird der Wechsel der ATF im automatischen Getriebe fällig. Gleichzeitig muß die Ölwanne gereinigt und das Ölsieb gewechselt werden – eine Arbeit für die BMW-Werkstatt.

Fingerzeig: Das automatische Getriebe unserer BMW-Modelle besitzt keinen Peilstab mehr, wie das früher üblich war. Mit anderen Worten: Das Automatikgetriebe wird ein Mal mit 3,0 Liter ATF befüllt und man geht – wie beim Schaltgetriebe – davon aus, daß der Flüssigkeitspegel bei dichtem Getriebe bis zum nächsten ATF-Wechsel konstant bleibt.

Ölstand im Hinterachsantrieb kontrollieren

Wartung Nr. 14

Sind am Hinterachsantrieb keine Ölspuren zu sehen, kann davon ausgegangen werden, daß der Ölstand stimmt. Genaueren Aufschluß gibt die folgende Prüfung:

- Öleinfüllschraube des Hinterachsgetriebes bei genau waagrecht stehendem Wagen herausdrehen (Innensechskant 10 mm).
- Läuft etwas Öl heraus oder reicht der Flüssigkeitsspiegel genau bis zur Unterkante der Kontrollöffnung, ist alles in Ordnung.
- Ist der Ölstand beträchtlich gesunken, ist mit einer Undichtigkeit zu rechnen (ölverschmiertes Gehäuse?).
- Hinterachsgetriebe abdichten und Ölstand ergänzen lassen.

Öl für das Hinterachsgetriebe

Eine Zusammenstellung der von BMW freigegebenen Öle bekannter Hersteller finden Sie in der Betriebsstoffliste hinten im Buch.

Öl im Hinterachsantrieb wechseln

Wartung Nr. 41

Wie beim Getriebe ist auch am Hinterachsantrieb zu jeder Inspektion II ein Wechsel des Schmiermittels fällig. Das macht die Werkstatt weit müheloser als der Selbsthelfer. Die Arbeit verläuft so:

- Wagen etwa 15 Minuten fahren, damit das Öl im Hinterachsgetriebe warm wird.
- Einfüll- und Ablaßschraube mit Innensechskantschlüssel 10 mm öffnen und Öl ablassen.
- Beide Schrauben – sie sind magnetisch – von evtl. anhaftenden Metallspänen reinigen.
- Ablaßschraube wieder eindrehen und vorgeschriebene Ölsorte einfüllen. Es werden für den 320i **1,1 Liter** und für den 325i **1,7 Liter** gebraucht.
- Einfüllschraube nicht vergessen!

Flüssigkeitsstand der Servolenkung kontrollieren

Ständige Kontrolle

Die Servolenkung besitzt eine ATF-Dauerfüllung – man braucht damit zwar nicht an einen regelmäßigen Wechsel zu denken, wohl aber an die laufende Füllstandskontrolle:

- Bei **stehendem** Motor Deckel des Vorratsbehälters der Servolenkung abschrauben.
- Den im Deckel angebrachten Peilstab abwischen, Deckel jetzt nur lose auf den Behälter auflegen, damit der Meßstab eintaucht.
- Flüssigkeitsstand am wieder abgenommenen Deckel mit Peilstab ablesen: Das Niveau soll sich zwischen den beiden Markierungen befinden.
- Stimmt der Pegel nicht, Motor starten und langsam ATF (siehe folgenden Abschnitt) nachgießen, bis der Füllstand die richtige Höhe hat. Dazu zwischendurch nachmessen.
- Nach dem Abstellen des Motors kann das Niveau 5 mm über die obere Marke ansteigen. Das ist normal.
- Deckel zuschrauben.

ATF für die Servolenkung

Als Hydraulik-Flüssigkeit für die Servolenkung dient ATF – genauso wie beim Schalt- und Automatikgetriebe. Doch BMW akzeptiert nicht alle Fabrikate. Einen Auszug aus der Freigabeliste finden Sie am Ende des Buches.

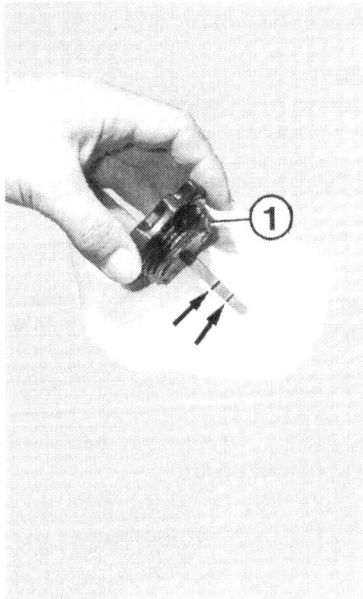

Zur Kontrolle des Flüssigkeitsstands im schwer zugänglichen Vorratsbehälter (Pfeil in der linken Abbildung) der Servolenkung ist am Behälterdeckel (1) ein Peilstab angebracht. Die Pfeile deuten auf die Markierungen »Min« und »Max«.

Öleinfüllschraube (1) und die Ölablaßschraube (2) am Hinterachsgetriebe.

Züge, Gelenke und Schlösser schmieren

Wartung Nr. 10

Beim Durchführen dieses Wartungspunkts gilt folgende Faustregel: An Scharnieren und Gelenken mit engen Durchgängen, in die kein Fett eindringen kann, ist Öl oder Schmierspray günstiger. Gegeneinander reibende Flächen werden besser gefettet oder mit einer Schmierpaste behandelt, da diese Gleitstoffe besser haften.

Türen und Kofferraumdeckel

- Die Türscharniere sind beim BMW wartungsfrei. Trotzdem sind sie gelegentlich für einen Spritzer Öl dankbar.
- Die Schloßfallen an Türen und Kofferraumdeckel können mit etwas Sprühfett behandelt werden.
- Die Kofferraumdeckelscharniere besprühen Sie mit etwas Öl. Lappen dahinterhalten!

Schließzylinder

- Sprühen Sie spätestens zu Beginn der kalten Jahreszeit etwas Rostlöser-Isolierspray in den Schlüsselschlitz. Es schmiert, verdrängt Feuchtigkeit und schützt vor Rost sowie Einfrieren im Winter.

Motorhaube

- Die Motorhaubenscharniere und -stützen erhalten etwas Öl oder Schmierspray.
- Auf die gleiche Weise wird das Haubenschloß geschmiert.

Schiebedach

- Gleitschienen des Schiebedaches sauberreiben.
- Schienen mit Silikonpaste oder -spray fetten.
- Darauf achten, daß der empfindliche Dachhimmel nicht verfleckt wird.

Gasbetätigung schmieren

Wartung Nr. 9

- Von einem Helfer bei ausgeschaltetem Motor das Gaspedal durchtreten lassen.
- An allen sich hierbei bewegenden Stellen die eventuell anhaftende Schmutzkruste abreiben und anschließend etwas Öl ansprühen, während ein Helfer ein paar Mal das Gaspedal durchtritt.
- Dem Gaszug kann es nicht schaden, wenn zusätzlich etwas Öl von vorn in seine Hülle gesprüht wird.

Der Motor und sein Innenleben

Sechs in Reihe

Mit einem Zylinder wird der Mann zur noblen Erscheinung. Weit davon entfernt ist er dagegen, wenn er mit einem Einzylinder auftaucht. Drum gibt's im BMW Zylinder en masse: Sechs Stück in Reihe.

Vierventiler-Sechszylindermotoren

Bewährte Technik

Vierventil-Technik ist im Hause BMW ein alter Hut. Schon im Jahre 1978 war das legendäre BMW M1 Coupé mit einem Vierventil-Sechszylindermotor ausgestattet. Der für den Rennsport entwickelte Wagen leistete 277 PS und wurde in fast 500 Einheiten gebaut.

Später kamen die Vierventiler – neben den Rennsport-Einsätzen – in den Wagen der M-Serie zur Anwendung, angefangen mit dem M 635 CSi. Der große Durchbruch der Vierventiltechnik in der Serie erfolgte dagegen 1989 mit dem Vierzylinder-Vierventiler-Motor im BMW 318is und 1990 mit den neuen Sechszylindermotoren in der 5er-Reihe.

Genau dieselben Motoren wie im 5er tun auch in der 3er-Reihe ihren Dienst. Die neuen, M50 genannten Motoren lösen in der 3er-Reihe den in zwei Modellgenerationen verwendeten »kleinen« Sechszylinder M20 ab.

Motordaten

Äußerlich unterscheiden sich die beiden Hubraum-Versionen mit 2,0 und 2,5 Liter Hubraum praktisch nicht. Lediglich die Motordaten sorgen für klare Unterscheidung:

Typ		320i	325i
Motor		M50	M50
Leistung	kW/PS	110/150	141/192
Hub	mm	66	75
Bohrung	mm	80	84
Hubraum nach Steuerformel	cm^3	1991	2494
Gemisch-Aufbereitung		Elektronische Einspritzung	Elektronische Einspritzung
Typ		Motronic	Motronic

Warum Vierventil-Technik?

Eines der Grundprobleme des Viertaktmotors ist es, die Zylinder während des Ansaugtakts mit der ausreichenden Menge Kraftstoff/Luft-Gemisch zu füllen. Das Problem vergrößert sich mit steigender Drehzahl, weil ja die Ventil-Öffnungszeiten dadurch immer kürzer werden. Der Techniker spricht von Füllungsverlusten.

Dem zu begegnen, wählt man den Ventildurchmesser so groß als möglich. Denn nur so kann mehr Gemisch einströmen. Diesem Bestreben setzt jedoch der Brennraumdurchmesser Grenzen.

Hier fußt nun der Grundgedanke der Vierventiltechnik: Vier Ventilteller addieren sich zu einer insgesamt größeren Öffnungsfläche als zwei noch so große – jeweils auf dieselbe Brennraumgröße bezogen.

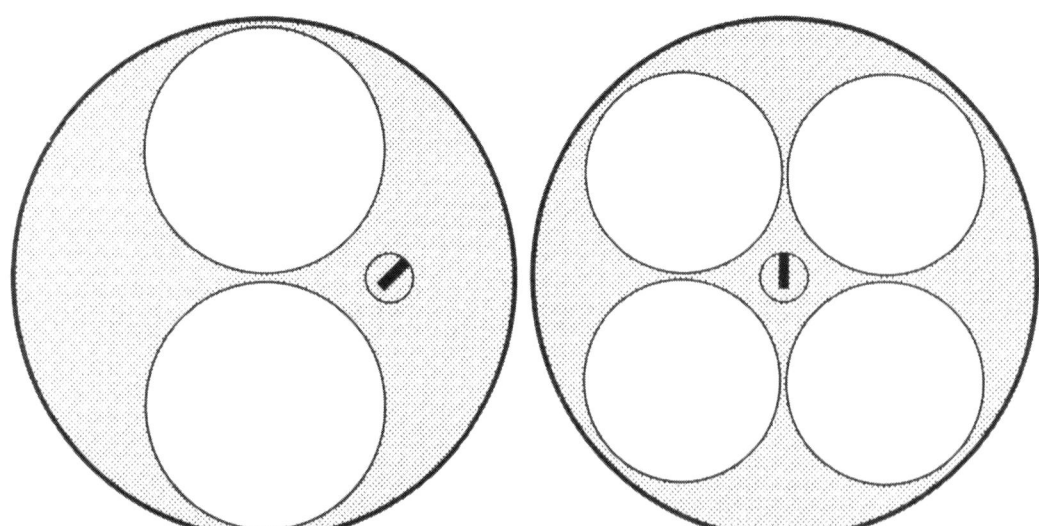

Die Vorteile des Vierventiler-Prinzips liegen auf der Hand: Im kreisrunden Zylinder lassen sich zwei Ventilkreise nicht bliebig vergrößern. Bald stoßen sie aneinander, während rechts und links ungenutzter Raum bleibt. Vier kleine Kreise kann man dagegen vergleichsweise elegant unterbringen und erreicht dadurch einen insgesamt größeren Öffnungsquerschnitt.

Vorteile der Vierventil-Technik

Kaum ein Automobilhersteller entschließt sich zu teuren Mehraufwendungen an seinen Fahrzeugmodellen, wenn sich nicht gleichzeitig mehrere Vorteile daraus ergeben. Und die sind bei der Vierventil-Technik tatsächlich gegeben:
○ Vier Ventile ermöglichen größere Durchlaßquerschnitte für Frisch- und Abgas. Das freiere Atmen kommt der Motorleistung und damit auch dem Kraftstoffverbrauch zugute. So hat ein Vierventiler einen ca. 8% geringeren spezifischen Kraftstoffverbrauch im Vergleich zum Zweiventiler.
○ Vierventiler besitzen kleinere Ventile. Dadurch geringere bewegte Massen, was schnelleres Reagieren des Ventiltriebs zur Folge hat. Angenehmer Nebeneffekt: Man benötigt weniger straffe Ventilfedern zum Schließen der Ventile.
○ Die kleineren Ventile kühlen sich während der Schließzeiten über die Ventilsitze besser ab als große Ventile. Daher geringere thermische Probleme.
○ Vierventiler-Motoren sind auf Grund der Brennraumverhältnisse unempfindlicher gegenüber klopfender Verbrennung. Sie vertragen ein um 1–5 Punkte höheres Verdichtungsverhältnis.
○ Die Zündkerze kann beim Vierventiler optimal in Brennraummitte plaziert werden.

Die Einzelteile des Motors

Wer sich für die Funktion des Motors interessiert, findet im folgenden die wichtigsten Teile herausgegriffen und beschrieben, bevor wir zu den Wartungs- und Reparaturarbeiten kommen.

Kolben und Zylinder

Nichts ist bei diesem Motor vom alten Sechszylinder (M20) übriggeblieben. Auch das Kurbelgehäuse wurde neu entwickelt. Die in den Zylinderbahnen laufenden Kolben sind mit Ventiltaschen versehen – je zwei für die Ein- und die Auslaßventile. 320i und 325i besitzen unterschiedliche Kolben: Der 320i hat flache Kolbenböden, der 325i hat Muldenkolben.
Die Kühlung der Kolben erfolgt über Öl-Spritzdüsen, die einen konstanten Ölstrahl von unten auf die Kolbenböden richten.
Die aus Leichtmetall gegossenen Kolben besitzen eine Stahleinlage, welche die Wärmedehnung verringert. Im oberen Drittel jedes Kolbens sind drei Kolbenringe elastisch in entsprechende Nuten im Kolben eingebettet. Sie drücken federnd gegen die Zylinderwand. Die beiden oberen Kolbenringe verwehren dem Gasgemisch den Weg aus dem Verbrennungsraum nach unten ins Kurbelgehäuse, während der untere Ölabstreifring verhindert, daß allzuviel Schmiersaft vom Kurbelgehäuse in den Brennraum gelangt.
Die Zylinder, in denen die Kolben auf und ab laufen, sind in das Graugußmaterial des Motorblocks eingearbeitet. Die Zylinderbohrungen sind im sogenannten Kreuzschliff gehont (geschliffen). Die Wandungen dürfen nicht völlig glatt sein, weil sonst das zur Schmierung notwendige Öl nicht daran haften kann. Die Bohrungen der Zylinder sind um 0,02 mm weiter als die zugehörigen Kolben. Bis zu drei Mal können die Zylinderlaufbahnen bei Motorüberholungen ausgeschliffen werden – auf ein Zwischenmaß sowie auf ein erstes und ein zweites Übermaß.

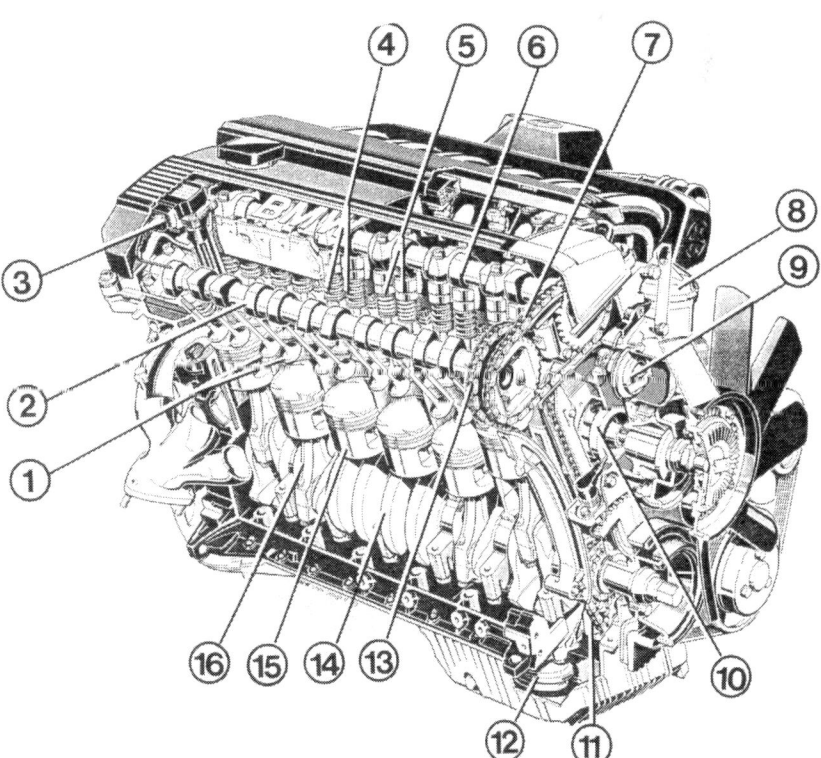

In der Schnittzeichnung unseres Sechszylinder-Motors ist die Anordnung der Einzelteile sehr schön zu erkennen. Es bedeuten:
1 – Auslaßventile;
2 – Auslaßnockenwelle;
3 – Zündspule für Zylinder 6;
4 – Ventilfedern;
5 – Tassenstößel mit hydraulischem Ventilspielausgleich;
6 – Einlaßnockenwelle;
7 – Sekundärsteuerkette;
8 – Ölfiltergehäuse;
9 – Thermostat;
10 – Wasserpumpe;
11 – Antriebskette zur Ölpumpe;
12 – Ansaugschnorchel der Ölpumpe;
13 – Primärsteuerkette;
14 – Kurbelwelle;
15 – Kolben;
16 – Pleuel.

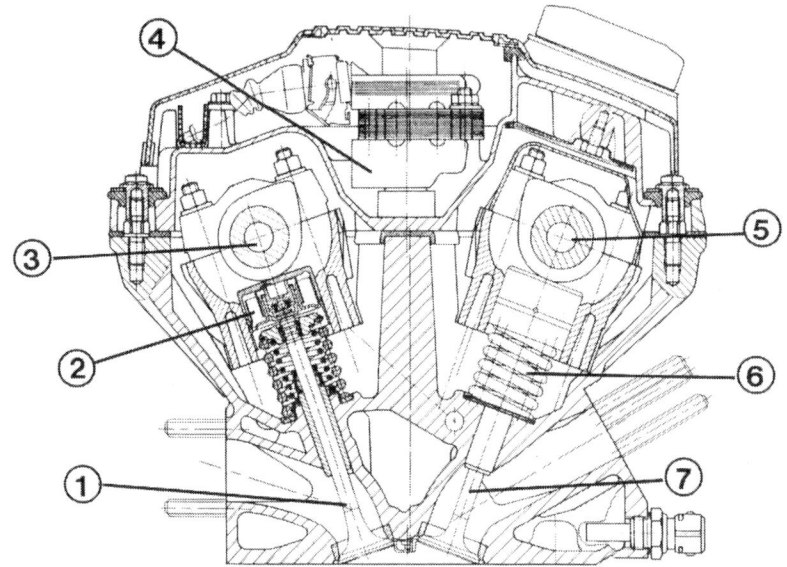

Der Schnitt durch den Zylinderkopf zeigt:
1 – Auslaßventil;
2 – Tassenstößel (Schnitt) mit hydraulischem Ventilspielausgleich;
3 – Auslaßnockenwelle;
4 – Zündspule;
5 – Einlaßnockenwelle;
6 – Ventilfeder;
7 – Einlaßventil.

Die Kurbelwelle

Die Kurbelwelle muß die geradlinige Bewegung der in den Zylindern auf und ab laufenden Kolben in eine Drehbewegung umzusetzen. Die zu den Kolben führenden Verbindungsstangen – die Pleuel – wirken deshalb, versetzt zur Mittelachse der Welle.

Die einzelnen Kurbeln sind auch zueinander versetzt angeordnet, und zwar jeweils im Winkel von 60°. Für vibrationsarmen Lauf sitzen gegenüber den Kurbelzapfen Gegengewichte – insgesamt sind es zwölf Stück. Um ein Durchbiegen der Kurbelwelle im Betrieb zu vermeiden, ist sie an insgesamt sieben Stellen im Motorblock gelagert. Jede Kurbel wird also an beiden Seiten durch ein Motorlager gestützt.

In Fahrtrichtung hinten sitzt auf der Kurbelwelle eine Scheibe mit dem Zahnkranz für das Ritzel des Anlassers. Das ist entweder die Schwungscheibe, auf welche die Kupplung und damit die Verbindung zum Getriebe montiert wird, oder die Mitnehmerscheibe, an die der Drehmomentwandler der Getriebeautomatik geschraubt ist.

Am anderen Ende der Kurbelwelle sind die Kettenräder für Nockenwellen- und Ölpumpenantrieb sowie die Riemenscheibe für den Keilrippenriemen angeschraubt. Ebenfalls am vorderen Ende der Kurbelwelle ist der Schwingungsdämpfer befestigt – eine große, auf einer harten Gummieinlage gelagerte Metallscheibe, die einen Teil der Kurbelwellen-Schwingungen aufnehmen kann. Dieser Dämpfer ist gleichzeitig als Zahnscheibe für den Drehzahl-/Positionsgeber der Motronic ausgebildet.

Zweimassen-Schwungscheibe

Fahrzeuge mit Klimaanlage sind in Schaltgetriebeversion mit einer Zweimassen-Schwungscheibe ausgestattet. Sinn dieser Einrichtung ist es, die bei Motorlauf an der Kurbelwelle bestehenden Drehschwingungen – sie entstehen durch die nacheinander zündenden Zylinder – nicht an den Antrieb weiterzugeben. So werden die durch die Schwingungen entstehenden Geräusche vermieden.

Der Aufbau der Zweimassen-Schwungscheibe sieht folgendermaßen aus: Fest mit der Kurbelwelle ist das vordere Teil der Schwungscheibe verschraubt. Darauf ist ein Drehschwingungsdämpfer montiert, der aus einem ausgeklügelten Feder-/Dämpfersystem besteht.

Das hintere Teil der Schwungscheibe ist an diesem Schwingungsdämpfer befestigt, hat also keinerlei starre

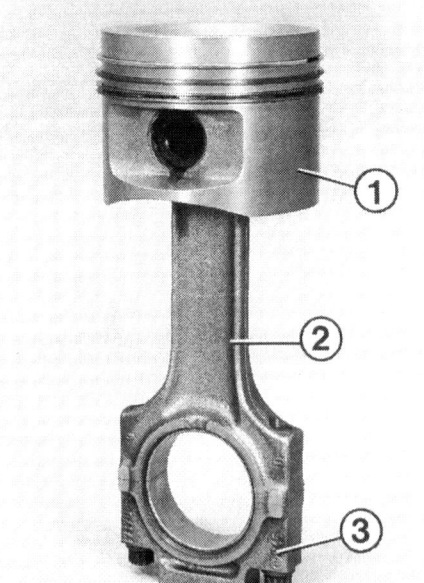

Das Foto zeigt den Kolben (1) mit den drei Kolbenringen im oberen Drittel des sogenannten Kolbenhemds, also der Seitenfläche des Kolbens. Ferner zu sehen das Pleuel (2) mit aufgeschraubten Pleuellagerdeckel (3).

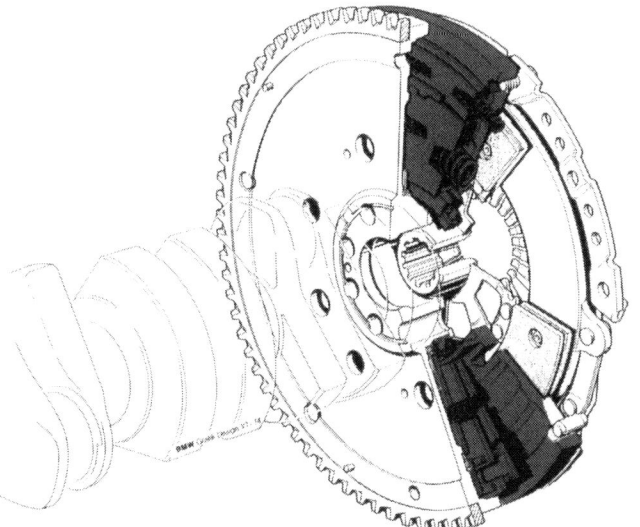

Die Zweimassen-Schwungscheibe ist hier als Schnittbild zu sehen. Es ist rot dargestellt und besteht aus dem vorderen Teil (links im Bild) und dem Drehschwingungsdämpfer (rot dargestellt). Dahinter ist die Kupplungs-Mitnehmerscheibe und die an der Zweimassen-Schwungscheibe festgeschraubte Kupplungs-Druckplatte zu sehen.

Verbindung zum Vorderteil und damit zur Kurbelwelle. Schon die hier montierte Kupplung ist also schwingungsmäßig vom Motor getrennt.

Die Pleuel

Die sechs Pleuel sind mit auswechselbaren Lagerschalen auf den Kurbelwellenzapfen montiert. In ihrem anderen Ende tragen sie Bronzebuchsen für die Kolbenbolzen, die schwimmend gelagert sind. Darunter ist zu verstehen, daß sich Kolben und Kolbenbolzen auf dem Pleuel etwas vor und zurück bewegen können.

Der Zylinderkopf

Der schon erwähnte Vierventil-Zylinderkopf ist aus Gewichtsgründen und wegen der besseren Wärmeleitfähigkeit aus Leichtmetall gegossen. Die Ventilsitze, die aus gehärtetem Stahl gefertigt sein müssen, werden bei erhitztem Zylinderkopf eingesetzt. Dadurch sind sie nach dem Abkühlen fest »eingeschrumpft«.
Die Ventile selbst gleiten in Messing-Ventilführungen und ragen von oben in den Brennraum oberhalb der Kolben.

Die Ventilsteuerung

Bekanntlich haben wir im BMW einen Viertaktmotor, der das Gemisch aus Kraftstoff und Luft ansaugt, verdichtet, zündet und die verbrannten Gase wieder ausstößt. Fürs Ansaugen der Frischgase und das Ausschieben der Altgase bleibt dem ventilgesteuerten Verbrennungsmotor nur wenig Zeit. Weder kann die Nockenwelle die Ventile schlagartig öffnen noch vermögen sie die Ventilfedern derartig schnell zu schließen. Deshalb sind die Nocken so geformt, daß die Einlaßventile bereits gegen Ende des Auslaßtakts öffnen und erst dann schließen, wenn der Kolben nach Beendigung des Ansaughubs wieder verdichtend aufwärtsstrebt. Die Auslaßventile öffnen schon vor Abschluß des Arbeitstakts und schließen erst, wenn der Kolben bereits wieder Frischgas ansaugt. Beide Ventilpaare sind deshalb einen Sekundenbruchteil gleichzeitig geöffnet, wenn der Kolben im Oberen Totpunkt (OT) vom Ausstoßen zum Ansaugen umkehrt. Diese Zeitspanne wird mit Ventilüberschneidung bezeichnet.

Die Nockenwellen

Zwei Nockenwellen sind für das rechtzeitige Öffnen und Schließen der Ventile verantwortlich. Die in Fahrtrichtung rechts angeordnete Nockenwelle betätigt die Auslaßventile, die links eingebaute die Einlaßventile.
Die sieben Lagerstellen der Nockenwellen befinden sich nicht direkt im Zylinderkopf, sondern pro Seite in je einer separat abnehmbaren Lagerleiste. Diese Leisten nehmen auch die Hydrostößel des hydraulischen Ventilspielausgleichs auf.
Die Stößel sind zwischen Nockenwelle und Ventilschaft-Ende angeordnet. Auf sie drücken die einzelnen Nocken der Nockenwelle, um die Ventile zu öffnen. Durch ihre Form bedingt werden die Stößel im BMW Tassenstößel genannt – sie erinnern an eine über den Ventilschaft gestülpte Kaffeetasse.

Hydraulischer Ventilspielausgleich

Einstellen des Ventilspiels ist beim Vierventiler-Motor nicht mehr notwendig. Der hydraulische Ventilspielausgleich schafft bei jeder Ventilbetätigung das richtige Spiel. Der Ventiltrieb arbeitet dadurch spielfrei, aber dennoch ist dafür gesorgt, daß die geschlossenen Ventile fest auf dem Ventilsitz aufliegen und damit einwandfrei abdichten.
Akustisch wahrnehmbarer Vorzug der Hydrostößel: Der spielfreie Ventiltrieb arbeitet wesentlich geräuscharmer als der herkömmliche.

Fingerzeig: Nach längeren Standzeiten kurz nach dem ersten Motorstart können die Hydrostößel laute Klappergeräusche verursachen. Dieser Effekt tritt auf, wenn alles Öl aus den Hydrostößeln ausgelaufen und dadurch wieder Spiel im Ventiltrieb entstanden ist (siehe folgenden Abschnitt). Kein Grund zur

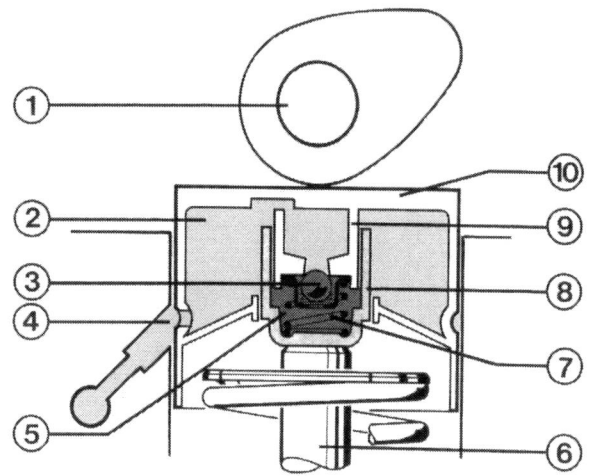

Der Hydrostößel im Schnitt. Das unter Hochdruck gesetzte Öl ist rot dargestellt. Hellrot abgesetzt ist die zur Ventilbetätigung nicht benötigte Ölmenge. Die Zahlen bezeichnen die folgenden Teile:
1 – Nocken der Nockenwelle;
2 – Ölvorratsraum;
3 – Rückschlagventil;
4 – Ölzulauf;
5 – Hochdruckraum;
6 – Ventilschaft;
7 – Druckfeder;
8 – Zylinder;
9 – Kolben;
10 – Stößel.

Besorgnis: Das Geräusch verschwindet nach kurzer Zeit, und der Ventiltrieb arbeitet wieder geräuschfrei. Klappert ein einzelner Hydrostößel längere Zeit oder sogar noch bei warmem Motor, muß er ausgewechselt werden.

Funktion der Hydrostößel

Bei geschlossenem Ventil gelangt Öl aus dem Schmierkreislauf des Motors über eine Ringnut in den Hydrostößel. Nach Passieren des Rückschlagventils im Stößel fließt der Schmierstoff in den momentan noch völlig drucklosen Hochdruckraum und füllt diesen ganz aus. Parallel zu diesem Vorgang drückt die Druckfeder den Stößel spielfrei an die Nockenwelle bzw. den Zylinder gegen das Ende des Ventilschafts.

Dreht sich nun die Nockenwelle und drückt ihr exzentrischer Nocken gegen den Stößel, so steigt der Druck im Hochdruckraum. Das Rückschlagventil verschließt die Zulaufbohrung und sorgt dafür, daß kein Öl mehr entweichen kann. Da sich das Öl nicht komprimieren (in sich zusammendrücken) läßt, ist damit eine starre Verbindung zwischen Hydrostößel und Zylinder hergestellt. Das Ventil kann also durch die Kraft der Nocke niedergedrückt werden.

Nach dem Schließen des Ventils entsteht durch Lecköverlust ein geringfügiges Ventilspiel, das aber durch die Druckfeder – sie drückt den Hydrostößel nach oben – sofort wieder ausgeglichen wird. In das vergrößerte Volumen des Druckraums strömt nun bei geöffnetem Rückschlagventil wieder Öl nach. Damit ist der Stößel bereit zur nächsten Ventilbetätigung.

Antrieb der Nockenwelle

Langlebiges Antriebselement der Nockenwelle sind im Vierventilermotor zwei Ketten. Die Hauptantriebskette (die sogenannte Primärkette) verläuft von der Kurbelwelle zur auslaßseitigen Nockenwelle. Damit sie auf dem langen Weg nicht flattert oder peitscht, wird sie von einer hydraulisch gedämpften Spannschiene im Zaum gehalten.

Das Nockenwellen-Kettenrad der Auslaß-Nockenwelle ist doppelt ausgeführt. Auf der einen Radhälfte läuft die Primärkette. Die zweite Radhälfte ist für die Sekundärkette reserviert, die von dieser Stelle aus die zweite Nockenwelle auf der Einlaßseite antreibt. Durch gleiche Zähnezahl an beiden Rädern der Sekundärkette ist Gleichlauf beider Wellen gewährleistet.

Die Zylinderkopfdichtung

Die Dichtung zwischen Motorblock und Zylinderkopf hat einen schweren Stand: Sie hat dafür zu sorgen, daß die Verbrennungsräume und die Kanäle für Kühlmittel und Öl voneinander getrennt bleiben. Dabei muß sie enormen Temperatur- und Druckschwankungen widerstehen.

Das Schmiersystem

Im Motor verlangt eine ganze Reihe von Lagerstellen und Reibpartnern nach Schmierung. Das Motoröl muß dorthin unter Druck gepumpt werden – von der Ölpumpe. Sie saugt den Schmiersaft durch einen siebbewehrten Schnorchel an und drückt ihn in den Hauptstromfilter. Ist das Filterpapier von Schmutz zugesetzt, weil der Filtereinsatz nicht rechtzeitig gewechselt wurde, tritt ein Sicherheitsventil in Aktion. Es öffnet, der Filter wird umgangen, die Ölversorgung ist sichergestellt. Allerdings bewirkt ungefiltertes Motoröl höheren Verschleiß an den Lagerstellen. Vom Filter aus gelangt das schmierfähige Naß über Bohrungen im Zylinderblock zu den Kurbelwellen- bzw. Pleuellagern, den Lagern der Nebenwelle und den Lagerstellen des Ventiltriebs im Zylinderkopf. Dort austretendes Öl kann wegen der Schräglage des Motors an der tiefsten Stelle des Zylinderkopfes durch eine Bohrung schnell und ohne sich weiter zu erwärmen in die Ölwanne zurücklaufen. Die Zylinderwandungen und Kolbenbolzen werden übrigens von Spritzöl geschmiert, das an den Pleueln

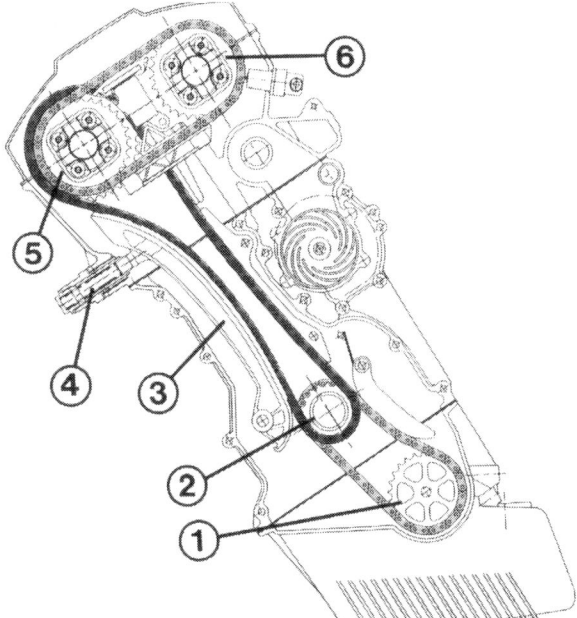

Der Nockenwellenantrieb des Vierventilers: Die Primärkette (rot) treibt vom Kurbelwellen-Kettenrad (2) das Kettenrad der Auslaßnockenwelle (5) an. Die Sekundärkette (oben rosa) wird von der Auslaß-Nockenwelle in Bewegung gesetzt und treibt die Einlaß-Nockenwelle (6). Gespannt wird die Primärkette über die Führungsschiene (3) durch den hydraulisch gedämpften Kettenspanner (4).
Eine weitere Kette überträgt die Drehung der Kurbelwelle auf das Kettenrad der Ölpumpe (1).

austritt. Die Kolbenböden werden von unten mit Öl besprüht, das aber hier nicht zur Schmierung, sondern zur Kühlung herangezogen wird.

Die Ölpumpe

Ganz unten in der Ölwanne sitzt wohl das wichtigste Zusatzaggregat des Motors: die Ölpumpe. Sie sorgt dafür, daß alle schmierbedürftigen Stellen – und das sind nicht wenige – mit dem nötigen Druck die richtige Menge des lebenswichtigen Schmiersaftes erhalten. Angetrieben wird sie über einen Kettentrieb von der Kurbelwelle.
Die Ölpumpe arbeitet nach dem Eaton-Prinzip. Hinter diesem Begriff, der sich recht exotisch anhört, verbirgt sich einfache Technik: Ein Außenzahnrad ist in einem innen verzahnten Rad untergebracht (das sind die beiden Rotoren). Durch eine spezielle Formgebung der Zähne und die außermittige Anordnung des Innenrotors wird erreicht, daß sich bei der gemeinsamen Drehung beider Zahnräder immer wieder neue Freiräume bilden. In diesen Freiräumen entsteht ein Unterdruck, der den Schmiersaft ansaugt. Von den sich drehenden Zahnrädern wird er nun zur Ausgangsseite der Pumpe und von dort aus in die Ölkanäle gedrückt.
Obwohl das ganze recht spielerisch aussieht, wird da unten in der Ölwanne Schwerstarbeit geleistet: Mehr als 30 Liter liefert so eine Ölpumpe in der Minute bei Vollgas – und das ohne Wartungsanspruch, denn sie schmiert sich selbst.

Öltemperatur

In modernen Motoren geht man davon aus, daß die Öltemperatur stets im zulässigen Bereich bleibt. Zu Vergleichszwecken interessant ist die Motoröltemperatur am Ölfilterflansch oder in der Ölwanne; dort ist der Schmiersaft am kühlsten. Dagegen können an den Kolbenringen Temperaturen bis 300°C auftreten. Falls Sie nachträglich ein Ölthermometer eingebaut haben: 150°C in der Ölwanne gilt als höchstzulässige Temperatur. Voraussetzung ist dabei allerdings ein hochwertiges Motoröl.
Schädlich für den Motor ist auch eine zu niedrige Öltemperatur. Das Öl hat dann seine volle Schmierfähigkeit noch nicht erreicht. Deshalb sollten Sie nach Möglichkeit den Motor nach dem Kaltstart nicht hoch drehen lassen, bis das Öl etwa 60°C erreicht hat. Für den BMW gilt als Anhaltspunkt, daß das Motoröl gegenüber dem Kühlmittel etwa doppelt so lange braucht, bevor es seine Betriebstemperatur erreicht hat.

Öldruck

Nur im Falle einer Störung wird üblicherweise der Öldruck kontrolliert: Im **Leerlauf** soll er **0,5–2,0 bar** betragen, bei **Höchstdrehzahl 4,0–6,0 bar**. Natürlich beziehen sich diese Werte auf den **betriebswarmen Motor**, denn bei kaltem, zähflüssigem Öl ist der Druck schon im Leerlauf relativ hoch.
Normalerweise überwacht ein Öldruckschalter den Druck im Schmiersystem. Ein Kontakt im Schalter wird geschlossen, wenn der Öldruck unter **0,2–0,5 bar** fällt. Das ist ein sehr niedriger Druckwert. Er stellt das absolute Minimum dessen dar, was zum Sicherstellen der Motorschmierung nötig ist. Deshalb den Motor **sofort abstellen**, wenn unterwegs die Ölkontrolleuchte aufflackert! Sonst riskieren Sie einen Lagerschaden.
Vielleicht war Ölmangel die Ursache für den fehlenden Öldruck. Sofort nachfüllen. Oder der Öldruckschalter selbst ist defekt (Kapitel »Instrumente und Geräte«).

Die Kurbelgehäuse-Entlüftung

Selbst völlig intakte Motoren blasen in der Minute 50 bis 70 Liter Verbrennungsgase an den Kolbenringen vorbei ins Kurbelgehäuse. Dieser Druck muß aus dem Motor entweichen können, damit die Dichtungen nicht zu stark beansprucht werden. Das geschieht über die Kurbelgehäuse-Entlüftung. Die giftigen Gase aus dem Motorinnern werden zum Schutz der Umwelt in den Ansaugtrakt des Motors zurückgeleitet und von dort aus zur vollständigen Verbrennung nochmals vom Motor angesaugt.

Fingerzeig: Bläst der Motor kräftig Öldunst zur Kurbelgehäuse-Entlüftung hinaus, sind die Kolben und Zylinder schon erheblich verschlissen.

Motor auf Öldichtheit kontrollieren

Wartung Nr. 32

- Betrachten Sie den Motor von oben und unten.
- Geringfügig ölfeuchte Stellen sind nicht bedenklich, alle Motoren schwitzen gelegentlich etwas Schmiermittel aus.
- Ölflecken unter dem geparkten Wagen und deutlichen Ölnässen sollten Sie aber auf den Grund gehen.
- Motor mit einem Dampfstrahlgerät und Motorreiniger an der Tankstelle oder in einem »Reinigungspark« säubern.
- Nach einer Probefahrt von wenigen Kilometern wird kontrolliert, wo Öl austritt.

Mögliche Leckstellen

An welchen Stellen beim BMW-Motor Öl austreten kann, finden Sie hier aufgezählt:
- Abdichtungen der Kurbelwelle vorn und hinten
- Steuergehäusedeckel ganz vorn am Motor
- Verschlußschraube für den Kettenspanner
- Zylinderkopfdeckeldichtung
- Zylinderkopfdichtung
- Ölfiltergehäuse
- Öldruckschalter
- Ölwannendichtung

Fingerzeig: Manche Tankstellen haben Dampfstrahlgeräte mit Münzeinwurf zur Selbstbedienung. Wer den Motorreiniger selbst mitbringt, kommt so zu einer preiswerten Motorwäsche. Gleiches gilt für die sogenannten Reinigungsparks. Unbedingt Arbeitskleidung mitnehmen.

Die Motorlebensdauer

BMW-Motoren sind als langlebig bekannt – sie können ohne weiteres 200000 km und mehr erreichen. Allerdings entscheidet der Fahrer durch seinen Umgang mit der Maschine, ob sie biblisches Alter erreicht oder ob der Exitus schon früh erfolgt. Von Bedeutung ist hierbei die Motoröltemperatur. Während die Kühlmittel-Temperaturanzeige schon relativ früh Betriebstemperatur signalisiert, ist das Motoröl frühestens nach etwa 10 Minuten Fahrt völlig einwandfrei schmierfähig.

Nach wochenlangem Kurzstreckenverkehr ist es ebenfalls nicht ratsam, gleich voll aufs Gaspedal zu treten. Bei den langen Leerlaufminuten in der Stadt bilden sich in den Brennräumen und an den Ventilen Ablagerungen, die bei voller Betriebstemperatur und zügiger, aber nicht scharfer Fahrt langsam abgebrannt werden sollen.

Drehzahlen

Ein Verbrennungsmotor gibt seine höchste Leistung bei einer bestimmten Drehzahl ab – der sogenannten **Nenndrehzahl**. Höher als diese hinauszudrehen bringt keine Mehrleistung, sondern allenfalls besseres Anschließen an den nächsten Getriebe-Gang, was aber nur für die maximale Beschleunigung entscheidend ist. Für eher geruhsames Fahren hält man den Motor möglichst im **Drehzahlbereich des größten Drehmoments**. Dort ist die beste Durchzugskraft vorhanden.

Die **Höchstdrehzahl** zeigt, daß man dem Motor nach guter alter BMW-Manier in Sachen Drehfreudigkeit einiges abverlangen kann. Denn die Ventile werden über Tassenstößel direkt von den obenliegenden Nockenwellen betätigt. Dabei sind nur geringe Massen zu bewegen, was hohe Drehzahlen ohne Gefahr für den Ventiltrieb gestattet. Höchstdrehzahl ist bei BMW nicht gleich **Dauerdrehzahl**. Um Überbeanspruchung vorzubeugen, wurde die zulässige Dauerdrehzahl um 200/min niedriger angesetzt. Eine sinnvolle Einschränkung zugunsten der Motorlebensdauer.

Die Tabelle gibt eine Übersicht über die verschiedenen Drehzahlen der beiden Motoren:

Modell		320i	325i
Nenndrehzahl	1/min	5900	5900
Höchstes Drehmoment bei	1/min	4700	4700
zulässige Dauerdrehzahl	1/min	6200	6200
Höchstdrehzahl	1/min	6400	6400

Drehzahl-Begrenzung

Oberhalb der Höchstdrehzahl geraten die Ventilfedern so stark ins Schwingen, daß ein einwandfreies Öffnen und Schließen der Ventile nicht mehr gewährleistet ist. Die Ventilfedern können brechen, was zur Folge hat, daß das betreffende Ventil auf dem Kolben aufschlägt und gewaltige Zerstörungen anrichtet. Damit es erst gar nicht so weit kommen kann, sperrt die Motronic-Einspritzung bei Überdrehzahlen (ca. 6400 ± 80/min) die Kraftstoffzufuhr – die Drehzahl fällt wieder ab. Falls Sie sich also über Motoraussetzer in sehr hohen Drehzahlen gewundert haben, so ist das keine Störung, sondern der eingebaute Selbstschutz des Motors.

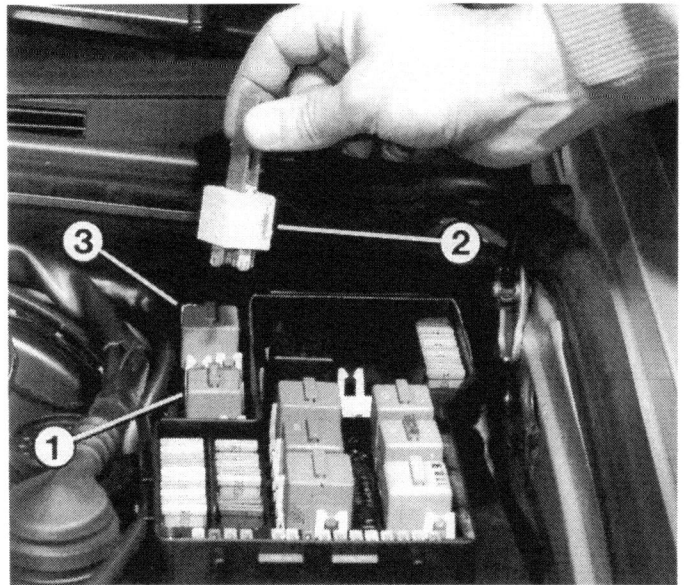

Zum Prüfen des Kompressionsdrucks muß das Hauptrelais der Motronic (2) sowie das Kraftstoffpumpenrelais (1) abgezogen werden. Das Relais der Lambda-Sondenbeheizung (3) kann eingesteckt bleiben.

Kompressionsdruck messen

Die Messung des Kompressionsdrucks in den Motorzylindern gibt Aufschluß darüber, ob Ventile und Kolbenringe noch gut abdichten. Leistung, Kaltstartverhalten sowie Öl- und Kraftstoffverbrauch unseres Motors hängen davon ab. Eine Prüfung also, die zur Fehlersuche und beim Gebrauchtwagenkauf interessant ist.

- Motor warmfahren. Die Kolbenringe dichten bei warmem Öl besser ab.
- **Hauptrelais** der Motronic **und Kraftstoffpumpenrelais** abziehen (siehe Bild oben), damit kein Kraftstoff mehr eingespritzt wird.
- **Alle** Zündkerzen herausschrauben (Kapitel »Die Zündanlage«).
- Gummikonus des Druckprüfers auf das Kerzenloch des 1. Zylinders (in Fahrtrichtung der vordere) pressen bzw. Anschlußleitung ins Zündkerzengewinde schrauben.
- Handbremse anziehen, Schalthebel in Leerlauf bzw. Getriebeautomatik-Wählhebel in Stellung »P« drücken.
- Von Helfer den Motor mit dem Anlasser durchdrehen lassen. Das Gaspedal muß er dabei voll durchtreten (zwecks besserer Zylinderfüllung).
- Steigt der Druckwert nicht mehr wesentlich an, Anzeigewert notieren und am nächsten Zylinder weitermessen.
- Der minimale Kompressionsdruck soll bei allen Zylindern **10–11 bar** betragen.
- Wichtiger als der absolute Kompressionsdruck (Meßgerätetoleranz ist möglich) ist jedoch die Differenz zwischen den Zylindern. Maximal **0,5 bar** Unterschied sind zulässig.
- Nach der Messung Zündkerzen wieder einbauen.

Störungsbeistand

Zu niedriger Kompressionsdruck

Gleichmäßig niedriger Kompressionsdruck ist nicht unbedingt ein Alarmzeichen; Ursache können Meßtoleranzen zwischen verschiedenen Prüfgeräten sein. Bedenklich ist es dagegen, wenn zwischen den Meßwerten für die Zylinder Unterschiede von mehr als ca. 3 bar bestehen. Das kann folgende Ursachen haben:
- Kolben- und Kolbenringverschleiß
- Festsitzende Kolbenringe durch Rückstandsbildung
- Unrunde Zylinder als Folgeerscheinung von Kolbenklemmern
- Ablagerungen an den Ventilschäften oder -sitzen durch Verbrennungs- bzw. Schmierölrückstände
- Verbrannte Ventile. In den meisten Fällen sind undichte Ventile die Ursache für mangelhaften Kompressionsdruck und damit geringere Motorleistung. Abhilfe bringt entweder Einschleifen der Ventile oder die Überholung des Zylinderkopfes.

Fehlersuche

Um bei zu niedrigem Kompressionsdruck den Fehler lokalisieren zu können, wendet man folgenden Trick an: Ins Zündkerzenloch mit einer Spritzkanne etwas zähflüssiges Öl träufeln und Kompressionsdruck nochmals messen.
- Sind die Werte weiterhin schlecht, liegt es an den Ventilen.
- Erhalten Sie höhere Druckwerte, liegt es an den Kolbenringen und vielleicht auch an den Zylindern. Das eingefüllte Öl hat kurzfristig zwischen Kolben und Zylinderwänden besser abgedichtet, so daß das komprimierte Gas kaum noch entweichen konnte.

Sehr praktisch zum Durchdrehen des Motors von Hand ist die verlängerte Zentralmutter (Pfeil) der Kurbelwellen-Riemenscheibe. Hier läßt sich bequem ein Schlüssel ansetzen.

Motor durchdrehen

Zu manchen Arbeiten muß man die Kurbelwelle des Motors entweder in eine bestimmte Stellung bringen oder durchdrehen.

● Dazu auf ebener Fläche den 5. Gang (Schaltgetriebe ist Voraussetzung) einlegen und den Wagen vor- oder zurückschieben. Oder:

● Einen gekröpften SW-22-Ringschlüssel auf der Zentralmutter der Kurbelwellen-Riemenscheibe ansetzen und den Motor direkt durchdrehen.

Oberen Totpunkt suchen

Beim Viertaktmotor kommt der Kolben während der vier Arbeitstakte zweimal in den Oberen Totpunkt (OT): Einmal beim Zünden des angesaugten Gemisches und zum zweiten Mal nach dem Ausstoßen der Altgase mit anschließend beginnendem Wiederansaugen von Kraftstoff/Luft-Gemisch.

Bei verschiedenen Arbeiten am Motor (beispielsweise Abbauen des Zylinderkopfes) wird üblicherweise der OT von Zylinder 1 (der vordere) während des Zündzeitpunkts gebraucht.

● Zylinderkopfdeckel abnehmen (folgender Abschnitt) und Kurbelwelle so lange durchdrehen, bis die beiden Nocken von Ein- und Auslaß-Nockenwelle an Zylinder 6 – das ist der in Fahrtrichtung hintere – auf Überschneidung stehen.

● Dann bewegt sich der eine Tassenstößel nach unten, während sich der andere gerade nach oben bewegt. Kontrolle: An Zylinder 1 zeigen die Nocken zueinander, die Tassenstößel bewegen sich jetzt nicht.

● Damit die Sache ganz genau wird, Kurbelwelle ein Stückchen hin- oder herdrehen, bis sich ein passender Bolzen durch die Bohrung am Kurbelgehäuse in die dahinterliegende Bohrung der Schwungscheibe stecken läßt (siehe Abbildung unten links).

Links: Durch die hier mit einem Stopfen verschlossene Bohrung hinten links am Kurbelgehäuse kann ein Bolzen gesteckt werden, um die Schwungscheibe in OT-Stellung zu arretieren. Der Pfeil zeigt auf den Verschlußstopfen. Rechts: Steht die Kurbelwelle auf OT-Zündzeitpunkt von Zylinder 1, so zeigen die Nocken an Einlaß- und Auslaß-Nockenwelle bei Zylinder 1 zueinander (Pfeile).

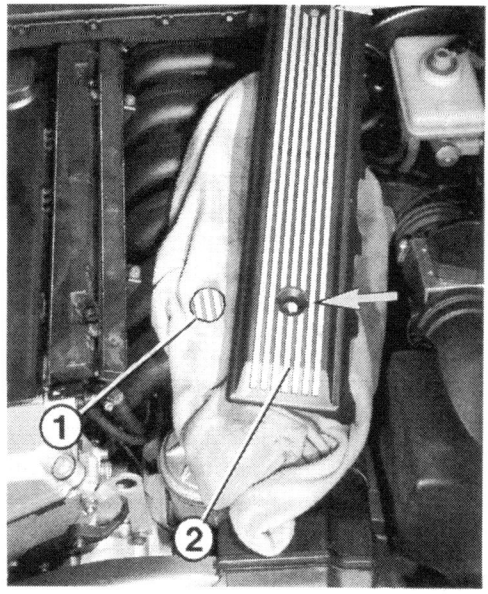

Links: Ausbau der Abdeckung auf dem Zylinderkopfdeckel. Abdeckkäppchen (1) aus den hier mit Pfeilen bezeichneten Vertiefungen heraushebeln. Dann die beiden Muttern (2) in den Vertiefungen lösen. Vor dem Herausschwenken des Deckels muß natürlich der Öleinfülldeckel abgenommen werden.
Rechts: Die Abdeckung (2) über den Einspritzventilen ist mit zwei Sechskantschrauben (Pfeile) befestigt. Die Schrauben sind nach Abdrücken der Abdeckkäppchen (1) zugänglich.

Der Zylinderkopfdeckel

Aus- und Einbau

- Öleinfülldeckel abschrauben.
- Verschlußstopfen in den Abdeckungen von Zylinderkopfdeckel und Einspritzventilen heraushebeln.
- Muttern bzw. Schrauben unter den Stopfen lösen, Abdeckungen abnehmen.
- Alle Zündspulen abschrauben (siehe Zündungs-Kapitel).
- Schlauch für Kurbelgehäuse-Entlüftung abziehen.
- 14 Verschraubungen des Zylinderkopfdeckels lösen, Deckel abnehmen.
- Beim **Einbau** beachten: Dichtungen prüfen. Verhärtete, eingerissene Dichtungen ersetzen.
- Dichtungen auflegen. Auf richtige Einbaulage der Dichtungen an den Zündkerzenbohrungen sowie an der Rückseite des Zylinderkopfes achten.
- Auf richtigen Sitz der Gummihülsen an den Verschraubungen achten.
- Verschraubungen über Kreuz in der Mitte beginnend und in zwei Stufen mit nur 10 Nm anziehen.
- Masseleitungen an der mittleren Schraubenreihe (2. und 4. Schraube) mit anschrauben.

Die Steuerketten

Die Ventilsteuerung erfolgt beim M50-Motor – wie schon erwähnt – über Ketten.
Die kleinen Brennräume lassen es nicht zu, daß eines der Ventilpaare geöffnet hat und somit in den Verbrennungsraum ragt, während sich der betreffende Kolben nach oben – seiner höchsten Stellung zu – bewegt. Dieser Fall könnte eintreten, wenn durch eine falsch eingebaute Kette die Einstellung von Nockenwelle zu Kurbelwelle nicht stimmt (siehe »Zylinderkopf einbauen«). Dann schlägt das Ventil auf den Kolbenboden auf – Motor-Totalschaden.

Die Pfeile im Bild deuten auf die 14 Schrauben, die zum Abnehmen des Zylinderkopfdeckels gelöst werden müssen.

Steuerzeiten einstellen	Unter dem Begriff Steuerzeiten versteht man das zeitgerechte Öffnen und Schließen der Ventile in Abhängigkeit zur Stellung der Kolben und damit der Kurbelwelle. Einzustellen im Sinn von Justieren gibt es da nichts. Es wird nach Demontagearbeiten in diesem Bereich lediglich geprüft, ob Nockenwellen und Kurbelwelle in der richtigen Stellung zueinander stehen, was nach Abnehmen der Steuerketten nicht mehr unbedingt der Fall zu sein braucht. Wie die Steuerzeiten eingestellt werden, ist im Abschnitt »Zylinderkopf aus- und einbauen« beschrieben.
Kettenspanner für die Steuerketten	Zur Vermeidung von Kettengeräuschen und zum Ausgleich von Verschleiß an den Steuerketten (sie längen sich etwas im Laufe der Zeit) dienen ein Kettenspanner an der rechten Motorseite und ein weiterer oben im Zylinderkopf: ○ Ein federbelasteter und mit Öl gedämpfter Kolben drückt die rechte Führungsschiene gegen die Primärkette, wodurch sich diese spannt. ○ Eine federbelastete Spannschiene drückt von unten gegen den oberen Bogen der Sekundärkette. ○ Ohne Kettenspanner arbeitet die Kette der Ölpumpe.
Störungen am Kettenspanner	Rasselgeräusche, die von einer der Steuerketten ausgehen, lassen auf eine stark gelängte Kette (Verschleiß bei mehr als 150 000 km) oder einen defekten Spannmechanismus schließen. Fehlerursache: ○ Dämpfungskolben sitzt verklemmt (Primärkette) ○ Feder ist erlahmt
Kettenspanner für Primärkette ausbauen	● Außen sitzende Verschlußschraube lösen; Vorsicht, sie steht unter Federdruck! ● Feder und Kolben herausziehen. ● Zum **Einbau** muß die Nut am Kolben in die Spannschiene eingreifen. ● Verschlußschraube festdrehen (40 Nm).

Arbeiten am Zylinderkopf

Arbeiten am Zylinderkopf setzen gute Kenntnis der Materie und Spezialwerkzeug voraus. Als Beispiel sei der Ausbau der Nockenwellen genannt. Hierzu wird ein Spezialwerkzeug gebraucht wird, das die Nockenwellenlager festklemmt, bis alle Lagerschrauben gelöst sind. Nur so kann die betreffende Nockenwelle ohne Biegebelastung ausgebaut werden. Wenn das nicht beachtet wird, kann es später zu einem Bruch der Welle kommen.

Aus diesen und weiteren Erkenntnissen heraus würden wir dem versierten Selbsthelfer bestenfalls noch den Aus- und Einbau des kompletten Zylinderkopfes zum Auswechseln der Zylinderkopfdichtung zumuten wollen. Von weitergehenden Arbeiten ist jedoch abzuraten.

Störungsbeistand

Zylinderkopfdichtung Häufigster Schaden im Bereich Zylinderkopf ist eine defekte Zylinderkopfdichtung. Dieser Defekt tritt meistens als Folge von Überhitzung auf.

Erkennungsmerkmal	Ursache/Besonderheiten
A Kühlflüssigkeitsstand nimmt stetig langsam ab	Kühlmittel gelangt in sehr geringer Menge in die Brennräume. Diese Erscheinung kann sich ohne weitere Merkmale über längere Zeit hinziehen. Andere Möglichkeit: Kühlanlage undicht
B Beträchtlicher Kühlmittelverlust. Der Wagen zieht bei Betriebstemperatur einen weißen Abgasschleier hinter sich her	Kühlmittel dringt in großer Menge in einen Verbrennungsraum, verdampft dort und entweicht als weiße Fahne durch den Auspuff
C Aus dem geöffneten Kühler steigen bei laufendem Motor Luftblasen auf oder beim Öffnen des Verschlußdeckels sprudelt eine größere Menge Kühlmittel heraus	Verbrennungsgase werden ins Kühlsystem gedrückt. Aus der Öffnung des Kühlers riecht es nach Abgasen
D In Regenbogenfarben schillernde Verfärbung oder schwarze Verfärbung an der Oberfläche des Kühlmittels	Öl aus dem Schmierkreislauf gelangt ins Kühlsystem
E Grau oder braun aussehende Emulsion am herausgezogenen Ölpeilstab oder Öl von Wasserbläschen durchsetzt	Kühlflüssigkeit ist in den Schmierkreislauf geraten. Achtung: Wasser im Motoröl kann einen Lagerschaden verursachen. Zylinderkopfdichtung sofort wechseln (lassen). Motor nicht mehr starten; Wagen zur Reparatur abschleppen

Fingerzeige: Ist nach einem Schaden an der Zylinderkopfdichtung Öl ins Kühlsystem gelangt, muß der Kühler gespült werden. Dazu 2 Liter Kühlerreinigungsmittel (z. B. Solvethane) in die ausgebauten Teile

Links: Hier schauen wir von rechts unten auf den Motor. Hinter der Verschlußschraube (Pfeil) sitzt der Kettenspanner mit seiner Feder.

Rechts: Nach Niederdrücken des Kettenspanners der Sekundärkette kann die Spannschiene mit zwei passenden Stiften (Pfeile) arretiert werden.

einfüllen und kräftig schütteln. Gebrauchtes Kühlerreinigungsmittel zum Sondermüll geben. Kühlsystem anschließend durch mehrmaliges Neubefüllen mit heißem Wasser komplett durchspülen.
Ähnliche Symptome wie bei einer defekten Zylinderkopfdichtung entstehen auch durch kleine Risse im Zylinderkopf. Wenn also trotz offensichtlichen Defekts die Dichtung nach Demontage keine Schäden zeigt, muß ein Motorinstandsetzungsbetrieb den Zylinderkopf unter Druck prüfen.

Zylinderkopf ausbauen

Ausbau

Zu dieser Arbeit werden neben einem Drehmomentschlüssel das BMW-Werkzeug 11 3 240 zum Arretieren der Nockenwellen in OT-Stellung gebraucht sowie der Spezial-TORX-Schlüssel 11 2 250. Wer findig ist, ersetzt beides durch ähnliche Werkzeuge bzw. Vorrichtungen.

- Batterie abklemmen.
- Auspuffrohre vom Krümmer abschrauben, Auspuffbefestigung am Getriebe lösen.
- Luftmassenmesser und Luftfilter ausbauen (Kapitel »Motronic-Einspritzung«).
- Kühlmittel ablassen (Kapitel »Das Kühlsystem«).
- Gaszug aushängen.
- Steckerleiste von den Einspritzventilen abziehen.
- Ansaugkanal ausbauen.
- Wasserschläuche am Zylinderkopf abbauen.
- Zylinderkopfdeckel abschrauben.
- Nockenwellengeber ausbauen.
- Stecker an den Temperaturgebern abziehen.
- Kabelkanal vom Thermostatgehäuse lösen.
- Deckel vorn am Zylinderkopf (Räderkastendeckel) und Aufhängöse nach Lösen von acht Schrauben abnehmen.
- Abdeckhaube über der Nockenwelle auf der Einlaßseite abziehen.
- Zylinder 1 auf OT Zündzeitpunkt stellen, siehe weiter vorn in diesem Kapitel.
- Kolben des Kettenspanners für Primärkette ausbauen.
- Kettenspanner für Sekundärkette niederdrücken, passende Stifte in die Bohrungen an der Gehäuse-Rückseite stecken und Spanner damit arretieren.
- Kettenräder der Sekundärkette von den Nockenwellen abschrauben. Kettenräder zusammen mit Kette abnehmen.
- Kettenspanner für Sekundärkette abschrauben.
- Kettenführung unten für Sekundärkette abschrauben.
- Kettenrad der Primärkette abbauen, Kette abnehmen und festhalten.
- Kette mit Draht an die Garagendecke hochbinden. So kann die Kette nicht in den Kettenkasten fallen und bleibt außerdem auf dem unteren Kettenrad gespannt.
- Kurbelwelle nicht mehr drehen!
- Zylinderkopfschrauben entgegen der im Anzugsschema auf Seite 43 unten gezeigten Reihenfolge mit Spezial-TORX-Schlüssel lösen.
- Nochmals kontrollieren, ob alle Verbindungen vom Zylinderkopf zum Motorblock und zur Karosserie gelöst sind.
- Zylinderkopf abnehmen.
- Ist der Zylinderkopf mit der Dichtung am Motorblock festgebacken, helfen leichte Schläge mit dem Kunststoff-Hammer auf die Seitenfläche des Kopfes.

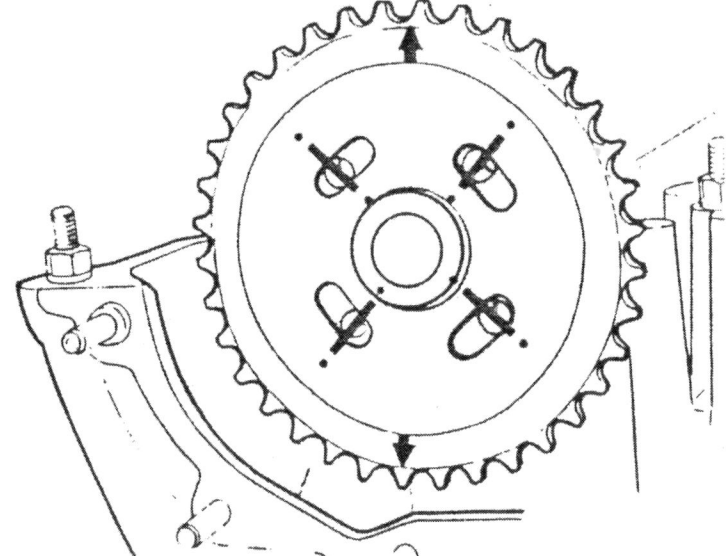

Das Kettenrad der Primärkette wird so auf die Nockenwelle aufgelegt, daß die Gewindebohrungen auf der linken Seite der Langlöcher liegen. Die Zeichnung zeigt, wie das aussehen muß.

Zylinderkopf einbauen

Der Wiedereinbau des Zylinderkopfes geht natürlich sinngemäß umgekehrt vonstatten wie der Ausbau. Doch auf einige Punkte gilt es besonders zu achten:

- Reste der alten Zylinderkopfdichtung sorgfältig von Block und Kopf entfernen. Am relativ weichen Zylinderkopf dazu kein hartes Werkzeug verwenden. Am besten ist Dichtungsentferner aus der Sprühdose.
- Dichtfläche am Kopf mit langem Metallineal auf Ebenheit kontrollieren. Unebenheiten bis maximal 0,03 mm sind zulässig.
- War Überhitzung die Ursache für den Dichtungsschaden, kann der Zylinderkopf verzogen sein. Dann den Kopf planschleifen lassen. Als Bearbeitungsgrenze gelten 139,55 mm Gesamthöhe von der Dichtfläche zum Zylinderkopfdeckel bis zur Dichtfläche zur Kopfdichtung.
- Max. 0,3 mm darf der Kopf insgesamt gegenüber dem Originalmaß nachgearbeitet werden. Dafür gibt es im Ersatzteillager eine 0,3 mm stärkere Zylinderkopfdichtung, die wieder Ausgleich schafft. Diese Dichtung trägt den Vermerk »+0,3 Rep.« neben der Kennzeichnung.
- Auch Risse können nach Überhitzung im Zylinderkopf auftreten. Das können Sie bei einem Motorinstandsetzer am ausgebauten Kopf prüfen lassen.
- In den Gewindelöchern am Zylinderblock darf kein Öl oder Wasser stehen. Sonst stimmt die Anpreßkraft der Zylinderkopfschrauben trotz richtigem Drehmoment nicht. Außerdem kann der Zylinderkopf im Bereich der Gewindelöcher reißen.
- Die Zylinderkopfschrauben dürfen nur einmal verwendet werden. Am Gewinde sowie unten am Schraubenkopf sollen sie leicht eingeölt sein.
- Paßhülsen in der Dichtfläche des Zylinderblocks auf Beschädigung und richtige Einbaulage prüfen.
- Die Unterlegscheiben für die Zylinderkopfschrauben sind beim Original-Zylinderkopf fest im Kopf eingepreßt. Bei Austausch-Zylinderköpfen müssen sie nachträglich aufgelegt werden.
- **Vor dem Aufsetzen** des Zylinderkopfes kontrollieren, ob Nockenwellen und Kurbelwelle noch auf OT stehen.
- Dazu die Nockenwellen mit Spezialwerkzeug 113 240 arretieren. Die Kurbelwelle ist durch den Dorn in OT-Stellung fixiert.
- Nach Auflegen der (neuen!) Zylinderkopfdichtung kann der Zylinderkopf montiert werden. Die Schrauben werden nach dem Anzugsschema in der Abbil-

Um sicherzustellen, daß die Nockenwellen auf OT-Stellung stehen, arretiert die Werkstatt die quadratischen Adapter hinten an den Nockenwellen (Pfeile) mit dem Spezialwerkzeug 113 240. Ohne Werkzeug muß man darauf achten, daß die Adapter parallel bzw. rechtwinklig zu der oberen Dichtfläche des Zylinderkopfes stehen. Zusätzlich die Stellung der Nocken von Zylinder 1 beachten.

Beim Auflegen der Sekundärkettenräder mit Kette muß darauf geachtet werden, daß die Pfeile oder Markierungen an den Rädern (hier mit Pfeilen gekennzeichnet) nach oben zeigen.

dung unten in mehreren Durchgängen (Tabelle auf der folgenden Seite) festgezogen.
- Die richtige Zylinderkopfdichtung ist übrigens an einer Einprägung zu erkennen: Beim 320i: 2,0/2,0; beim 325i: 2,5/2,5.
- Primärkette auf das Kettenrad auflegen – der Pfeil auf dem Kettenrad muß nach oben zeigen.
- Kettenrad so auf die Nockenwelle auflegen, daß die Gewindebohrungen auf der linken Seite der Langlöcher liegen (denn beim Einsetzen des Kettenspanners wird das Kettenrad nach links gedreht).
- Kettenspanner und Kettenführung für Primärkette einbauen.
- Kettenräder mit Sekundärkette auflegen – die Pfeile auf den Kettenrädern zeigen nach oben.
- Schrauben für Kettenräder zunächst nur handfest eindrehen.
- Kolben und Feder des Primärkettenspanners wieder einbauen.
- Arretierung des Sekundärkettenspanners herausziehen.
- Schrauben für Kettenräder endgültig mit 22 Nm anziehen.
- Dichtung am Räderkastendeckel erneuern, Paßhülsen überprüfen.
- Räderkastendeckel montieren.
- Gewindestifte am Auspuffkrümmer mit Kupferpaste fetten und Auspuff mit neuer Dichtung und neuen selbstsichernden Auspuffmuttern am Krümmer festschrauben (1. Stufe 30–35 Nm, 2. Stufe 50–55 Nm). Dann den Auspuffträger spannungsfrei am Getriebe befestigen (22–24 Nm).
- Kühlmittelschläuche befestigen, Kühlmittel einfüllen (Kapitel »Das Kühlsystem«).
- Motoröl wechseln.
- Gaszug einstellen (Kapitel »Motronic-Einspritzung«).
- Zylinderkopfdeckel wieder anbauen.

Damit der Zylinderkopf absolut plan und gleichmäßig aufliegt, müssen die 14 Zylinderkopfschrauben in der hier gezeigten Reihenfolge und den in der Tabelle auf der folgenden Seite angegebenen Drehmomenten angezogen werden. Nur so ist der richtige Sitz des Zylinderkopfes gewährleistet.

Zylinderkopf-Anzugsdrehmomente

○ Zylinderkopfschrauben nur einmal verwenden!
○ Schrauben an Gewinde und Kopfauflagefläche leicht einölen.
○ Öl und Wasser aus den Sacklöchern des Zylinderblocks entfernen.
○ Schrauben in der Reihenfolge 1 bis 14 (Abbildung auf der Vorseite unten) in 3 Durchgängen anziehen:

1. Stufe	2. Stufe	3. Stufe
Drehmoment 30–35 Nm	Drehwinkel 90°+5°	Drehwinkel 90°+5°

Lagerschaden

Klopfgeräusche aus dem Motorraum, die mit wärmer werdendem Öl lauter werden, sind Anzeichen für einen Lagerschaden.

Ursachen

○ Mangelnde Schmierung durch zu niedrigen Ölstand
○ Wasser im Motoröl als Folge einer defekten Zylinderkopfdichtung
○ Zu hohe Drehzahlen bei kaltem Motor und daher zähflüssigem Öl
○ Abgerissener Schmierfilm bei hohen Öltemperaturen, evtl. durch falsche Ölviskosität

Maßnahmen bei einem Lagerschaden

Um es vorweg zu nehmen – fast immer sind die Gleitlager der Pleuel defekt. Wenn Sie ein defektes Pleuellager bereits im Frühstadium erkennen, kann der Austausch der Lagerschalen genügen. Deshalb:
○ Bei harten Klopfgeräuschen aus dem Motorraum den Motor **sofort abstellen**. Oft leuchtet zusätzlich die Ölkontrollampe auf.
○ Motor nicht mehr starten, Wagen jetzt in die Werkstatt schleppen lassen.
○ Ist der Motor noch jünger als 100000 km, kann sich eine Teilreparatur lohnen:
○ Ölwanne ausbauen und Lagerdeckel aller Pleuellager abschrauben lassen.
○ Sind nur einzelne Lagerschalen beschädigt, die Zapfen der Kurbelwelle aber noch glatt, reicht Austauschen der Lagerschalen.
○ Eventuell muß anhaftendes Lagermetall vom Kurbelwellenzapfen entfernt werden.
○ In jedem Fall die Pleuelbohrung am defekten Lager vermessen lassen. Meist muß die Pleuelbohrung nachgebohrt werden – das kann nur der Motoreninstandsetzer.

Motor aus- und einbauen

Der Motor wird nach vorangegangenem Ausbau des Getriebes nach oben aus dem Motorraum gehoben. Dazu brauchen Sie einen Flaschenzug und einen Raum, in dem er stabil und in ausreichender Höhe aufgehängt werden kann. Günstig ist auch ein »vorbelasteter« Helfer.

Ausbau

● Batterie-Massekabel im Kofferraum abklemmen.
● Auspuffrohre von Auspuffkrümmer und Getriebestütze abbauen.
● Getriebe ausbauen.
● Motorhaube in Montagestellung bringen. Dazu Verriegelungen an den Haubenscharnieren lösen

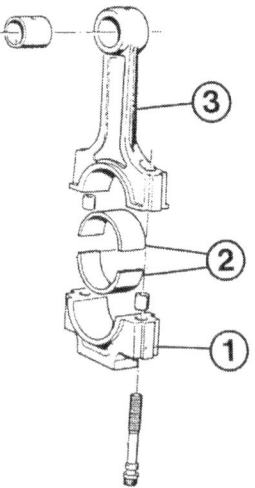

Die Hauptbestandteile des Pleuels: 1 – Lagerdeckel; 2 – Gleitlagerschalen; 3 – Pleuel-Oberteil.

Getriebe bzw. Kupplungsglocke sind großteils mit sogenannten TORX-Schrauben (Pfeile) am Motor befestigt.

bzw. Sechskantschraube lösen und Haube hochklappen. Achtung! Steht die Haube in Montagestellung, darf der Scheibenwischer nicht betätigt werden.
● Luftfilter zusammen mit dem Luftmassenmesser und dem Luftansaugschlauch ausbauen.
● Halteschrauben lösen und Luftführung für die Lichtmaschine vom Frontblech abheben.
● Kühlmittel ablassen und Kühler ausbauen (Kapitel »Die Kühlung«).
● Bei einem Fahrzeug mit Automatikgetriebe Ölleitungen am Getriebeölkühler abschrauben und Leitungen verschließen.
● Kühlerventilator ausbauen.
● Kühlmittelschläuche zur Heizung bzw. zum Heizventil (hintere Motorraumwand) abbauen.
● Frischluftschacht der Heizung ausbauen, dazu Gitter vom Luftschacht abheben. Befestigungsschrauben des Kabelkastens lösen. Halteschrauben des Luftschachts herausdrehen und Luftschacht nach oben herausziehen.
● Gaszug am Drosselklappenstutzen aushängen.
● Ansaugkrümmer zusammen mit dem Drosselklappenstutzen vom Motor losschrauben. Hierzu:
● Anschlußstück vom Bremskraftverstärker abziehen und Bohrung verschließen.

● Zündspulen- und Ansaugkrümmerabdeckung abbauen.
● Masseband am Räderkastendeckel abschrauben.
● Befestigungsschrauben lösen und Steckerleiste der Zündspulen komplett mit den Kabeln abnehmen.
● Anschluß der Kurbelgehäuse-Entlüftung am Zylinderkopf ausclipsen.
● Am Drosselklappenstutzen Stecker des Ansaugluft-Temperaturfühlers abziehen.
● Unten am Drosselklappenstutzen Schlauch der Tankentlüftung und Schläuche der Drosselklappenstutzen-Beheizung abbauen.
● Stecker vom Drosselklappenschalter abziehen.
● Schlauch des Leerlaufregelventils aus dem Sammelsaugrohr ausclipsen. Vorsicht! Die Haltezunge bricht leicht ab.
● Kraftstoffschläuche markieren und von den Leitungen neben dem Drosselklappenstutzen abziehen.
● Am Motorträger Kraftstoffschlauch von der Vorlaufleitung (zum Filter) abziehen.
● Stütze des Sammelsaugrohrs abschrauben.
● Ansaugkrümmer vom Zylinderkopf losschrauben.
● Stecker von Temperaturgeber, Kühlmittel-Temperaturanzeige, Öldruckschalter und Leerlaufregelventil abziehen.

 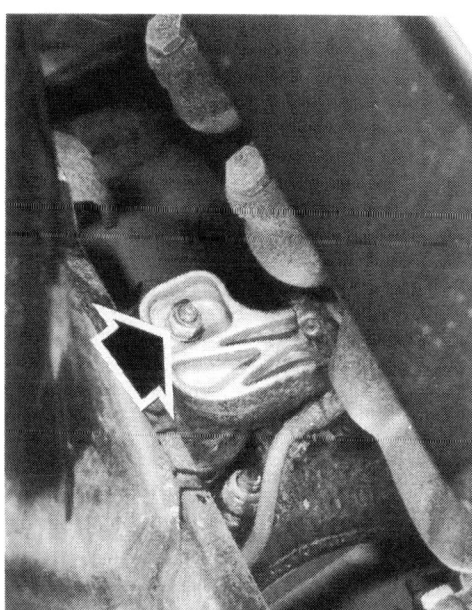

Ausbau des Motors.
Links: Der Zentralstecker des Motor-Kabelbaums kann nach Linksdrehen des Schraubrings von seinem Gegenstück getrennt werden. Die Pfeile zeigen auf die beiden Teile der Steckverbindung.
Rechts: Der Motor ruht vorn links und rechts je auf einem Gummi/Metall-Lager. Der Pfeil deutet auf die Bestigungsmutter am rechten Gummi/Metall-Lager.

- Steckverbindung am Nockenwellengeber und am Drehzahlgeber der Motronic trennen.
- Kabel von Lichtmaschine und Anlasser abbauen.
- Kabelschacht losschrauben und Motorkabelbaum zur Seite legen, Zentralstecker losschrauben und abziehen.
- Pumpe der Servolenkung ausbauen (Kapitel »Radaufhängung und Lenkung«). Die Leitungen bleiben angeschlossen.
- Vorratsbehälter der Servolenkung vom Motorträger abschrauben, zur Seite legen und festbinden.
- Bei Klimaanlage den Kompressor am Motor losschrauben, die Schläuche müssen unbedingt angeschlossen bleiben. Der Kompressor wird mit Draht im Motorraum aufgehängt.
- Kontrollieren, ob alle Kabel und Schlauchverbindungen vom Motor zur Karosserie gelöst sind. Am Motor befestigte Kabel dürfen nicht mehr an einem Kabelbinder der Karosserie hängen.
- Masseband am Motorlager lösen.
- Rechtes und linkes Motorlager abschrauben.
- Zwei Ketten mit dem Flaschenzug verbinden und diese in die Ösen vorn und hinten am Motor einhängen.
- Motor nach oben herausheben.

Einbau

Sinngemäß wird in umgekehrter Reihenfolge des Ausbaus vorgegangen. Dabei gilt es, einige Punkte besonders zu beachten:

- Generell alle selbstsichernden Muttern durch neue ersetzen.
- Achten Sie beim Einbau des Motors, daß keine Kabel, Leitungen oder Schläuche eingeklemmt werden.
- Anzugsdrehmomente der Schrauben beachten.
- Ausrücklager auf Verschleiß prüfen; wenn es rauh läuft, ersetzen (Kapitel »Kupplung«).
- Ausrücklager und Verzahnung der Antriebswelle mit MoS_2-Fett schmieren.
- Verschleiß der Kupplungs-Mitnehmerscheibe prüfen.
- Motoraufhängung zwecks spannungsfreiem Einbau noch nicht endgültig festziehen.
- Motor erst mit noch losen Schrauben kräftig hin- und herrütteln. Erst dann die Schrauben festziehen.
- Auspuff spannungsfrei einbauen.
- Kühlsystem befüllen und entlüften.
- Motoröl einfüllen.
- Zuletzt noch folgende Punkte vor, während bzw. nach der Probefahrt kontrollieren: Funktionieren Instrumente und Anzeigen? Arbeitet die Lenkanlage richtig? Tritt auch nirgends Öl, Kraftstoff oder Kühlmittel aus?

Anzugsdrehmomente

Bauteil		Nm
Gummi/Metall-Lager an Motorstütze		42
Motor an Getriebe	Sechskantschrauben M 8	22–27
	M 10	47–51
	M 12	66–82
	TORX-Schrauben M 8	20–24
	M 10	38–47
	M 12	64–80
Auspuffrohr vorn an Auspuffkrümmer	1. Stufe	30–35
	2. Stufe	50–55
Lüfterkupplung an Wasserpumpe (Linksgewinde)		40
Ansaugkrümmer an Zylinderkopf		15
Ölleitung an Getriebeölkühler		20

Die Auspuffanlage

Hinterausgang

Unangenehmes muß schnell verschwinden. Doch auf saubere Weise. Und ohne allzuviel Aufhebens zu verursachen.
Das ist kein Politiker-Grundsatz, sondern die Aufgabe der Auspuffanlage. Sie leitet die Abgase nach hinten, reinigt sie mit dem Katalysator und dämpft das Verbrennungsgeräusch.

Die Teile der Auspuffanlage

Bei beiden Motorversionen besteht die Auspuffanlage aus folgenden Teilen (von vorn nach hinten):
○ **Abgasrohr vorn mit Katalysator und Zwischenschalldämpfer**. Im vorderen Abgasrohr ist auch die Lambda-Sonde eingeschraubt.
○ **Nachschalldämpfer**. Er schließt sich an den Zwischenschalldämpfer an. Ein- und Ausgangsseite sind beim Modell 320i mit nur einem Abgasrohr bestückt, beim stärkeren 325i sind es deren zwei.

Auspuffanlage kontrollieren

Wartung Nr. 16

Die Auspuffanlage ist starr nur mit dem Auspuffkrümmer und durch einen Halter mit dem Getriebe verbunden. Am Fahrzeugboden hängt sie frei schwingend in Gummischlaufen.
● Haltegummis auf Brüchigkeit, Einrisse oder sonstige Schäden überprüfen, ggf. ersetzen.
● Schrauben der Halterungen am Getriebe und am Nachschalldämpfer auf festen Sitz prüfen, aber nicht mit aller Gewalt »anknallen«.
● Gleiches gilt für die Verschraubungen am Auspuffkrümmer und an den Rohr-Verschraubungen.
● Mit einem Lappen in der Hand bei laufendem Motor Auspuff-Endrohr(e) zuhalten. Der Motor muß nach kurzer Zeit stehenbleiben.
● Hören Sie zischende Geräusche und läuft der Motor ungestört weiter, ist die Anlage an der Geräuschstelle undicht.
● Ein dumpferer Auspuffton als gewöhnlich und Knallen im Schiebebetrieb weist auf einen durchgerosteten Auspuff hin.

Auspuffanlage erneuern

Reparaturen an einer durchgerosteten Auspuffanlage sind heute selten geworden. Verwendung von Edelstahl und verzinktem Blech macht's möglich. Wenn dann trotzdem eines der Teile der Abgasanlage zu Bruch geht, sollte man keine Reparaturversuche machen, sondern an Ersatz denken, denn einer Reparatur ist meist nur kurzer Erfolg beschieden: Auf rostgeschwächtem Blech kann nicht mehr geschweißt werden. Auspuffkitt und Bandagen sind zwar recht dauerhaft, aber das Blech bricht bald neben der Reparaturstelle aus. Das ist also nur ein Behelf für unterwegs.

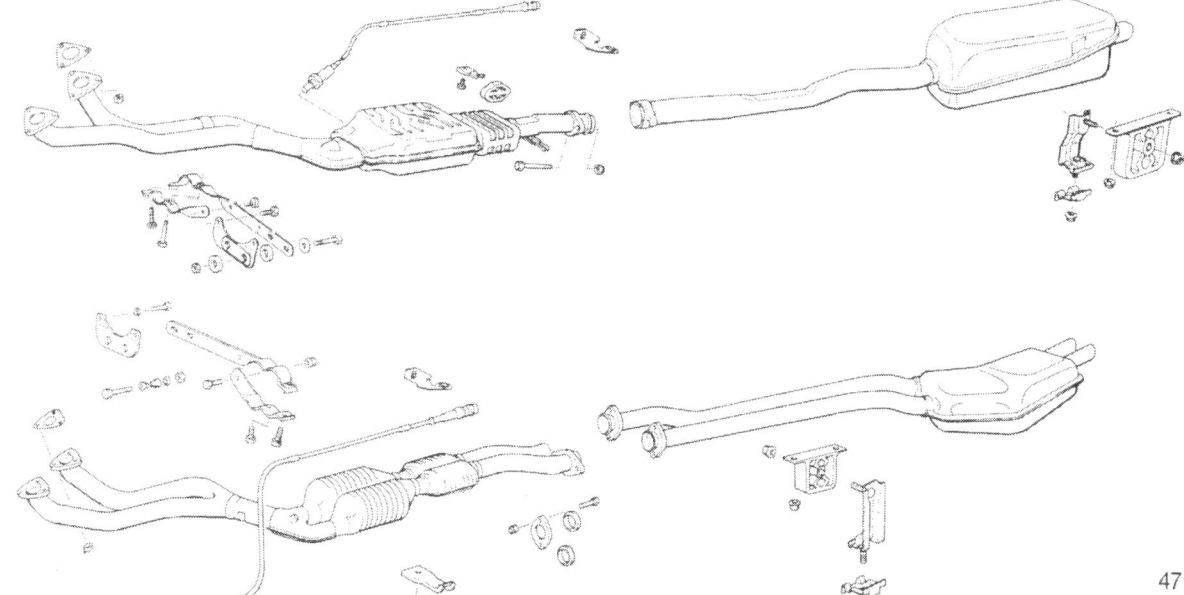

Die Zeichnungen zeigen alle Einzelteile der Auspuffanlage. Oben ist der Auspuff des 320i dargestellt, unten der des 325i.

Die Abgasrohre vorn sind durch einen Halter (Pfeil) am Getriebe abgestützt. Der Bügel selbst ist elastisch mit dem Getriebe verbunden.

Fingerzeig: Für den Ersatzteilkauf gilt, daß Dichtungen und selbstsichernde Muttern ersetzt werden müssen.

Katalysator mit Abgasrohren vorn ausbauen

- Steckverbindung der Lambda-Sonde trennen. Kabel zur Lambda-Sonde aus den Karosseriehaltern nehmen.
- Die Muttern auf den Stehbolzen des Auspuffkrümmers werden am besten mit einem scharfen Meißel zerstört.
- Sie bestehen für gewöhnlich aus sehr weichem Material mit eingelegter Gewindespirale. Das Gewindeteil muß dann noch einzeln vom Gewinde des Stehbolzens »gepopelt« werden.
- Fahrzeuge mit Automatikgetriebe: Querträger abschrauben.
- Verschraubung am Getriebe und die Flansche zum Vorschalldämpfer lösen (siehe dazu den Tip im folgenden Abschnitt).
- Gummiringe der Mittellagerung aushängen.
- Zum **Einbau** unbedingt neue selbstsichernde Auspuffmuttern aus dem beschriebenen weichen Material verwenden. Keine Muttern aus der heimischen Schraubenkiste verwenden.
- Konus der Auspuffflansche vorn am Krümmer mit Kupferpaste einfetten.
- Muttern am Auspuffkrümmer zuerst mit 30–35 Nm anziehen, dann in einem zweiten Durchgang mit 50–55 Nm nachziehen.
- Dichtungen am Flansch bzw. an den Flanschen zum Zwischenschalldämpfer prüfen. Beim 325i sind an den beiden Flanschen unterschiedliche Dichtringe verwendet.

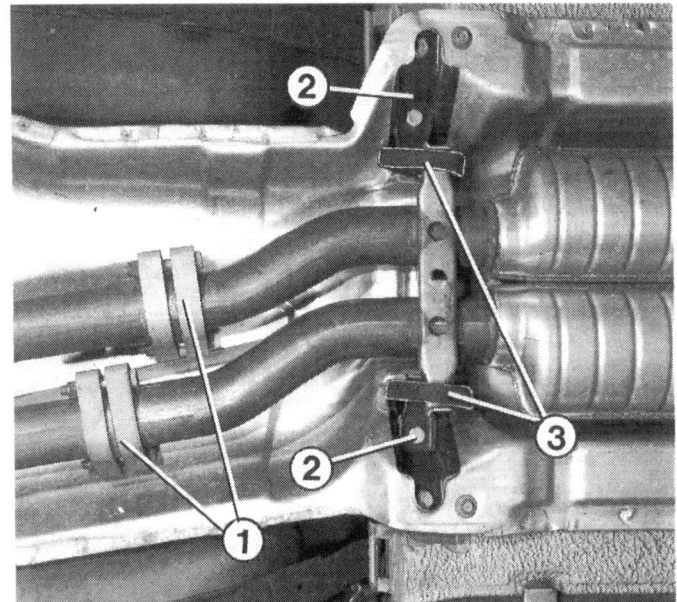

Die Abbildung zeigt die Abgasanlage des BMW 325i. Im Bild zu sehen sind:
1 – Trennflansch zwischen Katalysator und Nachschalldämpfer;
2 – Halterung für Katalysator hinten;
3 – elastische Aufhängeelemente.

Das Bild zeigt die Aufhängung des Nachschalldämpfers am BMW 325i. Es bedeuten:
1 – Haltemutter der elastischen Auspuffhalterung an der Karosserie;
2 – Verschraubung der Auspuffhalterung mit dem Haltebügel;
3 – Klemmutter des Haltebügels.

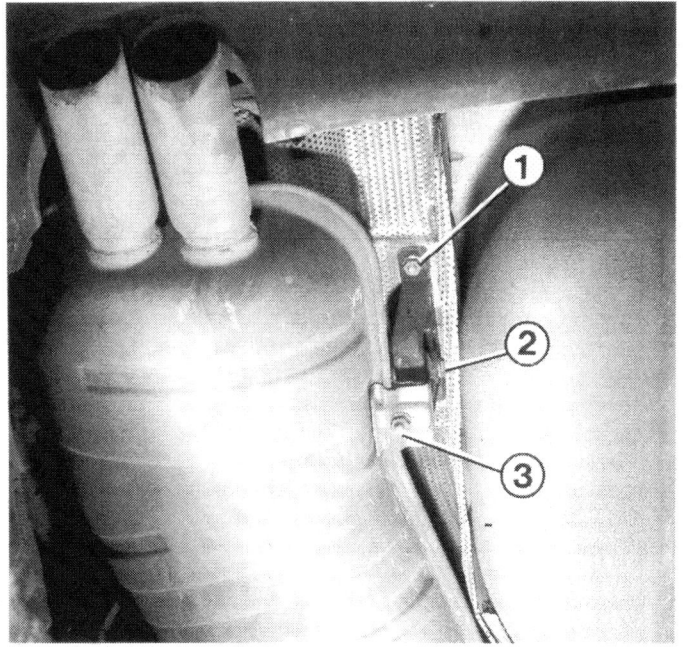

- Neue selbstsichernde Muttern mit 25 Nm anziehen.
- Getriebeträger ebenfalls spannungsfrei festziehen (25 Nm).
- Bei Wagen mit Automatikgetriebe den Träger wieder einbauen.

Fingerzeig: Katalysatoren liefert BMW als Ersatzteil im Austauschverfahren. Sie geben den beschädigten Kat am Ersatzteilschalter zurück und erhalten (preisgünstiger) einen neuen. Der alte Kat wird nicht weggeworfen – er ist wertvoller Recycling-Rohstoff. Es werden sowohl der Stahlblechmantel wie auch die Edelmetalle Platin und Rhodium auf dem Keramikkörper weiterverwertet.

Nachschalldämpfer abbauen

- Je zwei Verschraubungen pro Verbindungsflansch (einer beim 320i, zwei beim 325i) zum Katalysator lösen.
- Wenn sich eine Verschraubung nicht lösen läßt, niemals den Sechskant der Schraube bzw. Mutter runddrehen, sondern die Verbindung durch Überdrehen der Schraube (sie reißt dann ab) lösen.
- Klemmbügel rechts und links am Nachschalldämpfer abschrauben.
- Schalldämpfer abnehmen.
- Beim Einbau neue selbstsichernde Muttern verwenden. Dichtringe prüfen und gegebenenfalls ersetzen.
- Zuerst den Schalldämpfer ausrichten und die Flanschverschraubungen zum Katalysator mit 25 Nm anziehen.
- Klemmbügel am hinteren Auspufftopf so befestigen, daß die Gummihalterung sich unter ca. 15 mm Vorspannung in Fahrtrichtung befindet. Verschraubungen mit 25 Nm anziehen.
- Lage des Endrohrs bzw. der Endrohre im Ausschnitt des Stoßfängers kontrollieren: Es muß rundum ausreichend Abstand zu Stoßfänger vorhanden sein.
- Gegebenenfalls Nachschalldämpfer nach Lösen der Flansche und Aufhängungen neu einrichten.

Die Abgas-Entgiftung

Putzkolonne

Benzin besteht im wesentlichen aus den Elementen Kohlenstoff und Wasserstoff. Wenn der Kraftstoff im Motor verbrannt wird, verbindet sich der Kohlenstoff mit dem Luftsauerstoff zu **Kohlendioxid** (chemische Kurzformel CO_2), und der Wasserstoff vereinigt sich mit Sauerstoff zu **Wasserdampf** (H_2O).
Diese Verbrennungsprodukte bilden sich, wenn Luft und Kraftstoff im optimalen Verhältnis (14,6:1) gemischt sind. Das ist leider fast nie der Fall. Deshalb entstehen auch Schadstoffe:

○ **Kohlenmonoxid** (CO) ist wohl die bekannteste Verbindung, denn der CO-Gehalt im Abgas wird bei der Abgas-Sonder-Untersuchung gemessen. Es entsteht um so mehr, je fetter, also kraftstoffreicher das Benzin/Luft-Gemisch ist.

○ Unverbrannte **Kohlenwasserstoffe** (HC) entstehen, wenn die von der Zündkerze entzündete Flammenfront an kalten Wandungen und engen Winkeln im Brennraum erlöscht. Zu fettes oder zu mageres Gemisch erhöht den Ausstoß der Kohlenwasserstoffe.

○ **Stickoxide** (NO_x) bilden sich vor allem durch den zu über ¾ in der Verbrennungsluft enthaltenen Stickstoff. Ihr Anteil ist besonders hoch bei einer Auslegung des Motors für geringen Kraftstoffverbrauch und niedrigen CO- sowie HC-Ausstoß: Hohe Verbrennungstemperaturen und mageres Kraftstoff/Luft-Gemisch.

Was ist wie gefährlich?

○ Kohlenmonoxid ist giftig und kann beim Einatmen in geschlossenen Räumen zum Tod führen. In der Luft verbindet sich das Kohlenmonoxid relativ schnell mit Sauerstoff zu Kohlendioxid (CO_2). Es ist zwar ungiftig, aber an der Entstehung des »Treibhaus-Effekts« wesentlich beteiligt.

○ Die Kohlenwasserstoff-Verbindungen sind der Übersichtlichkeit wegen zusammengefaßt, wobei die Bandbreite von harmlos bis – bei bestimmten Verbindungen (Diesel) – möglicherweise krebserregend reicht. In der Luft sind die Kohlenwasserstoffe mit den Stickoxiden für Bildung von Smog (schwer auflösbare Abgasnebelwolken) verantwortlich.

○ Stickoxide können entsprechend konzentriert zu Reizungen der Atmungsorgane führen.

Abgas-Entgiftung

Funktion des Katalysators

Ein Katalysator ist in der Chemie ein Stoff, der eine chemische Reaktion einleitet oder beschleunigt. Dabei bleibt der Katalysator in seiner Zusammensetzung unverändert.
Im Auto verstehen wir unter dem Katalysator ein mit den Edelmetallen Platin und Rhodium beschichtetes Keramik-Bauteil samt der Umhüllung, die einem Auspufftopf ähnelt. Das auf Drahtgeflecht gelagerte Keramik-Bauteil ist von mehreren tausend parallel verlaufenden Kanälen durchzogen. Auf die Wandungen der Kanäle ist eine Zwischenschicht zur Oberflächenvergrößerung (der sogenannte wash-coat) aufgetragen. Er vergrößert die aktive Katalysatorfläche etwa auf die Größe eines Fußballfeldes.
Die katalytisch wirkenden Substanzen sind Platin (5 Teile) und Rhodium (1 Teil). Von diesen Edelmetallen enthält der Katalysator 2–3 Gramm, wobei das Platin die Oxidation und das Rhodium die Stickoxidreduktion unterstützt.
Mit dem Dreiwege-Katalysator rückt man den Schadstoffen Kohlenmonoxid, Kohlenwasserstoff und den Stickoxiden zu Leibe:

○ Es werden **Kohlenmonoxid und Kohlenwasserstoffe** durch Oxidation mit Sauerstoff zu Kohlendioxid (CO_2) umgewandelt.

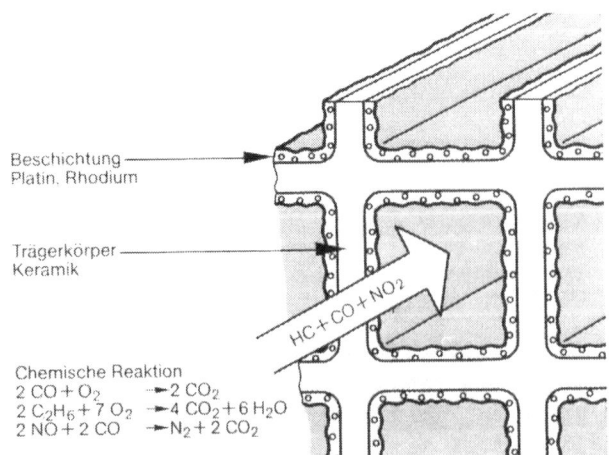

Chemische Reaktion
$$2\,CO + O_2 \rightarrow 2\,CO_2$$
$$2\,C_2H_6 + 7\,O_2 \rightarrow 4\,CO_2 + 6\,H_2O$$
$$2\,NO + 2\,CO \rightarrow N_2 + 2\,CO_2$$

Hier wird die Wirkungsweise des Dreiwege-Katalysators gezeigt: Das Abgas mit seinen Schadstoffen (Pfeil) strömt durch die vielen Kanäle im Keramikteil und kommt dort mit den katalytisch wirksamen Edelmetallen Platin und Rhodium in Berührung.
Die Reaktionsgleichung beschreibt, wie durch Oxidation CO_2 und HC unschädlich gemacht werden. Das Stickoxid (NO_x) wird durch Abspaltung von Sauerstoff (Reduktion) in harmlose Verbindungen umgewandelt.

○ Zum Abbau der **Stickoxide** wird ein Mittel gebraucht, welches den Sauerstoff entzieht. Wie aus der Reaktionsgleichung in der Zeichnung auf der gegenüberliegenden Seite zu sehen ist, kann der Schadstoff Kohlenmonoxid dieses Mittel sein. Dabei entsteht Stickstoff (N_2) und wieder CO_2. Beides ungiftig.

Arbeitsbereich

Der Katalysator arbeitet nur in einem schmalen Bereich mit hohem Wirkungsgrad. Das Kraftstoff/Luft-Verhältnis muß dazu in einem genauen Verhältnis zueinander stehen. Ideal ist die Zusammensetzung bei $\lambda = 1$. Die größte Schwierigkeit bei der Katalysatortechnik ist es, dieses Verhältnis bei jedem Betriebszustand einzuhalten. Das ist Sache der Lambda-Regelung (siehe folgenden Abschnitt).
Ehe der Kat arbeiten kann, muß er eine Anspringtemperatur von etwa 300°C erreichen. Die sind normalerweise nach 25–80 Sekunden erreicht, im Stadtverkehr können aber auch drei Minuten vergehen, ehe die notwendige Temperatur erreicht ist. Der Katalysator ist aber andererseits überhitzungsempfindlich. Steigen die Temperaturen im Kat über 900°C, setzt eine verstärkte Alterung ein. Ab 1200°C wird er auf Dauer zerstört.
Für den Katalysator ist unverbleiter Kraftstoff unbedingt erforderlich. Blei würde die Oberfläche im Katalysator schnell verstopfen, und die Abgase könnten die katalytisch wirkenden Substanzen nicht mehr erreichen. Versuche haben gezeigt, daß bereits nach einer Tankfüllung Kohlenmonoxid kaum noch abgebaut wird. Nach 2–3 Tankfüllungen werden auch die restlichen Schadstoffe nicht mehr abgebaut. Der Katalysator ist vergiftet.

Funktion der Lambda-Sonde

Die Lambda-Sonde (auch Sauerstoffsonde bzw. O_2-Sonde genannt) ist vor dem Katalysator in den Auspuff eingeschraubt. Die Sonderkeramik der Sonde ist außen dem Abgas ausgesetzt und steht an ihrer Innenseite mit der Umgebungsluft in Verbindung. Durch den unterschiedlichen Sauerstoffgehalt in Abgas und Außenluft erzeugt die Sonde eine Spannung, die bei einem bestimmten Rest-Sauerstoffgehalt im Abgas steil ansteigt. Dieser Spannungssprung findet genau bei einem Kraftstoff/Luft-Verhältnis von $\lambda = 1$ statt. Bei Sauerstoffmangel (λ kleiner 1), also bei fettem Gemisch, beträgt die Spannung 0,8–1 Volt. Bei magerem Gemisch (λ größer 1) werden um 0,1 Volt erreicht.
Die Lambda-Signale werden zum Steuergerät der Motronic-Einspritzung geleitet. Von dort aus wird die Gemischaufbereitung beeinflußt, um das Kraftstoff/Luft-Verhältnis möglichst nahe an $\lambda = 1$ zu halten.
Die Lambda-Sonde reagiert auf Sauerstoffschwankungen in Abhängigkeit ihrer Betriebstemperatur unterschiedlich schnell: Bei 300°C hat sie ca. 1 Sekunde, bei 600°C hat sie weniger als 50 Millisekunden Reaktionszeit. Durch eine eingebaute Heizung wird die günstigste Betriebstemperatur von ca. 600°C schneller erreicht.

Fahren mit Katalysator-Fahrzeugen

In der Betriebsanleitung sind zahlreiche Hinweise für Katalysator-Fahrzeuge aufgeführt. Besonders **gefährlich ist unverbranntes Gemisch**, das sich im heißen Katalysator entzündet und so die Temperaturen in gefährliche Höhen ansteigen läßt. Folge: Der Katalysator kann teilweise schmelzen und wird dadurch funktionsunfähig.
Deshalb:
○ Das Anrollenlassen, Anschieben oder Anschleppen des Wagens ist problemlos, wenn der Anlasser wegen einer leeren Batterie den Motor nicht zum Laufen brachte.
○ Anschleppen über lange Distanzen – was z. B. bei defekter Zündung der Fall sein könnte – ist nicht zulässig. Denn so gerät eine große Menge unverbrannten Kraftstoffs in die Abgasanlage, was besonders bei noch betriebswarmem Kat schädliche Folgen hat.

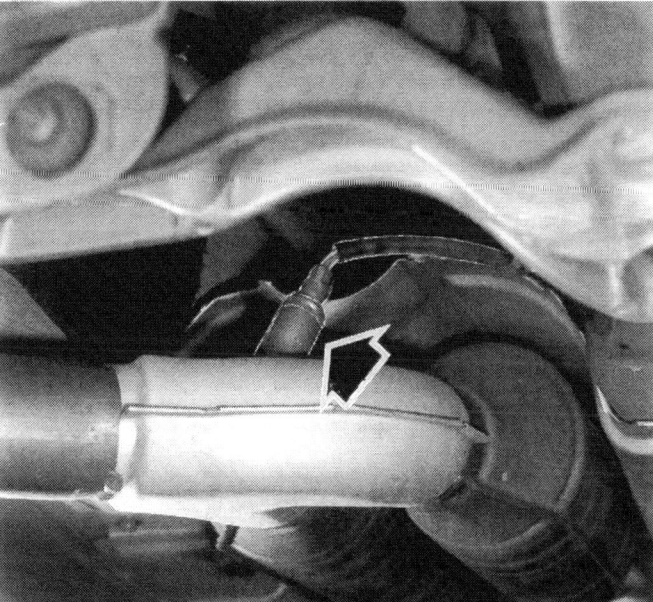

Die Lambda-Sonde (Pfeil) sitzt unter dem Wagenboden im Abgasrohr vor dem Katalysator.

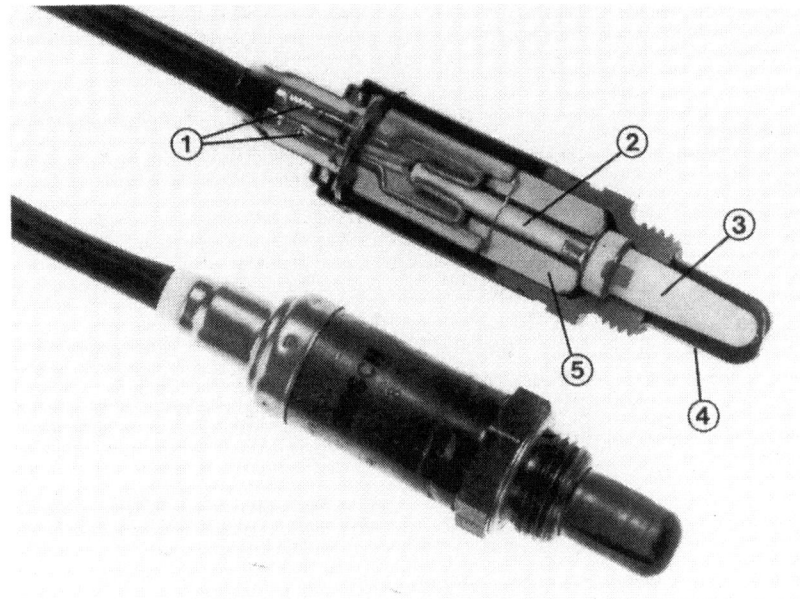

Die Lambda-Sonde komplett und als Schnittmodell. Es bedeuten:
1 – Anschlüsse der Sondenheizung;
2 – Heizstab;
3 – Sondenkeramik;
4 – Schutzrohr;
5 – Stützkeramik.

○ Lassen Zündaussetzer oder Fehlzündungen auf einen Defekt an der Zündanlage schließen, diese sofort überprüfen (lassen). Auf der Weiterfahrt hohe Drehzahlen vermeiden.

○ Ungefährlich sind kleine Mengen unverbrannten Gemisches, besonders, wenn sie in den kalten Kat gelangen. Das passiert oft bei Werkstattarbeiten, wie z. B. Messen des Kompressionsdrucks.

○ Zu einem Überhitzen des Kat kann es auch bei Dauervollgas nicht kommen, denn der höhere Gasdurchsatz wirkt gewissermaßen kühlend auf den Katalysator. Dieser ist nämlich durch die »Nachverbrennung« in seinem Innern stets viel heißer als die vom Motor kommenden Abgase.

Außerdem:

○ Im Hochsommer nach wochenlanger Trockenheit beim Parken den Wagen nicht über trockenem Laub, Heu o. ä. abstellen. Unter besonders ungünstigen Umständen könnte es zu einer Entzündung unter dem Wagen kommen.

○ Beim Auftragen von Unterbodenschutz darf nichts davon an den Katalysator oder die Hitzeschutzschilde über der Auspuffanlage geraten.

○ Kontrollieren Sie gelegentlich bei aufgebocktem Fahrzeug, ob die Hitzeschutzbleche nicht beschädigt oder verloren gegangen sind.

Was sonst noch wissenswert ist:

○ Hoher Ölverbrauch ist für den Kat weitgehend unschädlich. Da Motoröl wie Kraftstoff aus Kohlenwasserstoffen besteht, behandelt der Kat verbranntes Öl genauso wie verbrannten Kraftstoff.

○ Additive in Kraftstoffen und Motorölen schädigen den Kat nicht. Ganz sicher ist das, wenn die Betriebsstoffe von BMW freigegeben sind.

○ Defekte an Kat oder Lambda-Sonde lassen sich leider nur in recht aufwendigen Abgastests nachweisen. Ein thermisch beschädigter Katalysator ist dagegen an Klappergeräuschen zu erkennen. Der Keramik-Träger des Kat schrumpft durch das teilweise Schmelzen, was zur Folge hat, daß er sich lose im Blechmantel bewegt.

Fingerzeig: Kat-Fahrzeuge machen gelegentlich durch stechenden Geruch auf sich aufmerksam. Was da übel riecht, sind kleinste Mengen der aus »Stinkbomben« bekannten Schwefelverbindung H_2S (Schwefelwasserstoff), die im Katalysator entstehen kann. In den im Auto auftretenden Konzentrationen ist dieses Gift jedoch völlig unschädlich. Abhilfe: Keine. Versuchsweise an einer anderen Tankstelle tanken, um weniger schwefelhaltigen Kraftstoff zu erwischen.

Das Kühlsystem

Cool bleiben

Bei der Verbrennung des Kraftstoffgemisches wird es dem Motor ausgesprochen warm ums Herz. Denn außer der Kraft für die Fortbewegung gibt er auch Wärme ab, und das nicht zu knapp: ¼ Kraft, ¾ Wärme lautet ungefähr das Verhältnis. Die Wärme muß von der Kühlanlage abgeführt werden.

So wird gekühlt

Durch den Motor werden ständig **10,5 Liter** Kühlmittel gepumpt. Die Zirkulation des Kühlmittels durch Motor, Kühler und Heizung veranlaßt die Wasserpumpe. Vom Keilrippenriemen angetrieben, beschleunigt sie den Wasserstrom durch ein kleines Schaufelrad an ihrer Rückseite. Auf welchem Weg das Naß durch die zahlreichen Kanäle und Schläuche strömt, hängt von seiner momentanen Temperatur ab:
○ Bei noch nicht betriebswarmem Motor fließt das Kühlmittel im »kleinen Kreislauf«, der durch den Motor und durch den Heizungs-Wärmetauscher führt.
○ Über ca. 80° (320i) bzw. 88°C (325i) öffnet der Thermostat den »großen Kühlwasserkreis«, der den Kühler mit einbezieht. Dort wird das Kühlmittel durch den Fahrtwind und durch den vom Kühlerventilator erzeugten Luftstrom abgekühlt.

Im Kühlsystem herrscht ein Überdruck von **ca. 2 bar**, was die Siedetemperatur des Kühlmittels von normalerweise 100°C wesentlich erhöht. Somit ist eine Reserve geschaffen, der Motor kann bequem Betriebstemperaturen von mehr als 100°C erreichen, ohne daß »Kochgefahr« im Kühlsystem besteht. Das ist vor allem bei starker Belastung des Motors – etwa bei einer Paßfahrt – wichtig.
Zuständig für den richtigen Systemdruck ist der Verschlußdeckel des Kühlers, der ein Überdruckventil (ca. 2,0 bar) und ein Unterdruckventil (0,09 bar) enthält. Das Unterdruckventil läßt Luft einströmen, wenn das Kühlmittel kälter wird und damit weniger Raum einnimmt.

Überdruck-Kühlsystem

Stand der Kühlflüssigkeit prüfen

Der Kühlmittelstand ist zwar beim 325i von der Check-Control bestens überwacht, doch kann auch hier ein gelegentlicher Blick in den Motorraum nicht schaden:

● Nur bei stehendem Motor läßt sich der Kühlmittelstand exakt kontrollieren.
● Der Flüssigkeitsstand ist im linken, durchsichtigen Teil des Kühlers (dem Ausgleichbehälter) zu erkennen.
● Bis zur Markierung (siehe Bild unten links) soll der Pegel bei kaltem Motor reichen.
● Bei warmem Motor kann der Flüssigkeitsstand natürlich etwas höher sein.

Ständige Kontrolle

Merklicher Kühlmittelverlust ist ein Zeichen für eine Störung oder einen Defekt. Die Kühlflüssigkeit wird nicht verbraucht und kann im geschlossenen Kühlsystem auch nicht verdampfen.

Kühlmittel nachfüllen

Links: Die Füllstandsmarke (2) für kaltes Kühlmittel befindet sich links am Kühler im durchsichtigen Ausgleichbehälter (1). Rechts: Im Kühlsystem-Verschlußdeckel (Pfeil) ist das Überdruck- und das Unterdruckventil des Kühlsystems eingesetzt.

- Wird der Verschlußdeckel des Kühlsystems bei heißem Motor geöffnet, besteht **Verbrühungsgefahr** – deshalb Vorsicht walten lassen:
- Deckel mit Handschuh oder Lappen langsam zunächst eine Umdrehung öffnen und den Überdruck aus dem Kühlsystem entweichen lassen. Erst dann den Deckel vollends abschrauben.
- Wird nur Wasser nachgefüllt, verdünnen Sie den Frostschutz allmählich, daher evtl. gleich etwas Frostschutzmittel mit einfüllen.
- Nicht über die Markierung (siehe vorigen Abschnitt) nachfüllen; das Kühlmittel dehnt sich bei Erwärmung aus, und die Mehrmenge entweicht aus dem System.
- Kleinere Flüssigkeitsmengen können Sie sowohl bei warmem wie kaltem Motor nachfüllen.
- Bei erheblichem Wasserverlust und heißer Maschine kein kaltes Wasser nachgießen. Durch den »Kälteschock« kann sich der Zylinderkopf verziehen oder der Motorblock reißen.

Das Frostschutzmittel

Im Kühlsystem sorgt nicht allein klares Wasser für die notwendige Abkühlung des Motors, sondern eine Mischung von Frost- und Korrosionsschutzmittel sowie Wasser. Man spricht daher auch besser von Kühlflüssigkeit oder Kühlmittel. Das Mischungsverhältnis schreibt BMW mit 50:50 vor. Es müssen also bei **10,5 Liter** Gesamtinhalt 5,25 Liter Gefrier- und Korrosionsschutzmittel und 5,25 Liter Wasser eingefüllt werden.

Als Frostschutzmittel dient gewöhnlich Äthylenglykol – eine Flüssigkeit auf Alkoholbasis, die nicht verdampft oder verdunstet. Ebenso wichtig wie der Gefrierschutz ist auch der Korrosionsschutz. Er verhindert, daß sich im Kühlsystem Kesselstein, Rost und andere Korrosionsprodukte bilden. Das werksseitig eingefüllte Kühlmittel mit Korrosionsschutz darf deshalb auch nicht im Frühjahr abgelassen werden, sondern verbleibt ganzjährig in der Kühlanlage.

BMW-Werkstätten besitzen eine Liste der vom Werk ausdrücklich freigegebenen Frostschutzmittel. Einen Auszug daraus finden Sie hinten im Buch.

Frostschutz prüfen

Wartung Nr. 5

Zum Nachprüfen der Kühlmittel-Frostfestigkeit brauchen Sie einen Hebe-Messer (Spindel, Aräometer). Damit wird das spezifische Gewicht der Flüssigkeit gemessen. Durch unterschiedliche Zugabe von Korrosionsschutzmitteln sind die spezifischen Gewichte der einzelnen Frostschutzprodukte nicht gleich. Für eine absolut genaue Messung brauchen Sie eine auf das eingefüllte Gefrierschutzmittel abgestimmte Spindel. Im Zweifelsfall ziehen Sie vom ermittelten Wert eine Meßtoleranz von 2–3°C ab.

- Etwas Kühlmittel aus dem Ausgleichsbehälter ansaugen, die Spindel muß frei schwimmen können.
- Je nach spezifischem Gewicht der Flüssigkeit taucht die Spindel mehr oder minder tief ein.
- An der Skala ablesen, wie weit der Gefrierschutz reicht.
- Manche Frostschutzprüfer haben Zeiger, an denen die Frostfestigkeit abgelesen werden kann.

Frostschutzkonzentration einstellen

Meist stellt sich heraus, daß die Konzentration des Gefrierschutzmittels nicht mehr ausreicht. Dann muß etwas Frostschutzmittel nachgefüllt werden; grob über den Daumen gepeilt 1,5–2 Liter für einen um 10°C erweiterten Frostschutz.

- Wanne zum Auffangen der Kühlflüssigkeit unter den Wagen stellen.
- Ablaßschraube unten am Kühler öffnen, 1–2 Liter Kühlmittel ablassen.
- Schraube wieder festdrehen.
- Entsprechende Menge unverdünntes Frostschutzmittel eingießen und mit der aufgefangenen Kühlflüssigkeit nachfüllen.
- Kühlsystem entlüften.

Kühlsystem auf Dichtheit prüfen

Wartung Nr. 6

- Schläuche am Kühler und Motor dicht, auch die dünneren zur Heizanlage?
- Schläuche rissig? Durch Kneten feststellen, ob die Kühlmittelschläuche hart und spröde sind – dann umgehend austauschen.
- Sitzen die Schlauchenden nicht zu knapp auf ihren Stutzen?
- Sind die Spannschrauben der Schlauchschellen festgezogen?
- Verrostete Schlauchschellen können unvermutet während der Fahrt und bei vollem Betriebsdruck im Kühlsystem nachgeben. Auswechseln!
- Die Werkstatt kontrolliert die Dichtheit der Kühlanlage mit einer speziellen Handluftpumpe mit Druckmesser.
- Dieses Gerät wird auf die Einfüllöffnung des Ausgleichsbehälters gesetzt und ein Druck von 2 bar aufgepumpt.
- Fällt der Skalenzeiger nicht innerhalb von 2 Minuten um mehr als 0,1 bar, ist das Kühlsystem dicht.

Hier wird mit einem Frostschutzprüfer (Pfeil) die Gefrierschutzmittelkonzentration im Kühler kontrolliert.

Kühlmittelschläuche ausbauen

Besorgen Sie sich als Ersatz Originalschläuche in der richtigen Bogenform und grundsätzlich neue Schlauchschellen.
- Kühlmittel ablassen und auffangen.
- Schlauchschellen lösen, Schläuche abziehen.
- Die Schlauchstutzen besitzen Querrillen, die sicheren Sitz der Schläuche gewährleisten sollen. Entsprechend schwer lassen sich die Schläuche abziehen. Deshalb:
- Festsitzende Schlauchenden mit einem Schraubendreher lockern, den man zwischen Schlauch und Stutzen schiebt und dann vorsichtig hebelt.
- Neue Schläuche weit genug auf die Stutzen schieben, damit sie nicht wieder abrutschen können.
- Schraubschellen nicht mit Gewalt anziehen, sonst wird das Gewinde überdreht.

Fingerzeig: Unterwegs kann man einen gerissenen Kühlmittelschlauch selten ersetzen. Hier hilft das »Pannenband« von Weyer, Düsseldorf, oder Holts »Hoseweld Bandage«. Beide kleben auf gesäuberten und trockenen Gummischläuchen recht gut. Bei einem großen Leck kann es vorteilhaft sein, den Verschlußdeckel des Kühlsystems eine Umdrehung zu öffnen, damit sich im Kühlsystem kein Druck aufbauen kann, dem die Bandage dann nicht mehr standhält. Jetzt nur noch sehr schonend bis zur Werkstatt weiterfahren. Temperaturanzeige und Kühlmittelstand im Auge behalten!

Der Kühler

In unseren 3er-Modellen haben wir es mit einer neuartigen Kühlerkonstruktion zu tun. Zur Besonderheit gehört der an der linken Seite des Kühlers mit angebaute Ausgleichbehälter. Er kann bei Beschädigungen jedoch getrennt ersetzt werden.
Der Kühler besitzt sogenannte Wasserkästen aus Kunststoff. Die sitzen rechts und links am Kühler. Von diesen

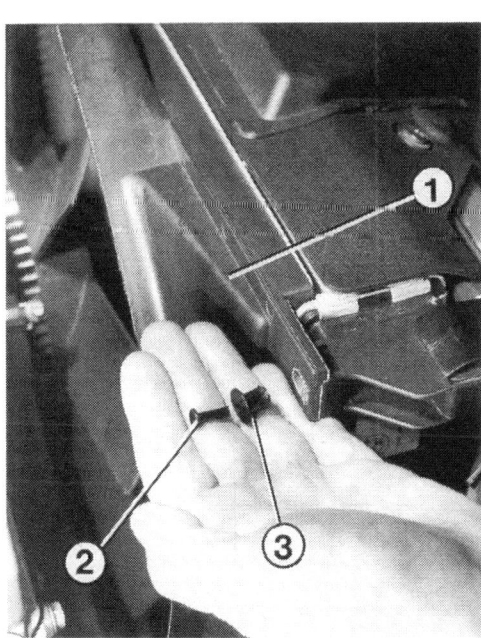

Links: Die Lüfterzarge (1) kann nach Herausziehen des Stifts (2) aus dem Dübel (3) ausgebaut werden. Dübel vollends herausheben und Lüfterzarge nach oben herausziehen.
Rechts: Ausbau des Kühlers. Schraubendreher in die Öffnung der Halteklammer stecken (gerader Pfeil) und Rastsicherung auslösen. Danach Kühlerhalterung nach oben herausschwenken (gebogener Pfeil).

Sammelkästen aus strömt das Kühlmittel durch die Leichtmetallröhren des Kühlers, die zur Vergrößerung ihrer Oberfläche (und damit der Kühlfläche) mit Kühlrippen versehen sind. Über die Kühlrippen kann das Kühlmittel Wärme an die Umgebung abgeben.

Bei Wagen mit Automatikgetriebe ist der Wasserkühler mit einem kleinen Kühler für die Getriebeflüssigkeit (ATF) kombiniert.

Haben Sie den Verdacht, der Kühler könnte undicht sein, sollten Sie in der Werkstatt die beschriebene Druckprüfung durchführen lassen. Bei einem offenkundigen Defekt können Sie den Kühler auch gleich selbst ausbauen und zur Reparatur bringen. Es gibt spezielle Kühlerwerkstätten (Branchentelefonbuch!), oder vielleicht befindet sich in Ihrer Nähe eine Kühlerfabrik, die ebenfalls Reparaturen durchführt.

Kühler ausbauen

- Kühlmittel ablassen und auffangen.
- Ggf. Stecker vom Wasserstandsgeber der Check-Control links unten am Kühler abziehen.
- Luftleitschacht über dem Kühler vom Frontblech losschrauben.
- Lichtmaschinen-Kühlschlauch abbauen.
- Alle Kühlmittelschläuche vom Kühler abbauen.
- Bei Klimaanlage Stecker vom Temperaturschalter abziehen.
- Lüfterzarge (Ring um Kühlerventilator) abnehmen. Dazu die Stifte der Haltedübel mit einem Schraubendreher nach hinten hebeln und die Dübel herausziehen.
- Bei einem Wagen mit Automatikgetriebe die Leitungsanschlüsse zum Getriebeölkühler (im Wasserkühler integriert) abschrauben und die Leitungsenden mit Stopfen verschließen. Dabei auf äußerste Sauberkeit achten. Schmutz im ATF des Automatikgetriebes führt zu Funktionsstörungen!
- Austretende ATF auffangen.
- Beide Halteclips oben am Kühler abnehmen. Das geht so:
- Passenden Schraubendreher tief in die Öffnungen oben am Clip stecken. Schraubendreher nach vorn hebeln. So gibt der Clip seine Verrastungen an der Vorderseite frei. Jetzt kann er aus dem Frontblech ausgehakt werden.
- Kühler zuletzt nach oben herausheben.
- Wo nötig, Ausgleichbehälter vom Kühler abbauen.
- Beim **Einbau** den Kühler wieder exakt auf die Gummilager setzen.
- Halteclips am Kühler anbringen und sorgfältig am Frontblech einrasten.
- Bei Automatikgetriebe die Getriebeöl-Leitungsanschlüsse mit 20 Nm anziehen.
- ATF im automatischen Getriebe in der BMW-Werkstatt ergänzen lassen.
- Aufgefangene Kühlflüssigkeit nach Montieren der Schläuche wieder einfüllen und Kühlsystem entlüften.

<u>Fingerzeig:</u> **An den scharfkantigen Kühlerlamellen kann man sich böse Schnittverletzungen holen. Arbeitshandschuhe tragen!**

Kühler reinigen

Vor und nach dem Sommerhalbjahr sollten die Kühlerlamellen von den dort festgesetzten Insektenleichen gesäubert werden, sonst wird die Kühlwirkung verschlechtert.

- Angetrocknete Insektenreste durch das Kühlergrill hindurch mit einem eiweißlösenden Mittel einsprühen.
- Nach einer gewissen Einwirkzeit von der Kühlerrückseite her mit einem Gartenschlauch abspülen. Oder ein Dampfstrahlgerät zur Selbstbedienung – wie es an Tankstellen und »Reinigungsparks« zur Verfügung steht – verwenden.
- Besser geht das nach Ausbau der Lüfterzarge, wie unter »Kühler ausbauen« beschrieben.
- Hartes Bürsten oder scharfes Werkzeug kann die Kühlerlamellen knicken oder beschädigen.

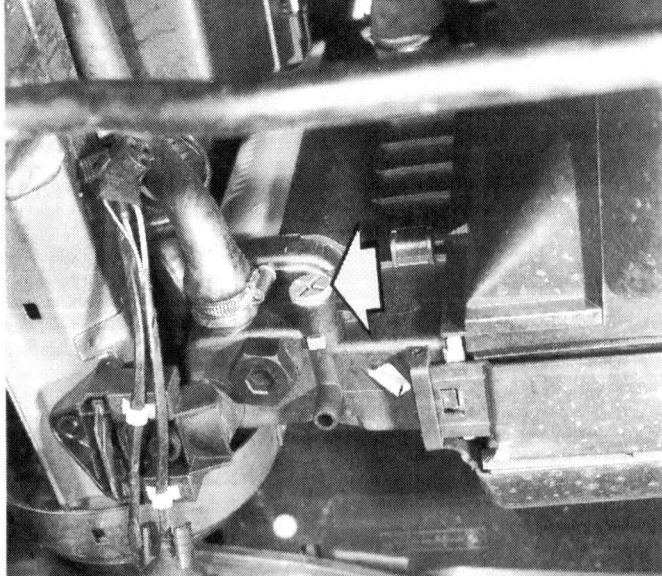

Ablassen des Kühlmittels. Am Kühler unten die Ablaßschraube (Pfeil) öffnen oder – wo diese nicht vorhanden ist – den unteren Wasserschlauch am Kühler abbauen.

Zum vollständigen Ablassen des Kühlmittels wird am Motor die Ablaßschraube (Pfeil) rechts am Motorblock herausgedreht.

Kühlflüssigkeit wechseln

Alle zwei Jahre – so empfiehlt es BMW – soll die Kühlflüssigkeit gewechselt werden, weil die Korrosionsschutz-Zugaben allmählich unwirksam werden. Das recht kurze Intervall schließt wirklich alle Sonderfälle mit ein, so daß es bei normalem Betrieb mit ruhigem Gewissen um ein Jahr ausgedehnt werden kann.

Wartung Nr. 43

- Motor abkühlen lassen, sonst **Verbrühungsgefahr!**
- Verschlußdeckel des Kühlsystems öffnen.
- Wanne zum Auffangen des Kühlmittels bereitstellen.
- Heizungsregler am Armaturenbrett auf »Warm« stellen, Zündung einschalten.
- Ablaßschraube unten am Kühler herausdrehen. Eventuell kann ein kurzes Schlauchstück auf den Ablaufstutzen gesteckt werden.
- Ablaßschraube rechts unten am Motorblock herausdrehen.
- Nachdem alle Kühlflüssigkeit abgelaufen ist, Motor-Ablaßschraube mit 50–56 Nm anziehen.
- Die Kunststoff-Ablaßschraube im Kühler sanft anziehen (nur 2 Nm).
- Anschließend bei eingefülltem Kühlmittel und warmem Motor nochmals festen Sitz prüfen.

Kühlmittel ablassen

Fingerzeig: Kühlerfrostschutzmittel ist giftig, es darf deshalb nicht einfach in die Kanalisation geschüttet werden. Stattdessen in ein gesondertes Gefäß füllen und zum Sondermüll geben (Annahmestelle von der Gemeindeverwaltung erfragen).

Da eine gewisse Restmenge von Kühlflüssigkeit im Motor zurückbleibt, kann möglicherweise nicht die gesamte Flüssigkeitsmenge eingefüllt werden.
- Heizungsregler am Armaturenbrett auf »Warm« stellen, Zündung einschalten.
- Zuerst Gefrierschutzmittel, dann möglichst kalk-

Kühlsystem neu befüllen und entlüften

Zum Entlüften des Kühlsystems nach dem Neueinfüllen von Kühlmittel wird die Entlüftungsschraube (Pfeil) oben am Kühler geöffnet.

armes Wasser einfüllen, bis der Ausgleichbehälter randvoll ist.
● Motor starten und laufen lassen, bis Betriebstemperatur erreicht ist. Dabei immer wieder Wasser nachfüllen, wenn der Pegel absinkt.
● Bei warmem Motor folgt das **Entlüften:**
● Kühlsystem-Verschlußdeckel zudrehen.
● Motor mit erhöhter Leerlaufdrehzahl laufen lassen, **Entlüftungsschraube oben am Ausgleichbehälter** ca. 2 Umdrehungen lösen.
● Schraube erst wieder zudrehen, wenn das Kühlmittel **ohne Luftblasen** austritt. Kühlmittel währenddessen gegebenenfalls ergänzen.
● Motor abstellen und Kühlflüssigkeit auffüllen. Bei warmem Motor kann der Flüssigkeitspegel etwas über der Füllstandsmarke stehen.

Fingerzeige: Strömungsgeräusche in der Heizung können nur durch besonders sorgfältiges Entlüften beseitigt werden. Bei BMW kennt man dazu folgenden Trick: Ausgleichbehälter bis zum Rand füllen, Heizungsdrehknopf in Stellung »Warm«, den Wagen vorne etwa einen halben Meter anheben und den Motor dann mit ca. 3000/min eine Minute lang laufen lassen.
Zur Behebung von kleineren Undichtigkeiten im Kühlsystem hat sich das Mehrzweckmittel »5 in 1« (Bezugsquellennachweis: Firma Munz, Oelser Straße 17, 7450 Hechingen) sehr gut bewährt. Es dient aber auch als zusätzlicher Korrosionsschutz, schmiert die an sich wartungsfreie Wasserpumpe und hält Thermostat und Heizventil beweglich.

Der Kühlsystem-Verschlußdeckel

Im Überdruck-Kreislauf spielt der Kühlsystem-Verschlußdeckel auf dem Ausgleichbehälter eine wichtige Rolle:
○ Die Dichtfläche wird bei aufgeschraubtem Deckel fest auf den Rand der Einfüllöffnung gedrückt. Es kann kein Druck entweichen.
○ Wenn bei Erwärmung der Überdruck im Kühlsystem **ca. 2,0 bar** übersteigt, öffnet das Überdruckventil. Jetzt kann zum Druckausgleich etwas Wasserdampf entweichen.
○ Beim Abkühlen zieht sich die Kühlflüssigkeit wieder zusammen, und es entsteht ein Unterdruck in der Kühlanlage. Für diesen Unterdruckausgleich sitzt im Deckel ein zweites Ventil. Es öffnet bei einem Unterdruck von **0,09 bar**, so daß Außenluft einströmen kann.

Überdruckventil prüfen
Wer sich die Mühe der Kontrolle nicht machen will, wechselt den relativ preisgünstigen Verschlußdeckel im Verdachtsfall einfach aus. Die Werkstatt prüft ihn mittels Druckprüfer:
● Druck aufpumpen.
● Bei **ca. 2,0 bar** muß das Ventil öffnen.

Unterdruckventil prüfen
Ob das Unterdruckventil richtig arbeitet, läßt sich nur behelfsmäßig feststellen.
● Bei abgenommenem Verschlußdeckel einen dicken Wasserschlauch fest zusammendrücken.
● Deckel aufsetzen und festdrehen.
● Schlauch loslassen.
● Rundet sich der zusammengepreßte Schlauch wieder, dürfte das Ventil intakt sein.
● Sind die Kühlmittelschläuche morgens vor dem ersten Start plattgedrückt, streikt sicher das Unterdruckventil.

Der Thermostat

Der Thermostat sitzt in Fahrtrichtung vorn am Motor links oben am Zylinderkopf.
Er hat das Sagen darüber, ob das Kühlmittel im Kühler abgekühlt werden soll oder nicht. Er bestimmt also, ob das Kühlmittel im »kleinen« oder im »großen Kühlmittelkreislauf« zirkuliert (siehe Kapitel-Anfang).
Welchen Kreislauf er dabei schaltet, hängt ausschließlich von der Kühlmitteltemperatur ab. So bleibt die Betriebstemperatur annähernd konstant.

Funktion des Thermostats
○ Das »Umschalten« des Thermostats bewirkt eine mit Spezialwachs gefüllte Büchse und der daran befestigte Ventilteller. Bei Erwärmung des Kühlmittels verflüssigt sich das Wachs und dehnt sich dabei aus. Zwangsläufig öffnet es durch sein größeres Volumen jetzt den Ventilteller.
○ Solange die Kühlmitteltemperatur steigt, wird vom Thermostat der Zufluß zum Kühler zunehmend geöffnet und gleichzeitig der Kurzschluß-Kreislauf geschlossen.
○ Sinkt während der Fahrt die Kühlmitteltemperatur unter die gewünschte Betriebstemperatur, drückt eine Feder am Thermostat den Ventilteller wieder in Richtung »Zu« und sperrt den Kühlerdurchfluß so lange, bis das Kühlmittel wieder genügend warm ist.

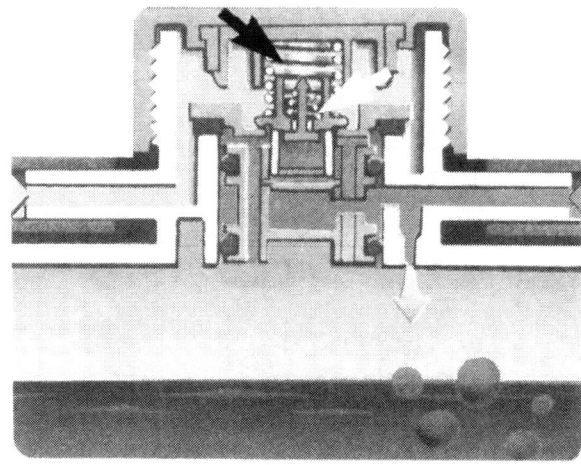

Der Kühlsystem-Verschlußdeckel im Schnitt. Der schwarze Pfeil zeigt das Überdruckventil, der weiße das Unterdruckventil. Rot dargestellt ist der Druckraum innerhalb des Kühlers; die rosa abgesetzten Bereiche zeigen den Zugang der Außenluft.

Störungsbeistand

Thermostat

Erkennungsmerkmal	Ursache/Auswirkungen
A Temperaturanzeige steigt langsam, Betriebstemperatur wird später erreicht, Heizwirkung ungenügend	Thermostat-Ventilteller ist in »Offen«-Stellung blockiert (etwa durch Ablagerungen); der Zufluß zum Kühler bleibt ständig offen. Motor bleibt zu lange im Kaltlaufbetrieb. Es kommt jedoch kurzfristig zu keinen Schäden. Trotzdem Thermostat in Bälde auswechseln
B Temperaturanzeige steht trotz richtigem Kühlmittelstand im roten Bereich	Thermostat-Ventilteller ist in »Geschlossen«-Stellung blockiert (etwa durch eine defekte bzw. undichte Thermostatbüchse). Auf keinen Fall weiterfahren, sonst entstehen schwere Hitzeschäden am Motor! Thermostat auswechseln

Fingerzeig: Wenn der Motor unterwegs wegen defektem Thermostat ins Kochen kommt, hilft nur noch Abschleppen oder der komplette Ausbau des Thermostaten an Ort und Stelle. Sollten Sie sich für den Ausbau entscheiden, müssen Sie erst abwarten, bis die Kühlmitteltemperatur abgesunken ist. Besorgen Sie sich derweil Gefäße zum Auffangen des Kühlmittels.

Thermostat ausbauen

- Einen Teil des Kühlmittels an der Ablaßschraube am Kühler ablassen und auffangen.
- Beide Kühlmittelschläuche vom Thermostatgehäuse abbauen.
- Aufhängeöse des Motors losschrauben.
- Deckel des Thermostatgehäuses losschrauben und abnehmen.
- Thermostateinsatz herausziehen.

- Neuen Thermostat – möglichst mit neuem Dichtring – wieder einsetzen. Einbaurichtung beachten: Die Entlüftung bzw. der Pfeil am Thermostat zeigt nach oben.
- Aufgefangenes Kühlmittel einfüllen, Kühlsystem entlüften.

Thermostat prüfen

- Thermostat in einen Topf mit Wasser hängen und Wasser erhitzen.
- Kontrollieren, wann der Ventilteller von seinem Sitz abhebt.

- Beim BMW 320i muß dies bei ca. 80°C der Fall sein, beim 325i bei ca. 88°C.
- Der genaue Öffnungsbeginn ist zusätzlich im Thermostat eingeprägt.

Die Wasserpumpe

Die Kühlflüssigkeit wird von der Wasserpumpe beschleunigt, damit sie im Kühlsystem zirkulieren kann. Die Pumpe sitzt vorn an der Stirnseite des Motors.
Wartungsarbeiten an der Wasserpumpe gibt es nicht. An Defekten ist nur Verschleiß an den Lagern durch minderwertige Kühlmittelzusätze denkbar oder Undichtigkeiten – ausgelöst durch schadhafte Dichtringe. Das Kühlmittel läuft in diesem Fall durch die kleine Bohrung unten an der Wasserpumpe ab. Schadhafte Lager machen sich zusätzlich durch Mahlgeräusche bemerkbar. Für die Wasserpumpe bietet BMW Reparatursätze an, die aber für den Laien mangels Preßwerkzeugen nur schwer zu montieren sind. Besser ist eine Austausch-Wasserpumpe – eventuell vom Zubehörhandel.

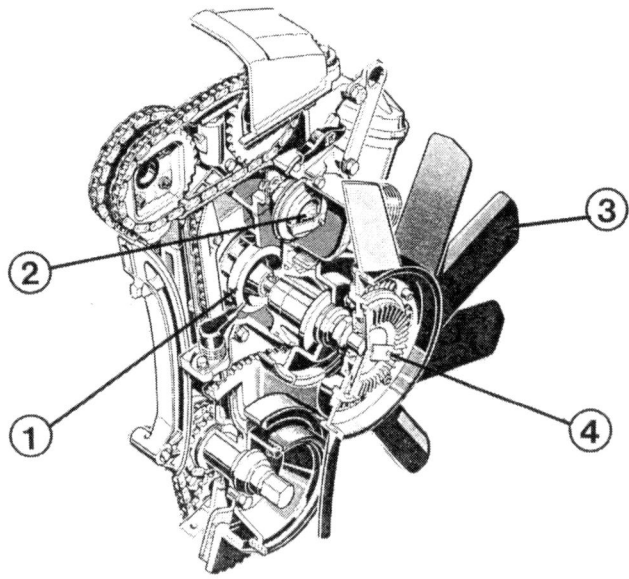

An diesem Teilschnitt des Motors sind einige Teile des Kühlsystems sehr gut zu erkennen. Es bedeuten:
1 – Wasserpumpe;
2 – Thermostat;
3 – Kühlerventilator;
4 – Viscokupplung des Kühlerventilators.

Wasserpumpe ausbauen

- Kühlmittel ablassen und auffangen.
- Kühler ausbauen.
- Keilrippenriemen abnehmen, siehe Kapitel »Die Lichtmaschine«.
- Kühlerventilator ausbauen.
- Riemenscheibe der Wasserpumpe mit einem Bandschlüssel (Ölfilterschlüssel) festhalten. Mit anderen Werkzeugen wird die Riemenscheibe beschädigt.
- Befestigungsschrauben der Wasserpumpe herausdrehen.
- Zwei M6-Schrauben in die dafür vorgesehenen Gewindebohrungen an der Wasserpumpe eindrehen.
- Schrauben im Wechsel jeweils einige Umdrehungen eindrehen. Dadurch wird die Wasserpumpe vom Motorblock abgedrückt.
- Beim **Einbau** neuen Wasserpumpen-Dichtring verwenden. Dichtring mit Gleitmittel bestreichen.
- Schrauben der Wasserpumpe mit 10 Nm anziehen.
- Aufgefangene Kühlflüssigkeit wieder einfüllen und Kühlsystem entlüften.

Der Keilrippenriemen

Beim BMW erfolgt der Wasserpumpenantrieb durch einen Keilrippenriemen, der durch eine Spannvorrichtung ständig unter Spannung gehalten wird, eine Kontrolle ist nur gelegentlich erforderlich. Näheres zum Keilrippenriemen finden im Kapitel »Die Lichtmaschine«.

Der Kühlerventilator

Er soll – wenn das vom Fahrtwind nicht in ausreichender Weise besorgt werden kann – einen stetigen Luftstrom durch die Kühlerlamellen erzeugen. Die Luft nimmt die vom Kühler abgegebene Wärme gewissermaßen »mit«. Je mehr Luft durch die Lamellen zieht, desto besser ist die Wärmeabfuhr. Um Leistung zu sparen, ist der Ventilator mit einer sogenannten Viscokupplung versehen. Sie schaltet den Lüfter ab einer Umgebungstemperatur von 82°C zu. Das geschieht über ein Bimetallband, das (temperaturabhängig) über ein Ventil zähes Silikonöl in den Arbeitsraum der Viscokupplung einfließen läßt. Das Öl schafft den Kraftschluß zwischen Keilrippenriemenscheibe und Lüfter – der Ventilator fördert Kühlluft. Unter 60°C fließt das Silikonöl vom Arbeitsraum in den Vorratsraum zurück – der Ventilator läuft mit langsamer Drehzahl mit, ohne Kraft zu verbrauchen.

Störungen

Die Viscokupplung muß ersetzt werden, wenn
○ der Ventilator sich bei stehendem Motor nicht mehr leicht durchdrehen läßt,
○ der Ventilator starkes Axial- und Radialspiel hat (leichtes Spiel ist zulässig),
○ Silikonöl aus der Viscokupplung austritt.

Die Viscokupplung des Lüfters (hier ein Schnittbild) schaltet den Kühlerventilator ab 82° C zu. Unter 60° C unterbricht sie den Kraftfluß zum Lüfter – er läuft mit langsamer Drehzahl mit, ohne Kraft zu verbrauchen.

Kühlerventilator ausbauen

- Lüfterzarge – das ist der »Ring« um den Ventilator – abbauen (siehe »Kühler ausbauen«).
- Zarge vorsichtig nach oben herausziehen oder über den Kühlerventilator hängen.
- Halteschraube des Ventilators (sie ist gleichzeitig Ventilator-Achse) mit Gabelschlüssel SW 32 lösen. Achtung: **Linksgewinde!** Dabei die Riemenscheibe, wenn nötig, bei abgenommenem Keilrippenriemen (Kapitel »Die Lichtmaschine«) mit einem Ölfilter-Spannbandschlüssel gegenhalten.
- Ggf. Lüfterkupplung vom Ventilator abschrauben.
- Beim **Einbau** die Schraube an der Wasserpumpe mit 40 Nm anziehen.
- Anzugsdrehmoment Ventilator an Lüfterkupplung: 10 Nm.

Störungsbeistand

Kühlsystem

Die Störung	– ihre Ursache	– ihre Abhilfe
A Temperatur-Anzeigenadel steht im roten Bereich, Temperatur-Warnleuchte brennt	1 Zu wenig Flüssigkeit im Kühlsystem	Auffüllen
	2 Kabel zur Temperaturanzeige hat Massekontakt	Kabel am Temperaturfühler abziehen, Zeiger muß zurückgehen, sonst Masseschluß. Kabelverlauf kontrollieren
	3 Thermostat öffnet den Kaltwasserzufluß aus dem Kühler nicht (Kühler kalt)	Thermostat ausbauen und ohne ihn weiterfahren oder Wagen abschleppen lassen
	4 Viscokupplung des Kühlerventilators defekt. Ventilator hat keinen Kraftschluß	Viscokupplung ersetzen
	5 Keilrippenriemen zu schwach gespannt oder gerissen	Spannvorrichtung kontrollieren oder Riemen ersetzen
	6 Überdruckventil im Verschlußdeckel defekt	Deckel prüfen (lassen), ggf. austauschen
	7 Instrument defekt	Austauschen
	8 Kühlerlamellen zugesetzt	Kühler reinigen
B Temperaturanzeige spricht sehr langsam an, schwache Heizleistung	Thermostat schließt nicht völlig, aufgeheiztes Kühlwasser strömt zu früh durch den Kühler	Thermostat ersetzen

Vom Tank zur Kraftstoffpumpe

Lokalrunde

Keine Frage, daß leistungsfähige Motoren wie die unseres BMW bei voller Arbeitsleistung auch einen beträchtlichen Durst entwickeln. Doch keine Angst, für Getränke ist gesorgt, denn der Tank ist ausreichend dimensioniert.

Der richtige Kraftstoff

Unsere 3er-Modelle verlangen **bleifreies Euro Super**. Falls nur **Super Plus bleifrei** zur Verfügung steht, kann natürlich auch damit gefahren werden – nur, Vorteile bringt das keine.

Bleifrei muß sein Hohe Klopffestigkeit erreichte man in früheren Jahren durch die Zumischung des hochgiftigen Blei-Tetraäthyls. Solcher bleihaltiger Kraftstoff darf in unseren serienmäßig mit Katalysator ausgerüsteten Modellen nicht verwendet werden. Kommt der Katalysator mit Blei oder Bleiverbindungen – wie sie im verbleiten Kraftstoff vorhanden sind – in Berührung, wird er binnen kurzem wirkungslos. Das ist der Grund, weshalb in Katalysator-Autos bleifreies Benzin gefahren werden **muß**.

Auch in europäischen Ländern mit geringem Anteil an Katalysatorfahrzeugen ist bleifreier Kraftstoff an den wichtigen Durchgangsstraßen erhältlich. Schwierigkeiten kann es allenfalls im Landesinnern und in touristisch weniger erschlossenen Gegenden geben. Im Zweifelsfall bei einem Autoclub oder Fremdenverkehrsbüro eine Bleifrei-Landkarte besorgen und einen Reservekanister mitnehmen.

Fingerzeig: Unser BMW besitzt im Tankeinfüllstutzen ein Sicherheitsventil, das nur von der schlanken Bleifrei-Zapfpistole aufgestoßen werden kann. So soll versehentliches Einfüllen von verbleitem Kraftstoff verhindert werden. Damit im Notfall auch bleifreies Benzin aus einem Reservekanister eingefüllt werden kann, benötigen Sie einen geeigneten Einfüllstutzen für den Kanister. Oder Sie müssen während des Einfüllens die Ventilklappe mit einem Schraubendreher niederdrücken.

Der Tank

Unter dem Wagenboden etwa in Höhe des Rücksitzes ist im BMW 3er der 65 Liter fassende Kunststoff-Tank untergebracht. Dort ist er besonders gut geschützt – auch ein schwerer Heckaufprall kann ihm nichts anhaben. Interessant ist die zerklüftete Form des Karftstoffbehälters, die es ermöglicht, alle in diesem Bereich vorhandenen freien Ecken für ein möglichst großes Tankvolumen auszunutzen. Nachteil dieser Form: Es bedarf zweier Tankgeber, um den momentanen Tankinhalt richtig zu erfassen.

Der Ausbau des Tanks gestaltet sich beim BMW recht aufwendig. Der komplette Tankinhalt muß abgesaugt, die Auspuffanlage und die Kardanwelle müssen ausgebaut werden. Wir empfehlen, diese Arbeit der Werkstatt zu überlassen.

Fingerzeig: Bevor Sie irgendwelche Arbeiten an der Kraftstoffanlage in Angriff nehmen, sollten Sie unbedingt das Batterie-Massekabel abnehmen. Unbeabsichtigte elektrische Verbindungen können zu gefährlicher Funkenbildung führen.

Wozu Tank-Entlüftung?

Wichtig für den einwandfreien Kraftstoffnachschub ist die Belüftung des Tanks: In dem Maß, wie Kraftstoff verbraucht wird, muß Luft nachströmen können, sonst würde sich im Tank ein Vakuum bilden, und der Kraftstofffluß würde stocken. Ferner muß der Tank belüftet werden, um dem Inhalt Gelegenheit zum Ausdehnen bei Erwärmung zu geben. Auch muß beim Betanken genug Luft aus dem Tank austreten können, damit der hineingeschüttete Kraftstoff nicht wieder zum Einfüllstutzen heraussprudelt.

Die Tank-Entlüftung im BMW
○ Drei Entlüftungsleitungen führen zum Ausgleichbehälter, der – versteckt unter einer Kunststoffabdeckung – im Radkasten des rechten Hinterrades sitzt. Der Ausgleichbehälter kann bei Ausdehnung (durch Wärme) ein gewisses Kraftstoffvolumen aufnehmen. Zusätzlich kondensiert in ihm auch schon ein Teil der Kraftstoffdämpfe, die aus dem Tank austreten.

○ Zwei Entlüftungsleitungen kommen direkt vom Tank, wo ihre Enden im Tank-Innern an die höchsten Stellen herangeführt sind – also an die Stellen, an denen sich Luft sammelt.

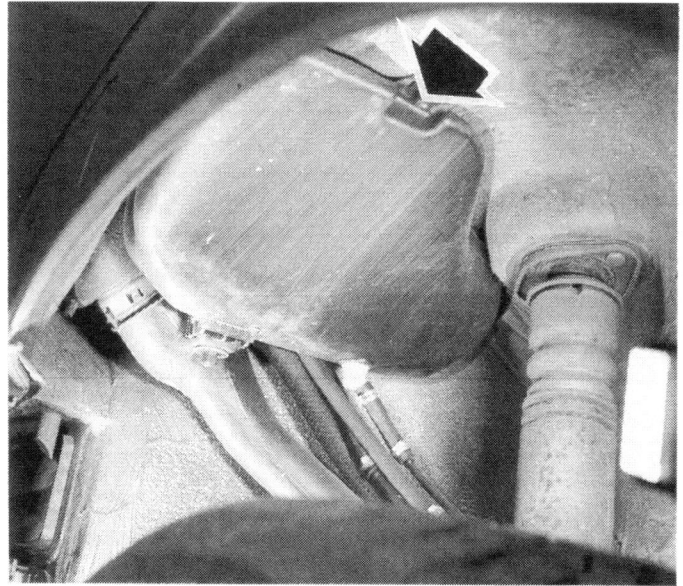

Im rechten hinteren Radkasten verbirgt sich der Ausgleichbehälter (Pfeil) des Kraftstofftanks, der die bei Erwärmung entstehende Mehrmenge an Benzin aufnehmen kann, ohne daß Kraftstoff ausläuft.

○ Die dritte Leitung kommt direkt vom Tankeinfüllstutzen, also auch von einem hochgelegenen Punkt der Tankanlage.
○ Der Ausgleichbehälter selbst muß natürlich auch entlüftet werden. Doch diese Entlüftungsleitung führt nicht einfach ins Freie, sondern mündet in einen Aktivkohlebehälter im Motorraum. Zweck der Sache ist es, die durch diese Leitung austretenden umweltschädlichen Kraftstoffdämpfe aufzufangen. Bei laufendem Motor werden die Gase – über das elektrische Tankentlüftungsventil im Motorraum (gesteuert von der Motronic) – bei bestimmter Motorlast wieder aus dem Aktivkohlebehälter herausgesaugt.
○ Unabhängig von den vorgenannten Leitungen läßt die dicke Schnell-Entlüftungsleitung ausschließlich beim Betanken Luft aus dem Tankinnern zum Einfüllstutzen strömen.

Geber für die Tankanzeige

Der BMW besitzt – wie schon erwähnt – zwei Tankgeber, die rechts und links oben in den Kraftstoffbehälter eingesetzt sind. Beide Tankgeber zusammen melden die Flüssigkeitsmenge auf elektrischem Weg an die auswertende Elektronik des Kombi-Instruments. Am rechten Tankgeber ist zusätzlich die Kraftstoffpumpe befestigt.

Tankgeber mit Kraftstoffpumpe ausbauen

● Tank möglichst weit leerfahren, damit kein Kraftstoff herausschwappt.
● Rücksitz ausbauen, Unterlegmatte zurückschlagen.
● Blechdeckel abschrauben.
● Schläuche am Tankgeber für späteren Wiedereinbau kennzeichnen und abbauen.
● Kabelstecker entriegeln und abziehen.
● Kunststoff-Überwurfmutter des Tankgebers losdrehen. Dazu einen stumpfen Schraubendreher an einer Rippe der Mutter ansetzen und mit leichten Hammerschlägen die Mutter lockern.
● Tankgeber vorsichtig nach oben herausziehen bzw. -schwenken.
● Kraftstoffpumpe und Geber (rechter Tankgeber)

Aus Gründen des Umweltschutzes endet der Schlauch der Tank-Entlüftung (3) nicht einfach im Freien. Damit keine schädlichen Benzindämpfe freigesetzt werden, führt die Entlüftung in einen Aktivkohlebehälter (1), der links vorn im Motorraum angebracht ist. Der Aktivkohlebehälter nimmt die Dämpfe auf und gibt sie bei laufendem Motor über die zweite Anschlußleitung und das Tank-Entlüftungventil (2) zum Ansaugsystem ab, wodurch sie der Verbrennung zugeführt werden.

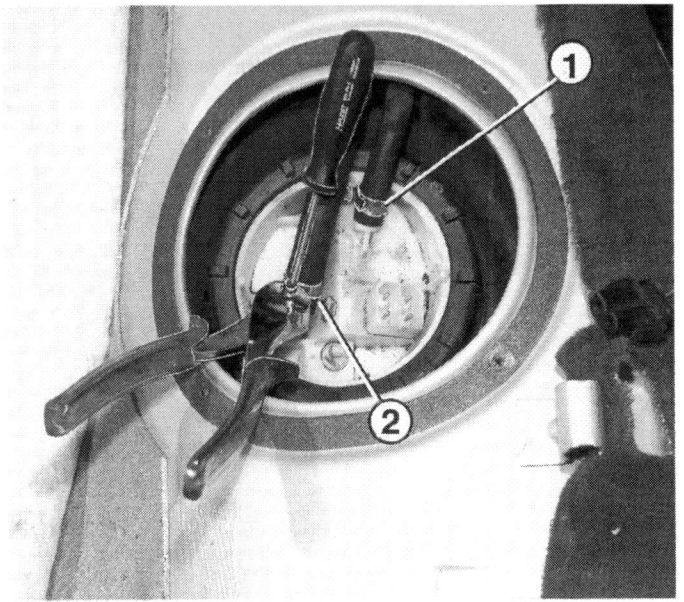

Lösen einer werkseitig angebrachten Benzinschlauch-Quetschklemme (2) durch Aufweiten mit einem kleinen Schraubendreher. Im Notfall kann die alte Quetschklemme wiederverwendet werden. Das Zuammendrücken erfolgt dann mit einem Seitenschneider oder einer geeigneten Beißzange. Generell sollte aber nach Reparaturen eine Schraubklemme (1) angebracht werden.

sind nicht einzeln als Ersatzteil erhältlich, brauchen daher also auch nicht getrennt zu werden.
- Zum Wiedereinbau Dichtring am Tankgeber prüfen und mit Kraftstoff benetzen.
- Einbaulage des Tankgebers beachten: Die Markierungen an Tank und Geber müssen sich gegenüberstehen (siehe Bild gegenüberliegende Seite unten).
- Darauf achten, daß beim Einsetzen des Tankgebers der Höhentaster (senkrechter Metallstab) in die Kuhle am Tankboden zeigt.
- Tankgeber mit Dichtung vorsichtig vollends in die Öffnung stecken. Der Dichtring darf nicht verrutschen.
- Kunststoff-Überwurfmutter festdrehen, Schläuche mit neuen Klemmschellen befestigen. Kabelstecker anschließen.

Tankgeber prüfen

Die Prüfung des Tankgebers fällt mit der Prüfung des Tankanzeige zusammen, den entsprechenden Text finden Sie im Kapitel »Instrumente und Geräte«.

Die Kraftstoffleitungen

Die Kraftstoffanlage unserer Einspritzmotoren muß dem hohen Betriebsdruck von bis zu 3 bar widerstehen können. Die Schläuche sind deshalb aus besonders druckfestem Material gefertigt. Zudem sind sie an allen Verbindungsstellen mit Klemmschellen, Schraubschellen oder mit stabilen Verschraubungen gesichert.

Kraftstoffleitungen und -schläuche ausbauen

- Sauberkeit ist oberstes Gebot bei Arbeiten an der Kraftstoffanlage. Zumindest den Bereich, in dem gearbeitet wird, vorher reinigen, damit kein Schmutz in die offenen Leitungen gelangen kann.
- Teilweise werden zur Befestigung der Leitungen **Klemmschellen** benutzt.
- Um sie zu lösen, muß mit einer Zange die Blechschlaufe an ihrem Umfang plattgedrückt werden. Da-

Zum Lösen der großen Kunststoff-Überwurfmutter muß ein Schraubendreher an der Verrippung angesetzt werden. Durch leichte Schläge auf den Griff des Schraubendrehers können Sie nun versuchen, die Überwurfmutter zu drehen (Pfeile).

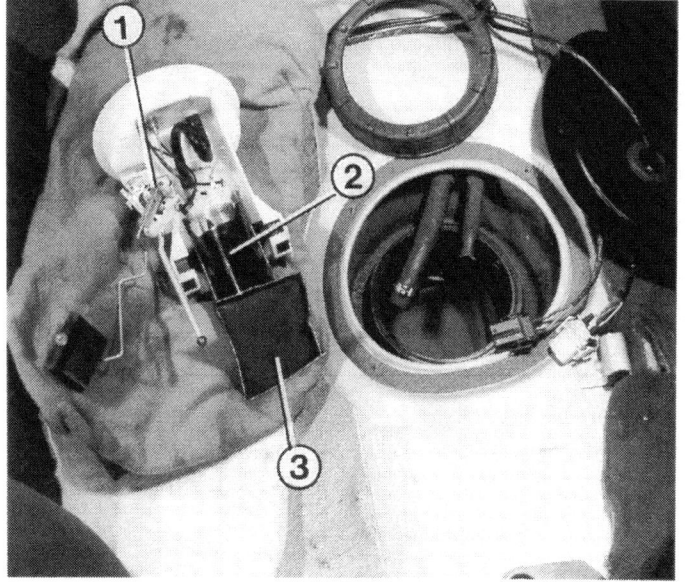

Der rechte Tankgeber (1) ist mit der Kraftstoffpumpe (2) kombiniert. Die Position »3« zeigt auf das Ansaugsieb, das verhindert, das Schmutzteilchen aus dem Tank mit angesaugt werden.

durch weitet sich die Klemmschelle, und der Kraftstoffschlauch kann unter Drehbewegungen abgezogen werden.
● Andere Möglichkeit: Blechschlaufe mit einem schmalen Schraubendreher weiten.
● Danach kleinen Gabelschlüssel am Schlauchende ansetzen und damit abdrücken.
● Beim Einbau sollten Sie statt der Klemmschellen solche zum Schrauben verwenden.
● **Schraubschellen** (Schlauchbänder) können natürlich wiederverwendet werden. Beim Anziehen nicht zuviel Kraft anwenden, sonst rutscht die Verzahnung durch, und die Schraubschelle ist unbrauchbar.
● Möglicherweise steht das Kraftstoffsystem auch nach Abschalten des Motors noch unter einem geringen Restdruck. Deshalb beim Lösen einer Benzinleitung einen Lappen bereithalten, damit kein Kraftstoff in die Augen spritzen kann.

Kraftstoffanlage auf Dichtheit prüfen

Wartung Nr. 15

Riecht es am Abstellplatz des Wagens nach Benzin, tritt dies irgendwo aus einer Leitung oder an einem Bauteil der Kraftstoffanlage aus. Zur Suche einer Undichtigkeit sollte der Wagen über Nacht an einem trockenen, sauberen Platz gestanden haben.
● Flecken unter dem Wagenboden?
● Wenn nicht, Motor starten und einige Minuten laufen lassen.
● Nach dem Abstellen erneut kontrollieren.
● Falls nichts sichtbar, sämtliche Leitungen verfolgen und auf Benzingeruch bzw. auf Verfleckungen achten.

Die elektrische Kraftstoffpumpe

Die Kraftstoffpumpe hat ihren Platz innen im Tank, direkt am rechten Tankgeber. Da sie ständig von kühlendem

Beim Einbauen der Tankgeber muß auf die richtige Einbaulage geachtet werden, u. a. muß der Deckel in der richtigen Position stehen. Die Markierungen (Pfeile) an Tankgeber und Tank stehen sich dann gegenüber.

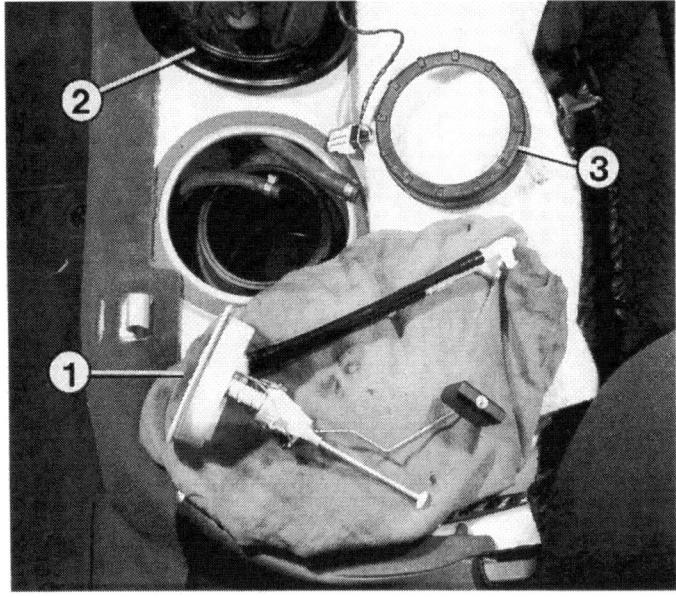

Hier ist der linke Tankgeber (1) aus dem Tank ausgebaut. Ferner bedeuten:
2 – Abdeckblech;
3 – Überwurfmutter.

Benzin umgeben ist, können sich auch bei hohen Betriebstemperaturen keine Dampfblasen bilden, die zu Aussetzern führen.

Die Stromversorgung der Kraftstoffpumpe läuft vom Zündschloß über das Motronic-Relais 1 (das Kraftstoffpumpenrelais) und eine Sicherung zur Pumpe. Gesteuert wird das Kraftstoffpumpenrelais vom Motronic-Steuergerät, das eine Sicherheitsschaltung beinhaltet. Diese sorgt dafür, daß die Pumpe nur dann läuft, wenn der Motor dreht. Ob das der Fall ist, erfährt das Steuergerät von der Zündung, die ja ebenfalls in der Motronic enthalten ist. Die Sicherheitsschaltung soll Brände durch auslaufendes Benzin nach Unfällen verhindern.

Relais der Motronic

Außen am Stromverteilerkasten (Sicherungskasten) sind hinten rechts die drei Relais der Motronic angebracht:
○ Vorn sitzt das Kraftstoffpumpenrelais (auch Motronic-Relais 1 genannt oder mit K 6301 bezeichnet).
○ In der Mitte sitzt das Hauptrelais (Motronic-Relais 2 genannt bzw. mit K 6300 bezeichnet), das die Stromversorgung zum Motronic-Steuergerät bei entsprechender Zündschlüsselstellung schaltet.
○ Hinten sitzt das Relais für die Beheizung der Lambda-Sonde (Bezeichnung K 6303).

Fingerzeig: Nicht bei allen Wagen stimmt die Anordnung der Relais mit der hier genannten überein. Deshalb vorsichtshalber prüfen, ob die angeschlossenen Kabelfarben mit den Stromlaufplänen übereinstimmen.

Störungen an der Kraftstoffpumpe

Die elektrische Kraftstoffpumpe erhält aus Sicherheitsgründen nur dann Strom, wenn der Anlasser betätigt wird oder der Motor läuft. Deshalb ist das Prüfen der Pumpe etwas kompliziert.
● Sicherung für Kraftstoffpumpe überprüfen (Kapitel »Die Karosserie-Elektrik«). Wenn sie intakt ist:
● Schwarzen Blechdeckel rechts unter dem Rücksitz losschrauben.
● Von Helfer den Anlasser kurz betätigen lassen. Dabei muß die Pumpe hörbar anlaufen.
● Ist das nicht der Fall, Stromverteilerkasten links hinten im Motorraum öffnen, Kraftstoffpumpenrelais abziehen.
● Klemme 30 und 87 (im Relaissockel sind das die Steckkontakte 2 und 6) mit einem selbstgefertigten Überbrückungskabel verbinden.
● Läuft die Pumpe jetzt (Zündung an), war das Relais defekt. Ersetzen.
● Läuft sie immer noch nicht, wird die Stromversorgung der Pumpe mit der Prüflampe kontrolliert. Dazu das Relais wieder aufstecken.
● Am rechten Tankgeber Steckverbindung zur Kraftstoffpumpe (Kabelfarben grün/violett und braun/schwarz) abziehen. Prüflampe an die Steckerkontakte anschließen.
● Anlasser von Helfer kurz betätigen lassen. Die Prüflampe muß jetzt aufleuchten.
● Fehlt es an der Spannung, muß der Leitungsverlauf überprüft werden.
● War Spannung vorhanden, ist die Kraftstoffpumpe zu ersetzen.

Fördermenge der Kraftstoffpumpe prüfen

Wenn mangelhafte Motorleistung bei hohen Drehzahlen oder Verschlucker beim Fahren Zweifel an der ausreichenden Kraftstoffversorgung aufkommen lassen, kann die Fördermenge der Benzinpumpe gemessen werden.
● Rücklaufschlauch von der Rücklaufleitung (unterhalb des Drosselklappenstutzens) abnehmen.
● Ersatzschlauch auf den Druckregler aufstecken und von einem Helfer in ein Meßglas halten lassen.

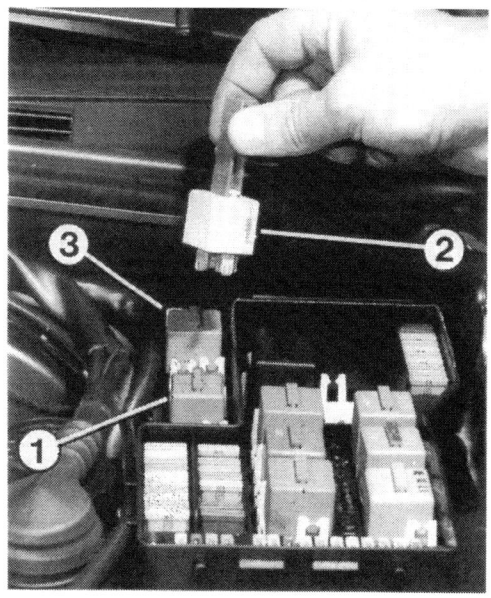

Links: Der Pfeil zeigt (hier bei ausgebautem Motor) auf die Kraftstoff-Rücklaufleitung, an der die Fördermenge geprüft wird. Rechts: Hier ist das Hauptrelais der Motronic (2) abgezogen. In Fahrtrichtung davor befindet sich das Relais der Kraftstoffpumpe (1); dahinter sitzt das Relais der Lambda-Sondenbeheizung (3).

- Rücklaufleitung mit sauberer Schraube verschließen.
- Sicherungskasten rechts hinten im Motorraum öffnen, Benzinpumpenrelais abziehen.
- Klemme 30 und 87 (im Relaissockel sind das die Steckkontakte 2 und 6) mit einem selbstgefertigten Überbrückungskabel verbinden.
- Nach 30 Sekunden muß die Pumpe 875 cm³ Kraftstoff gefördert haben.

Kraftstoffilter ersetzen

Wartung Nr. 38

Verunreinigungen stammen meist aus dem Tank einer Zapfstation. Etwa dann, wenn Sie getankt haben, als die Erdtanks eben frisch befüllt wurden. Dadurch können Schmutzpartikel und auch Kondenswasser aufgewirbelt werden und über den Zapfhahn in Ihren Tank gelangen. Deshalb an frisch belieferten Tankstellen möglichst nicht auftanken.

Sicherheitshalber ist bei allen Modellen ein Kraftstoffilter eingesetzt, der regelmäßig ausgewechselt werden soll.

- Der Filter sitzt links neben dem Motor und ist am besten von unten erreichbar.
- Zuerst den Arbeitsbereich säubern.
- Schraube der Halteschelle am Filter lösen.
- Vergessen Sie nicht das Abklemmen der Kraftstoffschläuche, sonst läuft während der Arbeit Benzin aus.
- Zum Abklemmen beider Schläuche verwendet man schraubbare Schlauch-»Würger« (Zubehörhandel).
- Schlauchschellen vorn und hinten am Filter lokkern, Schläuche abziehen.
- Beachten Sie die Durchflußrichtung beim Einbau: Der Pfeil auf dem Gehäuse muß in Richtung des zum Motor führenden Schlauches zeigen. Oder eine der Stirnseiten des Filters ist mit dem Wort »Auslauf« gekennzeichnet.

Der Pfeil zeigt auf den Kraftstoffilter, der rechts am Motor angebracht ist. Zugänglich ist er am besten, wie hier gezeigt, von der Fahrzeugunterseite her.

Die Motronic-Einspritzung

Essensausgabe

Im BMW hilft die Elektronik, die Trinksitten des Motors etwas im Zaum zu halten. Bei durchschnittlichen Verbräuchen von um die 11 Liter pro 100 km ist man zwar nicht immer überzeugt, daß dieses Vorhaben auch glückt, doch muß man bei den Modellen der 3er-Reihe mit ins Kalkül ziehen, daß aufgrund der hohen Motorleistung hier durchaus ein »ICE-Zuschlag« angemessen erscheint.

Traditionsgemäß finden wir im BMW ein Einspritzsystem aus dem Hause Bosch. Und weil's nur vom Feinsten sein darf, handelt es sich dabei um eine **Motronic** – das derzeit aufwendigste Einspritzsystem, dessen Steuergerät zusätzlich die elektronische Zündung einschließt.

BMW hat die Motronic mit dem hauseigenen Namen »Digitale Motor-Elektronik« – »DME« versehen. Oft ist auch von der Version die Rede: Es handelt sich um die Version M 3.1.

Das Steuergerät der Motronic ist voll diagnosefähig. D. h. die im Fahrbetrieb auftretenden Störungen werden in einem Fehlerspeicher abgelegt, der erst nach Abklemmen der Batterie gelöscht wird. Genial daran ist, daß auch diejenigen Fehler gespeichert werden, die nur kurzzeitig auftreten. Erfahrungsgemäß sind es eben jene Defekte, die extrem schwer auffindbar sind.

Und noch eins: Das Steuergerät ist codierbar. Das heißt, die verschiedenen Programme der Fahrzeugversionen (z. B. Schalt- oder Automatikgetriebe) und der Länderversionen (z. B. Europa, USA, Golf-Staaten) sind im Steuergerät bereits angelegt und brauchen bei Einbau eines neuen Steuergeräts nur noch aufgerufen zu werden, was mittels des Modic-Geräts geschieht.

Die Teile der Einspritzung

Steuergerät

Zwischen den Eingangsinformationen (durch die verschiedenen Geber) und den Einspritzventilen steht das Steuergerät. Es billigt dem Motor – abhängig von den herrschenden Last- und Temperaturbedingungen eine ganz bestimmte Kraftstoffmenge zu. Dazu variiert das Steuergerät die Öffnungsdauer der elektrisch gesteuerten Einspritzventile. Da der Druck im Kraftstoffsystem stets annähernd konstant ist, kann die Einspritzmenge nur über die Einspritzzeit variiert werden.

Woher bezieht das Steuergerät die Informationen, nach denen es die Einspritzzeit festlegt? Dafür sind verschiedene Geber zuständig:

○ Luftmassenmesser; er gibt Auskunft über die angesaugte Luftmasse.
○ Temperaturgeber im Ansaugkrümmer; er signalisiert die Temperatur der Ansaugluft.
○ Kühlmittel-Temperaturgeber; er liefert eine Vergleichsgröße für die Motortemperatur.
○ Drosselklappen-Potentiometer; er liefert Informationen über den Lastzustand des Motors.
○ Drehzahlgeber; er übermittelt das Drehzahlsignal für Zündungs- und Einspritzungsteil der Motronic. Außerdem meldet er die Stellung der Kurbelwelle.
○ Nockenwellengeber; er meldet dem Steuergerät, welcher Zylinder mit dem Zünden bzw. Einspritzen dran ist.
○ Das Startsignal kommt von der Zündschloß-(Anlasser-)Klemme 50.
○ Weitere Einflußgrößen stammen vom Getriebe, vom Tachometer, ja selbst von der Klimaanlage.

Das Steuergerät der Motronic (Pfeil) sitzt gut versteckt in einem eigenen Kasten rechts in der hinteren Motorraumwand. In der Abbildung ist der Deckel und die Dämm-Matte vor dem Steuergerätekasten abgenommen.

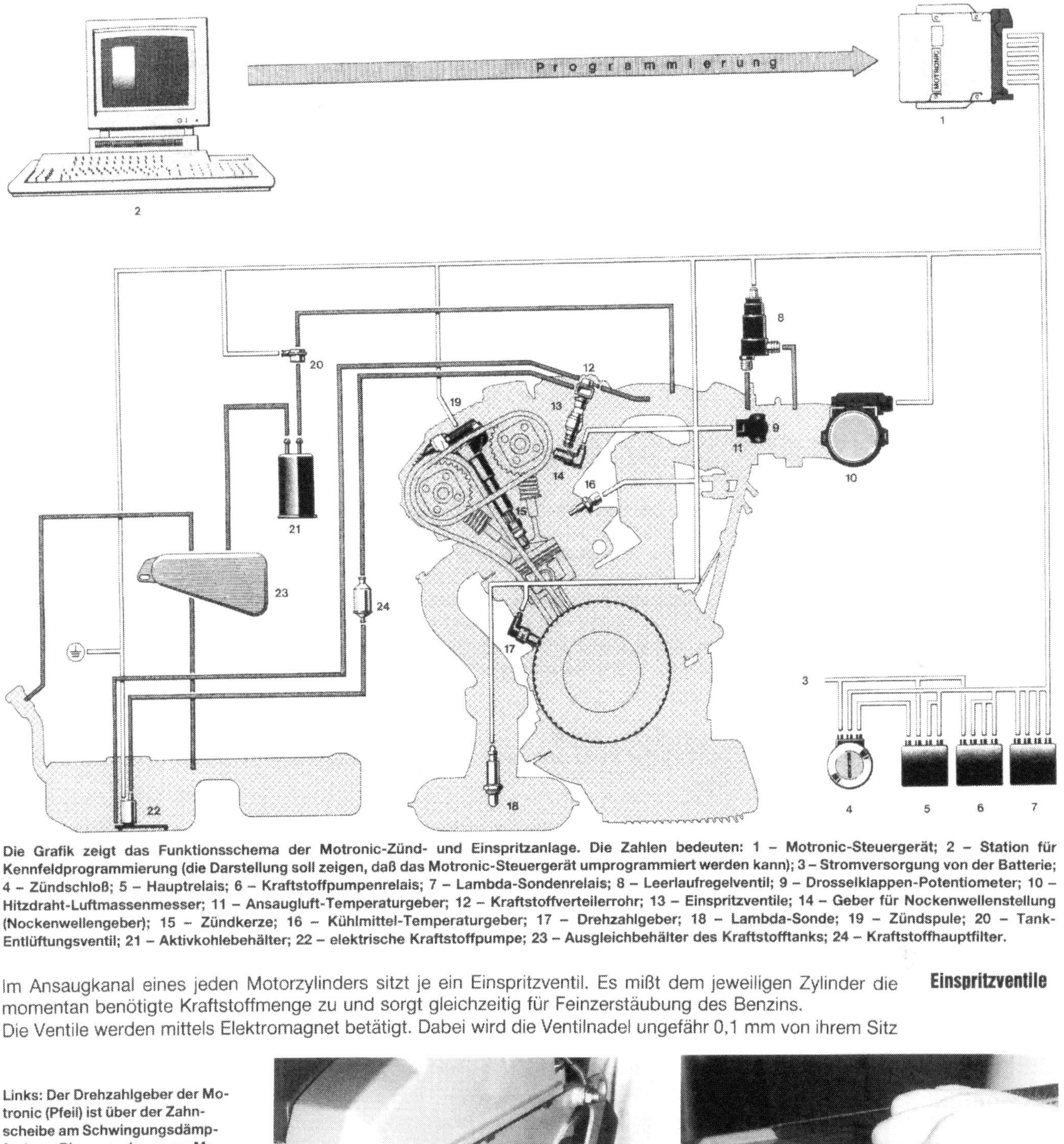

Die Grafik zeigt das Funktionsschema der Motronic-Zünd- und Einspritzanlage. Die Zahlen bedeuten: 1 – Motronic-Steuergerät; 2 – Station für Kennfeldprogrammierung (die Darstellung soll zeigen, daß das Motronic-Steuergerät umprogrammiert werden kann); 3 – Stromversorgung von der Batterie; 4 – Zündschloß; 5 – Hauptrelais; 6 – Kraftstoffpumpenrelais; 7 – Lambda-Sondenrelais; 8 – Leerlaufregelventil; 9 – Drosselklappen-Potentiometer; 10 – Hitzdraht-Luftmassenmesser; 11 – Ansauglufт-Temperaturgeber; 12 – Kraftstoffverteilerrohr; 13 – Einspritzventile; 14 – Geber für Nockenwellenstellung (Nockenwellengeber); 15 – Zündkerze; 16 – Kühlmittel-Temperaturgeber; 17 – Drehzahlgeber; 18 – Lambda-Sonde; 19 – Zündspule; 20 – Tank-Entlüftungsventil; 21 – Aktivkohlebehälter; 22 – elektrische Kraftstoffpumpe; 23 – Ausgleichbehälter des Kraftstofftanks; 24 – Kraftstoffhauptfilter.

Einspritzventile

Im Ansaugkanal eines jeden Motorzylinders sitzt je ein Einspritzventil. Es mißt dem jeweilgen Zylinder die momentan benötigte Kraftstoffmenge zu und sorgt gleichzeitig für Feinzerstäubung des Benzins.
Die Ventile werden mittels Elektromagnet betätigt. Dabei wird die Ventilnadel ungefähr 0,1 mm von ihrem Sitz

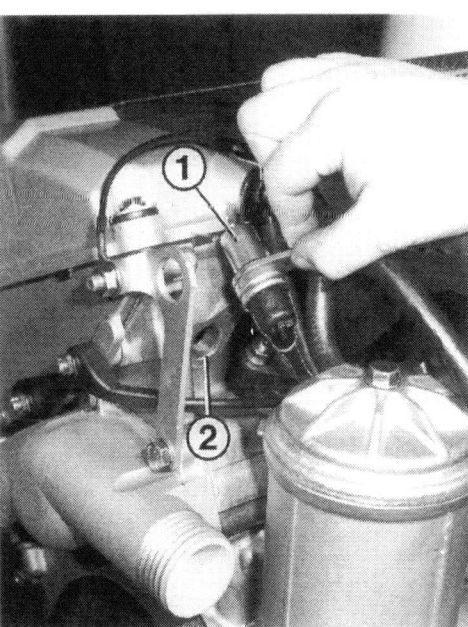

Links: Der Drehzahlgeber der Motronic (Pfeil) ist über der Zahnscheibe am Schwingungsdämpfer bzw. Riemenrad vorn am Motor befestigt. Er gibt der Motronic Auskunft über Motordrehzahl und Stellung der Kurbelwelle. Um die Stellung der Kurbelwelle orten zu können, fehlen an einer Stelle des Zahnkranzes zwei Zähne.
Rechts: Der Nockenwellengeber der Motronic (1) dient der Zylindererkennung. Er meldet dem Steuergerät, wann ein bestimmter Zylinder mit dem Zünden dran ist. Das hier in der Abbildung ausgebaute Teil ist in die Bohrung (2) links am Zylinderkopf eingesteckt.

abgehoben – der Kraftstoff kann durchfließen. Interessant ist die schnelle Reaktionszeit des Ventils: Anzugs- und Abfallzeit liegen im Bereich von 1–1,5 Millisekunden.
Übrigens ist der Spritzstrahl der Einspritzventile geteilt. Somit wird gezielt vor jedes der beiden Einlaßventile gesprüht.

Kraftstoff-Verteilerrohr
Es dient dazu, alle Einspritzventile gleichmäßig mit Kraftstoff zu versorgen. Außerdem wirkt das Verteilerrohr als Kraftstoffspeicher und verhindert damit Druckschwankungen.

Kraftstoff-Druckregler
Er sitzt hinten unten am Kraftstoff-Verteilerrohr und muß – wie der Name schon sagt – den Druck im Verteilerrohr konstant halten. Das macht er, indem er mehr oder weniger Kraftstoff durch die Rücklaufleitung zum Tank zurückfließen läßt. Läuft mehr zurück, sinkt der Druck; bei geringerer Rücklaufmenge steigt er. Durch einen Unterdruck-Anschluß weiß der Druckregler gleichzeitig über den Lastzustand des Motors Bescheid. Bei Vollast hebt er den Druck noch um etwa 0,5 bar an. Dadurch wird mehr Kraftstoff eingespritzt, was der Motor zum Erreichen der vollen Leistung dringend braucht.

Kraftstoffpumpe und Relais
Mehr über die elektrische Kraftstoffpumpe, das Kraftstoffpumpenrelais und die übrigen Relais der Motronic erfahren Sie im Kapitel »Vom Tank zur Kraftstoffpumpe«.

Luftmassen-messer
Über einen Heizdraht kann der Luftmassenmesser die Ansaugluft gewissermaßen elektronisch »abwiegen«. Der elektrisch beheizte Draht liegt direkt im Luftstrom zwischen Luftfiltergehäuse und Drosselklappenstutzen. Im Leerlauf bei geschlossener Drosselklappe gelangt nur ein geringer Luftstrom am Hitzdraht vorbei, er wird kaum abgekühlt. Mit zunehmendem Tritt aufs Gaspedal und weiterem Öffnungswinkel der Drosselklappe gelangt mehr Luft am Hitzdraht vorbei, er wird immer stärker abgekühlt. Durch die Abkühlung verändert der Draht seinen elektrischen Widerstand und damit den Heizstrom. Diese Änderung des Stromes dient dem Steuergerät als Informationssignal über die angesaugte Luftmasse, also das Gewicht der Luft. Gegenüber der Luftmengenmessung können mit dem Hitzdrahtsystem Luftdruck- und Temperaturänderungen ebenfalls erfaßt werden.

Drosselklappe
Weiter hinten im Ansaugluftstrom sitzt die Drosselklappe im Drosselklappenstutzen. Betätigt wird sie vom Gaspedal über den Gaszug. Sie öffnet oder verschließt den Luftweg zum Ansaugkrümmer und damit zu den Brennräumen des Motors.

Drosselklappen-Potentiometer
Der Drosselklappen-Potentiometer wird von der Drosselklappenwelle betätigt. Der Potentiometer erfaßt die momentane Stellung der Drosselklappe und meldet sie in Form elektrischer Spannung dem Steuergerät. Das Steuergerät benötigt diese Lastinformationen unter anderem zur Leerlaufregelung, Zündkennfeldauswahl und zur Einspritzzeitberechnung.

Leerlauf-regelventil
Wie sein Name schon sagt, sorgt das Leerlaufregelventil für eine stets konstante Leerlaufdrehzahl – egal ob der Motor kalt oder warm ist oder ob kraftzehrende Verbraucher (Klimaanlage) eingeschaltet sind.
Das Ventil ist dabei nur ausführendes Organ. Kopf der Regelung ist das Motronic-Steuergerät. Es vergleicht die Momentan- mit der Solldrehzahl und sorgt so für das fein abgestimmte Öffnen und Schließen des Regelventils zur Drehzahlanpassung. Variiert wird dabei der Querschnitt eines Luft-Nebenkanals, der die Drosselklappe

Der Pfeil im Bild zeigt auf den Ansaugluft-Temperaturgeber der Motronic. Er ist nahe des Drosselklappenstutzens in den Ansaugkrümmer eingeschraubt.

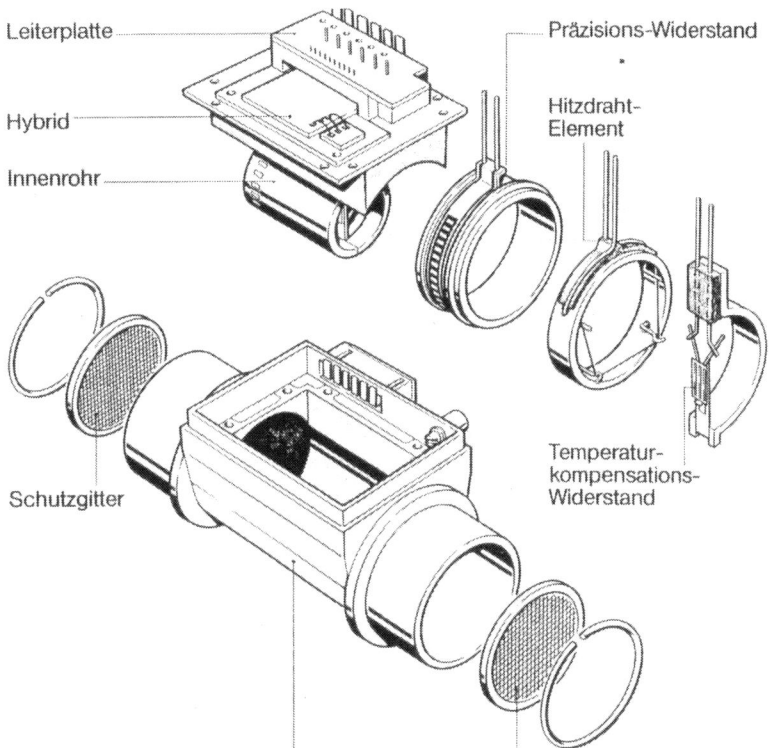

Die Zeichnung zeigt die Einzelteile des Hitzdraht-Luftmassenmessers.

Leiterplatte
Hybrid
Innenrohr
Schutzgitter
Kunststoff-Gehäuse
Schutzgitter
Präzisions-Widerstand
Hitzdraht-Element
Temperatur-kompensations-Widerstand

umgeht. Ist der Kanal geöffnet, wird mehr Luft angesaugt, die Temperatur des Hitzdrahtes nimmt ab, und somit »glaubt« der Luftmassenmesser durch die Mehrmenge an Luft, man habe die Drosselklappe geöffnet. Was wiederum die Einspritzung dazu veranlaßt, die nötige Mehrmenge an Kraftstoff beizusteuern. Resultat: die Motordrehzahl erhöht sich.

Die Funktion

Zusammenspiel der Einzelteile

Bei laufendem Motor saugen die in den Zylindern auf- und ab sausenden Kolben Luft an. Treten Sie das Gaspedal voll durch, saugt der Motor das größtmögliche Volumen an, denn die Drosselklappe ist dann voll geöffnet. Entsprechend geringer ist die Luftmasse in geschlossener bzw. teilweise offener Stellung der Drosselklappe. Für sauberen Motorlauf muß der Ansaugluft im genau richtigen Verhältnis Kraftstoff beigemischt werden. Zur Bestimmung des Kraftstoff/Luft-Verhältnisses wird die Masse (das Gewicht) der Ansaugluft herangezogen. Die Widerstandsänderungen des Hitzdrahtes dienen dem Motronic-Steuergerät als Information für die angesaugte Luftmasse.

Dieses Steuergerät ist es auch, das die Impulse zum Öffnen und Schließen der Einspritzventile gibt. Längeres Öffnen ist angesagt, wenn viel Kraftstoff gebraucht wird – kurze Offenzeiten reichen aus, wenn die benötigte Kraftstoffmenge gering ist. Die »Sprühstärke« der Einspritzventile bleibt also konstant. Die Mengenreduzierung erfolgt über die Reduzierung der »Sprühzeit«.

Jeder einzelne Zylinder erhält seine Kraftstoffration in die Ansaugkanäle gespritzt, kurz bevor seine Einlaßven-

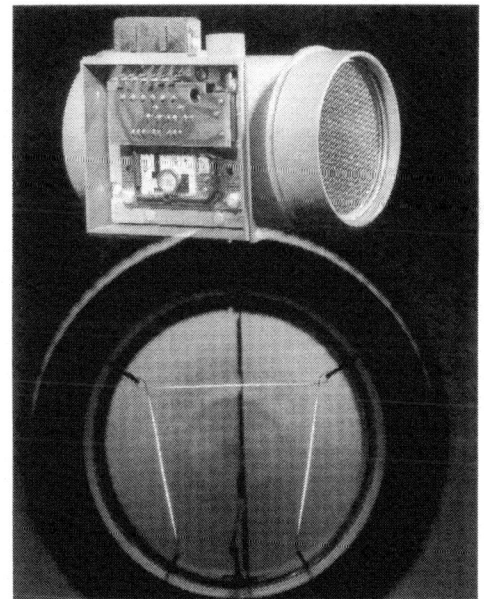

Der untere Teil des Fotos zeigt den Blick in den Durchlaß des oben als Bauteil abgebildeten Hitzdraht-Luftmassenmessers. Der Hitzdraht ist hier während des Glühvorgangs fotografiert.

tile öffnen. Das heißt, daß die Einspritzventile nacheinander abspritzen – in der Fachsprache nennt man das »Vollsequentielle Einspritzung«. Das bewirkt eine gewisse Verringerung des Kraftstoffverbrauches und hat außerdem einen geringeren Schadstoffanteil im Abgas zur Folge.

Start

Zum Starten des kalten Motors wird ein fetteres – also kraftstoffreicheres – Gemisch benötigt, weil sich viele der Kraftstofftröpfchen schon auf dem Weg in die Brennräume an den Wänden im Ansaugbereich absetzen und so für die Verbrennung nicht mehr zur Verfügung stehen. Das Gemisch muß also angefettet werden.
Hierfür sorgt ein Kaltstartprogramm, das im Steuergerät gespeichert ist. Während der Kaltstartsteuerung – dies sind eine bestimmte Anzahl an Zündungen – wird die Abspritzdauer der Einspritzventile erhöht. Faktoren, wie Kühlmitteltemperatur und Motordrehzahl, beeinflussen die Abspritzdauer. Nach einer bestimmten Anzahl Motorumdrehungen wird dann die Kaltstart-Kraftstoffmenge langsam an die Normalmenge angepaßt.

Warmlauf

Auch nach dem Start braucht der Motor noch eine gewisse Zeit fetteres Gemisch, denn immer noch kondensiert eine gewisse Kraftstoffmenge im Ansaugbereich. Dafür gibt es die »Nachstartanhebung«. Es wird – temperaturabhängig – noch für eine gewisse Zeit mehr Kraftstoff zugeführt. Die nötige Information über die Motortemperatur erhält das Steuergerät vom Temperaturfühler.
Das bei kaltem Motor noch recht zähflüssige Motoröl verursacht eine höhere innere Reibung in der Maschine. Es wird mehr Kraft – sprich Gemisch – gebraucht, um den Motor auf Drehzahl zu halten. Für diese Gemisch-Mehrmenge sorgt das schon erwähnte Leerlaufregelventil.

Leerlauf

Bei geschlossener Drosselklappe (losgelassenes Gaspedal) wird eine geringe Menge Luft durch einen Bypass-Kanal um die Drosselklappe herumgeführt. Diese Luftmasse wird vom Luftmassenmesser erfaßt und deshalb mit der hierzu nötigen Menge Kraftstoff zum Leerlaufgemisch ergänzt. Übrigens ist das Leerlaufgemisch etwas fetter als das Normalgemisch, damit der Motor schön rund läuft und keine Zündaussetzer bekommt. Wann die Leerlauf-Anreicherung zu erfolgen hat, erfährt das Steuergerät vom Drosselklappen-Potentiometer.
Wieviel Luft durch den Bypass fließt (und damit die Höhe der Leerlaufdrehzahl) bestimmt das Leerlaufregelventil.

Teillast

Bei Teillast erhält der Motor die Normalmengen an Kraftstoff zugeteilt. Dabei wird auf möglichst geringen Verbrauch Wert gelegt.

Beschleunigen

Wird das Gaspedal plötzlich niedergetreten, wird die Beschleunigungsanreicherung ausgelöst, wenn der Zuwachs der angesaugten Luftmasse pro Sekunde einen bestimmten Wert überschreitet. Bei kaltem Motor wird zum Beschleunigen noch mehr Kraftstoff gebraucht. Das Steuergerät wertet deshalb den jeweiligen Impuls des Luftmassenmessers als Beschleunigungs-Signal aus und steuert zusätzlichen Kraftstoff bei.

Vollast

Der Drosselklappen-Potentiometer zeigt dem Steuergerät an, daß der Fahrer das Gaspedal voll durchgetreten hat. Zum Erreichen der Höchstleistung bekommt der Motor jetzt ein fetteres Gemisch vorgesetzt (Vollastanreicherung).

Schubbetrieb

Bergab mit losgelassenem Gaspedal braucht dem Motor kein Kraftstoff zugeführt werden. Der Wagen rollt durch Gewicht oder Schwung von selbst. An der hohen Drehzahl und der Stellung der Drosselklappe (über den Drosselklappen-Potentiometer) erkennt das Steuergerät, wann Schubbetrieb vorliegt und kann auf »Kraftstoff sparen« schalten.

Drehzahlbegrenzung

In unserem BMW erledigt das die Einspritzanlage. Sie vergleicht die Momentan- mit der Höchstdrehzahl und dreht bei Überschreiten einfach den Kraftstoffhahn zu. Diese Methode ist bei Wagen mit Katalysator ein Muß, denn bei Unterbrechen der Zündung käme unverbrannter Kraftstoff in den Kat. Und das nimmt er übel.

Lambda-Regelung

Der Katalysator kann nur dann richtig arbeiten, wenn die Luftzahl λ (Lambda) dem Wert 1 möglichst nahekommt; davon war schon im Kapitel »Die Abgas-Entgiftung« die Rede. Damit dies der Fall sein kann, ist die Motronic mit einer sogenannten Lambda-Regelung versehen. Dabei mißt die Lambda-Sonde den Sauerstoffgehalt im Abgas – eine Vergleichsgröße für die Zusammensetzung des Kraftstoff/Luft-Gemisches. Weicht die Messung vom Idealwert ab, regelt das Steuergerät nach. Die Regelung arbeitet im Bereich von $\lambda = 0,8$ bis $\lambda = 1,2$.
Die Lambda-Sonde gibt erst bei Temperaturen über 350°C ein verwertbares Signal ab. Damit diese Temperatur schnell erreicht wird, ist die Sonde elektrisch beheizt. Bis es soweit ist, bleibt die Anlage ungeregelt und richtet sich nach einem vorgegebenen mittleren λ-Wert.

Selbsthilfe

Viele Prüfungen an der Einspritzung sind dem Selbsthelfer in Ermangelung der nötigen Prüfgeräte leider unmöglich gemacht. Dennoch bleibt ein gewisses Betätigungsfeld.

Vorgehensweise

Das Steuergerät selbst kann mit Heimwerkermitteln nicht kontrolliert werden. In der Praxis ist hier auch nur sehr selten mit Fehlern zu rechnen. Geber, Schalter und Kabelverbindungen geben ungleich häufiger Anlaß zu Beanstandungen.
Damit bietet sich bei einem Defekt folgende Vorgehensweise an:
○ Sicherstellen, daß die Zündung in Ordnung ist.
○ Kraftstoffversorgung prüfen.
○ Sichtprüfung an den Teilen der Einspritzanlage durchführen.
○ Wurde durch genannte Prüfungen kein Fehler gefunden, den Störungsbeistand am Ende dieses Kapitels studieren, mögliche Fehlerquelle ermitteln, verdächtiges Bauteil nach Prüfanleitung kontrollieren.
○ Brachte das keinen Erfolg, Fehlerspeicher des Steuergeräts im Rahmen einer Fahrzeugdiagnose auslesen lassen. Das ist aber nur möglich, wenn zuvor **die Batterie nicht abgeklemmt** wurde. Denn so wird der Speicherinhalt gelöscht.

Sichtprüfung

● Luftschläuche auf Dichtheit prüfen. Alle Schläuche – vom dicken Ansaugluftschlauch bis zum kleinen Unterdruckschlauch zum Druckregler – müssen geprüft werden.
● Sind die Dichtungen an den Einspritzventilen in Ordnung; ebenso die Flanschdichtungen der Ansaugkanäle?
● Undichtigkeiten lassen »Nebenluft« ins Ansaugsystem eindringen – Luft also, die der Luftmassenmesser nicht erfassen kann und die deshalb die Gemischaufbereitung empfindlich stört. Das Gemisch magert unkontrolliert ab, Motorlaufstörungen – hauptsächlich im Leerlauf – sind die Folge.

● Sind an den Kraftstoffleitungen Undichtigkeiten zu erkennen?
● Wurden die Kabelstecker mehrfach auseinandergezogen und wieder verbunden? Korrosion oder ungeschicktes Reißen kann mangelnden Kontakt zur Folge haben.
● Sehen Sie sich die Stecker an den einzelnen Bauteilen der Einspritzung genau an. Sie dürfen nur mit Kontaktspray behandelt werden, Nachbiegen kann Störungen verursachen.

Prüfen der Bauteile

Die folgenden Abschnitte beschreiben Prüfungen an den Komponenten der Einspritzanlage, soweit sie mit Heimwerkermitteln möglich sind.

Einspritzventile

Besteht der Verdacht, daß eines der Einspritzventile nicht funktioniert, können Sie zunächst versuchen, das brachliegende Ventil durch Fühlen mit der Hand ausfindig zu machen. Das nicht funktionierende Ventil vibriert nicht – im Gegensatz zu den anderen.
Weitergehende Kontrollen erfordern einen Spannungsprüfer mit Leuchtdioden und einen genauen Ohmmeter.

Links: Die Abdeckung (2) über den Einspritzventilen ist mit zwei Sechskantschrauben (Pfeile) befestigt. Die Schrauben sind nach Abdrücken der Abdeckkäppchen (1) zugänglich.
Rechts: Bei abgenommenen Deckel der Steckerleiste sind die Zuleitungskabel zu den Einspritzventilen zugänglich. Die Stromversorgung der Ventile kann mit einem Leuchtdioden-Spannungsprüfer kontrolliert werden. Dazu die Kabelumhüllungen beider Leitungen zu einem Einspritzventil mit zwei Nadeln durchstechen. Darauf achten, daß kein Kurzschluß entsteht. An den Prüfnadeln kann der Spannungsprüfer angeschlossen werden.

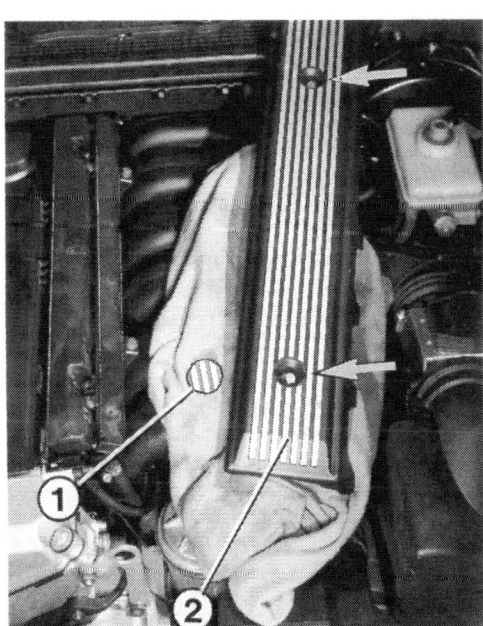
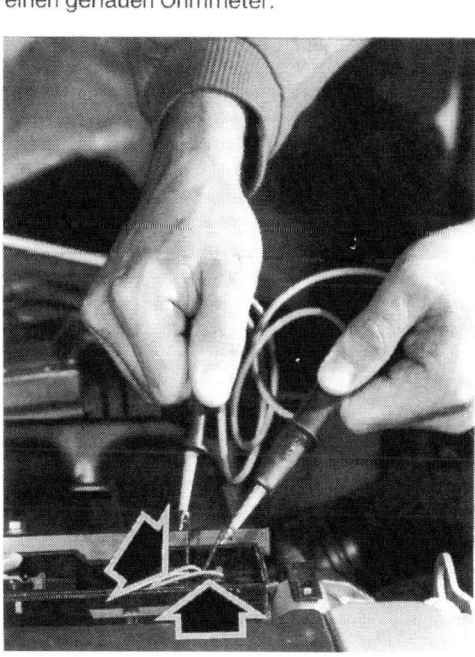

 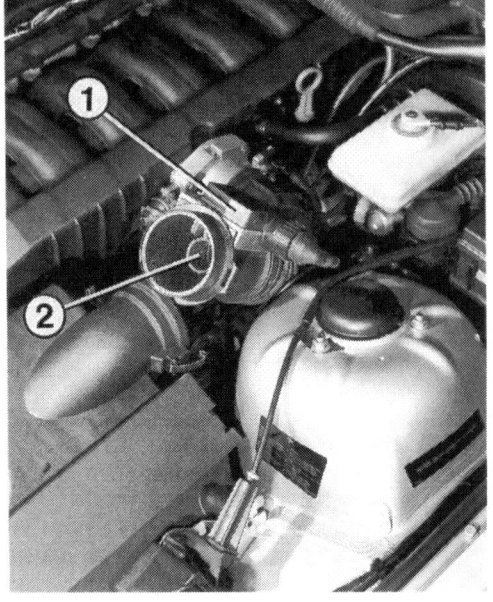

Links: Der Bereich um den Drosselklappenstutzen (2) ist hier bei ausgebautem Luftmassenmesser fotografiert. Es bedeuten:
1 – Gasgestänge;
3 – Drosselklappen-Potentiometer;
4 – Drosselklappe.
Rechts: Der Glühvorgang am Hitzdraht (2) des Luftmassenmessers (1) kann geprüft werden, wenn die Halteschellen zum Luftfiltergehäuse gelöst werden und der Luftmassenmesser ein Stück nach oben gezogen wird.

- Zuerst die **Spannungsprüfung**: LED-Spannungsprüfer (keine Prüflampe) an den Steckkontakten anschließen. Motor starten: Die Leuchtdioden im Spannungsprüfer müssen flackern, sonst ist keine Versorgungsspannung da, oder das Masse schaltende Steuergerät ist defekt. Mit einem Meßgerät klappt diese Kontrolle nicht.
- **Widerstandsprüfung**: Steckerleiste der Einspritzventile abziehen, Ohmmeter an den beiden Kontakten des Ventils anschließen: bei kaltem Motor müssen 15–17,5 Ω abzulesen sein.
- Liegt der Wert außerhalb der Toleranz, Ventil ersetzen (sofern genau gemessen wurde).
- **Dichtheit prüfen**: Kraftstoff-Verteilerrohr samt Einspritzventilen ausbauen.

- Die Anschlußsteckerleiste an den Einspritzventilen ist abgezogen, die Kraftstoffleitungen bleiben angeschlossen.
- Von Helfer den Motor einige Male mit dem Anlasser durchdrehen lassen, damit die Kraftstoffpumpe anläuft und Kraftstoffdruck aufbaut.
- Einspritzventile beobachten: Jedes einzelne darf höchstens einen Kraftstofftropfen in der Minute verlieren. Sonst Ventil auswechseln.
- Unabhängig hiervon kann der Spritzstrahl und die Dichtheit des Ventils geprüft werden, falls es Motorlaufstörungen erforderlich machen.

Drosselklappen-Potentiometer

- Stecker am Drosselklappen-Potentiometer abziehen.
- Mit einem genauen Ohmmeter den Widerstand zwischen den Kontakten des Potentiometers messen.

- Gemessen wird jeweils bei Drosselklappenstellung »Leerlauf« und »Vollgas« bei **stehendem Motor**.
- Folgende Sollwerte sollen erreicht werden:

Drosselklappenstellung	Messen zwischen den Anschlüssen		
	oben und unten	mitte und oben	mitte und unten
Leerlauf	ca. 4 kΩ	ca. 4 kΩ	ca. 1 kΩ
Vollgas	ca. 4 kΩ	ca. 1 kΩ	ca. 4 kΩ

Luftmassenmesser

- Der Luftmassenmesser kann nur in der Werkstatt genau durchgeprüft werden. Als Selbsthelfer können Sie aber eine einfache Sichtprüfung durchführen:
- Beide Klammern an der Ansaugseite des Luftmassenmessers lösen. Am besten eignet sich hierzu ein schmaler Schraubendreher.
- Motor von Helfer starten und mit erhöhter Drehzahl (über 1000/min) ca. 10 Sekunden laufen lassen.
- Motor abstellen. Sofort nach dem Abstellen des Motors den Luftmassenmesser vom Stutzen des Luftfiltergehäuses nach oben ziehen und in die Öffnung des Luftmassenmessers schauen.
- Nach ca. 4 Sekunden erhält der Hitzdraht im Ansaugkanal des Luftmassenmessers Spannung vom Steuergerät.
- Der Hitzdraht muß für ca. 1,5 Sekunden rotglühend aufleuchten.
- Dieses kurze Glühen soll Ablagerungen vom Hitzdraht abbrennen, um Fehlmessungen im Betrieb auszuschließen.

Leerlaufregelventil

Das Leerlaufregelventil sitzt schwer zugänglich unterhalb des Drosselklappenstutzens. Es wird folgendermaßen geprüft:
- Bei eingeschalteter Zündung müssen leichte Vibrationen am Gehäuse des Leerlaufregelventils spürbar sein, sonst ist das Ventil, die Kabelzuleitung oder das Motronic-Steuergerät defekt.

Unter dem Ansaugkrümmer des Motors versteckt sitzt der Kühlmittel-Temperaturgeber der Einspritzung (1) zusammen mit dem Geber der Kühlmittel-Temperaturanzeige im Kombi-Instrument (2). Die Zeichnung soll verdeutlichen, wo sich in etwa die beiden Bauteile befinden.

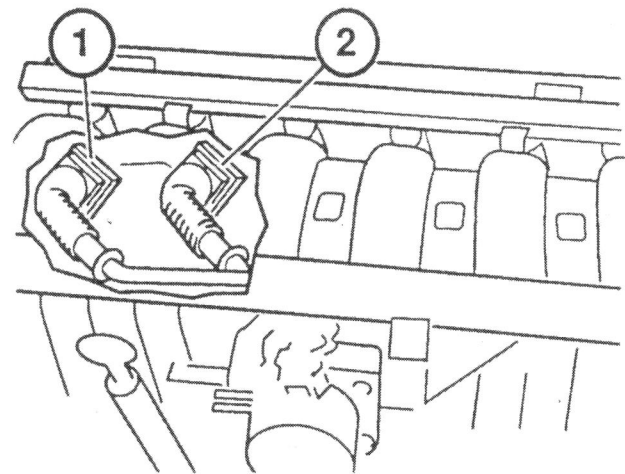

● Weitergehende Funktionsprüfung: Leerlaufregelventil ausbauen; der Stecker bleibt angeschlossen. Drehkolben im Luftdurchlaß des Ventils in »Offen«- oder »Geschlossen«-Stellung bringen.
● Zündung einschalten und Drehkolben beobachten: Er muß sich etwa in Mittelstellung einpendeln.

● Luftfiltergehäuse ausbauen.
● Temperaturgeber am Motor abschrauben.
● Austretendes Kühlmittel auffangen.
● Ohmmeter an den Steckkontakten des Gebers anschließen und Geber in ein entsprechend temperiertes Wasserbad tauchen.
● Die Wassertemperatur von 80°C kontrolliert man mit einem Einmach-Thermometer.

● Leichtgängigkeit des Drehkolbens prüfen: Er muß sich durch ruckartiges Drehen des ausgebauten Ventils bewegen lassen.

● Bei folgenden Temperaturen müssen die genannten Widerstandswerte angezeigt werden:
● Bei −10°C (Kühltruhe): **8,2–10,5** kΩ; bei +20°C: **2,2–2,7** kΩ; bei +80°C: **0,30–0,36** kΩ.
● Werden die Widerstandswerte nicht erreicht: Temperaturgeber ersetzen, Kühlmittel auffüllen.
● Kühlsystem entlüften.

Kühlmittel-Temperaturgeber der Einspritzung

Lambda-Sonde prüfen

Für diese Prüfung wird die Steckverbindung im Kabel zur Lambda-Sonde getrennt. Wo die Steckverbindung sitzt, zeigt das Bild unten. Die Zeichnung daneben gibt die Belegung der Steckkontakte an.
Gemessen wird mit Ohmmeter und Voltmeter in der Leitung zur Lambda-Sonde:

● **Sondenheizung prüfen:** Ohmmeter an beiden Buchsen der Heizungskabel anschließen.
● Bei intakter Heizung muß ein Wert **kleiner 5** Ω angezeigt werden.

● **Sondenspannung prüfen:** Dieser Wert wird erst nach einigen Minuten Motorlauf gemessen, wenn die Lambda-Sonde aufgeheizt, also wirksam ist.
● Die Steckverbindung muß wieder zusammenge-

Die Steckverbindung zur Lambda-Sonde (1 und 2) befindet sich am hinteren Getriebeträger unter dem Wagenboden.
Die Zeichnung zeigt die Polbelegung des Steckers:
1 und 2 – Sondenspannung;
3 und 4 – Sondenheizung.

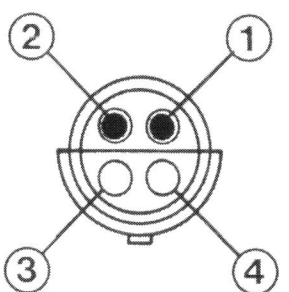

steckt sein, also entweder hinten im Stecker nach Zurückschieben der Gummistulpe messen oder Kabelbrücken legen.
● An den Sondenspannungskabeln gemessen muß die Spannung auf dem Voltmeter (es muß ein Zeigerinstrument sein) **zwischen 0,02 und 0,85 V pendeln**.
● Werden konstant 0,45 Volt gemessen, ist die Lambda-Sonde außer Betrieb, was an der Sonde oder deren Zuleitung liegen kann.

● Muß die Lambda-Sonde ersetzt werden, Gewinde vor dem Einbau mit »Anti-Seize-Paste« aus der BMW-Werkstatt bestreichen. Anzugsdrehmoment: 55 Nm.

Einzelteile ausbauen

Bei vielen Einzelteilen der Einspritzung bedarf es keiner zusätzlichen Ausbaubeschreibung. Die Ausnahmen sind in den folgenden Abschnitten behandelt.

Luftmassenmesser ausbauen

● Drehsicherung am Stecker des Luftmassenmessers lösen und Stecker abziehen.
● Schlauchschelle am Drosselklappenstutzen lösen und Faltenbalg abziehen.
● Beide Spannklammern an der Ansaugseite des Luftmassenmessers lösen. Am besten eignet sich hierzu ein schmaler Schraubendreher.
● Luftmassenmesser mit Faltenbalg abnehmen.

● Ggf. Faltenbalg vom Luftmassenmesser abbauen.
● Nach dem Einbau beide Schläuche unterhalb des Luftmassenmessers auf festen Sitz kontrollieren.

Einspritzventile ausbauen

● In Fahrtrichtung rechts den Deckel von der Spritzwand abbauen.
● Gummileisten lösen und Befestigungsschrauben des Kabelschachts herausdrehen. Kabelschacht vom Frischluftgehäuse anziehen.
● Lufteinlaßgitter abnehmen und Frischluftgehäuse ausbauen.
● Beide Abdeckungen vom Zylinderkopf abbauen.
● Schlauchklemme lösen und Kraftstoff-Vorlaufleitung vom Verteilerrohr abziehen.
● Beide Befestigungsschrauben der Steckerleiste herausdrehen, Leiste abziehen.
● Halteschrauben des Kraftstoff-Verteilerrohrs lösen.
● Kraftstoffleitungen vorn und hinten am Verteilerrohr abziehen. Achtung! Auslaufenden Kraftstoff auffangen.
● Kraftstoff-Verteilerrohr samt Einspritzventilen vorsichtig nach oben ziehen, bis die Ventile aus ihrer Führung im Ansaugkrümmer herausgezogen sind.
● Sicherungsklammer zwischen Ventil und Kraftstoff-Verteilerrohr abziehen, Ventil aus dem Verteilerrohr ziehen.
● Vor dem **Wiedereinbau** die Gummi-Dichtringe am

Einspritzventil prüfen. Beschädigte, gealterte Ringe ersetzen.
● Lage von Kunststoffscheibe, Dichtung bzw. Spritzventilschutz ganz vorn auf dem Einspritzventil beachten.
● Beim Ersatzteilkauf unbedingt auf gleiche Kennnummer des Einspritzventils achten.
● Zum leichteren und beschädigungsfreien Einsetzen der Ventile die Dichtringe mit Vaseline oder Getriebeöl SAE 90 bestreichen. Nichts anderes verwenden!

Der Gaszug

Der Gaszug verbindet Gaspedal und Drosselklappe. Sein größter Fehler: Er ist sehr knickempfindlich, worauf wir beim Einbau besonders achten müssen.

Gaszug ausbauen

● Im Motorraum ist das Gaszugende am Drosselklappenhebel befestigt.
● An dieser Stelle die Kunststoffklammern am Einhängnippel (also dort, wo das Gaszugende eingehängt ist) zusammendrücken und Einhängnippel aus dem Hebel herausdrücken.

● Jetzt kann der Gaszug samt Metall-Lagerstück vom Einhängnippel getrennt werden.
● Gaszug nun nach hinten aus dem Widerlager herausziehen.
● Verkleidung links unten am Armaturenbrett ausbauen (Kapitel »Innenraum«).

Der Gaszug (1) und der Zug der automatischen Geschwindigkeitsregelung (2) ziehen am gleichen Hebel des Gasgestänges. Ferner bedeuten:
3 – Kontermutter;
4 – Einstellschraube für Zuglänge.

- Gaszug oben am Pedal aushängen.
- An der Kunststoff-Durchführungshülse in der Zwischenwand zum Motorraum von innen die Sicherungshaken zusammendrücken und Hülse in Richtung Motorraum hinausdrücken.
- Zug vollends nach außen durchziehen.

- Rändelmutter am Widerlager so weit zurückdrehen, bis der Zug am Drosselklappenhebel weder lose hängt noch unter Zug steht (Drosselklappe und Gaspedal in Leerlaufstellung).
- Gaspedal jetzt voll durchdrücken.
- In dieser Stellung muß der Drosselklappenhebel zum Vollastanschlag der Drosselklappe noch 0,5 mm »Luft« haben.
- Muß eingestellt werden, so geschieht das jetzt an der Anschlagschraube unter dem Gaspedal.
- Bei Wagen mit Automatikgetriebe wird ebenfalls bei voll durchgetretenem Gaspedal (Kickdown) eingestellt.

Gaszug einstellen

Abgas-Sonder-Untersuchung

In der Bundesrepublik ist eine jährliche Abgaskontrolle (ASU) vorgeschrieben, zu der auch eine Überprüfung der Zündeinstellung gehört. Diese Kontrolle führen markengebundene und freie Werkstätten, Tankstellen, DEKRA und TÜV durch.
Für Fahrzeuge mit geregeltem Katalysator (und das sind unsre BMW-Modelle) gelten andere Regeln: Hier ist in Sachen ASU eine Übergangsregelung in Kraft getreten (Stand Anfang 1992). Wegen noch fehlender Voraussetzungen für eine intensivere Prüfung (ASU II), in der auch eine Katalysator-Funktionsprüfung enthalten sein soll, werden diese Fahrzeuge vorläufig überhaupt nicht kontrolliert. Trotzdem muß die ASU-Plakette am vorderen Kennzeichen aktuell sein. Deshalb vergeben Werkstätten die Plaketten für Fahrzeuge der Kategorie »schadstoffarm« ohne Prüfung und berechnen auch nur den Preis der ASU-Plakette. Kat-Fahrzeugen wird die ASU-Plakette für zwei Jahre »verliehen«.
Wenn Sie die Wartung Ihres BMW immer in der Werkstatt durchführen lassen, gehört das Erneuern der Plakette zum Umfang der spätestens einmal jährlich fälligen Wartung dazu. Wer die Instandhaltung seines Wagens selbst überwacht, muß selber drandenken – deshalb die Erwähnung dieses Wartungspunkts.

Wartung Nr. 48

Die **Leerlaufdrehzahl** kann bei unseren BMW-Modellen nicht mehr korrigiert werden – sie besitzen keine Leerlauf-Einstellschraube. Eine automatische Leerlaufregelung sorgt dafür, daß die vom Steuergerät vorgegebenen **700 ± 40/min** stets beibehalten werden.
Überdies paßt sich die Leerlauf-Korrektur eventuellen Veränderungen an Motor, Ansaug- und Abgassystem an. Der Korrekturwert wird gespeichert, so daß die Drehzahl sofort nach dem Start richtig einreguliert wird.
Kommt es dennoch zu Drehzahlveränderungen, sind diese als Störungen zu betrachten. Mögliche Ursachen:
○ Nebenluft durch Undichtigkeiten im Ansaugsystem
○ verschmutzter Luftfilter
○ nachlassende Kompression der Zylinder.

Leerlaufdrehzahl einstellen?

Fingerzeig: Abklemmen der Batterie löscht den Drehzahl-Korrekturfaktor der Motronic. Das System muß sich erst wieder langsam an den richtigen Drehzahlwert herantasten, was einige Minuten dauern kann. Also nicht gleich in Panik verfallen, wenn nach Austausch der Batterie der Wagen plötzlich nicht mehr richtig läuft, sondern erst einige Zeit fahren, bis die Einregulierung abgeschlossen ist.

Der Drosselklappenstutzen ist kühlmittelbeheizt, um Vereisung durch Kondenswasser zu vermeiden. Damit die Beheizung nur dann erfolgt, wenn sie tatsächlich erforderlich ist, ist in den Kühlmittelschlauch vom Motor zum Drosselklappenstutzen (2 und 3) ein Thermostat (1) zwischengeschaltet. Der Thermostat fühlt die Temperatur im Luftfiltergehäuse und regelt entsprechend den Heißwasserzufluß.

Abgas-CO-Gehalt prüfen

Der **Abgas-CO-Gehalt** wird auch bei Kat-Fahrzeugen lediglich zur Fehlersuche kontrolliert, was aber mangels CO-Meßgerät keine Arbeit für den Heimwerker ist. **0,7 ± 0,5 Vol.% CO** lautet der Sollwert für unsere 3er-Modelle.

BMW fordert bestimmte **Voraussetzungen** zum Einstellen:
- Motor betriebswarm (mind. 60°C Öltemperatur)
- Zündanlage in Ordnung
- Hydrostößel intakt
- Luftfiltereinsatz einwandfrei sauber
- elektrische Verbraucher ausgeschaltet
- zur Abgasmessung darf keine Absauganlage am Auspuff angeschlossen sein
- der Abgaswert wird am Auspuffkrümmer gemessen

CO-Wert stimmt nicht

Wird bei der Messung der schon genannte Sollwert nicht erreicht, kann das an folgenden Ursachen liegen:

Zu hoher CO-Wert:
- Einspritzventile lecken
- Kraftstoffdruck zu hoch
- Kühlmittel-Temperaturgeber defekt

Zu niedriger CO-Wert:
- Nebenluft dringt in das Ansaugsystem ein

Drosselklappenstutzen-Beheizung

Zur Verbesserung des Fahr- und Abgasverhaltens in der Warmlaufphase wird der Drosselklappenstutzen vom Kühlmittel aus dem »Kleinen Kreislauf« aufgeheizt, was eine gewisse Anwärmung der Ansaugluft bewirkt. Da wärmere Luft gleichzeitig ein größeres Volumen einnimmt, ist die Beheizung des Drosselklappenstutzens nur bei niedrigen Außentemperaturen wirksam. Bei warmem Wetter wird der Wasserdurchfluß zum Drosselklappenstutzen vom Thermostat im Luftfiltergehäuse wieder verschlossen. Der Motor saugt jetzt seine Verbrennungsluft entsprechend den Außentemperaturen an.

Der Luftfilter

Seine Verbrennungsluft saugt der BMW durch einen Luftfilter an. Dort werden die Staub- und Schmutzteilchen herausgefiltert, sonst könnten sie in die Teile der Gemischaufbereitung oder die Verbrennungsräume gelangen und dort Schaden stiften.

Eine weitere Aufgabe des Filters ist die Dämpfung der Ansauggeräusche.

Luftfiltereinsatz ausbauen
- Zwei Halteklammern oben am Einschub des Luftfiltereinsatzes niederdrücken.
- Einschub herausziehen.
- Luftfilter abnehmen.
- Beim Einbau den Einschub bis zum Einrasten der Halteklammern eindrücken.

Luftfiltergehäuse ausbauen
- Luftmassenmesser ausbauen, die Schlauchleitungen am Ansaugschlauch können angeschlossen bleiben.
- Thermostat für Drosselklappenstutzen-Beheizung am Luftfilter abschrauben; die Kühlmittelschläuche bleiben angeschlossen.
- Zwei Befestigungsmuttern einige Umdrehungen lockern.
- Luftfiltergehäuse nach oben herausziehen.

Der Halterahmen des Luftfiltereinsatzes kann nach Ausrasten der beiden Kunststoffklammern (Pfeile) herausgenommen werden.

Luftfiltereinsatz ausblasen

Wartung Nr. 2

Anläßlich der Inspektion I empfehlen wir die Reinigung des Papierfiltereinsatzes von gröberer Verschmutzung. Bei einer Reise über extrem staubige Straßen sollten Sie die Reinigungskur schon früher durchführen.

- Papierfiltereinsatz ausbauen.
- Filter auf harter Unterlage ausklopfen, damit sich die groben Schmutzteilchen lösen.
- Soll auch der feine Staub entfernt werden, muß mit Preßluft seitlich an den Filterlamellen vorbeigeblasen werden. Niemals den Preßluftstrahl direkt auf das Filterpapier richten! Sonst drückt sich ein Teil der Staubkörnchen fest in die Filterporen.
- Filtergehäuse mit sauberem Lappen auswischen.
- Filter wieder einbauen.

Luftfiltereinsatz wechseln

Wartung Nr. 33

BMW ordnet den Wechsel des Filtereinsatzes bei jeder Inspektion II an. Das ist ein recht kurzes Intervall. Wenn der Filtereinsatz also noch schön hell aussieht, kann der Austausch noch etwas aufgeschoben werden. Andererseits muß bei Reisen über unbefestigte Straßen trotz häufigerer Reinigung des Filters schon wesentlich früher an Ersatz gedacht werden.

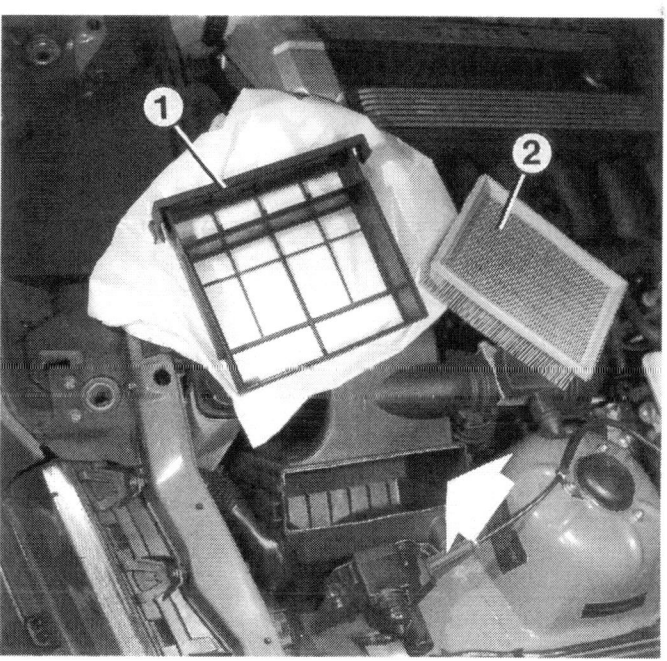

Hier ist der Halterahmen (1) aus dem Einsteckschacht (Pfeil) des Luftfiltergehäuses herausgezogen. Der Luftfiltereinsatz (2) kann nun leicht aus dem Rahmen herausgenommen werden.

Störungsbeistand

Motronic-Einspritzung

Die Störung	– ihre Ursache	– ihre Abhilfe
A Kalter Motor springt nicht oder schlecht an	1 Sicherung der Einspritzung defekt	Auswechseln
	2 Kraftstoffpumpen- bzw. Hauptrelais defekt	Überprüfen, ggf. austauschen
	3 Kraftstoffpumpe fördert nicht oder nicht genügend	Benzin im Tank? Pumpe kontrollieren, Fördermenge messen (Kapitel »Tank und Kraftstoffpumpe«)
	4 Druckregler defekt	Druck messen lassen
	5 Leerlaufregelventil defekt	Prüfen
	6 Steuergerät defekt	Prüfen lassen
	7 Kein Drehzahlsignal vom Drehzahlgeber	Kabelverlauf kontrollieren
	8 Motor erhält Nebenluft	Sämtliche Schlauchleitungen überprüfen
B Warmer Motor springt nicht oder schlecht an	1 Unterdruckleitung zum Druckregler defekt	Leitung überprüfen
	2 Siehe A 1–4, 6 und 7	
	3 Einspritzventile undicht	Ventile überprüfen
	4 Kühlmittel-Temperaturgeber defekt	Fühler überprüfen
C Motor springt an, stirbt aber wieder ab	1 Siehe A 1 und 5	
	2 Siehe B 1	
	3 CO-Wert stimmt nicht	Einspritzung prüfen lassen
	4 Luftmassenmesser oder Zuleitungskabel defekt	Prüfen bzw. Kabelverlauf kontrollieren
	5 Drosselklappen-Potentiometer defekt	kontrollieren
D Kalter Motor schüttelt im Leerlauf	Siehe A 5	
E Warmer Motor schüttelt im Leerlauf	1 Siehe A 4 und 5	
	2 Siehe C 3	
F Warmer Motor dreht im Leerlauf zu hoch	Siehe A 5	
G Motor hat Aussetzer	1 Kraftstofffilter verstopft	Filter austauschen
	2 Siehe A 3 und 5	
	3 Siehe B 3	
	4 Siehe C 3 und 4	
H Motor stottert, setzt aus	Kraftstoffpumpe fördert ungleichmäßig	Fördermenge messen
I Motorleistung ungenügend	1 Siehe A 3, 4 und 8	
	2 Siehe C 3 und 5	
	3 Drosselklappe geht nicht in Vollgasstellung	Gaszug einstellen
J Motor patscht ins Saugrohr	1 Siehe A 4	
	2 Siehe C 3	
K Kraftstoffverbrauch zu hoch	1 Siehe B 4	
	2 Siehe C 3	

Die Kupplung

Vorübergehend getrennt

Die Kupplung verkuppelt Motor und Getriebe. Doch nicht auf immer und ewig. Denn für den Schaltvorgang brauchen beide wieder etwas Abstand – Trennung auf Zeit. Reibereien entstehen beim Anfahren: Der laufende Motor muß sanft mit den zunächst noch stehenden Teilen des Antriebs Kontakt aufnehmen.

Funktion der Kupplung

Die Kraftübertragung zwischen Motor und Getriebe erfolgt durch die Kupplung. Die arbeitet ausschließlich mit Reibung, und das kann man sich so vorstellen: Zwei Anlageflächen nehmen eine dritte in die Zange und halten sie so stark fest, daß sie sich mit den beiden anderen mitdrehen muß. Trick der Sache ist der, daß diese Verbindung jederzeit gelöst werden kann, denn sonst könnten beide Teile genauso gut miteinander verschraubt werden. Um die Teile beim Namen zu nennen: Fest mit dem Motor verbunden sind die **Schwungscheibe** und die federbelastete **Druckplatte**. Dazwischen eingeklemmt ist die **Mitnehmerscheibe**, die mit der Getriebewelle fest verzahnt ist.

Eine weitere wichtige Funktion hat das **Ausrücklager** zu erfüllen: Beim Niedertreten des Kupplungspedals wird es mittels der Kupplungsbetätigung (siehe folgenden Abschnitt) gegen die Druckplatte gepreßt und übernimmt nun gewissermaßen die Federkraft der Druckplatte. Die Mitnehmerscheibe ist dadurch aus ihrer Zwangslage befreit und kann sich zwischen Druckplatte und Schwungscheibe frei drehen. Motor und Getriebe sind kraftmäßig getrennt.

Wird das Kupplungspedal wieder losgelassen, quetscht die Tellerfeder der Druckplatte die Mitnehmerscheibe an die Schwungscheibe, und aus ist's mit der Freiheit. Alle drei Teile stellen nun eine feste, kraftschlüssige Verbindung dar. Die Motorkraft kann auf den Antrieb übertragen werden.

Die Kupplungsbetätigung

Die Kraft, die wir zum Niedertreten des Kupplungspedals aufwenden, muß zum Ausrücklager übertragen werden. Das erfolgt im BMW hydraulisch – wie bei der Bremse. Während Sie das Kupplungspedal niedertreten, verdrängt der Kolben im Geberzylinder (am Kupplungspedal) eine gewisse Flüssigkeitsmenge und drückt sie zum Nehmerzylinder (am Getriebe). Dort tritt der Kolben ein Stück aus dem Zylinder heraus und bewegt so das Ausrücklager.

Zum leichteren Niedertreten ist das Kupplungspedal des 325i mit einer sogenannten Übertotpunktfeder ausgestattet. Das ist eine Druckfeder, die das Pedal in der Ruhestellung nach hinten drückt, aber nach Überwinden ihres Totpunkts den Fahrerfuß beim Niederdrücken des Pedals unterstützt.

Lebensdauer der Kupplung

Es gibt Fahrer, die bereits nach 15000 km eine neue Kupplung brauchen, andere bringen es dagegen auf mehr

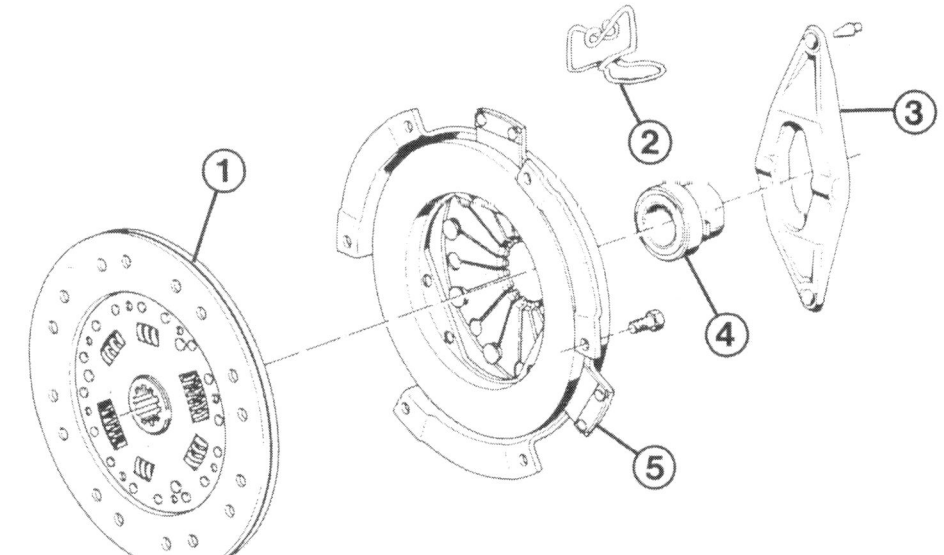

Die Teile der Kupplung:
1 – Mitnehmerscheibe;
2 – Haltefeder für Ausrückhebel (3);
4 – Ausrücklager;
5 – Druckplatte.

als 100 000 km. Eine hohe Laufzeit erreicht man, wenn der Wagen vorwiegend auf Langstrecken gefahren und die Kupplung vernünftig behandelt wird. Wer mit seinem Wagen hauptsächlich im Stadtverkehr fahren muß – wobei auch die Kupplung viel öfter getreten wird –, kann kaum so lange mit den ersten Kupplungsbelägen auskommen wie ein Langstreckenfahrer.

Wie im Abschnitt »Funktion der Kupplung« angesprochen, bewirkt jedes Einkuppeln, daß die Beläge der Mitnehmerscheibe an ihren Gegenreibflächen schleifen und dabei heiß werden. Besonders verschleißfördernd ist hierbei das Anfahren mit hoher Motordrehzahl – Kavalierstart genannt –, Anfahren im 2. Gang, »Herummogeln« an Kreuzungen im 2. oder 3. Gang mit teilweise getretenem Kupplungspedal oder das »In-der-Waagehalten« an einer Steigung.

Auskuppeln beim Halt an der Kreuzung?

Recht verbreitet ist die Angewohnheit, mit eingelegtem 1. Gang und durchgetretenem Kupplungspedal an der roten Ampel zu warten. Mancher fürchtet, den Gang nicht gleich einlegen zu können, wenn das grüne Licht den Weg freigibt. Wenn auch kein direkter oder sofort meßbarer Schaden entsteht, so beansprucht das Auskuppeln doch das Ausrücklager und bewirkt so wieder Verschleiß. Je öfter und länger das vor den vielen Ampeln geschieht, desto früher ist dieses Lager abgenutzt.

Verschleiß der Kupplung prüfen

Wartung Nr. 35

In der BMW-Werkstatt besteht die Möglichkeit, den Verschleiß der Mitnehmerscheibe gewissermaßen »vorbeugend« zu prüfen. Im Bedarfsfall – etwa vor einer Urlaubsreise mit Wohnanhänger – schraubt die Werkstatt den Kupplungs-Nehmerzylinder ab und setzt eine Meßlehre ein, die Aufschluß über die noch vorhandene Belagdicke gibt.

Kupplung selbst prüfen

Das erste Anzeichen für einen Defekt ist, wenn die Kupplung durchrutscht. Eine schleifende Kupplung bemerken Sie beim Fahren zuerst im höchsten Gang unter Last. Der Motor dreht hoch, ohne daß die Fahrgeschwindigkeit in gleichem Maß zunimmt. Einen gewissen Aufschluß kann folgende Methode geben, die Sie aber nur gelegentlich anwenden sollten:

Schleift die Kupplung?

- Handbremse anziehen, Motor starten.
- 3. Gang einlegen, langsam einkuppeln und Gas geben.
- Bei einwandfreier Handbremse müßte der Motor abgewürgt werden.
- Dreht er durch, wird ein Kupplungstausch fällig.

Trennt die Kupplung richtig?

Läßt sich das Getriebe auch bei warmem Motor nur schwer durchschalten oder wird der Schaltvorgang sogar von kratzenden oder krachenden Geräuschen »untermalt«, trennt wahrscheinlich die Kupplung nicht mehr richtig. Nur selten ist dieser Effekt auf ein schadhaftes Getriebe zurückzuführen. Um sicherzugehen, machen wir die Probe:

- Motor im Leerlauf drehen lassen.
- Kupplungspedal voll durchtreten, etwa drei Sekunden warten, dann versuchen den 1. oder den Rückwärtsgang einzulegen:
- Läßt sich der Gang nur schwer oder sogar unter Kratzen einlegen, trennt die Kupplung nicht mehr sauber. Die Mitnehmerscheibe läuft also nicht ganz frei.
- Kratzgeräusche werden von der Synchronisation weitgehend unterdrückt. Auch der Rückwärtsgang ist synchronisiert.
- Meist liegt die Ursache in einer defekten Kupplungshydraulik (siehe Abschnitt »Kupplungshydraulik defekt?«).
- Andere Ursachen für nicht trennende Kupplung finden Sie im Störungsbeistand am Ende des Kapitels.

Nachstellfreie Kupplung

Vielleicht haben Sie bislang einen Wagen gefahren, bei dem regelmäßig das sogenannte Kupplungsspiel nachgestellt werden mußte. Bei der hydraulischen Kupplungsbetätigung des BMW ist das nicht mehr nötig, denn hier stellt sich der Ausrückweg entsprechend dem Verschleiß der Mitnehmerscheibe selbsttätig nach.

Fingerzeig: Die Kupplungshydraulik bezieht ihre Flüssigkeit zwar auch aus dem Bremsflüssigkeitsbehälter, doch droht bei einem Leck in diesem Bereich der Bremsanlage keine Gefahr. Der Entnahmestutzen zur Kupplungshydraulik ist relativ hoch am Behälter angebracht, so daß immer ein ausreichender Flüssigkeitsrest für die Bremse zurückbleibt.

Kupplungshydraulik defekt?

Ob die hydraulische Kupplungsbetätigung funktioniert, prüfen Sie gewissermaßen bei jedem Auskuppeln:
- Wenn die Kupplung richtig trennt, ist in jedem Fall auch die Kupplungshydraulik in Ordnung.
- Trennt sie dagegen schlecht oder fällt das Pedal

ohne Widerstand durch, ist sicher Luft in die hydraulische Anlage geraten.
- Nur Entlüften hilft da nicht – die Leckstelle muß ausfindig gemacht und repariert werden.
- Jetzt können Sie entlüften. Andere Ursachen für nicht trennende Kupplung finden im Störungsbeistand am Ende des Kapitels.
- Wer eine vorbeugende Untersuchung der Kupplungshydraulik vornehmen will, sucht nach Spuren von Bremsflüssigkeit am Geberzylinder (oberhalb des Kupplungspedals) und am Nehmerzylinder (am Getriebe).
- Ölfeuchte Kupplungszylinder sind undicht und müssen ausgetauscht werden.

- Am Nehmerzylinder wird's jedoch schwierig mit der Kontrolle: Bei Undichtigkeiten leckt er ins Innere der Kupplungsglocke, und dort läßt sich die Herkunft des Ölschmutzes, der an der Trennfuge Motor/Getriebe austreten muß, nur schwer lokalisieren.

Kupplungs-Geberzylinder ausbauen

- Im Bremsflüssigkeitsbehälter möglichst viel Flüssigkeit absaugen (evtl. mit einer großen Einweg-Injektionsspritze aus der Apotheke).
- Unter dem Wagen an der hinteren Motorraumwand die Leitung zum Nehmerzylinder lösen.
- Armaturenbrettverkleidung links unten abbauen (Kapitel »Der Innenraum«).
- Kolbenstange des Geberzylinders vom Kupplungspedal abnehmen. Dazu Sicherungsfeder aushängen und Bolzen durchschieben.
- Zulaufschlauch am Geberzylinder abziehen, und Flüssigkeitsrest in einen Lappen tropfen lassen.
- Beide Halteschrauben lösen und Zylinder abnehmen.
- Beim **Einbau** beachten: An der Zylinder-Druckstange kann die Pedalstellung justiert werden.

260–270 mm soll die Spitze des Kupplungspedals (mit Pedalgummi) von der vorderen Motorraumwand (ohne Dämm-Matten) entfernt sein.
- Gleitflächen der Druckstange mit »Molykote Longterm 2« fetten.
- Übertotpunktfeder beim 325i vor dem Befestigen der Kolbenstange in die Führung oben einhängen.
- Kontrollieren Sie, ob nach dem Einstellen der Kolben im Geberzylinder wirklich an seinem hinteren Anschlag anliegt. Das ist hörbar und sogar am Pedal fühlbar.

Kupplungs-Nehmerzylinder ausbauen

- Im Bremsflüssigkeitsbehälter möglichst viel Flüssigkeit absaugen (mit Spritze aus der Apotheke).
- Zwei Muttern lösen, Nehmerzylinder abnehmen.
- Hydraulikleitung am Zylinder abbauen.

- Druckstange des Zylinders vor dem Einsetzen vorne mit etwas hitzebeständigem Fett (Molykote Longterm 2) fetten.
- Kupplungshydraulik entlüften.

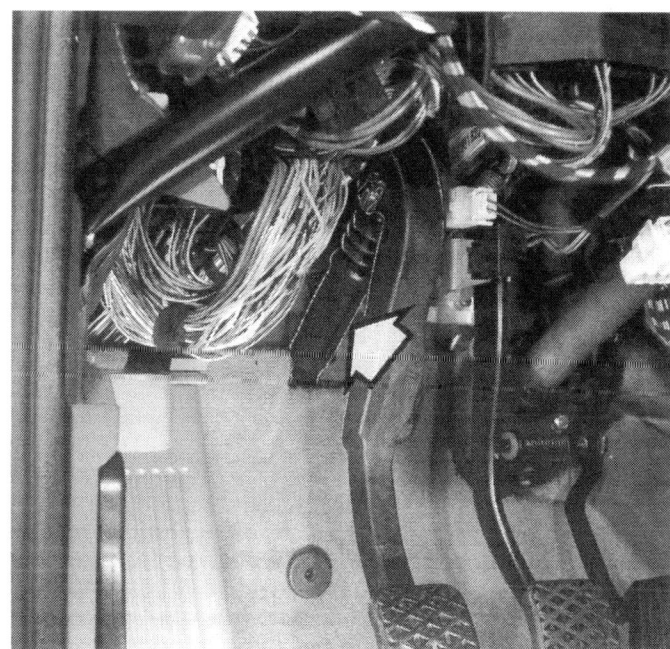

Bei abgenommener Armaturenbrettverkleidung links unten ist der Kupplungsgeberzylinder (Pfeil) sichtbar.

Der Kupplungsnehmerzylinder (2) sitzt links oben am Getriebegehäuse. Ferner zu sehen: Der Hydraulikschlauch (1) und das Entlüftungsventil (3).

Kupplungshydraulik entlüften

Wer nicht das in der Werkstatt übliche Entlüftungsgerät zur Verfügung hat, entlüftet die Kupplungshydraulik so wie die Bremsen oder – fast ohne Kleckerei – nach der folgenden Methode:

● Entlüftungsnippel einer Vorderradbremse und Nippel des Kupplungs-Nehmerzylinders je 1½ Umdrehungen öffnen.
● Beide Nippel mit einem Schlauch verbinden.
● Bremspedal jetzt mehrmals langsam und behutsam niedertreten, damit Bremsflüssigkeit von der Vorderradbremse durch die Kupplungshydraulik gedrückt wird.
● Nicht mit Gewalt treten, sonst rutscht der Schlauch ab!
● Flüssigkeitsstand im Bremsflüssigkeits-Vorratsbehälter im Auge behalten.

● Wenn keine Luftbläschen mehr aus der Kupplungshydraulik aufsteigen, werden beide Entlüftungsnippel zugedreht und der Schlauch abgenommen.
● Bremsflüssigkeitsstand kontrollieren!

Fahren mit defekter Kupplungsbetätigung

Sollte unterwegs die hydraulische Kupplungsbetätigung ausfallen, so muß das noch nicht das Ende der Reise bedeuten. Ein nahes Ziel oder die nächste Werkstatt kann man auch ohne Kupplung erreichen. Man kann sogar hoch- bzw. herunterschalten. Voraussetzung ist feinfühliger Umgang mit dem Gaspedal und Schalthebel, besonders beim Herunterschalten.

Gang herausnehmen: Gas wegnehmen und bei langsamer werdender Fahrt oder bei leicht abgebremsten Wagen Schalthebel in Richtung Leerlauf drücken.

Anfahren: Motor ausschalten, 1. Gang einlegen und Anlasser betätigen. Der BMW ruckelt los und setzt sich in Bewegung. Den kalten Motor sollten Sie hierzu erst etwas warmlaufen lassen. Wer während der Fahrt nicht schalten will, fährt auf diese Weise in der Ebene im 2. Gang an.

Hochschalten: Im 1. Gang mit dem Anlasser anfahren. 1. Gang nur knapp über Leerlaufdrehzahl hinausdrehen. Gas etwas zurücknehmen, Schalthebel in Leerlaufstellung ziehen. Gaspedal loslassen und den Schalthebel mit leichter Hand in Richtung des 2. Gangs drücken. Bei richtiger Motor- und Getriebedrehzahl rutscht der Gang fast von selbst hinein. Wenn Sie zu lange gewartet haben, müssen Sie ein ganz klein wenig Gas geben, damit sich der Gang ohne Zähneknirschen einlegen läßt. Hat es nicht geklappt, halten Sie noch einmal an und versuchen das Ganze von neuem. In die weiteren Gänge wird auf die gleiche Weise hochgeschaltet. Am leichtesten geht es in sehr niedrigen Geschwindigkeiten: In den 2. Gang bei höchstens 20 km/h, in den 3. bei 25 km/h, in den 4. bei 35 km/h und in den 5. bei 45 km/h.

Herunterschalten: Hierbei muß die Motordrehzahl angehoben werden, damit sich der nächstniedrige Gang einlegen läßt. Fuß etwas vom Gas, Gang herausnehmen, behutsam Gas zugeben und gleichzeitig den

Schalthebel in Richtung des neuen Gangs drücken. Bei richtiger Motordrehzahl rutscht der Gang fast ohne Nachdruck hinein. Auch das Herunterschalten geschieht am besten wieder bei niedrigen Geschwindigkeiten und Drehzahlen.

Kupplung ausbauen

Der Ausbau der Kupplung ist eine aufwendige Arbeit. Jedes der verschleißempfindlichen Teile, wie Mitnehmerscheibe, Druckplatte und Ausrücklager, sollte deshalb schon beim kleinsten Zweifel an seiner Funktionstüchtigkeit ausgetauscht werden. Sonst besteht die Gefahr, daß dieselbe Arbeit bald wieder ins Haus steht. Noch besser: Kompletten Kupplungssatz einbauen, wie ihn auch der Zubehör-Handel anbietet.

An speziellen Werkzeugen wird für diese Arbeit ein Zentrierdorn für die Mitnehmerscheibe gebraucht. Dieser Dorn ist nichts anderes als das Ende einer Getriebe-Antriebswelle (ersatzweise kann auch ein passender Stahlstift verwendet werden).

- Getriebe ausbauen.
- Noch in eingebautem Zustand kontrollieren: Stehen die Spitzen der Tellerfeder (im »Zentrum« der Kupplung) schön parallel zur übrigen Druckplatte oder bilden sie an einer Seite ein Tal? Höchstens 0,8 mm Absenkung sind zulässig.
- Sechs Halteschrauben der Druckplatte zunächst nur eine Umdrehung lösen, damit sich die Druckplatte entspannt.
- Schrauben vollends herausdrehen, Druckplatte und Mitnehmerscheibe abnehmen.
- Mitnehmerscheibe prüfen: Ist noch genügend Belagstärke vorhanden? Einseitige Abnutzung dürfen die Beläge ebensowenig aufweisen wie Risse. Festen Sitz der Torsionsdämpfer-Federn und der Belagnieten prüfen. Im Zweifelsfall: Mitnehmerscheibe ersetzen.
- Druckplatte prüfen: Die Planlaufabweichung der Tellerfederspitzen wurde bereits kontrolliert. Darüber hinaus: Sind alle Nieten noch fest? Sind die Blattfedern unter dem Anlagering in Ordnung? Ist der Anlagering selbst frei von Rissen und Riefen?
- Außerdem darf der Ring nicht zur Mitte hin durchgebogen sein (Metallineal auflegen), sondern er muß absolut plan sein. Sonst Druckplatte auswechseln.
- Kleines Nadellager hinten in der Mitte der Kurbelwelle und das Ausrücklager auf Leichtgängigkeit prüfen.

Kupplung einbauen

Auch austretendes Motor- und Getriebeöl kann die neue Kupplung schon bald wieder lahmlegen. Deshalb auf Ölspuren im Kupplungsbereich achten, und die Dichtringe der Kurbelwelle bzw. der Getriebe-Eingangswelle gegebenenfalls gleich ersetzen.

Die Teile der Kupplung sind hier bei ausgebautem Motor gezeigt. Es bedeuten:
1 – Schwungscheibe mit Anlasserzahnkranz;
2 – Kupplungs-Druckplatte;
3 – Kupplungs-Mitnehmerscheibe.
Die Pfeile deuten auf die 6 Befestigungsschrauben der Kupplungs-Druckplatte.

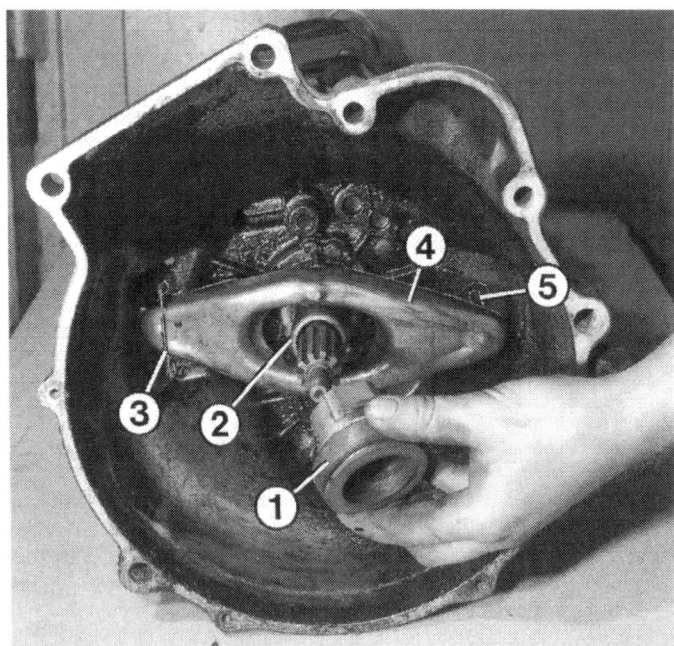

Ein Blick in die sogenannte Kupplungsglocke bei ausgebautem Getriebe:
1 – Ausrücklager;
2 – Führung des Ausrücklagers;
3 – Haltefeder für Ausrückhebel (4);
5 – Druckstange des Kupplungs-Nehmerzylinders.

● Getriebe-Eingangswelle mit »Molykote Longterm 2« im Bereich der Verzahnung leicht einfetten. Bei Wagen mit Zweimassenschwungrad »Microlupe 261« verwenden.

● An neuer Druckplatte das Korrosionsschutzwachs vollständig entfernen.

● Mitnehmerscheibe so auflegen, daß die flachere Seite der Kupplungsscheibe zur Schwungscheibe zeigt.

● Druckplatte in die drei Paßstifte an der Schwungscheibe einsetzen.

● Halteschrauben lose eindrehen und Mitnehmerscheibe zentrieren. Sie muß genau mittig auf der Schwungscheibe sitzen, damit anschließend die Getriebewelle eingeführt werden kann. Dazu den Zentrierdorn oder Behelfswerkzeug verwenden.

● Schrauben – in mindestens zwei Durchgängen – nacheinander bis auf 25 Nm anziehen.

● Ausrücklager prüfen, Lagerungen und Führungen des Ausrücklagers fetten (siehe »Ausrücklager ausbauen«).

Fingerzeig: Lassen Sie die Kupplung niemals aus größerer Höhe auf den Boden fallen! Sonst könnten die drei Tangential-Blattfedern, die die Kupplung in Drehrichtung halten, umknicken. Auswirkung: trotz intakter Tellerfeder löst die Kupplung dann nicht mehr vollständig.

Das Ausrücklager

Das Ausrücklager wird beim Durchdrücken des Kupplungspedals vom Ausrückhebel auf die Tellerfederspitzen der Kupplungs-Druckplatte gepreßt. Die Kupplung wird dadurch entlastet.
Dieses Drucklager ist wartungsfrei. Ist es defekt, macht es sich durch Mahlgeräusche bei getretener Kupplung bemerkbar. Deswegen muß es jedoch nicht sofort ausgewechselt werden. Man kann die Arbeit bis zum nächsten Kupplungswechsel aufschieben.

Ausrücklager ausbauen

● Getriebe ausbauen.
● Haltefeder am Ausrückhebel aushängen. Dazu an der Rückseite der Getriebeglocke die nach außen ragenden Federspitzen zusammendrücken, und Feder nach innen schieben.
● Ausrückhebel samt Lager nach vorn abziehen.
● Lager vom Hebel trennen.

● Vor dem Einbau des neuen Ausrücklagers die Nut am Innendurchmesser des Lagers mit »Molykote Longterm 2« füllen, ebenso die Führungen am Lager und die beiden Auflagepunkte des Ausrückhebels.

Störungsbeistand

Kupplung

Die Störung	– ihre Ursache	– ihre Abhilfe
A Kupplung rutscht	1 Kupplungsbeläge abgenutzt	Mitnehmerscheibe ersetzen
	2 Anpreßdruck der Kupplung zu gering	Kupplungsdruckplatte ersetzen
	3 Belag verölt	Mitnehmerscheibe und defekte Getriebe- oder Kurbelwellendichtung ersetzen
	4 Kupplung wurde überhitzt	Defekte Teile ersetzen
B Kupplung trennt nicht	1 Luft in der Kupplungshydraulik	Defektes Teil ersetzen, entlüften
	2 Mitnehmerscheibe hat Schlag	Mitnehmerscheibe richten oder ersetzen
	3 Mitnehmerscheibe verzogen oder Belag gebrochen	Mitnehmerscheibe ersetzen
	4 Mitnehmerscheibe klemmt auf Getriebewelle	Gangbar machen, Kerbverzahnung schmieren
	5 Belag nach sehr langer Standzeit an Schwungscheibe festgerostet	Anfahren, wie unter »Fahren mit defekter Kupplungsbetätigung« beschrieben. Kupplung dauernd durchtreten. Gaspedal ruckartig durchtreten und loslassen, um die Kupplung loszubrechen. Andernfalls ausbauen
	6 Tangential-Blattfedern der Druckplatte gebrochen	Druckplatte ersetzen
C Kupplung trennt nicht und rutscht gleichzeitig durch	Kupplungsdruckplatte defekt	Druckplatte auswechseln
D Kupplung rupft	1 Motor- oder Getriebeaufhängung defekt	Motor- oder Getriebelager ersetzen
	2 Unebenheiten auf der Anlagefläche von Schwungscheibe oder Druckplatte	Defektes Teil ersetzen
	3 Falsche Beläge	Mitnehmerscheibe ersetzen
E Kupplungsgeräusche	1 Unwucht der Kupplungsdruckplatte bzw. Mitnehmerscheibe	Kupplungsdruckplatte bzw. Mitnehmerscheibe ersetzen
	2 Torsions-Dämpferfeder defekt	Mitnehmerscheibe ersetzen
	3 Ausrücklager defekt	Ausrücklager ersetzen
	4 Nietverbindungen in der Kupplung locker	Kupplungsdruckplatte ersetzen
	5 Nadellager hinten in der Kurbelwelle defekt	Nadellager ersetzen

Getriebe und Achsantrieb

Anpassungswillig

Die Unterteilung in mehrere Getriebegänge entspricht den verschiedenen Geschwindigkeitsbereichen, die unser Auto zu fahren in der Lage ist. Hätten wir nur den ersten Gang – wir könnten kaum schneller als 50 km/h fahren. Und wäre nur der fünfte Gang vorhanden, dann könnten wir nicht anfahren und müßten schon vor dem kleinsten Berg kapitulieren.

Das liegt an folgendem: Der Hubkolben-Verbrennungsmotor – und einen solchen haben wir im BMW – gibt nur in einem engen Drehzahlbereich genügend Kraft ab. Weshalb wir mit den Gängen die Drehzahl an die Geschwindigkeit und Fahrbedingungen anpassen.

Nicht variabel ist hingegen das Übersetzungsverhältnis des Hinterachsantriebs. Zum Ausgleich der unterschiedlichen Wegstrecken, die bei Kurvenfahrt von den Antriebsrädern zurückgelegt werden, dient das Differential – ebenfalls Teil des Achsantriebs.

Das Schaltgetriebe

Die Motorleistung wird über die Kupplung auf die Eingangswelle des Schaltgetriebes geleitet. Auf dieser Eingangs- oder Antriebswelle sitzen 6 Zahnräder, die mit 6 dazu passenden Zahnrädern auf der sogenannten Abtriebswelle ständig im Eingriff stehen. Diese Zahnräder können frei umlaufen, bis eines von ihnen beim Schalten eines bestimmten Gangs mit seinem entsprechenden Gegenrad auf der Antriebswelle gekuppelt wird. Das Verhältnis der Zähnezahlen des jeweiligen Zahnradpaars ergibt die betreffende Übersetzungsstufe. Die Zahnräder auf der Antriebs- und Abtriebswelle sind auf »Nadeln« (stiftartige Rollen) gelagert. Es besteht also keine starre Verbindung zwischen Wellen und Rädern. Die Zahnräder bleiben, wie schon erwähnt, immer im Eingriff.

Beim Gangwechsel wird nicht etwa eine Verbindung zwischen den Zahnrädern, sondern zwischen Zahnrad und Welle hergestellt. Um die Drehzahlen von Welle und Zahnrad einander anzugleichen, läßt man einen Teil der Welle gegen einen Teil der anderen Welle über Reibelemente schleifen. Durch die Reibung wird die schnellere Welle abgebremst, bis bei Gleichlauf eine kraftübertragende Verbindung hergestellt werden kann. Da die Synchronisation für diese Drehzahlanpassung einen Sekundenbruchteil braucht, soll man besonders bei kaltem Motor und noch steifem Getriebeöl den Schalthebel nicht gewaltsam »durchreißen«.

Schaltungs-Probleme Spiel in der Schaltbetätigung rührt nicht von einem defekten Getriebe, sondern kommt meist von ausgeschlagenen Gelenk- bzw. Gummibüchsen in der Übertragung vom Schalthebel zum Getriebe. Im Zweifelsfall diese Teile von der Wagenunterseite her kontrollieren. Einstellmöglichkeiten für die Schaltbetätigung gibt es nicht.

Störungsbeistand

Getriebe-geräusche Im Lauf der Zeit kann das Getriebe durch Geräuschentwicklung auf sich aufmerksam machen. Dann sollten Sie zuerst nach dem Ölstand im Getriebe sehen.

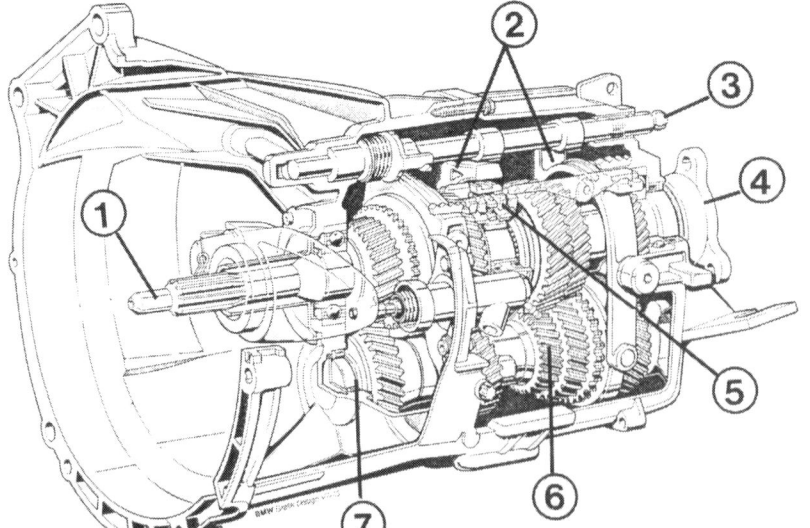

Ein Blick ins Innere des Schaltgetriebes:
1 – Antriebswelle;
2 – Schaltgabel;
3 – Schaltwelle;
4 – Abtriebswelle;
5 – Synchronring;
6 – Gangrad;
7 – Vorgelegewelle.

Hinten ist das Getriebe mit einem solchen Getriebeträger (1) an der Karosserie befestigt. Die beiden Pfeile deuten auf die Halteschrauben des Getriebeträgers.

○ Tritt ein **heulendes Geräusch in einem Gang** auf und verändert sich der Ton beim Gasgeben und Gaswegnehmen, dürfte die Verzahnung des betreffenden Gangradpaares verschlissen sein.
○ Treten **Geräusche in allen Gängen** auf, liegt es an den Getriebe-Wellenlagern.
○ **Rauhe, mahlende Geräusche**, die erst bei warmem Getriebe hörbar werden, weisen auf schlagende Synchronringe hin. Bei dünnflüssiger werdendem Öl wird dieses immer an derselben Stelle vom Synchronring weggedrückt.

Fingerzeig: Werkstätten wagen sich nur selten an die Reparatur oder Überholung eines Getriebes, sondern raten lieber zu einem Austauschaggregat. Preiswerter ist in den meisten Fällen der Einbau einer gebrauchten Schaltbox von der Autoverwertung. Achten Sie dabei auf die richtige Getriebe-Version. Zusätzliche Hilfe bieten die Getriebebezeichnung bzw. die Kennbuchstaben, die am Getriebegehäuse eingeschlagen sind.

Schaltgetriebe ausbauen

Der Wagen muß so aufgebockt werden, daß Sie an der Wagenunterseite bequem arbeiten können.
Bei vielen Wagen ist das Getriebe mit sogenannten TORX-Schrauben – der Schraubenkopf sieht aus wie ein Stern – am Motor befestigt. Dann benötigen Sie an zusätzlichem Werkzeug die zugehörigen TORX-Steckeinsätze für den Rätschenkasten in den Größen T10 und T14.

- Batterie abklemmen.
- Auspuffanlage komplett ausbauen.
- Wärmeschutzblech für Auspuff abschrauben.
- Wo vorhanden, Halter für Auspuffaufhängung abbauen.
- Darunterliegenden Karosseriebügel losschrauben (Einbaulage beachten!).
- Gelenkscheibe am Getriebe abbauen.
- Klemmutter am Mittellager der Kardanwelle einige Umdrehungen lösen.
- Mittellager losschrauben.
- Kardanwelle vorn vom Zentrierzapfen des Getriebes abziehen. Damit die Welle nicht nach unten hängt, bindet man sie mit Draht an die Karosserie hoch. Vorderes und hinteres Wellenteil **keinesfalls auseinanderziehen!**
- Am Verbindungspunkt Schaltstange–Getriebe/Schaltstange–Karosserie die Sicherung abziehen. Beilegscheiben abnehmen und Schaltstangen trennen.
- Kabel vom Rückfahrlichtschalter oben am Getriebe abziehen.
- Lambda-Sondenstecker vom Halter lösen.
- Kupplungs-Nehmerzylinder ausbauen. Die Leitung bleibt angeschlossen.
- Getriebe von unten stabil abstützen.
- Querträger mit Gummilager ausbauen.
- Getriebe jetzt etwas absenken. Achten Sie darauf, daß hierbei nicht die Motorraumtrennwand bzw. die Heizungsanschlüsse berührt werden.
- Motor zusätzlich abstützen.
- Verbindungsstange über der Getriebe-Schaltstange abbauen. Hierzu Haltefeder mit einem Schraubendreher vom Gehäuse abhebeln und nach oben schwenken. Lagerbolzen herausziehen.
- Getriebe vom Motor abschrauben. Für die oberen Befestigungsschrauben geeignete Verlängerungen und ein Gelenkstück verwenden.
- Getriebe vom Motor abziehen und auf den Boden absenken.

Schaltgetriebe einbauen

Beim Wiedereinbau des Getriebes sollten Sie auf folgende Punkte besonders achten:
- Schmiernut im Ausrücklager mit »Molykote Longterm 2« füllen. Bei Fahrzeugen mit Zweimassenschwungrad »Microlupe 261« verwenden.
- Zum Einschieben des Getriebes Gang einlegen und am Antriebsflansch hin- und herdrehen, bis die Verzahnung der Eingangswelle in die Verzahnung der Kupplung einrastet.

- Bei der Version mit TORX-Schrauben unbedingt Unterlegscheiben unter den Schrauben verwenden.
- Kardanwelle einbauen.
- Auspuff einbauen.

Anzugsdrehmomente Schaltgetriebe

Bauteil		Nm
Getriebe (Kupplungsglocke) an Motor	Sechskantschrauben M 8	22–27
	M 10	47–51
	M 11	66–82
	TORX-Schrauben M 8	20–24
	M 10	38–47
	M 12	64–80
Gummilager hinten an Getriebeträger und Getriebe		42
Getriebeträger an Karosserie		21

Automatisches Getriebe

Kernstück aller Automatikgetriebe sind sogenannte Planetensätze. Die bestehen aus einem Zahnrad, um das drei weitere Zahnräder umlaufen. Über diese Anordnung ist ein Ringrad mit Innenverzahnung gestülpt. Jeweils zwei dieser Baugruppen sind zu einem Radsatz zusammengefaßt und bilden ein eigenes kleines Zweiganggetriebe.

Das Geniale an diesen Getrieben ist die Art, sie zu schalten. Dazu werden nämlich keine Zahnräder getrennt und zugeschaltet, sondern die Übersetzungsänderung erfolgt lediglich durch Festhalten oder Loslassen von Teilen des Planetensatzes. Das Schalten geschieht also ohne Unterbrechen des Kraftflusses. Das Halten und Lösen besorgen in der Praxis hydraulisch gesteuerte Bremsen bzw. Kupplungen.

Wann das Schalten zu erfolgen hat, bestimmt die elektronische Getriebesteuerung nach den Kriterien Fahrgeschwindigkeit, Motorbelastung, Kickdown und Wählhebelstellung.

Um ein mehrstufiges Getriebe zu erhalten, werden zwei oder mehr Planetensätze hintereinandergeschaltet. So entsteht ein Drei-, Vier- oder (wie im BMW) ein Fünfganggetriebe mit Rückwärtsgang. Die Koordination der Radsätze erledigt die Getriebesteuerung.

Der Drehmomentwandler

Zwischen Motor und Automatikgetriebe sitzt keine herkömmliche Reibkupplung, wie wir sie vom Schaltgetriebe her kennen. Vielmehr wurde ein hydraulischer Drehmomentwandler verwendet, in dem das Drehmoment des Motors auf Schaufelräder übertragen wird. Bei laufendem Motor versetzt das mit ihm gekuppelte Pumpenrad die Wandlerflüssigkeit (ATF) in eine Drehbewegung und schleudert sie nach außen gegen das Wandlergehäuse. Dabei trifft die Flüssigkeit auf das sogenannte Leitrad, das den ATF-Strom in die vorgesehene Richtung lenkt. Dabei wird auch das mit dem Getriebe verbundene Turbinenrad in Drehung versetzt. Weil die Zahnräder des Planetengetriebes dauernd im Eingriff stehen und die Wandlerflüssigkeit bei laufendem Motor immer versucht – durch den Motor in Drehung versetzt – das Getriebe und damit auch die Antriebsräder zu bewegen, kriecht der BMW im Leerlauf, muß also mit der Fuß- oder Handbremse gehalten werden.

Zur Vermeidung von Schlupf (was Verlust bedeutet) besitzt der Drehmomentwandler dieses Automatikgetriebes eine Überbrückungskupplung, die bei einer Getriebeöltemperatur von mehr als 20°C und einer Geschwindigkeit von über 85 km/h im 5. Gang wirksam wird. Getriebe und Motor sind dann starr miteinander verbunden.

Die Getriebesteuerung

Vom Feinsten ist die Steuerung des **elektronisch-hydraulischen 5-Gang-Automatikgetriebes** mit der Getriebebezeichnung **5 HP 18/EH**. Die Getriebesteuerung erfolgt durch eine Elektronikeinheit, die Informationen von der Motronic, vom Getriebe und von einem Geschwindigkeitsgeber verarbeitet. Je nach Last-Erkennung werden dann verschiedene Schaltkennlinien (z. B. Berg-, Gefällfahrt, Anhängerbetrieb) aufgerufen. Nach Bedarf kann auch der Fahrer vier verschiedene Programme für sportliches oder energiesparendes Fahren sowie für Schalten von Hand bzw. für besseres Fortkommen im Winter aufrufen. Bei erneutem Motorstart springt der Wahlschalter automatisch auf »E« (Economy) zurück.

Motronic und elektronische Getriebesteuerung korrespondieren übrigens wechselseitig: Zum Beispiel wird nach Schaltvorgängen das Drehmoment des Motors durch automatisches Verstellen des Zündzeitpunkts kurzzeitig reduziert. Der Gangwechsel erfolgt dadurch ruckfrei und komfortabel.

Die Notlaufschaltung wurde nicht vergessen. Bei gestörter Elektronik bleibt der Wagen im 3. und im Rückwärtsgang fahrfähig.

Die Elektronische Getriebesteuerung wird bei BMW **EGS** genannt.

Fingerzeig: Das Automatikgetriebe liefert übrigens auch Verschleißdaten an die Service-Intervallanzeige. So kann – je nach Beanspruchung – der Getriebeölwechsel nach 40 000 km oder erst nach 100 000 km erforderlich werden.

Bei einem Planetengetriebe sind alle Zahnräder ständig im Eingriff. Die verschiedenen Übersetzungsstufen werden ohne Zugkraftunterbrechung durch Antreiben oder Festhalten des Sonnenrades, der Planetenräder oder des Ringrades erreicht.
1 – angetriebene Teile; 2 – festgehaltene Teile.

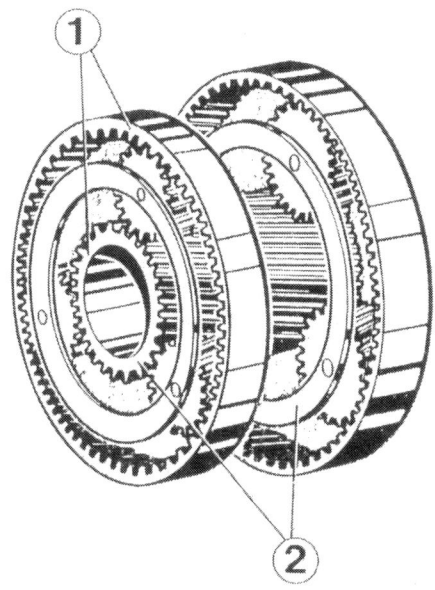

Automatikgetriebe prüfen

Für den Selbsthelfer bietet das Automatikgetriebe kaum Möglichkeiten zur Eigeninitiative. Hier muß im Fall einer Störung der BMW Service-Tester bemüht werden, der den Fehlerspeicher der Getriebesteuerung auslesen kann. Dem Selbsthelfer bleibt lediglich die Möglichkeit, einige gezielte Prüfungen vorzunehmen:
○ Der ATF-Stand im Getriebe kann nur bei Fahrzeugen des ersten Baumonats noch selbst geprüft werden. Bei allen anderen Fahrzeugen ist das Werkstattsache.
○ Auf einer Probefahrt können die Schaltpunkte überprüft werden. Schaltet das Getriebe für den jeweiligen Belastungsfall (rein gefühlsmäßig) richtig?
○ Beurteilen der Schaltvorgänge gehört dazu.
○ Die Einstellung des Wählhebelzugs zwischen Getriebe und Einspritzung ist eine wichtige Voraussetzung für fehlerfreie Arbeitsweise.

Beurteilen der Schaltvorgänge

Bei einer Probefahrt können Sie Ihre Aufmerksamkeit auf die Schaltvorgänge richten:
○ Hochschalten: Bei Teilgas ist der Gangwechsel kaum wahrnehmbar; bei Vollgas oder Kickdown werden die Übergänge zwar etwas deutlicher, doch stets muß der höhere Gang geschmeidig fassen. Kurzes Hochdrehen beim Gangwechsel deutet auf Fehler hin, die genauer untersucht werden müssen.
○ Herunterschalten: Ohne Gas (beim Ausrollenlassen) kaum spürbar bei sehr niederen Geschwindigkeiten. Ein Stoß ist beim Rückschalten mit Teil- oder Vollgas normal. Das Zurückschalten ohne Gas mit dem Wählhebel dauert ein bis zwei Sekunden. Wird beim zwangsweisen Zurückschalten mit dem Wählhebel gleichzeitig Gas gegeben, erfolgt der Gangwechsel ohne Verzögerung.

Automatik-Wählhebelweg einstellen

● Wählhebel auf »P« stellen.
● Am Getriebe die Klemmutter (sie hält den Wählhebelzug am Hebel des Getriebes) lockern.
● Wählhebel am Getriebe ganz nach vorn drücken (Stellung »P«).
● Seilzugende etwas nach hinten drücken, um Spiel zu eliminieren und Klemmutter in dieser Stellung festziehen.

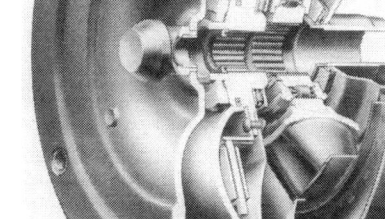

Das Schnittbild des Drehmomentwandlers zeigt deutlich die Schaufeln des Pumpenrades und des Leitrades. Der Pfeil deutet auf den Reibbelag der Wandlerkupplung, die – außer bei kalter ATF – ab 85 km/h zur Vermeidung von Schlupf auf starren Durchtrieb schaltet.

Fingerzeige: Fahrzeuge mit Automatikgetriebe dürfen nicht weiter als 150 km geschleppt werden, sonst reicht die Getriebeschmierung nicht aus. Aus dem gleichen Grund gilt eine Höchstgeschwindigkeit von 70 km/h. Im Zweifelsfall den bequemeren Weg wählen und den Wagen verladen lassen. Für wirkliche Notfälle im Ausland Kardanwelle (nicht die Antriebswellen!) zum Schleppen ausbauen.

Sollte der Automatik-BMW einmal nicht anspringen, hilft Anschieben oder Anschleppen nicht weiter, denn der hydraulische Drehmomentwandler kann bei stehendem Motor keine Verbindung zwischen Triebwerk und Getriebe herstellen. Bei leerer Batterie müssen Starthilfekabel weiterhelfen.

Automatikgetriebe ausbauen

Der Wagen muß so hoch aufgebockt werden, daß Sie bequem von unten daran arbeiten können. Besorgen Sie sich zudem einen großen Rangier-Wagenheber zum Abstützen und Ablassen des sehr schweren Automatikgetriebes. Das Getriebe ist großteils mit sogenannten TORX-Schrauben am Motor befestigt. Sie benötigen dann TORX-Steckeinsätze für den Rätschenkasten in den Größen T10 und T14.

- Minuskabel der Batterie abklemmen.
- Auspuffanlage komplett ausbauen.
- Darunter das Wärmeschutzblech ausbauen.
- ATF ablassen.
- Bügel vom Bodenblech losschrauben (Einbaulage beachten).
- Kardanwelle vom Getriebe abschrauben.
- Am Mittellager der Kardanwelle Schraubring einige Umdrehungen lösen. Mittellager losschrauben.
- Kardanwelle nach unten knicken und vom Zentrierzapfen am Getriebe ziehen. Vorderes und hinteres Wellenteil keinesfalls auseinanderziehen!
- Damit die Welle nicht nach unten hängt, kann sie mit Draht an die Karosserie hochgebunden werden.
- Wählhebelzug am Getriebe abbauen. Um eine Verformung des Seilzugs zu vermeiden, muß die Klemmschraube gegengehalten werden.
- Bowdenzug vom Widerlager losschrauben und Seilzug herausziehen.
- Steueranschlußstecker und Drehzahlgeberstecker vom Getriebe abnehmen.
- Abdeckung an der Öffnung seitlich am Motorblock herausheben. Darunter sind die Befestigungsschrauben des Drehmomentwandlers zugänglich. BMW verwendet zum Lösen der Schrauben eine Spezial-Stecknuß mit der BMW-Bezeichnung 241110.
- Alle Befestigungsschrauben des Drehmomentwandlers von der Motorseite der Schwungscheibe her lösen. Dazu die Kurbelwelle jeweils ein Stück weiterdrehen.
- Getriebe von unten stabil abstützen.
- Lambda-Sondenstecker vom Getriebe lösen. Kabelbaum aus der Halterung aushängen.
- Querträger abbauen, Getriebe etwas absenken.
- Befestigung der Ölkühlerleitungen am Motorblock und an der Ölwanne lösen.
- Ölkühlerleitungen vorn und hinten losschrauben.
- Verbindungsschrauben Motor/Getriebe lösen.
- Vor dem Abziehen des Getriebes Drehmomentwandler gegen Herausfallen sichern. **Der Wandler muß im Getriebe bleiben!** Achten Sie auch später darauf, daß er nicht herausfällt (mit Draht festbinden).
- Getriebe vollends herausziehen und nach unten absenken. Motor gegen Kippen sichern.

Automatikgetriebe einbauen

Der Einbau verläuft sinngemäß umgekehrt wie der Ausbau. Beachtung verdienen die folgenden Punkte:

- Kontrollieren, ob der Wandler richtig im Getriebe sitzt. Darauf achten, daß er beim Einbau nicht nach vorn rutscht.
- Vor Einbau des Getriebes auf die beiden Führungshülsen am Motorblock achten. Ggf. Führungshülsen vom Getriebe umbauen.
- Mitnehmerscheibe am Motor auf Bruchstellen oder Rißbildung prüfen. Wenn defekt: Ersetzen. Hierbei Dehnkopfschrauben ersetzen und mit Schraubensicherungsmittel einbauen.
- Zum Festschrauben des Wandlers an der Mitnehmerscheibe unbedingt die Originalschrauben M10x16 mm (mit Federscheiben) benutzen, sonst wird der Wandler zerstört.
- TORX-Schrauben nur mit Unterlegscheiben verbauen.
- Dichtringe der Ölkühlerleitungen kontrollieren und ggf. ersetzen.
- Kardanwelle einbauen.
- Wurde ein defektes Getriebe ausgetauscht, Leitungen zum Ölkühler mit Preßluft durchblasen und anschließend zweimal mit ATF durchspülen.
- Neue ATF einfüllen.
- Auspuff einbauen.
- Wählhebelweg einstellen.

Drehmomente Automatikgetriebe

Bauteil	Nm
Drehmomentwandler an Mitnehmerscheibe (M10-Schrauben)	47–51
Ölleitungen an Getriebe und Kühler	20
Tragrohr an Motorträger	42
Gummilager an Tragrohr	21
Tragblech	21
Übrige Drehmomente wie Schaltgetriebe	

An ihrem hinteren Ende ist die Kardanwelle starr mit der Welle des Hinterachsgetriebes verschraubt. Vorn am Getriebe ist sie dagegen je nach Baujahr und Getriebeversion in unterschiedlicher Weise befestigt.

Die Kardanwelle

Die Kardan- oder Gelenkwelle überträgt die Motorkraft vom Getriebe zur Hinterachse – genauer gesagt zum Hinterachsgetriebe. Die Welle verläuft in Fahrzeugmitte im sogenannten Kardantunnel. Sie ist zweiteilig und besitzt an der Verbindung beider Hälften eine zusätzliche Lagerung, das Mittellager. Vorn ist die Welle über eine Gelenkscheibe aus Gummi mit dem Getriebe verbunden. An dieser Stelle sitzt beim 320i zusätzlich ein Schwingungstilger. In der Mitte der Welle und an ihrem hinteren Ende finden wir Kreuzgelenke, die einen geringen Beugewinkel der Kardanwelle zulassen.

Störungsbeistand

Kardanwelle

○ **Vibrationen und Brummgeräusche** deuten auf Störungen im Rundlauf der Welle: Fehlende Wuchtbleche lassen darauf schließen, daß die Wuchtung nicht mehr stimmt. Beide Wellenhälften werden zusammen gewuchtet. Trennen der Teile ohne Kennzeichnung der Einbaulage der Teile zueinander macht die Wuchtung unwirksam.
Weitere Möglichkeiten für Brummgeräusche: Defektes Gummigelenk, ausgeschlagenes Mittellager, verschlissene Kreuzgelenke. Betreffende Teile ersetzen bzw. Austauschwelle einbauen.
○ **Pfeifgeräusche** können von einem defekten Mittellager herrühren.
○ **Rassel- und Schabgeräusche** haben meist ihre Ursache in zu großem Spiel am Schiebestück (Verbindung der Wellenhälften).

Kardanwelle ausbauen

● Wagen stabil aufbocken, damit an der Unterseite gearbeitet werden kann.
● Auspuffanlage komplett ausbauen.
● Wärmeschutzbleche der Auspuffanlage abbauen.
● Wo vorhanden, beide Auspuffhalter und den Karosseriebügel losschrauben. Einbaulage des Bügels beachten.
● Am Kardanwellen-Mittellager den Schraubring mit dem BMW-Werkzeug 261040 (ersatzweise große Rohrzange) einige Umdrehungen lösen.
● Wo ein **Schwingungstilger** vorhanden ist, Schwingungstilger nach Lösen der drei Schrauben um 60° drehen und an die Gummi-Gelenkscheibe anlegen. Der Schwingungstilger wird später zusammen mit der Welle abgenommen.
● Kardanwelle vom Getriebeflansch losschrauben.
● Kardanwelle jetzt vom Hinterachsgetriebe abschrauben. Dabei den Flansch mit einem stabilen Schraubendreher gegen Durchdrehen sichern.
● Kardanwellen-Mittellager von der Karosserie abschrauben.
● Kardanwelle am Mittelgelenk nach dem Abschrauben nach unten durchknicken und dabei das vordere Wellenende aus der Zentrierung am Getriebe ziehen.
● Welle zum weiteren Ausbau nach vorn herausziehen.
● Die beiden Wellenhälften **nicht** voneinander **trennen** (siehe folgenden Fingerzeig).
● Beim **Einbau** beachten:
● Generell neue selbstsichernde Muttern verwenden.
● Mittellager der Welle vor dem Festschrauben 4–6 mm in Fahrtrichtung drucken (vorspannen).
● Bei fertig eingebauter Kardanwelle die Schraubbuchse am Mittellager anziehen (Drehmoment).
● Auspuff einbauen.

Fingerzeige: Sollen hinteres und vorderes Teil der Kardanwelle getrennt werden, muß die Stellung der Teile zueinander zuvor mit Körner- oder Farbpunkten markiert sein. Sonst stimmt beim anschließenden Zusammenbau die Wuchtung nicht mehr.

Wurden beide Teile versehentlich ohne Markierung getrennt, bauen Sie die Welle so zusammen, daß hinteres und vorderes Kreuzgelenk gleich ausgerichtet sind. So wird die Kardanwelle werksseitig montiert. Stimmt die Wuchtung so nicht, Teile um 180° versetzt erneut zusammenbauen.

Anzugsdrehmomente Kardanwelle

Bauteil		Nm
Gelenkscheibe an Gelenkwelle		81
Kreuzgelenk der Gelenkwelle an Getriebe		64
Klemmring für Schiebestück (nach Montage im Wagen)		17
Gelenkwelle an Hinterachse	Kreuzgelenk	72
	Gleichlaufgelenk	32
Mittellager an Karosserie		22

Das Hinterachsgetriebe

Das Hinterachsgetriebe lenkt die Antriebskraft über Kegel- und Tellerrad gewissermaßen rechtwinklig um die Ecke und über zwei Antriebswellen zu den Hinterrädern. Es paßt durch seine Übersetzung die Drehzahl der Kardanwelle der erforderlichen Raddrehzahl an und gleicht bei Kurvenfahrt die unterschiedlichen Radwege des inneren und äußeren Rades durch sein Kegelradgetriebe (Differential) aus.

Hinterachsgetriebe ausbauen

- Stabilisatorlager links und rechts abbauen.
- Hinterachsgetriebe mit Wagenheber von unten stabil abstützen.
- Stecker vom Tachometer-Impulsgeber abziehen.
- Antriebswellen am Hinterachsgetriebe abschrauben und mit Draht hochbinden.
- Halteschrauben des Hinterachsgetriebes am Hinterachsträger oben lösen.
- Kardanwelle am Hinterachsgetriebe abschrauben.
- Vordere Befestigungsschraube des Hinterachsgetriebes vom Hinterachsträger losschrauben; das Hinterachsgetriebe kann jetzt abgenommen werden.
- Beim Einbau neue selbstsichernde Muttern verwenden.

Anzugsdrehmomente Hinterachsgetriebe

Bauteil		Nm
Antriebswelle an Hinterachsgetriebe	M 8	58
	M 10	110
Hinterachsgetriebe an Hinterachsträger	vorn	110
	hinten	77
Klemmring für Schiebestück (nach Montage im Wagen)		17
Gelenkwelle an Hinterachse	Kreuzgelenk	72
	Gleichlaufgelenk	22

Fingerzeige: Häufig wird übersehen, daß auch Getriebe und Hinterachse »eingefahren« werden müssen. Hier wird eine Schonzeit von mindestens 1000 km gefordert, in der bevorzugt mit wechselnden Geschwindigkeiten, jedoch nicht schneller als ⅔ der Höchstgeschwindigkeit gefahren werden soll. Gerade am empfindlichen Hinterachsgetriebe können sonst Schäden (Fresser) entstehen.

Bei Einbau eines gebrauchten Hinterachsgetriebes muß auf die richtige Hinterachsübersetzung geachtet werden (siehe »Technische Daten« hinten im Buch). Die Übersetzung ist auf einer Blechfahne, die mit einer der Gehäuseschrauben hinten am Hinterachsgetriebe befestigt ist, vermerkt.

Die Antriebswellen

Die Antriebswellen übertragen die Antriebskraft auf die Räder. Die Gelenke dieser Welle müssen dazu in der Lage sein, die Kraft bei allen Hinterachs-Federbewegungen gleichmäßig zu übertragen. Diese Anforderung erfüllen sogenannte homokinetische Gelenke (Gleichlaufgelenke). Ihre Funktion beruht auf sechs Kugeln, die in speziell geschliffenen Laufbahnen beim Knicken des Gelenks hin und her laufen. So wird bei jedem im Fahrzeug möglichen Beugewinkel der Antriebswelle absolut gleichmäßige Kraftübertragung gewährleistet.

Manschetten der Antriebswellen prüfen

Wartung Nr. 36

Die Gelenke der Antriebswellen sind durch Gummimanschetten vor Feuchtigkeit und Schmutz geschützt.

Die Manschetten (Pfeil) an den Enden der Antriebswellen schützen die Gelenke vor Feuchtigkeit und Schmutz. Eine regelmäßige Kontrolle der Manschetten und ihrer Schlauchbinder ist dringend anzuraten, denn eindringender Schmutz und Feuchtigkeit lassen ein Gelenk schnell ausschlagen.

Deshalb sollten Sie diese Manschetten regelmäßig unter die Lupe nehmen, ob sie nicht durch Risse undicht geworden sind.

- Jeweils ein Antriebsrad hochbocken, Wagen absichern.
- Achswelle langsam durchdrehen und dabei die Manschette auf spröde Stellen bzw. Löcher untersuchen. Auch Fettspuren können ein Hinweis sein.
- Sitzen die Schlauchbinder fest?
- Beschädigte Staubmanschetten baldigst auswechseln, sonst zerstört eindringendes Wasser die Gelenke, und die sind nicht gerade billig!

Störungsbeistand

Antriebswellen

○ Die Gelenke der Antriebswellen zeigen meist schlagartig Ausfallserscheinungen, die aber zwischendurch wieder völlig verschwinden können. Die »ruhige Phase« kann sich über mehrere Tage und Kilometer erstrecken.
○ Charakteristisch sind rhythmische Schlag- oder Knack-knack-knack-Geräusche beim Gasgeben und im Schiebebetrieb.
○ Einfachste, aber teuerste Reparaturmöglichkeit ist der Einbau kompletter Austausch-Antriebswellen (evtl. vom Zubehörhandel).
○ Billigere Methode: ein einzelnes Gelenk auswechseln. Schwierig ist allerdings, das defekte Gelenk zu lokalisieren. Am besten erkennen Sie den Übeltäter durch konzentriertes Horchen während der Fahrt. Erkennt man so auch nicht das einzelne Gelenk, kann man doch die Fahrzeug-Seite festlegen.
○ Bei ausgebauter Welle sind schadhafte Gelenke leichter zu erkennen: Sie lassen sich nur schwer und ruckartig durchdrehen. Nach dem Zerlegen und Auswaschen der Gelenke zeigen sich die Schäden an den Kugel-Laufflächen am Außenring.

Antriebswelle ausbauen

Gebraucht wird ein Sicherungsblech für die Radnaben-Zentralmutter und eventuell ein großer Klauenabzieher zum Herausdrücken der Welle aus der Radnabe.

- Wagen aufbocken und sichern, Rad abnehmen.
- Auspufftopf hinten ausbauen.
- Zentralmutter in der Radnabe herausdrehen; dazu das Sicherungsblech um die Mutter herausheben oder zerstören.
- Sechs Innensechskantschrauben am inneren Antriebsgelenk (am Hinterachsgetriebe) herausdrehen.
- Antriebswelle am Hinterachsgetriebe abnehmen.
- Loses Antriebswellenende jetzt nicht nach unten fallen lassen, sonst nimmt das äußere Gelenk Schaden.
- Stabilisator am Hinterachsträger lösen und nach hinten klappen.
- ABS-Sensor lösen.
- Zum Herauspressen des äußeren Gelenks aus der Radnabe verwendet die Werkstatt den Abzieher 332116. Der wird an den Radschraubenbohrungen befestigt. Mit seinem Gewindestab kann die Antriebswelle nach hinten durchgedrückt werden.
- Ohne dieses Werkzeug baut man die Welle so aus:
- Zentralmutter lose auf das Wellende drehen, damit das Gewinde nicht beschädigt wird.
- Am Wellenende einen weichen Messingdorn ansetzen und den Wellenstumpf mit einigen Hammerschlägen zur Fahrzeugmitte hin herausklopfen.
- Geht das nicht, einen Klauenabzieher mittels Hilfskonstruktion an den Radschraubenlöchern befestigen und Welle herausdrücken.
- Beim Einbau die Schrauben des inneren Wellengelenks mit 58 Nm (M 8) bzw. 110 Nm (M 10) anziehen, die Zentralmutter mit 250 Nm.
- Sicherungsblech an der Zentralmutter einschlagen.

Das Antriebsgelenk (2) kann nach Entfernen des Sprengrings (1) von der Antriebswelle (3) abgezogen werden.

Fingerzeig: Fahrzeuge mit ausgebauter Antriebswelle nicht bewegen; das Radlager wird sonst beschädigt.

Antriebswelle zerlegen

BMW bietet als Ersatzteil nur das Antriebswellen-Innengelenk nebst einem Reparatursatz für die Gummimanschette. Das Außengelenk gibt es nur komplett mit der Welle.
Dementsprechend ist die einzige Zerlegarbeit der Ausbau des Innengelenks; eine Arbeit, die auch zum Austauschen der Gummimanschette nötig wird.

Antriebswellengelenk ausbauen

- Antriebswelle ausbauen.
- Blech-Schutzkappe auf der einen, Blechflansch der Gummimanschette auf der anderen Seite mit Durchschlag und Hammer vorsichtig vom Gelenk herunterklopfen. Dabei den Durchschlag an mehreren Stellen rund um das Gelenk ansetzen.
- Am Wellenende den Sicherungsring, der das Gelenk auf der Antriebswelle hält, mit zwei schmalen Schraubendrehern und etwas Geduld aus der Nut »popeln« und abnehmen. Wenn Seegerring verbaut, Seegerringzange benutzen.
- Antriebsgelenk jetzt von der Welle ziehen; notfalls mit dem Hammer etwas nachhelfen.
- Will sich das Gelenk so nicht lösen, muß es in der Werkstatt unter der Reparaturpresse von der Welle gedrückt werden.
- Soll die Gummimanschette gewechselt werden, Spannbänder der alten Manschette mit Seitenschneider durchschneiden. Manschette abziehen.
- Neue Manschette montieren.
- Verzahnung an Gelenk und Welle fettfrei säubern und mit »Loctite Nr. 270« (Sicherungsmittel) bestreichen. Es darf kein Sicherungsmittel auf die Kugelbahnen gelangen.
- Vor der Montage des Gelenks die Tellerfeder-Unterlegscheibe auf das Wellenende schieben bzw. deren Lage kontrollieren: Sie muß am Außenrand zum Gelenk hin gewölbt sein.
- Gelenk bis zum Anschlag auf die Welle schieben und Sicherungsring einsetzen.
- Der Sicherungsring rutscht so evtl. noch nicht in die Nut. Deshalb Antriebswelle in einen stabilen Schraubstock spannen, eine große Stecknuß oder Rohrstück auf dem Innenteil des Gelenks ansetzen und einen kräftigen Hammerschlag auf die Stecknuß ausführen. So rutscht das Gelenk gegen die Kraft der Tellerfeder ein Stück zurück – der Sicherungsring kann in die Nut springen.
- Gelenk mit 120 g MoS_2-Schmierfett versehen (im Reparatursatz enthalten); gebrauchte Gelenke nur nachfetten.
- Blech-Schutzkappe und Blechflansch der Manschette mit Dichtmittel (»Curil K«) am Gelenk festkleben.
- Vor Festziehen der Spannbänder an der Gummimanschette die Dichtflächen fettfrei säubern.

Radaufhängung und Lenkung

Untergrundbewegung

Die Karosserie steht mit der gefederten Radaufhängung sozusagen auf allen Vieren. Dazu gehört auch die Lenkung. Alles zusammen bildet das sogenannte Fahrwerk, von dem der oberflächliche Betrachter nichts sieht. Dabei gibt es über die Beine des Autos allerlei Interessantes zu berichten.

Das Fahrwerk

Vieles zu Aufbau und Konstuktion des BMW-Fahrwerks haben Sie bereits im Kapitel »Der BMW stellt sich vor« am Anfang des Buches erfahren. Auf den folgenden Seiten wollen wir hier gleich einsteigen in die Fachbegriffe sowie die Wartungs- und Reparaturarbeiten am Fahrwerk.

Eigenarbeiten an Lenkung und Fahrwerk

Fahrwerk und Lenkung sind für die Verkehrssicherheit von entscheidender Bedeutung. Eigenarbeiten an diesen Teilen sollte wirklich nur derenige vornehmen, der sich seiner Sache völlig sicher ist. Andere sind mit derartigen Instandsetzungsarbeiten in einer Fachwerkstatt besser aufgehoben.
Wer jedoch unbedingt an diesen Teilen schrauben will, sollte wenigstens nicht blindlings drauflosarbeiten, sondern nach fachkundiger Anleitung arbeiten. So sind auch die Arbeitsbeschreibungen dieses Kapitels zu verstehen.

Staubkappen und Spiel der Achsgelenke kontrollieren

Der BMW besitzt pro Fahrzeugseite je zwei Achsgelenke an der Vorderachse. Eines verbindet den Querlenker mit dem Vorderachsträger. Das zweite verbindet Federbein und Querlenker. Von Haus aus sind die Traggelenke wartungsfrei. Die stählernen Kugelköpfe der Achsgelenke sitzen in einer Fett-Dauerfüllung und zusätzlich in Kunststoffschalen. Als Schutz vor Nässe und Schmutz dienen Staubkappen aus Gummi. Eindringender Schmutz wirkt wie Schmirgelsand im Gelenk; Feuchtigkeit läßt es mit der Zeit festrosten.

Wartung Nr. 12

- Lenkung nach einer Seite voll einschlagen.
- Kappen beider Achsgelenke rechts und links auf Beschädigungen kontrollieren.
- Prüfung auf Spiel: Räder in Geradeaus-Stellung bringen.
- Wagen aufbocken, das betreffende Rad muß frei hängen.
- Ein Helfer muß das Rad unten fassen und quer zur Fahrtrichtung daran rütteln, während Sie mit der Hand fühlen, ob eines der Gelenke »Luft« hat.
- Bei beschädigten Manschetten oder Spiel im Gelenk muß der komplette Querlenker ersetzt werden. Einzelteile sind nicht erhältlich.
- Bei dieser Gelegenheit empfiehlt sich auch die **Kontrolle der Gummi/Metall-Lager**, mit denen die vorderen Querlenker an der Hinterkante am Wagenboden befestigt sind.
- Im Gummi/Metall-Lager wird mit einer Fühlerlehre der Abstand zwischen Gummi und Mittenhülse ge-

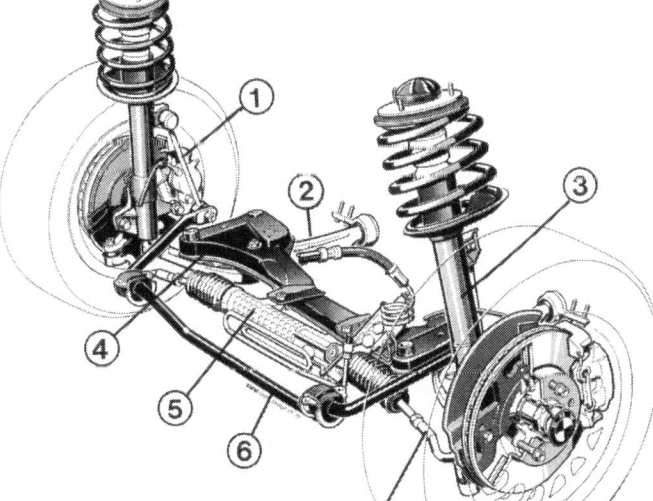

Die Vorderachse:
1 – Verbindungsstange zwischen Stabilisator und Federbein;
2 – sichelförmiger Querlenker;
3 – Federbein;
4 – Achsträger;
5 – Lenkgetriebe (Zahnstangenlenkung);
6 – Stabilisator;
7 – Spurstange.

messen. Das Fahrzeug muß sich in »Normallage« befinden.
- 0,5–1,5 mm Abstand sollen an dieser Stelle vorhanden sein. Sonst muß das Gummilager ersetzt werden.
- Grundsätzlich müssen die Gummilager immer an der rechten und linken Fahrzeugseite gleichzeitig ersetzt werden.

Radeinstellung messen

Nach einer harten Bordsteinberührung, einem Unfall, bestimmten Reparaturarbeiten an der Achsaufhängung oder ganz einfach im Verdachtsfall wird die Radeinstellung vermessen. Was die einzelnen Größen dabei sagen, erklärt der folgende Abschnitt. Das Vermessen geht jedoch nur auf einem optischen Achsmeßstand.
Zur Messung muß der Wagen in »Normallage« (siehe übernächsten Abschnitt) gebracht werden. Dann gelten die folgenden Meßwerte:

Vorderachse	Standard-Fahrwerk	M-Technik-Fahrwerk
Gesamtspur	0°10' ± 4'	0°10' ± 4'
Sturz	–40' ± 40'	58' ± 30'
Spurdifferenzwinkel* bei 20° Radeinschlag des Innenrades	1°33' ± 30'	1°33' ± 30'
Spreizung* bei ± 10° Radeinschlag	15°28' ± 30'	15°38' ± 30'
Nachlauf* bei ± 10° Radeinschlag	3°44' ± 30'	3°50' ± 30'
Nachlauf* bei ± 20° Radeinschlag	3°52' ± 30'	3°57' ± 30'
Radversatz der Vorderräder	0° ± 15'	0° ± 15'
Hinterachse		
Gesamtvorspur	0°16' ± 6'	0°16' ± 6'
Sturz	–1°30' ± 15'	2°00' ± 15'

* Toleranzdifferenz zwischen links und rechts max. 30'

Was bedeutet die Radeinstellung?

Die Vorderräder müssen für ein sicheres Fahrverhalten in Längs- und Seitenrichtung in bestimmten Winkelstellungen stehen. Damit Sie sich unter der Bezeichnung »Lenkgeometrie« etwas vorstellen können, haben wir hier die Begriffe mit einer entsprechenden Erläuterung zusammengestellt:

○ **Vorspur:** Bei Geradeausfahrt stehen die Räder vorn geringfügig enger zusammen als hinten. Sie rollen gewissermaßen aufeinander zu. Das ist die Vorspur. Genau parallel stehende Räder haben nämlich das Bestreben, auseinanderzulaufen. Die Reibung zwischen Rad und Straße möchte das linke Rad nach links weg und das rechte nach rechts drücken. Durch die Vorspur laufen die Räder wunschgemäß parallel ohne das Bestreben, seitlich wegzuziehen.
Beim Hineinlenken des Wagens in eine Kurve geht die Vorspur durch die trapezförmige Anordnung des Lenkgestänges in »Nachspur« über. Das kurveninnere Rad schwenkt stärker herum als das kurvenäußere. Dies ist auch notwendig, weil ja in einer Kurve die inneren Räder einen engeren Kreis fahren müssen als die äußeren. Das ergibt automatisch eine Unterstützung der Lenkbewegung und der Lenkkräfte.
Sturz: So nennt man die leichte Auswärtsneigung der Vorderräder – oben im Radkasten haben sie beim BMW

Die Staubkappen der Achsgelenke (Pfeile) dürfen nicht eingerissen oder porös sein. Sonst kann Schmutz in das Gelenk eindringen und es zerstören.

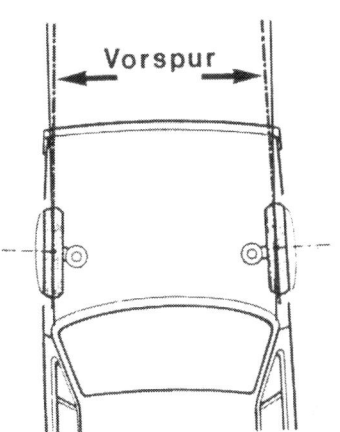
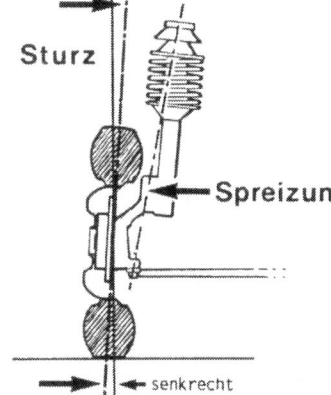
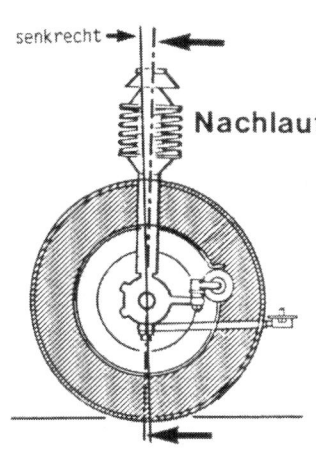

Zum besseren Verständnis der verschiedenen Grundbegriffe bei der Radeinstellung sollen die Zeichnungen beitragen.

einen engeren Abstand voneinander als unten am Boden. Das heißt in der Fachsprache »negativer« Sturz. Das Rad stemmt sich gewissermaßen gegen die Kurvenaußenseite.
Spreizung: Sie gehört zum Sturz. Spreizung ist die geringfügige Neigung der Schwenkachse, um die beim Lenken die Räder samt Aufhängung schwenken. Beide Schwenkachsen haben oben einen kleineren Abstand voneinander als unten. Sturz und Spreizung verhindern zusätzlich das Flattern der Räder. Ferner erleichtern sie das Einschlagen der Räder.
Nachlauf: Darunter versteht man die Schrägstellung der Schwenkachse in Fahrzeuglängsrichtung. Das hilft ebenfalls, den Geradeauslauf zu stabilisieren und Flattern der Vorderräder zu verhindern. Außerdem bewirkt er eine Rückstellung der Lenkung nach Kurven.

Für die Fahrzeugvermessung wurde bei BMW eine »Normallage« des Fahrzeugs definiert. Dabei wird ein gleichmäßiger Beladungszustand simuliert, der eine in der Praxis übliche Einfederung des Wagens bringen soll. So wird die »Normallage« erzeugt: Je 68 kg auf den Vordersitzen, 68 kg auf dem Rücksitz und 21 kg im Kofferraum. Der Wagen muß vollgetankt sein, Felgen, Reifen, Luftdruck und Radlagerspiel müssen den Vorschriften entsprechen. Auch bei Arbeiten am Fahrwerk ist oft von der »Normallage« die Rede. Etwa, wenn die Schrauben an Gummi/Metall-Lagern bzw. Silentbüchsen angezogen werden sollen. Die darf man nicht festschrauben, wenn das betreffende Rad voll ausgefedert ist. Sie würden sich sonst einseitig vorspannen, was beim vollen Einfedern zu einer Überbelastung (Überdehnen) des Lagers führen würde.
In solchen Fällen braucht die »Normallage« natürlich nur annäherungsweise angestrebt zu werden. Ein paar Millimeter spielen da keine Rolle.

Die »Normallage«

Wenn Sie fehlerhafter Lenkgeometrie beim Fahren auf die Schliche kommen wollen, müssen Sie zuerst sicherstellen, daß beide Vorderreifen dieselbe Reifensorte, Profiltiefe und den vorgeschriebenen Luftdruck aufweisen.
○ **Stehen die Lenkradspeichen** bei Geradeausfahrt **symmetrisch?** Ein schiefsitzendes Lenkrad ist oft das Zeichen für falsche Spureinstellung.
○ **Unruhiger Geradeauslauf;** er ist besonders gut auf schnee- oder eisglattem Untergrund zu erkennen.
○ **Zieht der BMW** auf völlig ebener Fahrbahn und bei losgelassenem Lenkrad **zur Seite?**
○ **Stellt sich die Lenkung** nach Kurven wieder **von selbst in Geradeausstellung?**
○ Schauen Sie sich die **Vorderräder** aus fünf bis zehn Meter Entfernung an – **stehen** sie **in Geradeausstellung symmetrisch** zueinander?
○ Ist das **Reifenprofil einseitig abgenutzt?** Bei scharfer Fahrweise ist es allerdings nicht ungewöhnlich, daß an beiden Vorderreifen die Außenkanten stärkere Verschleißspuren zeigen als innen.
○ Eine **verbeulte Felge** deutet auf eine harte Bordsteinberührung, wodurch die Geometrie der Federbein-Vorderradaufhängung garantiert aus dem Winkel gerät.
○ **Weitere Ursachen** für fehlerhafte Stellung der Räder können verschlissene Gelenke bzw. Gummilager sein oder unsachgemäße Unfallreparaturen.

Erkennungsmerkmale für falsche Radeinstellung

Radlagerspiel prüfen

Die Räder laufen vorn und hinten auf zweireihigen Kugellagern, die – mit Dauerfett montiert – für weitaus mehr als 100 000 km gut sind. Defekte Lager machen durch Laufgeräusche auf sich aufmerksam, die meist bei Kurvenfahrt lauter werden. Heimtückischerweise kann nicht immer genau definiert werden, welches Lager einer Achse laut ist. Deshalb möglichst beide ersetzen.
Auch Radlagerspiel ist eine Verschleißerscheinung. Das prüft man so:

Wartung Nr. 23

● Fassen Sie nacheinander die fest am Boden stehenden Räder oben und versuchen Sie, diese quer zum Wagen zu bewegen.
● Bei einwandfreien Lagern darf praktisch keine »Luft« vorhanden sein.
● Ist Spiel spürbar, von Helfer kräftig die Fußbrem-

Die Pfeile der Abbildung zeigen auf Verschraubungen, die zum Ausbau des Federbeins gelöst werden müssen.

se treten lassen und nochmals am Rad rütteln: Ist kein Spiel mehr vorhanden, lag es nur am Radlager. Trotzdem noch Spiel: Die Radaufhängung muß kontrolliert werden.

● Defekte Radlager müssen ausgetauscht werden. Eine Nachstellmöglichkeit gibt es nicht.

Stoßdämpfer prüfen

Nachlassende Dämpferwirkung wird oft unbewußt durch verändertes Fahrverhalten ausgeglichen. Eine Faustregel besagt, daß nach zwei verschlissenen Reifensätzen die Serienstoßdämpfer nur noch die Hälfte ihrer ursprünglichen Wirkung besitzen und somit austauschreif sind.

Keine genaue Diagnose erhält man durch die bekannte »Schaukelmethode« im Stand, bei der man den Wagen am betreffenden Kotflügel aufschaukelt und plötzlich losläßt: Die Federbewegung müßte sofort gedämpft werden. So läßt sich aber nur ein total ausgefallener Stoßdämpfer feststellen.

Ein genaueres Bild über den Stoßdämpferzustand liefert ein spezieller Prüfstand. Solche Prüfstände haben Autoclubs im »Wandereinsatz« sowie manche Werkstätten und TÜV-Stellen.

Störungsbeistand

Stoßdämpfer   Es gibt einige untrügliche Anzeichen für nachlassende Stoßdämpferwirkung:
○ **Flatternde Lenkung**, weil die Räder keinen ständigen Bodenkontakt haben.
○ **Die Karosserie schwingt** nach Überfahren von Unebenheiten **nach**.
○ **»Schwammiges« Verhalten in Kurven**, weil die kurveninneren Räder nicht genügend auf den Boden gedrückt und die äußeren nicht stark genug entlastet werden.
○ **Springende Räder**; das muß freilich ein neben- oder hinterherfahrender Begleiter beobachten.
○ **Vielfach unterbrochene Bremsspur bei Vollbremsung** durch springende Räder (nicht bei ABS).

Zum Ausbau des Federbeins müssen die hier mit Pfeilen gekennzeichneten Haltemuttern gelöst werden. Keinesfalls darf die Zentralmutter (2) der Stoßdämpfer-Kolbenstange (1) gelöst werden, ohne daß die Feder mit Federspannern gesichert ist.

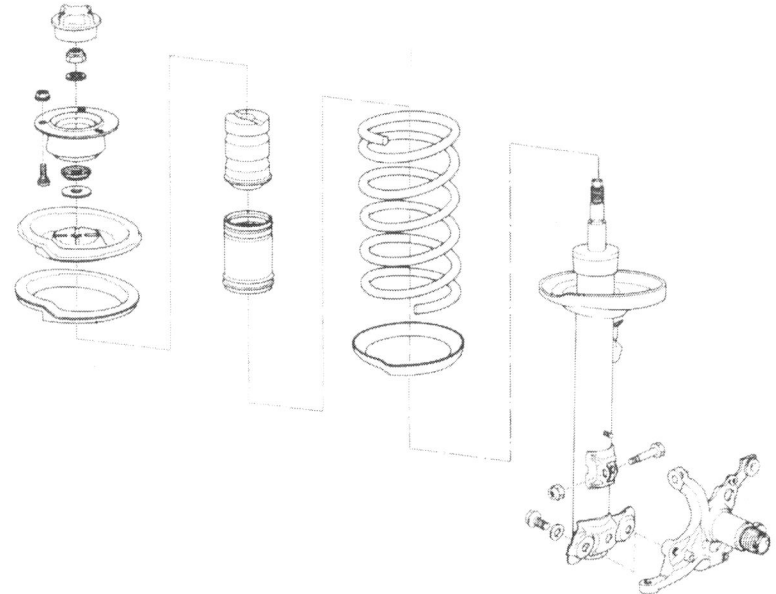

Die Zeichnung zeigt alle Teile des Federbeins in der Reihenfolge des Zusammenbaus.

○ **Ungleichmäßige Abnutzung der Reifen** und erhöhter Reifenverschleiß.
○ **Erhebliche Ölspuren außen am Stoßdämpfer** bzw. bis unter den Federteller des Federbeins. Geringe Leckverluste sind dagegen normal.

Vorderradaufhängung zerlegen

An den Teilen der vorderen Radaufhängung läßt sich manches selbst aus- und einbauen. Für bestimmte Arbeiten sind allerdings Werkstattgeräte erforderlich. Beschädigte Teile der Radaufhängung dürfen nicht gerichtet oder gar geschweißt, sondern müssen grundsätzlich erneuert werden.

Federbein vorn komplett ausbauen

- Vorderrad abbauen.
- Kabel und Bremsschlauch aus der Halterung am Federbein nehmen.
- Eine Radschraube eindrehen, Radnabe mit Bremssattel mit Draht an der Karosserie festbinden.
- Verbindungsstange zum Stabilisator vom Federbein losdrehen.
- Beide unteren Befestigungsschrauben des Federbeins herausdrehen.
- Obere Paßschraube lösen.
- Am Federbeindom im Motorraum die drei Sechskantmuttern lösen.
- Federbein nach unten herausnehmen.
- Zum Einbau sämtliche Schrauben und Muttern durch neue ersetzen. Die unteren Befestigungsschrauben des Federbeins sind mikroverkapselt. Vor dem Eindrehen der neuen Schrauben Gewindebohrungen im Achsschenkel reinigen.
- Für die verschiedenen Bauteile gelten folgende Anzugsdrehmomente: Achsschenkel an Federbein (alle drei Schrauben): 107 Nm; Stoßdämpfer-Kolbenstange an Stützlager: 44 Nm; Federbein-Stützlager an Karosserie: 22 Nm.

Stoßdämpfer vorn ausbauen

Zu dieser Arbeit, die am ausgebauten Federbein durchgeführt wird, ist eine Federspannvorrichtung dringend erforderlich. Zwei Federspanner werden mindestens gebraucht; besser sind drei. Ohne Verwendung der

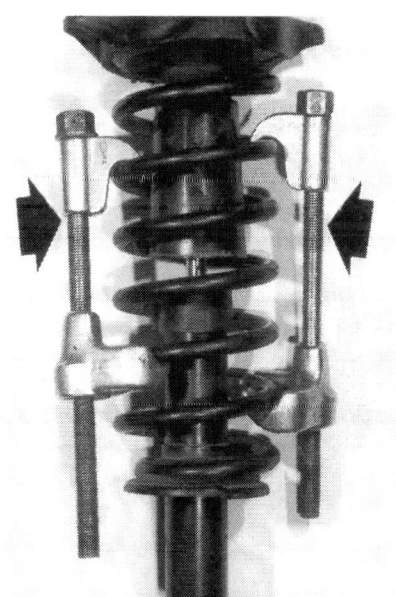

Federspannklammern (schwarze Pfeile) werden gebraucht, um bei ausgebautem Federbein die Feder vom Stoßdämpfer zu trennen.

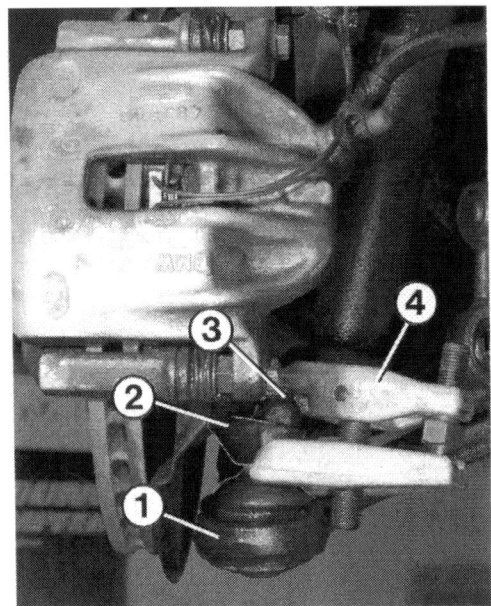 

Ausbau des Querlenkers.
Links: Der Bolzen (3) des Achsgelenks (1) wird mit einem Abzieher (4) aus der Aufnahme im Federbein (2) gedrückt.
Rechts: Ausbau des Querlenkers: Das innere Gelenk (3) des Querlenkers (1) wird durch Schläge mit dem Kunststoffhammer vom Achsträger (2) gelöst.

Federspannvorrichtung darf die Mutter oben an der Stoßdämpfer-Kolbenstange nicht gelöst werden, denn die Feder steht unter hoher Vorspannung. Die Federbeinteile würden explosionsartig auseinanderfliegen – **Unfallgefahr!** Außerdem läßt sich die entspannte Feder anschließend so nicht mehr einbauen. Federspanner führt der Zubehörhandel.

- Federbein ausbauen.
- Federbein ganz unten und auch dort nur sehr vorsichtig und mit Holz-Zwischenlagen in einen Schraubstock einspannen. Keinesfalls am zylindrischen Stück einspannen; das Rohr wird sonst eingedrückt.
- Federspanner an den Federwindungen ansetzen und Feder zusammenspannen. Damit die Federspanner nicht abrutschen, die betreffenden Federwindungen evtl. mit Klebeband umkleben.
- Abdeckung oben im Federbein abnehmen und die selbstsichernde Mutter auf der Stoßdämpfer-Kolbenstange lösen. Kolbenstange am Sechskant gegenhalten.
- Stützlager und Feder abnehmen.
- Beim **Einbau** Schutzrohr und Gummi-Zusatzfeder einsetzen.
- Unterlage der Schraubenfeder prüfen. Feder so in die Federteller einsetzen, daß die Federenden an den dafür vorgesehen Aussparungen anliegen.
- Stützlager mit allen Unterlegscheiben montieren.
- Selbstsichernde Mutter der Stoßdämpfer-Kolbenstange mit 75 Nm anziehen.
- Federspanner lösen; dabei Feder ausrichten.
- Federbein einbauen.

Querlenker ausbauen

An Werkzeugen brauchen Sie einen Spurstangenabzieher (BMW 311110 oder ähnlichen) und einen Kunststoffhammer.

- Vorderrad abbauen.
- Eine Radschraube wieder eindrehen und Radnabe mit Bremssattel mit Draht an der Karosserie festbinden.
- Haltemutter des äußeren Achsgelenks so weit herausdrehen, bis sie am Federbein anliegt.
- Beide unteren Befestigungsschrauben des Federbeins losdrehen.
- Obere Paßschraube lösen.
- Haltemutter des äußeren Achsgelenks vollends herausdrehen und Gelenk mit dem Abzieher vom Achsschenkel abdrücken.
- Gummilager des Querlenkers von der Karosserie abschrauben.
- Haltemutter des inneren Achsgelenks oben am Vorderachsträger abschrauben.
- Gelenk durch seitliche Schläge mit dem Kunststoffhammer vom Vorderachsträger lösen.
- Beim Einbau neue selbstsichernde Muttern und Schrauben verwenden. Die Gewindebohrungen im Achsschenkel reinigen. Erst dann die mikroverkapselten Schrauben eindrehen.
- Folgende Anzugsdrehmomente gelten: Achsgelenk an Vorderachsträger: 85 Nm; Achsgelenk an Achsschenkel (Federbein): 62 Nm; Gummi/Metall-Lager an Karosserie: 47 Nm; Achsschenkel an Federbein (alle drei Schrauben): 107 Nm.
- Radeinstellung kontrollieren lassen.

Gummi/Metall-Lager des Querlenkers auswechseln

Das Gummi/Metall-Lager am hinteren Ende des Querlenkers dürfte wohl zu den am ehesten verschleißenden Teilen der Vorderachse gehören. Dementsprechend ist es auch – im Gegensatz zu den Achsgelenken, die es nur komplett mit Querlenker gibt – einzeln austauschbar. Gebraucht wird ein kleiner Klauenabzieher, das Gleitmittel von BMW (HWB-Nr. 81 22 9 407 284) sowie zwei Gummi/Metall-Lager, denn die Reparatur muß prinzipiell immer an beiden Fahrzeugseiten durchgeführt werden. Im folgenden ist der Austausch des kompletten Gummi/Metall-Lagers beschrieben (mit Anschraubflansch). Komplizierter – weil mehr Fehlermöglichkeiten zulassend – ist der alleinige Austausch des Gummiteils.

Das Gummi/Metall-Lager des Querlenkers (1) ist mit einem Halter (2) an der Karosserie angeschraubt. Position »3« zeigt die Befestigungsschrauben.

- Hinten aus dem Gummi/Metall-Lager herausschauenden Zapfen des Querlenkers ankörnen.
- Gummi/Metall-Lager von der Karosserie abschrauben.
- In der Körnung die Spindel des Klauenabziehers ansetzen und so das Gummi/Metall-Lager vom Querlenker abziehen. Altes Gummi/Metall-Lager nicht mehr verwenden!
- Zapfen des Querlenkers mit Gleitmittel BMW HWB-Nr. 81 22 9 407 284 bestreichen. Kein anderes Produkt verwenden!
- Gummi/Metall-Lager richtig ausrichten: Die Zentrierbohrungen der beiden Befestigungslöcher (etwas größerer Durchmesser) müssen nach oben zeigen.
- Gummi/Metall-Lager in dieser Position auf den Zapfen des Querlenkers unter Verwendung einer Zwischenlage aufschlagen. Als Zwischenlage eignet sich ein stabiles Brett mit einem Loch für den Querlenker-Zapfen.
- Klappt das Aufschlagen nicht, Querlenker ganz ausbauen und Gelenk auf einer Reparaturpresse montieren lassen.
- Gummi/Metall-Lager sofort an die Karosserie anschrauben und den Wagen in »Normallage« bringen.
- Wagen jetzt mindestens 30 Minuten nicht bewegen. In dieser Zeit verdunstet das Gleitmittel, und das Gummi/Metall-Lager saugt sich auf dem Querlenker fest. Diese Einbauhinweise unbedingt befolgen, sonst leidet das Fahrverhalten!
- Zweite Fahrzeugseite reparieren.

Stabilsator ausbauen

- Wagen gleichmäßig vorn aufbocken.
- Links und rechts die Befestigungsmuttern des Stabilisators von den Kugelbolzen der Verbindungsstangen losdrehen.
- Beide Gummilager vom Wagenboden abschrauben.
- Stabilisator vom Unterboden abnehmen.
- Verschlissene Gummilager ersetzen. Hierzu den Stabilisator säubern und neue Gummilager ohne Fett einbauen.
- Zum Einbau neue selbstsichernde Muttern verwenden.
- Muttern zunächst nur handfest eindrehen.
- Wagen jetzt ablassen; er muß sich mit beiden Vorderrädern in »Normallage« befinden.
- Erst jetzt die Befestigungsmuttern der Gummilager mit 22 Nm anziehen.
- Rechts und links die Muttern für den Stabilisator mit 59 Nm festdrehen, dazu den Kugelbolzen mit einem Gabelschlüssel gegenhalten.

Arbeiten an der Hinterachse

Stoßdämpfer ausbauen

Außer den neuen Stoßdämptern benötigen Sie neue selbstsichernde Muttern für die Stützlager oben. Stoßdämpfer sollten möglichst paarweise ausgewechselt werden, um gleichmäßige Dämpfung sicherzustellen.

- Seitenverkleidung im Kofferraum abbauen.
- Abdeckkappe oben am Stützlager abziehen.
- Beide Muttern am Stoßdämpfer-Stützlager losdrehen.
- Wagen hochbocken.
- Stoßdämpfer-Befestigungsschraube unten herausdrehen und Stoßdämpfer abnehmen.
- Beim Einbau Stoßdämpfer zunächst nur handfest anschrauben.
- Wagen jetzt ablassen; er muß sich mit beiden Hinterrädern in »Normallage« befinden.
- Jetzt erst die untere Stoßdämpfer-Befestigungsschraube mit 100 Nm festdrehen.
- Stützlager mit 21 Nm an der Karosserie festschrauben.

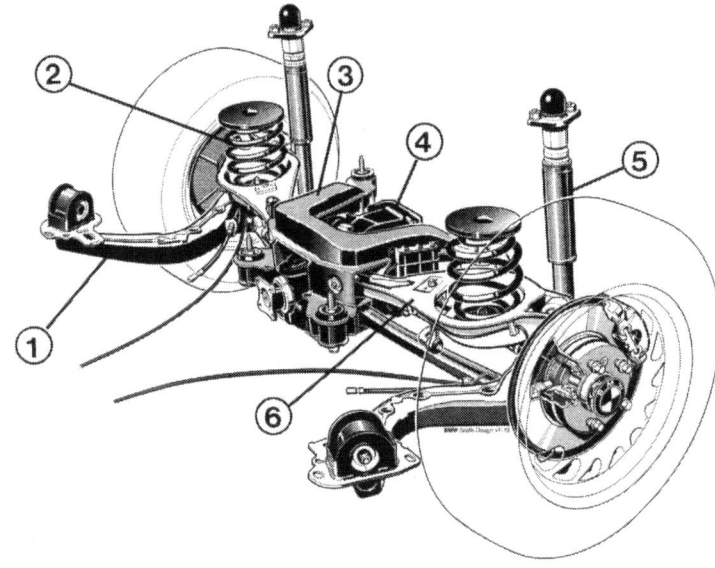

Die Hinterachse:
1 – Längslenker;
2 – Feder;
3 – Achsträger;
4 – Hinterachsgetriebe;
5 – Stoßdämpfer;
6 – oberer Querlenker.

Fingerzeig: Stoßdämpfer sollten immer senkrecht stehend gelagert werden. Bei liegender Lagerung fließt das Dämpferöl in den oberen Dämpferbereich, und der Stoßdämpfer kann im Betrieb Klappergeräusche verursachen. Zurückfließen des Öls erreicht man nur, indem man den Stoßdämpfer 24 Stunden lang mit voll ausgezogener Kolbenstange bei Zimmertemperatur senkrecht stellt.

Feder ausbauen

- Wagen aufbocken und Hinterrad abnehmen.
- Längslenker abstützen, damit die Achsaufhängung nach Lösen des Stoßdämpfers nicht zu weit nach unten sackt.
- Stabilisator am Längslenker und am Hinterachsträger losschrauben.
- Befestigungsschraube oben innen am unteren Querlenker einige Umdrehungen lockern.
- Untere Halteschraube des Stoßdämpfers lösen. Achtung! Die Radaufhängung sackt jetzt nach unten.
- Abstützung des Längslenkers vorsichtig und langsam absenken. Radaufhängung nach unten drücken und Feder zur Seite herausziehen.
- Federunterlagen oben und unten auf Verschleiß prüfen, ggf. ersetzen.
- Beim Einbau obere Federunterlage mit Gleitmittel bestreichen und deren genaue Einbaulage beachten.
- Beim Zusammenbau gelten folgende Anzugsdrehmomente: Stoßdämpfer an Längslenker: 100 Nm; Querlenker an Hinterachsträger (Schraube erneuern): 40 Nm+130° weiterdrehen.

Unteren Querlenker ausbauen

- Kardanwelle am Hinterachsgetriebe losschrauben.
- Längslenker abstützen. Befestigungsschraube außen unten am Längslenker lösen.
- Hinterachsgetriebe abstützen und losschrauben. Die Antriebswellen bleiben angeschraubt.
- Hinterachsgetriebe etwas absenken und so weit wie möglich nach hinten herausziehen.
- Halteschrauben des Querlenkers lösen und Lenker abnehmen.
- Drehmomente beim Einbau: Querlenker an Hinterachsträger (Schraube erneuern): 40 Nm+130° weiterdrehen; Querlenker an Längslenker: 110 Nm.
- Nach dieser Arbeit muß die Radeinstellung kontrolliert werden.

Die beiden Abbildungen zeigen den oberen und den unteren Befestigungspunkt des hinteren Stoßdämpfers.

- Feder ausbauen.
- Stabilisatorstütze oben am Querlenker lösen.
- Halteschraube oben außen am Querlenker herausdrehen.
- Hinterachsgetriebe abstützen und losschrauben. Die Antriebswellen bleiben angeschraubt.
- Leitung für Bremsbelag-Verschleißanzeige und ABS-Sensor aus den Halterungen aushängen.
- Befestigungsschraube oben innen losdrehen und Querlenker abnehmen.
- Anzugsdrehmomente beim Einbau: Querlenker an Hinterachsträger (Schraube erneuern): 40 Nm +130° weiterdrehen; Querlenker an Längslenker: 110 Nm.
- Nach dieser Arbeit muß die Radeinstellung kontrolliert werden.

Oberen Querlenker ausbauen

Längslenker ausbauen

Der Längslenker wird schnell in Mitleidenschaft gezogen, wenn beispielsweise bei Straßenglätte das Wagenheck seitlich wegwischt und dabei das Rad einen stabilen Randstein trifft.
Beim Auswechseln des alten Längslenkers gegen ein Neuteil treten für den Selbsthelfer Probleme auf: So muß das Radlager genauso unter einer Reparaturpresse eingesetzt werden wie die Gummi/Metall-Lager, mit denen der Längslenker gelenkig befestigt ist. Diese Teilarbeit müßte also in jedem Fall die Werkstatt vornehmen. Der Rest läßt sich in Eigenregie bewältigen.
Anders verhält es sich, wenn bei einem älteren Wagen ein gebrauchter, aber noch einwandfreier Längslenker vom Autoverwerter eingesetzt wird. Dann sind diese Teile bereits eingebaut. Auf die genannten Fälle bezieht sich die nachfolgende Arbeitsbeschreibung. Es wird also von einem bereits komplettierten Längslenker ausgegangen:

- Hinterrad abbauen.
- Handbremsseil ausbauen.
- ABS-Sensor losschrauben.
- Bremsschutzblech abbauen.
- Antriebswelle ausbauen.
- Bremsflüssigkeit mit einer großen Injektionsspritze aus dem Vorratsbehälter absaugen und Bremsleitung an der Verschraubung trennen. Halter der Bremsleitung ebenfalls lösen.
- Stabilisator am Querlenker losschrauben.
- Längslenker von unten abstützen, damit die Achsaufhängung nach Lösen des Stoßdämpfers nicht zu weit nach unten sackt.
- Verbindungsschrauben Querlenker unten und oben/Längslenker lösen.
- Untere Stoßdämpferhalteschraube herausdrehen. Achtung! Jetzt sackt die Radaufhängung ein Stück nach unten.
- Längslenker mit Lagerbock vorn abschrauben.
- Beim Einbau gelten folgende Anzugsdrehmomente: Querlenker an Längslenker oben und unten: 110 Nm; Längslenker-Lagerbock vorn an Karosserie: 77 Nm; Antriebswelle an Radnabe: 25 Nm.
- Radeinstellung kontrollieren lassen.

Die Lenkung

Damit das Lenken nicht in Arbeit ausartet, besitzen die Sechszylinder-Modelle der 3er-Reihe eine hydraulische Lenkkraftunterstützung – daher das Wort Hydro-Lenkung. Die unterstützende Hilfskraft ist dabei die unter hohem Druck stehende Hydraulikflüssigkeit, die im Lenkgetriebegehäuse auf die als Kolben fungierende Zahnstange geleitet wird.
In welche Richtung dabei gepumpt werden soll, bestimmen Sie beim Drehen des Lenkrades. Diese Drehung wird auf ein Ventilsystem übertragen, das Richtung und Menge des Flüssigkeitsstromes regelt. Den Druck im hydraulischen System erzeugt eine Flügelpumpe, die der Motor über einen Keilrippenriemen antreibt.

Prüfen der Lenkgetriebemanschetten (Pfeil) auf Risse: Durch Auseinanderziehen der Falten lassen sich Undichtigkeiten am leichtesten erkennen. Zusätzlich die Schlauchbinder an beiden Enden der Lenkgetriebemanschette kontrollieren. Sie dürfen nicht von Rost geschwächt sein.

Lenkgetriebe-Manschetten kontrollieren

Wartung Nr. 25

Hinter der Ölwanne des Motors finden wir das Lenkgetriebe, dessen Zahnstange von Gummimanschetten geschützt wird. Diese müssen regelmäßig kontrolliert werden. Ein rissiger Faltenbalg läßt Wasser und Staub ins Lenkgetriebe dringen, und diese Mischung produziert in Verbindung mit der Fettfüllung eine Art Schleifpaste, die Zahnstangenführung und Lenkritzel arg in Mitleidenschaft zieht. Rechtzeitige Kontrolle spart also Geld:

- Faltenbalg mit der Hand auseinanderziehen, um Risse in den Gummiwülsten zu erkennen.
- Sitzen die beiden Schlauchbinder an den Enden der Gummimanschetten noch fest?
- Eine defekte Manschette sofort ersetzen.

Lenkgetriebe auf Dichtheit prüfen

Wartung Nr. 24

Im Lenkgetriebe der Servolenkung befindet sich als Hydraulikflüssigkeit die vom Getriebe her bekannte ATF. Die Flüssigkeit wird von der Flügelpumpe unter hohen Druck gesetzt, weshalb schon bei kleinen Undichtigkeiten mit viel Flüssigkeitsverlust zu rechnen ist. Aus Sicherheitsgründen – schließlich wird die Lenkung ohne Servounterstützung schlagartig extrem schwergängig – sollte daher die Dichtheit des Systems geprüft werden. Um es nochmals zu sagen: Der Wagen läßt sich auch ohne Lenkkraft-Unterstützung steuern – allerdings bedeutend schwerer. Hier die Kontrolle:

- Die Überprüfung findet gewissermaßen mit der Kontrolle des Flüssigkeitsstands im Vorratsbehälter statt. Denn fehlt keine Flüssigkeit, kann sie auch nirgendwo ausgetreten sein. Wenn doch:
- Lenkrad bei laufendem Motor einmal nach rechts und nach links bis zum Anschlag drehen. So baut sich der größtmögliche Leitungsdruck in der Servolenkung auf, und Undichtigkeiten werden am ehesten sichtbar.
- Lenkrad von Helfer am Anschlag festhalten lassen und folgende Stellen auf Undichtigkeiten prüfen:
- Am Drehkolbenventil: Es sitzt etwa dort, wo die Lenksäule ins Lenkgetriebe mündet.
- An der Abdichtung der Lenkhebelwelle unten am Lenkgetriebe.
- An der Flügelpumpe der Servolenkung: Zum Feststellen von Undichtigkeiten muß evtl. vorher eine Motorwäsche durchgeführt werden.
- An den Leitungsanschlüssen: Alle Anschlüsse einzeln prüfen und evtl. nachziehen (40 Nm).

Staubkappen und Spiel der Spurstangenköpfe prüfen

Wartung Nr. 11

Die gelenkigen Spurstangenköpfe an den Enden der Spurstangen bestehen aus Stahl-Kugelköpfen, die mit etwas Fett wartungsfrei in eine Kunststoffschale eingebettet sind. Schutz vor Staub und Feuchtigkeit erhalten die Gelenke durch Gummikappen, deren Zustand öfters kontrolliert werden soll.

- Kontrollieren Sie die Staubschutzmanschetten rundum auf Risse.
- Spurstangenköpfe mit gerissenen Manschetten sind generell als defekt anzusehen – austauschen.

Links: Lenksäule und Lenkgetriebe sind mit einer solchen Gelenkscheibe (Pfeil) verbunden. Weist die Lenkung Spiel auf, kann eine verschlissene Gelenkscheibe die Ursache dafür sein.
Rechts: Die Hochdruckpumpe der Servolenkung (Pfeil) sitzt links vorn am Motor und wird vom Keilrippenriemen (siehe Kapitel »Die Lichtmaschine«) angetrieben.

Genau wie die Achsgelenke bedürfen auch die Spurstangengelenke einiger Aufmerksamkeit. Die Staubschutzmanschetten (Pfeil) dürfen weder rissig noch porös sein, sonst gelangt Schmutz in das Gelenk und die Spurstange bekommt Spiel.

- Eventuelles Spiel im Gelenk wird bei auf dem Boden stehenden Wagen geprüft. Am besten geht das auf einer Montagegrube.
- Lassen Sie einen Helfer das Lenkrad mehrmals kurz nach links bzw. rechts drehen und fühlen Sie mit der Hand am Gelenk, ob Spiel vorhanden ist.

- Spurstangenköpfe mit Spiel sofort ersetzen!
- Auf gleiche Weise kontrollieren Sie, ob die Spurstangengelenke am Lenkgetriebe spielfrei sind.
- Unter dem Wagen liegend wird gleich geprüft, ob sich Verschraubungen am Lenkgetriebe oder an der Lenksäule gelockert haben. Ggf. nachziehen.

Lenkungsspiel prüfen

- Linkes Seitenfenster herunterkurbeln/-fahren. Stellen Sie sich neben den Wagen.
- Durchs Fenster greifen und Lenkrad kurz hin und her drehen.

- Bewegt sich das linke Vorderrad aus der Geradeausstellung sofort mit? Achten Sie auf die Felge, denn der elastische Reifen kann einen Teil des Einschlags »schlucken«, ehe er sich bewegt.

Wartung Nr. 26

Spiel in der Lenkübertragung kann ausgelöst werden von:
○ Verschleiß im Lenkgetriebe. Es kann nicht nachgestellt werden
○ ausgeschlagenen Spurstangengelenken
○ einem defekten Kreuzgelenk der Lenksäule
○ einer verschlissenen Gummi-Gelenkscheibe in der Lenksäule

Ursachen für Lenkungsspiel

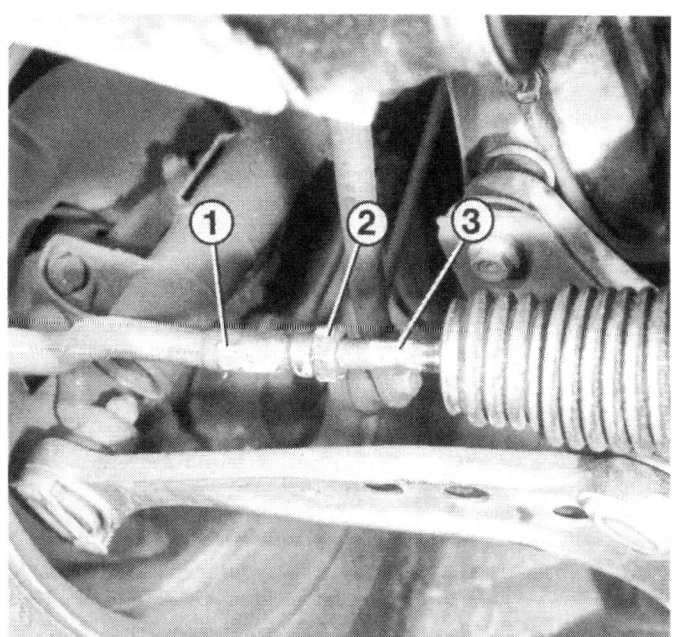

Nach Lösen der Kontermutter (2) lassen sich die beiden Teile der Spurstange (1 und 3) gegeneinander verdrehen. Dadurch verändert sich die Länge der gesamten Spurstange, wodurch die Spur eingestellt wird.

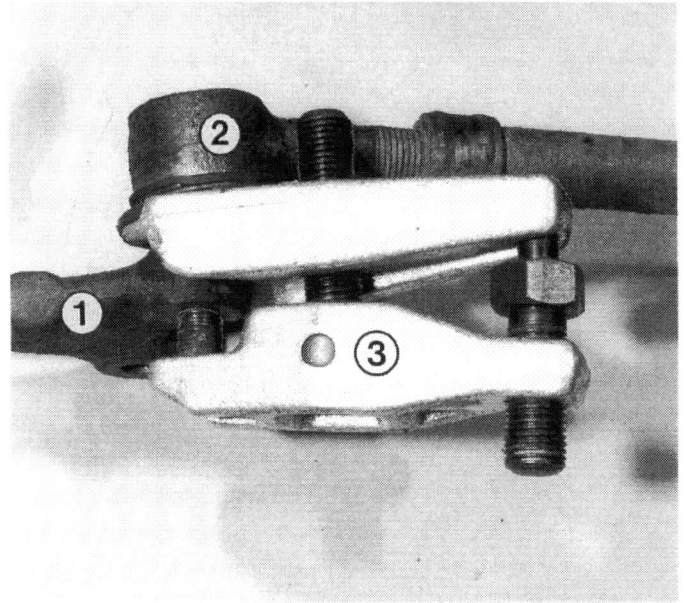

Mit dem Spurstangenabzieher (3) wird das Spurstangengelenk (2) aus dem Lenkhebel am Federbein (1) herausgedrückt.

Flüssigkeitsstand

Was zum Prüfen des ATF-Stands in der Servolenkung zu sagen ist, finden Sie im Kapitel »Schmieren aller Teile« beschrieben.

Arbeiten an der Lenkung

Spurstangenkopf auswechseln

Gebraucht wird ein Spurstangenabzieher bzw. ein kleiner Klauenabzieher. Denn der Spurstangenkopf kann nach Lösen der Schraube nicht einfach aus dem Lenkhebel herausgezogen werden; er ist mit einem sogenannten Haftkegel eingesetzt. Die kegeligen Ausformungen an Spurstangenkopf und Lenkhebel passen »saugend« ineinander und können dann nicht mehr ohne Hilfsmittel getrennt werden. Für das Spurstangengelenk benötigen Sie ferner eine neue selbstsichernde Mutter.

Mit einem Abzieher (der sich schon beim ersten Einsatz amortisiert) geht die Arbeit so:
- Rad abnehmen.
- Selbstsichernde Mutter am Spurstangenkopf losdrehen.
- Spurstangenkopf mit dem Abzieher nach unten aus dem Lenkhebel am Federbeingehäuse herausdrücken.
- Verschraubung an der Klemmschelle lösen.
- Lage der Spurstangenkopf-Verschraubung anzeichnen, dann stimmt die Spur nach dem Zusammenschrauben wieder einigermaßen.
- Spurstangenkopf abschrauben.
- Markierung auf den neuen Spurstangenkopf übertragen und neuen wieder bis zur Markierung eindrehen.
- Kugelbolzen des Spurstangenkopfes in den Lenkhebel hineindrücken, ggf. vorsichtig hineinklopfen. Beide Teile müssen frei von Fett sein.
- Neue selbstsichernde Mutter mit 33–40 Nm, Verschraubung an der Klemmschelle mit 45 Nm anziehen.

Nach Lösen der Lenkgetriebemanschette (5) von der Rosette (1) an der Spurstange (2) ist das innere Spurstangengelenk (3) zugänglich. Das Sicherungsblech (4) wird nach Abschrauben des Gelenks grundsätzlich erneuert.

Nach Abhebeln des BMW-Emblems in der Lenkradmitte ist die Lenksäulenmutter zum Abschrauben des Lenkrads zugänglich. Als Werkzeug eignet sich am besten eine Stecknuß mit Verlängerung (Pfeil).

Gebraucht wird ein neues Sicherungsblech für das innere Spurstangengelenk.
- Spurstangenkopf vom Lenkhebel trennen.
- Spannband außen am Faltenbalg lösen, Faltenbalg zurückschieben.
- Sicherungsblech am inneren Spurstangengelenk mit einer Zange aufbiegen.
- Gelenk mit Gabelschlüssel abschrauben: Zahnstange mit zweitem Gabelschlüssel gegenhalten.

- BMW-Emblem in Lenkradmitte mit einem schmalen Schraubendreher ausheben.
- Lenkrad in Sperrstellung einrasten lassen.
- Lenksäulenmutter mit Stecknuß SW 22 lösen.
- Lenkschloß wieder entriegeln.
- Vorderräder genau geradeaus stellen, so daß die Lenkradspeichen symmetrisch stehen.
- Mutter und Unterlegscheibe abnehmen, Lenkrad mit ruckelnden Bewegungen abziehen. Achtung! Blinkerrückstellnocken beim Abziehen nicht beschädigen.

- Zum **Einbau** neues Sicherungsblech verwenden. Sicherungsblech mit seiner Zunge in die Aussparung am Lenkgetriebe einsetzen.
- Verschraubung Spurstange/Lenkungs-Zahnstange mit 71 Nm anziehen.
- Sicherungsblech mit Rohrzange umbiegen.
- Lenkungs-Faltenbalg mit Spannband befestigen.

- Vor dem Einbau Schleifring am Lenkrad mit etwas Fett bestreichen.
- Beim Aufsetzen des Lenkrades auf die symmetrische Ausrichtung der Speichen achten.
- Lenkschloß einrasten lassen.
- Lenksäulenmutter mit 63 Nm anziehen.

Spurstange komplett auswechseln

Lenkrad ausbauen
Fahrzeuge ohne Airbag

Airbag

Als Sonderausstattung kann der BMW mit Airbag ausgerüstet sein, was am anders geformten Lenkrad mit großer Prallplatte erkennbar ist. Unter dieser befindet sich ein Luftsack, der bei Unfällen von einer kleinen

Die beiden Pfeile zeigen auf die Halteschrauben des Lenkgetriebes.

Menge Fest-Treibstoff gezündet wird. Die Zündung erfolgt bei einem Aufprall mit mindestens 18 km/h auf ein starres Hindernis bzw. vergleichbar höherer Geschwindigkeit bei Kollision zweier Fahrzeuge. Wie stark der Aufprall ist, melden die Crash-Sensoren auf den Radkästen vorn im Motorraum an die Diagnose-Einheit links unter dem Armaturenbrett, die dann gegebenenfalls die »Zündpille« im Lenkrad auslöst.

Schutz bietet der Airbag übrigens nur in Verbindung mit Sicherheitsgurten – er kann sie nicht ersetzen. Er bewahrt nur vor Kopfverletzungen, hervorgerufen durch den Lenkradkranz.

Sicherheitsvorschriften

Die Gasgeneratoren des Airbags und der Gurtstrammer (Kapitel »Innenraum«) unterliegen den Bestimmungen des Sprengstoffgesetzes. Der Umgang damit ist nur Fachkräften gestattet, denen die Sicherheitsbestimmungen bekannt sind.

Besonders wichtig aus dem Katalog der Vorsichtsmaßnahmen sind die folgenden:
○ Zu Arbeiten am Airbag Batterie abklemmen und Minuspol zusätzlich abdecken.
○ Zusätzlich die Steckverbindung unter dem Lenkrad trennen.
○ Bei Arbeitsunterbrechung Airbag nie unbeaufsichtigt lassen.
○ Airbag-Einheit nur mit Prallplatte (Polsterplatte) nach oben ablegen.
○ Zu Schweißarbeiten am Wagen Batterie abklemmen.
○ Nach Unfall alle Komponenten des Systems ersetzen.
○ Fahrzeug-Verschrottung nur nach Vorschrift!

Lenkrad ausbauen
Fahrzeuge mit Airbag

Der Ausbau des Lenkrads bei einem Wagen mit Airbag kann nur einem geübten Selbsthelfer empfohlen werden. Wer unsicher ist, sollte die Werkstatt mit dieser Arbeit betrauen.
● Sicherheitsvorschriften unbedingt beachten.
● Massekabel an der Batterie abklemmen.
● Untere Lenksäulenverkleidung ausbauen.
● An der Lenksäule die orangefarbene Steckverbindung aus der Halterung nehmen und trennen.
● Von der Lenkrad-Rückseite her die Halteschrauben der Polsterplatte mit BMW-Werkzeug 002 110 lösen.
● Polsterplatte in Lenkradmitte mit Airbag-Einheit anheben und Stecker abziehen.
● Airbag-Einheit mit Polsterplatte nach oben vorsichtig im Kofferraum ablegen.
● Lenkrad ausbauen, wie für Fahrzeuge ohne Airbag beschrieben.
● Beim Lösen der Lenksäulenmutter wird in Lenkradmitte die Sicherungsfeder wirksam, die den Kontaktring in Mittelstellung arretiert. Kontaktring nicht verdrehen!
● Beim Einbau den Arretierstift am Lenkrad in die Aussparung oberhalb der Lenksäule einrasten lassen.
● Kabel zur Airbag-Einheit nicht einklemmen.
● Halteschrauben der Airbag-Einheit – mit der in Fahrtrichtung gesehen rechten Schraube beginnend – mit 8 Nm anziehen.

Funktion der Servolenkung prüfen

Wartung Nr. 27

Auch bei ausgefallener Servounterstützung bleibt der BMW lenkfähig. Die Lenkung ist dann eben erheblich schwerer zu bedienen. Das eigentliche Gefahrenmoment ist jedoch der Schreck, wenn die Lenkunterstützung während der Fahrt plötzlich ausfällt.
● Die Servounterstützung funktioniert einwandfrei, wenn sich das Lenkrad bei laufendem Motor erheblich leichter drehen läßt als bei stehendem.
● Außerdem muß sich das Lenkrad von Anschlag zu Anschlag ruckfrei durchdrehen lassen.
● Wurde im Vorratsbehälter der Servolenkung abgesunkener Flüssigkeitsstand festgestellt, Dichtheit der Anlage prüfen.

Lenkungshydraulik entlüften

Befüllt und entlüftet werden muß das Lenksystem, wenn Einzelteile des Hydrauliksystems austauscht wurden und deshalb die Hydraulikflüssigkeit abgelassen werden mußte. Die einmal abgelassene Flüssigkeit darf nicht wieder verwendet werden. Eingefüllt wird ATF, siehe Kapitel »Schmieren aller Teile« und die Betriebsstoffliste hinten im Buch.
● Bei stehendem Motor Vorratsbehälter mit frischer ATF bis zur Peilstabmarke »MAX« auffüllen.
● Zum Entlüften Motor starten und Lenkrad je zwei Mal nach links und nach rechts zum Anschlag drehen.
● Motor abstellen und ATF bis zur »MAX«-Marke auffüllen.

Die Bauteile des Airbag-Systems und ihre Einbaulage im Fahrzeug zeigt diese Zeichnung:
1 und 5 – Crash-Sensoren links und rechts am Radkasten;
2 – Steuergerät;
3 – Airbag-Kontrollleuchte im Kombi-Instrument;
4 – Lenkrad mit Airbag-Einheit (Luftsack, Gasgenerator, Zündpille und Kontaktriemen).

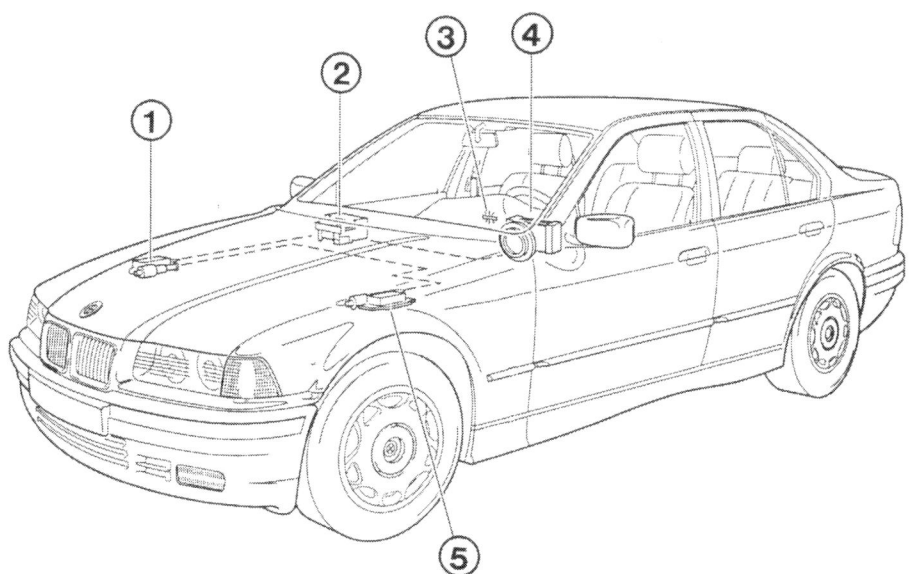

Störungsbeistand

Servolenkung

Die Störung	– ihre Ursache	– ihre Abhilfe
A ATF-Stand im Behälter zu niedrig	1 Eingeschlossene Luft im Hydrauliksystem hat sich selbst ausgeschieden	ATF bis »MAX«-Marke auffüllen
	2 Undichtigkeiten im Hydrauliksystem	Leitungsanschlüsse nachziehen; neue Dichtungen einsetzen. Hydraulikpumpe bzw. Lenkgetriebe ausbauen und abdichten lassen
B Lenkung ist schwergängig	1 Förderdruck der Pumpe ist zu gering	Druck prüfen lassen. Ggf. Überdruckventil der Pumpe oder komplette Pumpe ersetzen
	2 Lenkgetriebe defekt	Ersetzen lassen
	3 ATF-Stand zu niedrig	Auffüllen und entlüften
	3 Druckpunkt zu stramm eingestellt	Druckpunkt neu einstellen lassen
C Lenkgeräusche	1 Flüssigkeit mit Luftbläschen durchsetzt	Luftbläschen entweichen lassen, Undichtigkeit ermitteln, ATF auffüllen, entlüften
	2 Saugseitige Verschraubung der Pumpe undicht	Dichtungen ersetzen, Verschraubungen nachziehen
	3 Keilrippenriemen lose	Spannvorrichtung prüfen

Die Bremsen

Verzögernde Wirkung

Sind die Dinge erst einmal ins Rollen gebracht, tut man sich oft schwer, die Bewegung wieder aufzuhalten. Anders beim BMW: Seine Bewegungsenergie ist – in den Grenzen der physikalischen Möglichkeiten – dank großzügig dimensionierter Bremsen leicht zu zügeln.

Eigenarbeiten an der Bremse

Bei einer so wichtigen Einrichtung wie den Bremsen kann keine Kontrolle zu viel sein! Wenn Sie also in diesem Bereich zwischendurch mal nach dem Rechten sehen, haben Sie Ihre Wartungsaufgaben sicher besser erfüllt, als derjenige, der seinen Wagen einmal jährlich zur Wartung bringt. Denn gerade vor einer Urlaubsfahrt oder bei schon älteren Fahrzeugen sind verstärkte Kontrollen ratsam.
Andererseits erfordern Reparaturen im Bereich Bremsen ein erhöhtes Verantwortungsbewußtsein. Mit unserem Bremsenkapitel haben wir dem Selbstpfleger die Möglichkeit gegeben, z. B. auch Arbeiten an der Bremshydraulik durchzuführen. In solchen Fällen muß jeder Bastler für sich entscheiden, ob sein Kenntnisstand für eine verantwortungsvolle Ausführung dieser Arbeiten ausreicht.

So funktioniert die Bremse

○ Wenn Sie auf das Bremspedal treten, preßt eine mit dem Pedal verbundene Druckstange zwei hintereinanderliegende Kolben in den Hauptbremszylinder (hinten links im Motorraum).
○ Die Kolben verdrängen die im Zylinder eingeschlossene Bremsflüssigkeit. Der so entstandene hydraulische Druck in der Bremsanlage wird über Rohr- und Schlauchleitungen zu den Bremssätteln an alle vier Räder weitergeleitet.
○ In den Sätteln drücken Kolben die Bremsklötze gegen die Bremsscheiben. Die BMW 3er-Sechszylinder besitzen vorn und hinten Scheibenbremsen.
○ Den Flüssigkeitsdruck übertragen zwei voneinander unabhängige Leitungssysteme (Bremskreise), und zwar für die Vorderräder und die Hinterräder getrennt. Fällt ein Bremskreis aus, so hat das keine Wirkung auf den anderen Bremskreis.
○ Fällt der hintere Bremskreis aus, ist der Bremspedalweg länger, und Sie müssen wesentlich stärker aufs Bremspedal treten. Mit den vorderen Bremsen, die ohnehin die meiste Energie vernichten, bringen Sie den Wagen jedoch sicher zum Stehen. Einen längeren Bremsweg müssen Sie einkalkulieren.
○ Fällt der vordere Bremskreis aus, wird auch hier der Pedalweg länger, doch die Bremswirkung ist miserabel. Zudem müssen Sie sehr vorsichtig bremsen, denn die hinteren Bremsen blockieren sehr schnell, der Wagen wird dann nahezu unbeherrschbar, weil er hinten sofort ausbricht. Der Bremsweg verlängert sich um das Dreifache, also äußerste Vorsicht!
○ Die Handbremse wirkt über Seilzüge auf die Hinterräder. Hierzu sind in die hinteren Bremsscheiben kleine Trommelbremsen eingearbeitet. Mit Anziehen der Handbremse werden die Bremsbacken gegen die Bremsfläche der Trommel gepreßt.

Fingerzeig: Obwohl nur ein Bremsflüssigkeitsbehälter vorhanden ist, kann bei einem undichten Bremskreis nicht die gesamte Bremsflüssigkeit auslaufen, denn der Behälter ist durch eine Zwischenwand in zwei Kammern geteilt.

Bremsen prüfen

Ständige Kontrolle

● Zuerst eine Vollbremsung bei Schrittgeschwindigkeit.
● Am Gummiabrieb auf der Straße sehen Sie bei gleich langen Spuren, daß die Bremsen gleichmäßig ziehen. Das gilt auch für Wagen mit Antiblockiersystem, denn ABS regelt unter ca. 5 km/h nicht.
● Gleiche Prüfung mit der Handbremse.
● Für die Bremsenprüfung bei höheren Geschwindigkeiten brauchen Sie eine ebene Strecke.
● Nun aus etwa 50 km/h bei losgelassenem Lenkrad, aber mit griffbereiten Händen zuerst sanft und dann scharf bis zum Stillstand abbremsen.
● Bei vollem Pedaldruck spüren Sie die harten Regelschwingungen des ABS-Systems – das ist normal.
● Zieht der Wagen beim Bremsen nach links, ist eine der rechten Radbremsen nicht in Ordnung. Das Auto zieht in Richtung des stärker gebremsten Rades. Ursachen siehe Störungsbeistand am Ende des Kapitels.
● Lassen Sie den BMW ein schwaches Gefälle hin-

unterrollen, um festzustellen, ob die Räder leichtgängig sind.
● Nach der Probefahrt machen Sie die Handprobe:
● Ist eine Felge auf der einen Wagenseite wärmer als auf der anderen Seite?
● Ursachen können sein ein verklemmter Bremssattel oder schwergängige Feststellbremsen.
● Bei aufgebocktem Wagen prüfen, welches Rad schwergängig ist.

Die Bremsflüssigkeit

Diese gelbliche – übrigens giftige und gegen Autolack aggressive – Flüssigkeit greift die Metall- und Gummiteile nicht an. Sie bleibt selbst bei –40°C noch ausreichend dünnflüssig, und sie hat trotz ihrer Dünnflüssigkeit den extrem hohen Siedepunkt von ca. 260°C.

Ihr Nachteil: Sie nimmt gern Wasser auf, sie ist »hygroskopisch«. Und das Wasser kann tatsächlich – z.B. über die Luftfeuchtigkeit – in die Bremsflüssigkeit gelangen: Über den Vorratsbehälter sowie durch mikroskopische Undichtigkeiten an den Bremsschläuchen und Gummimanschetten. Solche Wasseraufnahme führt nicht nur zu Korrosion an den Metallteilen der Anlage, sondern bewirkt ein rapides Absinken des Siedepunkts. Bei nur 2,5% Wassergehalt liegt der Siedepunkt nur noch bei 150°C. Das ist bei starker Belastung der Bremsen gefährlich, weil sie sich dann sehr stark aufheizen. In der Nähe der erhitzten Bremsen können sich Dampfblasen in der Hydraulikflüssigkeit bilden. Die lassen sich zusammenpressen – das Bremspedal kann tief durchgetreten werden; manchmal tritt man sogar ins Leere! In diesem Fall kann bisweilen noch schnelles Pumpen mit dem Bremspedal helfen. Besonders gefährlich ist dieser Effekt nach dem Abstellen des Wagens nach starker Bremsbeanspruchung. Mangels Fahrtwind heizt sich die Bremsenumgebung noch stärker auf; die höchste Temperatur herrscht nach etwa 15 Minuten Standzeit. Erst nach etwa einer halben Stunde ist wieder die normale Bremsflüssigkeitstemperatur erreicht.

Vorbeugend schreibt der Wartungplan daher den Wechsel der Bremsflüssigkeit alle zwei Jahre vor. Nur die in der Betriebsstoffliste am Ende des Buches aufgeführten sind für das Bremssystem des BMW zulässig.

Stand der Bremsflüssigkeit prüfen

● Zu niedriger Bremsflüssigkeitsstand wird beim BMW zwar auch durch eine Kontrolleuchte am Armaturenbrett angezeigt, doch die Sichtkontrolle sollten Sie sich dennoch nicht ersparen:
● Motorhaube öffnen und den Bremsflüssigkeits-Vorratsbehälter evtl. mit einem Lappen reinigen.

● Im durchscheinenden Flüssigkeitsbehälter muß der Bremsflüssigkeitsstand zwischen den Markierungen »MIN« und »MAX« stehen. Dann ist alles in Ordnung.

Ständige Kontrolle

Sind die Scheibenbremsbeläge schon etwas abgenutzt, tendiert der Flüssigkeitsspiegel eher zur unteren Markierung; sind sie neu, steht er weiter oben. Das ist völlig normal, denn die bei abgenutzten Belägen schon etwas weiter herausgetretenen Kolben der Scheibenbremse hinterlassen in den Zylindern der Bremssättel ein größeres Volumen, das sich mit Bremsflüssigkeit füllt. Kritisch wird es dagegen, wenn die Bremsflüssigkeit in einem Behälterteil unter »MIN« abgesunken ist. Da sie nicht verdunstet oder verbraucht wird, muß sie durch ein Leck ausgetreten sein. Also schleunigst nach der Ursache suchen (siehe folgenden Wartungspunkt), bevor Sie irgendwann ins Leere treten. Nachfüllen ist Augenwischerei!

Bremsflüssigkeitsstand zu niedrig?

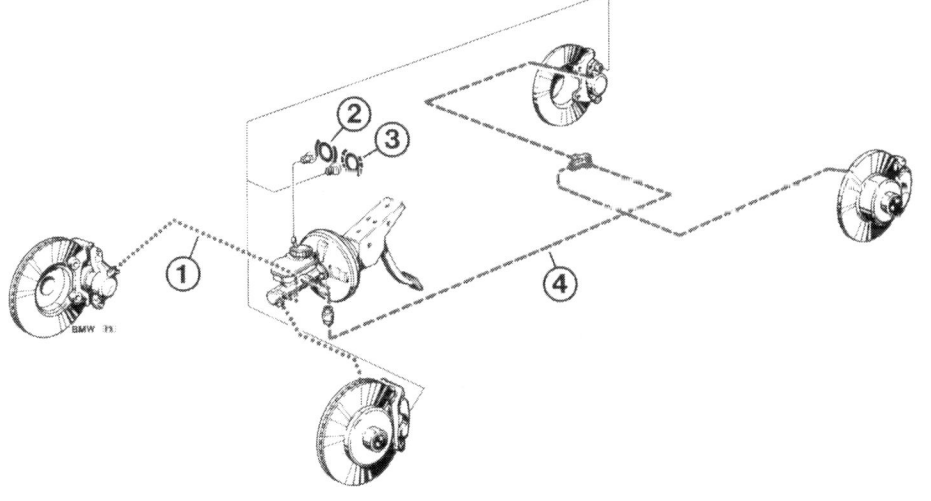

Die Bremsanlage:
1 – vorderer Bremskreis;
2 – Kontrolleuchte für Bremsflüssigkeitsstand;
3 – Kontrollampe der Bremsbelag-Verschleißanzeige;
4 – hinterer Bremskreis.

Fingerzeig: Bei einem Defekt in der Kupplungshydraulik von Schaltgetriebe-Wagen kann der Pegel im Bremsflüssigkeitsbehälter erheblich absinken. Grund: Die Kupplungshydraulik deckt ihren Flüssigkeitsvorrat aus dem Bremsflüssigkeitsbehälter. Der Abzweig zur Kupplungshydraulik sitzt jedoch recht weit oben im Behälter, so daß bei einem Leck im Bereich Kupplung niemals die Bremswirkung gefährdet ist. Umgekehrt kann jedoch ein langsames Ausfallen der Kupplungsbetätigung gesunkenen Bremsflüssigkeitsstand signalisieren.

Bremsanlage auf Undichtigkeiten und Beschädigungen überprüfen

Wartung Nr. 17

Zur Kontrolle muß die Wagenunterseite trocken sein, damit Sie undichte Stellen erkennen können. Bremsflüssigkeit kriecht auch unter Schmutz. Feuchtdunkle Stellen oder schwarzer Schmutz lassen eine Undichtigkeit vermuten.

- Kontrollieren Sie sämtliche Anschluß- und Verbindungsstellen; auch die Bremssättel und den Hauptbremszylinder.
- Die Bremsschläuche dürfen weder feucht noch aufgequollen, rissig oder angescheuert sein. Sonst auswechseln.
- Die Bremsleitungen sind zum Schutz gegen Rost mit einer Kunststoffschicht überzogen. Wird diese Schutzschicht beschädigt, kann es zu Rostansatz kommen. Deshalb die Leitungen nie mit Schraubendreher, Schmirgelleinen oder Drahtbürste säubern, sondern einen alten Lappen nehmen.
- Ist die Schutzschicht beschädigt, auf die blanken Stellen Rostschutzgrundierung streichen.
- Leitungen mit Rostnarben und solche, die plattgedrückt sind, müssen ersetzt werden.
- Sind Schutzkappen auf allen Entlüftungsventilen? Sie sitzen oben an den Bremssätteln.

- Die Bremsdruckprobe können Sie provisorisch selbst machen:
- Treten Sie mit voller Kraft aufs Bremspedal.
- Es darf auch nach einigen Minuten der vollen Belastung nicht nachgeben, sonst ist eine Manschette im Hauptbremszylinder defekt.
- Durch die undichte Manschette sinkt der Flüssigkeitsstand im Behälter nicht, sondern die unter Druck gesetzte Flüssigkeit mogelt sich an einem Kolben des Hauptbremszylinders vorbei auf die drucklose Seite.
- Undichte Stellen an den Kolbenmanschetten lassen sich allerdings nur bei einer genauen Druckprüfung in der Werkstatt ermitteln.

Bremsflüssigkeit wechseln

Wartung Nr. 42

Nicht nur die schon erwähnte Gefahr von Dampfblasen macht den Bremsflüssigkeitswechsel erforderlich, sondern auch die vom aufgenommenen Wasser verursachte Korrosionsgefahr in den Bremszylindern und -leitungen. Beim Flüssigkeitswechsel geht man wie beim Entlüften vor. Gebraucht werden 2 Liter frische Bremsflüssigkeit.

- Wenn möglich, Vorratsbehälter der Bremsflüssigkeit mit einer alten Injektionsspritze entleeren und gleich neu befüllen.
- So lange Bremsflüssigkeit durchpumpen, bis frische Flüssigkeit am Entlüfterventil austritt.
- Faustregel: Durch jedes Entlüfterventil 500 cm³ Bremsflüssigkeit pumpen. Dann ist garantiert überall frische Flüssigkeit im System.

- Vorgeschriebene Reihenfolge: Hinten rechts, hinten links, vorn rechts und zuletzt vorn links.
- Bei Wagen mit Schaltgetriebe zusätzlich die Bremsflüssigkeit im Leitungsstrang der hydraulischen Kupplungsbetätigung wechseln.

Fingerzeig: Bremsflüssigkeit ist giftig! Deshalb gebrauchte Bremsflüssigkeit nie in den Ausguß kippen. Auch im Altölfaß hat sie nichts verloren, denn das macht ein Recycling unmöglich. Alte Bremsflüssigkeit nur in einem eigenen Gefäß zum Sondermüll geben. Annahmestelle bei der Gemeindeverwaltung erfragen.

Die Scheibenbremsen

Zusammen mit dem Rad dreht sich eine Stahlscheibe frei im Luftstrom. Sogenannte Bremssättel umfassen sattelförmig die Scheiben. Beim Tritt auf das Bremspedal drücken Kolben die Bremsbeläge gegen die Scheiben – es wird gebremst.

Durch den Fahrtwind werden die Scheibenbremsen ständig gekühlt. Belagabrieb wird gleich weggeblasen, und ohne besondere Mechanik stellen sich die Scheibenbremsen selbst nach.

Zur Verbesserung der Bremsenkühlung besitzen unsere Sechszylinder-Modelle innenbelüftete Bremsscheiben vorn. Die Bremsscheiben sind innen von Luftkanälen durchzogen und werden damit doppelt gekühlt.

Der Stand der Bremsflüssigkeit im Vorratsbehälter (2) ist durch den Schwimmer unterhalb des Verschlußdeckels (1) gut überwacht. Über die Anschlußkabel (4) erhält die Kontrolleuchte am Armaturenbrett bei abgesunkenem Flüssigkeitsstand das Signal zum Aufleuchten. Ferner bedeuten:
3 – Leitung zum Kupplungs-Geberzylinder;
5 – Hauptbremszylinder.

Faustsattelbremsen

Bei den Bremsen vorn und auch hinten handelt es sich um sogenannte Faustsattelbremsen. Der Bremssattel sieht wie eine geballte Faust aus. Der Bremskolben im Zylindergehäuse drückt den inneren Belag gegen die Bremsscheibe, wodurch das Zylindergehäuse in seiner Führung herübergezogen und der Bremsklotz auf der anderen Seite ebenfalls gegen die Scheibe gepreßt wird. Es wird also nur ein Bremskolben pro Radbremse benötigt.

Die Scheibenbremse bei Nässe

Bei starkem Regen werden auch die offen liegenden Bremsscheiben naß, weshalb die Bremswirkung einen Sekundenbruchteil verspätet einsetzt. Die Feuchtigkeit zwischen Bremsscheiben und -klötzen muß erst zum Verdampfen gebracht werden. In streusalzreichen Wintern tritt diese Erscheinung verstärkt auf, wenn die auf Bremsbelägen und -scheiben sitzende Salzschicht beim Bremsen erst abgeschliffen werden muß.
Nach Fahrten im Regen oder bei winterlicher Streusalznässe sollten Sie vor mehrtägigem Abstellen des Wagens die Bremsen trockenfahren, um starken Rostansatz auf den Bremsscheiben bzw. das Festkleben der Beläge zu vermeiden. Es genügt, die letzten hundert Meter Wegstrecke mit dauernd getretenem Bremspedal zu fahren.

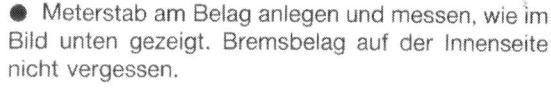

Trotz der Überwachung der Bremsbeläge durch eine Kontrollampe sollten Sie die zusätzliche Sichtprüfung nicht vergessen – und das nicht nur, wenn eine Urlaubsreise ansteht.

Wartung Nr. 18

● Die **Mindestbelagstärke** beträgt **2 mm ohne** die **Trägerplatte** gemessen. Die Trägerplatte selbst – also das Metallstück, auf das der Belag geklebt ist – hat eine Stärke von ca. 5 mm.
● Eine genaue Kontrolle der Belagstärke ist nur bei abgenommenen Rädern möglich.
● Meterstab am Belag anlegen und messen, wie im Bild unten gezeigt. Bremsbelag auf der Innenseite nicht vergessen.

Messen der Belagstärke an den Vorderradbremsen:
1 – Bremskolben;
2 – Trägerblech;
3 – Bremsbelagmaterial.

Zustand der Bremsscheiben kontrollieren

Wartung Nr. 19

Wenn die Räder zur Belagkontrolle abgenommen sind, prüft man auch den Zustand der Bremsscheiben.

- Die Scheiben dürfen keine tiefen Rillen (durch Schmutz oder zu stark abgefahrene Beläge) aufweisen. Die Riefen graben sich in neue Bremsbeläge tief ein, was deren Lebensdauer wesentlich verkürzt und die Bremswirkung herabsetzt.
- Gleiches gilt für stark verrostete Bremsscheiben – meist eine Folgen von langer Standzeit bzw. extremem Kurzstreckenverkehr.
- Riefige Bremsscheiben kann man auf einer Drehbank bis zur **Bearbeitungsgrenze** abdrehen.
- Ist jedoch das **Mindestmaß** erreicht, müssen die Scheiben paarweise ausgetauscht werden.
- Bei nicht allzu starken Riefen oder schwächerem Rostbefall helfen Politex-Bremsbeläge mit Schleifschicht.
- Eine bläuliche Verfärbung der Bremsscheibe ist ohne Bedeutung.

	Bearbeitungsgrenze	Mindestmaß
Bremsscheiben vorn	20,4 mm	20,0 mm
Bremsscheiben hinten	8,4 mm	8,0 mm

Fingerzeige: Fahrzeuge, die nach Übersee ausgeliefert werden, sind mit sogenannten Politex-Bremsbelägen ausgestattet. Die besitzen eine dünne Schleifschicht auf dem Belagmaterial, die Rostansatz auf der Bremsscheibe – entstanden auf der langen Schiffspassage – bei den ersten Bremsungen abschleift. Die Beläge sind auch hierzulande beim BMW-Händler erhältlich und lassen sich einsetzen, wenn eine leicht riefige oder rostige Bremsscheibe geglättet werden soll.

Wurden die Bremsscheiben auf das zulässige Mindestmaß nachgearbeitet, ist ihre Lebensdauer begrenzt: Beim nächsten Belagtausch sollten die Scheiben ebenfalls ausgewechselt werden.

Bremsbeläge vorn erneuern

Grundsätzlich müssen rechts und links beide Beläge ausgetauscht werden. Nur Beläge mit ABE verwenden. BMW schreibt die Beläge »Textar 4020« vor.

Weil die Kolben in den Bremssätteln mit zunehmendem Verschleiß der Beläge weiter herauswandern, müssen sie vor dem Einsetzen neuer, dicker Beläge zurückgedrückt werden. Hierbei wird die Bremsflüssigkeit durch die Leitungen in den Vorratsbehälter gepreßt. Wurde in der Zwischenzeit unnötigerweise Bremsflüssigkeit nachgefüllt, muß das Zuviel jetzt abgesaugt werden. Andernfalls greift die am Vorratsbehälter austretende Bremsflüssigkeit umliegende lackierte Teile im Motorraum an. Zum Absaugen nur eine absolut saubere Pipette oder alte Injektionsspritze verwenden – nie mit dem Mund ansaugen!

- Wagen vorn aufbocken und sichern.
- Rad abnehmen und Lenkung einschlagen, damit die Beläge gut zugänglich sind.
- Links Verbindungsstecker der Kabel für Bremsbelag-Verschleißanzeige aus dem Halter am Federbein nehmen und Stecker vom Gegenstück trennen.
- Abdeckkappen an der Bremsen-Innenseite abnehmen.
- Innensechskantschlüssel im nun sichtbaren Innensechskant des Führungsbolzens ansetzen und Bolzen lösen.
- Sicherungsklammer seitlich am Bremssattel abdrücken. Der eingeprägte Pfeil an der Klammer zeigt in die zu drückende Richtung.
- Bolzen herausziehen, Bremssattelgehäuse abnehmen.

Ausbau der Beläge.
Links: Abdrücken der Sicherungsklammer in Pfeilrichtung mit einem Schraubendreher.
Rechts: Die Steckkontakte (1 und 3) der Belag-Verschleißanzeige sind in einem Halter (2) nahe des Bremssattels befestigt.

Links: Lösen der Innensechskantschrauben in den Schutzhülsen (Pfeile) nach Abnehmen des Abdeckkäppchens.
Rechts: Das Bremssattelgehäuse (2) wurde nach Lösen der Befestigungsschrauben abgenommen. Der äußere Belag (5) befindet sich noch in der Führung (4). Der innere Belag (1) wird mit seiner Federklammer (Pfeil) im Kolben (3) des Bremssattels eingesetzt.

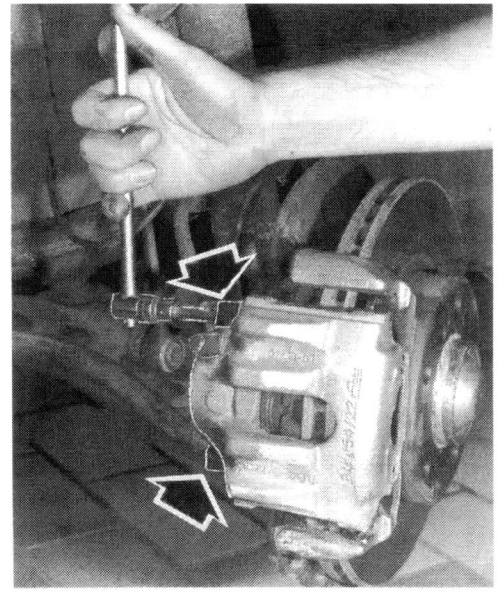

- Damit das Bremssattelgehäuse nicht an seinem Bremsschlauch zerrt, wird es mit Draht am Federbein aufgehängt.
- Äußeren Belag aus den Führungsschienen nehmen.
- Inneren Belag vom Bremskolben lösen. Er ist mit einer Feder gesichert, die in den hohlen Kolben eingesteckt ist.
- Kolben im Bremssattel mit einer Schraubzwinge zurückdrücken. Damit der Kolben nicht verkantet oder beschädigt wird, auf den Anlagering ein kleines Brettchen legen (Bild unten rechts).
- Clip der Bremsbelag-Verschleißanzeige vorsichtig aus dem alten Belag heraushebeln.
- Beim Wiedereinbau auf den Federring achten. Sollte das Plastikteil der Verschleißanzeige angeschliffen sein, den Bremsbelagfühler erneuern.
- Neue Beläge einsetzen; der am Bremszylinder sitzende Belag wird mit seiner Federklammer in den Bremskolben eingesetzt.
- Zum Vermeiden von Bremsen-Quietschgeräuschen die Beläge an den Bremskolben-Anpreßstellen mit »Plastilube«-Bremspaste (Zubehörhandel) einfetten.
- Bremsklotz-Führungen und -schächte mit einer Stahlbürste reinigen. Dabei die Gummimanschette nicht beschädigen.
- Bremssattel montieren.
- Führungsbolzen mit **30 Nm** anziehen und Abdeckkappen wieder aufsetzen.
- Nach dem Zusammenbau das **Bremspedal mehrmals treten**, bis die Beläge an den Bremsscheiben anliegen. Sonst ist keine Bremswirkung vorhanden!
- Mit den neuen Bremsbelägen – wenn möglich – die ersten 500 km nur behutsam bremsen.

Bremssattel vorn ausbauen

- Rad abschrauben.
- Links vorn das Kabel der Bremsbelag-Verschleißanzeige ausstecken.
- Evtl. Bremsbeläge ausbauen.
- Halteschrauben des Bremssattels losdrehen.
- Bremssattel mit angeschraubtem Bremsschlauch

Links die Teile der vorderen Scheibenbremse:
1 – Führungsbolzen mit Aufnahme für Innensechskantschlüssel;
2 – Fühler der Bremsbelag-Verschleißanzeige;
3 – Bremsbeläge;
4 – Blechklammer.
Rechts: Hier wird der Kolben im Bremssattel mit einer Schraubzwinge zurückgedrückt, damit die neuen Bremsbeläge eingebaut werden können. Zum Schutz haben wir ein kleines Holzbrettchen zwischengelegt.

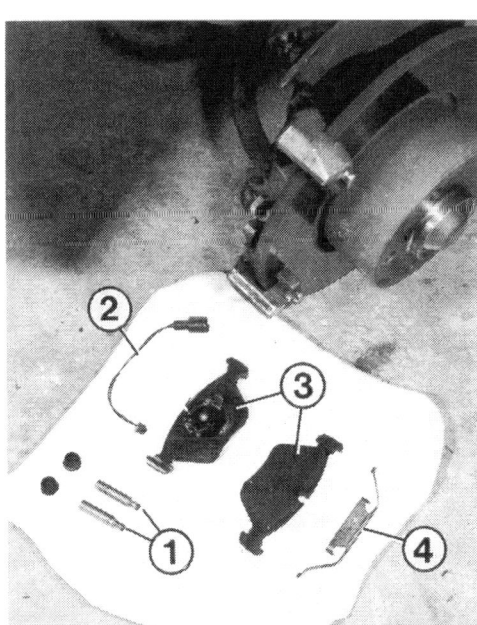
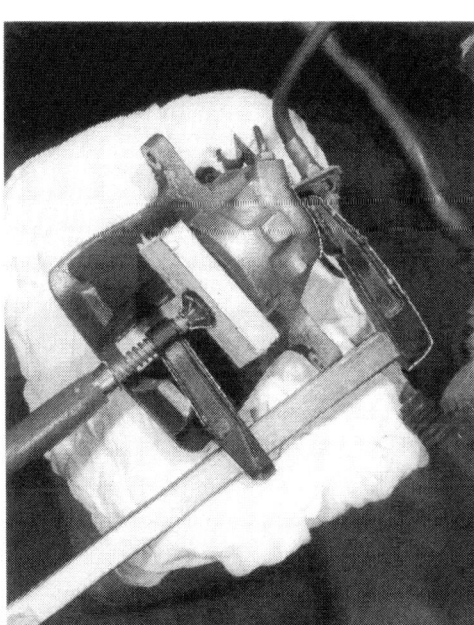

so aufhängen, daß der Schlauch nicht unter Spannung steht.
● Oder Bremsschlauch bzw. -leitung abschrauben.
● Bremspedal niederdrücken und halten, um Auslaufen von Bremsflüssigkeit zu verhindern.
● Beim Einbau beide Schrauben mit **123 Nm** anziehen.
● Bremsschlauch bzw. -leitung wieder festschrauben.
● Bremsanlage entlüften, falls der Bremsschlauch bzw. die -leitung abgeschraubt war.
● **Bremspedal** vor den ersten Metern Fahrt **mehrmals durchtreten**, bis sich normales Pedalspiel einstellt.

Bremskolben-Staubmanschette vorn auswechseln

Wurde die Bremskolbenmanschette im Bremssattel beschädigt, müssen Sie baldigst für Ersatz sorgen, sonst klemmt bald der Bremskolben aufgrund von Schmutz und Korrosion. Die Manschette gibt's leider nur zusammen mit dem Bremskolben-Dichtring (der bei der Reparatur dann übrigbleibt) zu kaufen.
● Bremssattelgehäuse abbauen, Beläge herausnehmen.
● Der Bremskolben muß ein Stück über das Bremssattelgehäuse herausragen. Ist das nicht der Fall, Bremspedal ein Stück niedertreten, bis der Kolben ca. 10 mm übersteht.
● Federring an der Bremskolbenmanschette mit schmalem Schraubendreher abhebeln.
● Alte Manschette abziehen.
● Neue Manschette in die Nut am Bremskolben einsetzen, über den Wulst am Bremssattel ziehen und mit Federring befestigen.
● Kontrolle: Die Manschette muß jetzt rundum gleichmäßig im Bremssattel sitzen. In der Nut des Bremskolbens muß sie einwandfrei anliegen.

Bremsscheibe vorn ausbauen

Bremsscheiben müssen grundsätzlich beidseitig erneuert werden. Einseitiger Wechsel kann ungleiche Bremswirkung zur Folge haben.
● Bremssattel abschrauben und mit Draht an der Karosserie befestigen; die Hydraulikleitung bleibt angeschlossen.
● Halteschraube der Bremsscheibe mit Innensechskantschlüssel losdrehen.
● Die Bremsscheibe kann nun von Hand von der Radnabe gezogen werden.
● Ist sie festgerostet, mit kräftigen Hammerschlägen nachhelfen – aber nur, wenn die Scheibe ohnehin gewechselt wird.
● Vor dem Ansetzen der neuen Bremsscheibe die Anlagefläche an der Radnabe säubern.
● Korrosionsschutzwachs von der neuen Scheibe mit Verdünnung entfernen.

Scheibenbremsen hinten

Wie an den Vorderrädern handelt es sich hier um sogenannte Faustsattelbremsen.

Scheibenbremsbeläge hinten messen

Wartung Nr. 18

An den hinteren Scheibenbremsen erfolgt die Kontrolle des Belagverschleißes gleich wie an den vorderen. Es gelten hier ebenfalls **2 mm** als **Verschleißmaß** – gemessen **ohne Belagträgerplatte**.
Gleichzeitig mit der Belagkontrolle wird der Zustand der Bremsscheiben geprüft. Verschleißmaß und Arbeitsreihenfolge siehe weiter vorn unter »Zustand der Bremsscheiben kontrollieren«.

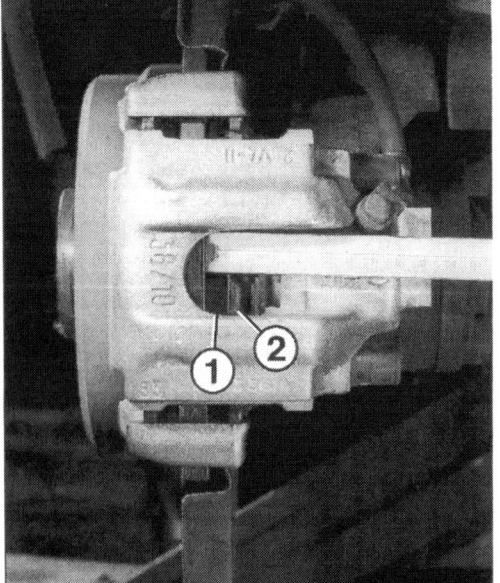

Links: Bei der hinteren Scheibenbremse können Sie den Belagverschleiß nach Abnahme des betreffenden Rades mit einem Meterstab kontrollieren. Position »1« zeigt das Bremsbelagmaterial, »2« den Belagträger.
Rechts: Abdrücken der Blechklammer mit einem Schraubendreher zum Belagwechsel.

Scheibenbremsbeläge hinten erneuern

Generell müssen beide Beläge an beiden Fahrzeugseiten ausgetauscht werden. Nur Beläge mit ABE verwenden. BMW schreibt die Beläge »Textar 4021« vor.
- Hinterräder abbauen.
- Abdeckkappen der Führungsbolzen abdrücken.
- Rechts den Verbindungsstecker der Bremsbelag-Verschleißanzeige aus dem Halter nehmen und Steckverbindung trennen.
- Innensechskantschlüssel im nun sichtbaren Innensechskant des Führungsbolzens ansetzen und Bolzen lösen.
- Blechklammer außen am Bremssattel herausdrücken.
- Bremssattel abnehmen.
- Äußeren Bremsbelag abnehmen. Inneren Bremsbelag mit der Feder im Bremskolben aushängen.
- Kolben im Bremssattel mit Schraubzwinge und Holzbrettchen zurückdrücken, wie im Bild Seite 117 unten rechts am vorderen Bremssattel gezeigt.
- Darauf achten, daß beim Zurückdrücken der Bremsflüssigkeitsbehälter nicht überläuft.
- Neue Beläge einsetzen.
- Beschädigten Belagfühler ersetzen.
- Führungsbolzen mit **30 Nm** anziehen und Abdeckkappen wieder aufsetzen.
- Nach dem Zusammenbau das **Bremspedal mehrmals treten**, bis die Beläge an den Bremsscheiben anliegen. Sonst keine Bremswirkung!

Bremssattel hinten ausbauen

- Wagen hochbocken, Hinterrad abnehmen.
- Bremsleitung am Bremsschlauch abbauen, sofern der Bremssattel gewechselt werden soll.
- Rechts den Stecker der Bremsbelag-Verschleißanzeige aus dem Halter nehmen und Steckverbindung trennen.
- Zwei Sechskant-Halteschrauben am Bremssattel lösen und Bremssattel nach hinten von der Bremsscheibe ziehen.
- Geht das wegen eines Grats am Bremsscheibenrand nicht, Bremssattel etwas hin- und herdrücken, damit der Bremskolben zurückgleitet und mehr Platz für die Scheibe freigibt.
- Beim Einbau die beiden Halteschrauben mit **123 Nm** anziehen.
- Bremspedal **mehrfach niederdrücken**, bis sich normales Pedalspiel einstellt.

Kolbenmanschetten hinten

Der Wechsel der Bremskolbenmanschetten am Bremssattel hinten verläuft identisch wie am Bremssattel vorn (siehe »Bremskolben-Staubmanschette vorn auswechseln«).

Bremsscheibe hinten ausbauen

- Bremssattel hinten ausbauen. Der Bremsschlauch bleibt angeschlossen. Bremssattel mit Draht an der Karosserie anbinden.
- Innensechskantschraube vorn an der Bremsscheibe lösen.
- Bremsscheibe jetzt abziehen. Geht das nicht, Nachstellrädchen der Handbremsbeläge etwas zurückdrehen (siehe »Handbremse nachstellen«).
- Anlagefläche der Bremsscheibe an der Radnabe reinigen und neue Bremsscheibe montieren.
- Handbremsbacken nachstellen.

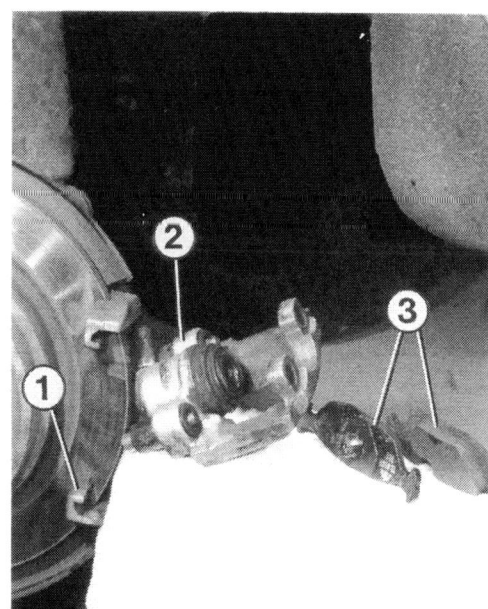

Wechsel der Scheibenbremsbeläge hinten.
Links: Lösen der Führungsbolzen in den Schutzhülsen (1 und 2) mit einem Innensechskantschlüssel.
Rechts: Das Bremssattelgehäuse (2) ist hier samt Belägen (3) vom Halter (1) abgenommen.

Die Handbremse

Innerhalb der hinteren Bremsscheiben sind die kleinen Bremstrommeln angebracht, auf deren Beläge die Handbremse wirkt: Wenn Sie den Handbremshebel ziehen, spannen sich die Bremsseile zu den Hinterrädern. Dort preßt das Spreizschloß, in dem die Seilenden eingehängt sind, die halbrunden Bremsbacken gegen die Trommel – das Rad wird blockiert.

Handbremse prüfen

Wartung Nr. 28

Wird die Feststellbremse nahezu bei jedem Parken angezogen, längen sich die Handbremsseile im Laufe der Zeit. Wer andererseits die Handbremse nur selten benutzt, kann eines Tages mit Überraschung erleben, daß sie einseitig zieht – ein häufig auftretender Mangel beim TÜV. So kontrolliert man die Handbremse:

- Funktionsprüfung durchführen, wie am Kapitel-Anfang beschrieben.
- Zieht die Bremse schief oder ist die Wirkung unzureichend, müssen die Beläge bzw. die Bremstrommel-Reibflächen »eingebremst« werden.
- Leerweg des Handbremshebels prüfen: Läßt er sich um mehr als 8 Rasten hochziehen, muß die Handbremse eingestellt werden.

Handbremse »einbremsen«

Die Beläge der Handbremse verschleißen so gut wie gar nicht, denn sie wird ja normalerweise erst bei stehendem Wagen angezogen. Es kommt also fast nie zu der sonst üblichen Reibung zwischen Belägen und Trommeln. Dadurch kann sich der Reibwert der Handbremsbeläge verändern. Die Feststellbremse verliert an Wirkung. Abhilfe: Den Wagen bei leicht angezogener Handbremse etwa 400 Meter weit fahren. »Eingebremst« werden muß auch, wenn neue Handbremsbeläge eingebaut wurden, wenn die Handbremse eingestellt werden soll oder wenn Sie ein Nachlassen der Wirkung an der Handbremse spüren.

Fingerzeig: Von Zeit zu Zeit sollten Sie den Wagen die letzten Meter bis zum Stillstand mit der Handbremse abbremsen. So bleiben die Reibflächen an Trommel und an Bremsbelägen der Handbremse intakt und können keinen Rost ansetzen. Achten Sie darauf, daß kein Wagen hinter Ihnen fährt, denn beim Ziehen der Handbremse leuchten die Bremslichter nicht auf.

Handbremse einstellen

Voraussetzungen: Bevor die Handbremse eingestellt wird, muß sichergestellt sein, daß die Seilzüge der Bremse leichtgängig sind, sonst nützt alles Einstellen nichts. Ebenso müssen Sie zuvor die Bremsbeläge der Handbremse nachstellen – erst dann können die Seilzüge nachgespannt werden (sofern dann überhaupt noch nötig).

- **Handbremsbacken nachstellen:** Wagen hinten aufbocken.
- Eine Radschraube an jedem Hinterrad herausdrehen.
- Leeres Schraubenloch so drehen, daß es etwa 30° hinter der Senkrechten oben steht. Genau an dieser Stelle befindet sich das Einstellritzel der Handbremsbacken. Zur Kontrolle mit der Taschenlampe durch das Schraubenloch leuchten.
- Schraubendreher durch die Radschraubenbohrung stecken und Einstellmutter unter hebelnden Bewegungen drehen, bis die Bremsbacken anliegen und das Rad sich nicht mehr bewegen läßt.
- Dann das Ritzel 4–6 Zähne zurückdrehen. Das Rad muß sich jetzt frei drehen.
- Zum Nachstellen wird das Ritzel an der linken Fahrzeugseite nach oben gedreht, rechts dreht man es nach unten.

Nachstellen der Handbremsbeläge durch ein Radschraubenloch hindurch. Die Lage des Einstellrädchens – also wohin Sie das Radschraubenloch drehen müssen – erkennen Sie hier auf der Abbildung. Im Zweifelsfall mit einer Taschenlampe durch das Radschraubenloch leuchten.

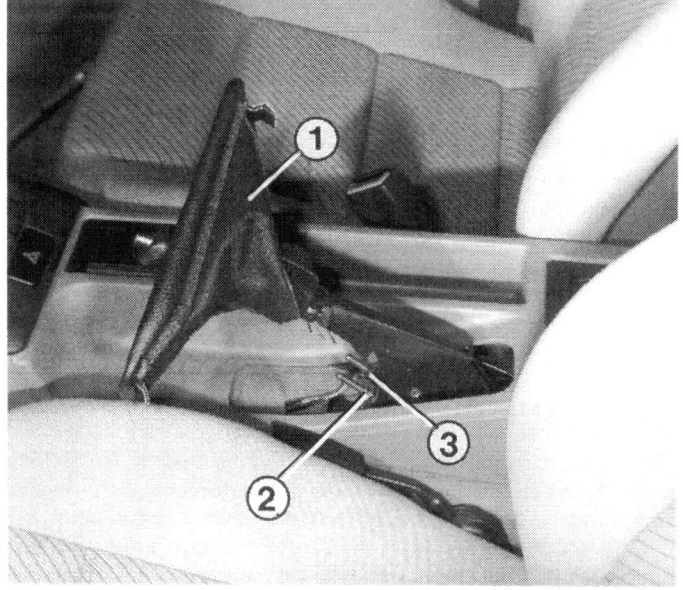

Bei abgenommener Abdeckung (1) des Handbremshebels sind die Enden der Handbremszüge (2 und 3) mit den Einstellmuttern zugänglich.

- **Bremsseile einstellen**: Wagen hinten aufbocken; beide Hinterräder müssen frei sein.
- Abdeckmanschette am Handbremshebel aus der Mittelkonsole aushaken und nach vorn ziehen; die selbstsichernden Einstellmuttern auf den Seilzug-Enden sind jetzt zugänglich.
- Handbremshebel vier Rasten hochziehen.
- Nachstellmuttern beider Handbremsseile so weit anziehen, bis sich die Hinterräder rechts und links gleichmäßig gerade noch von Hand durchdrehen lassen.
- Handbremse lösen: Die Räder müssen sich jetzt frei drehen lassen.

Handbremsbeläge kontrollieren

Wartung Nr. 37

Die Beläge der Handbremse sind – außer beim Einbremsen – keinerlei Verschleiß unterworfen, weil sie ja erst bei stehendem Wagen in Aktion treten. Die Kontrolle bei schlechter oder einseitiger Handbremswirkung gilt also mehr der Belag-Oberfläche und der Reibfläche der Bremstrommel.

- Zum Kontrollieren Bremssattel und Bremsscheibe abbauen.
- Der Belag (ohne Bremsbacken) sollte mindestens 1,5 mm dick sein.
- Die Belag-Oberfläche soll glatt, aber nicht »verglast« (verhärtet) sein, was vorkommen kann, wenn mit gezogener Handbremse gefahren wurde. Test: Mit Schraubendreher über die Reibfläche fahren. »Splittert« das Belagmaterial ab, Beläge erneuern.
- Prüfen Sie bei dieser Gelegenheit, ob das Spreizschloß, in dem die Handbremsseile eingehängt sind, noch leichtgängig ist.
- Zuletzt die Reibfläche der kleinen Bremstrommel prüfen: Leichter Rostbefall kann durch Einbremsen entfernt werden. Tiefe Rostnarben oder Einlaufspuren erfordern eine neue Bremsscheibe (BMW gibt kein Maß fürs Nacharbeiten an).

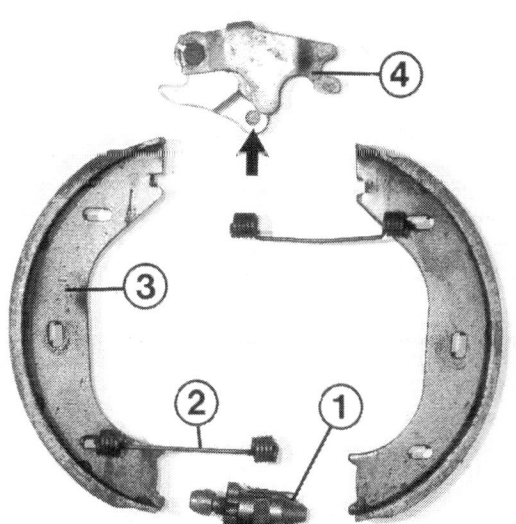

Die Teile der Handbremse:
1 – Nachstellvorrichtung mit Einstellritzel;
2 – Rückzugfeder;
3 – Bremsbacke;
4 – Spreizschloß (es drückt bei gezogener Handbremse die Backen gegen die Trommel).
Der Pfeil zeigt, wo das Handbremsseil eingehängt wird.

Hydraulik und Betätigung

Nachdem wir uns bisher mit der mechanischen Seite der Bremsen beschäftigt haben, wenden wir uns jetzt der Bremsbetätigung mit ihren Hydraulik-Bauteilen und dem Bremskraftverstärker zu.

Arbeiten an der Bremshydraulik

Arbeitstips

○ Bremsflüssigkeit ist giftig. Nicht mit dem Mund in Berührung bringen.

○ Bremsflüssigkeit greift den Fahrzeuglack an. Deshalb keine bremsflüssigkeitsgetränkten Lappen oder -verschmierten Werkzeuge auf die Lackierung legen.

○ Beim Lösen eines Bremsschlauches oder einer Bremsleitung läuft nach und nach der Bremsflüssigkeits-Vorratsbehälter leer. Das verhindern Sie so: Vor dem Lösen der Verschraubung eine Entlüftungsschraube im betreffenden Bremskreis lösen. Entlüftungsschlauch aufstecken und in ein Gefäß leiten. Nun das Bremspedal ganz durchtreten und mittels einer passenden Holzlatte in dieser Stellung halten. Die Zulaufbohrungen im Hauptbremszylinder sind damit verschlossen – es tritt keine Bremsflüssigkeit mehr aus.

○ Zum Lösen und Anziehen der Bremsleitungen sollten Sie sich den im Bild rechts oben gezeigten Bremsleitungsschlüssel besorgen. Ferner benötigen Sie zum Gegenhalten der Bremsschläuche einen Gabelschlüssel SW 14.

○ Nach Arbeiten an der Bremshydraulik muß grundsätzlich entlüftet werden. Oft genügt es, nur den Bremskreis zu entlüften, an dem gearbeitet wurde.

Der Hauptbremszylinder

Der Hauptbremszylinder ist das Oberhaupt im Bremssystem. Er sitzt ganz hinten im Motorraum und gibt den Bremssätteln den Befehl, wann sie zu bremsen haben. Mehr über seine Ausführung und Funktion finden Sie am Kapitel-Anfang.

Hauptbremszylinder ausbauen

- Bremsflüssigkeit aus dem Vorratsbehälter absaugen.
- Kabelstecker vom Behälterdeckel abziehen.
- Schlauch zur Kupplungshydraulik abziehen.
- Behälter durch seitliches Kippen aus dem Hauptbremszylinder herausziehen.
- Untere Schläuche vom Behälter abziehen.
- Bremsleitungen am Zylinder abschrauben.
- Beide Haltemuttern hinten am Hauptbremszylinder herausdrehen.
- Hauptbremszylinder vom Bremskraftverstärker abnehmen.
- Beim Zusammenbau neuen Dichtring zwischen Bremskraftverstärker und Hauptbremszylinder einlegen.
- Selbstsichernde Haltemuttern erneuern und mit 20–28 Nm anziehen.
- Dichtstopfen für die Anschlußstutzen des Vorratsbehälters innen mit Bremsflüssigkeit anfeuchten, bevor der Behälter aufgedrückt wird.
- Behälter mit den Anschlußstutzen genau senkrecht bis zum Anschlag in die Stopfen eindrücken.
- Bremsanlage entlüften.

Der Bremskraftverstärker

Scheibenbremsen wirken nicht, wie Trommelbremsen, selbstverstärkend. Es ist eine wesentlich höhere Pedalkraft vonnöten. Deshalb hat der BMW einen Bremskraftverstärker, der rund 60% der Bremskraft aufbringt. Der Bremskraftverstärker hat seinen Platz links hinten im Motorraum, hinter dem Hauptbremszylinder. Das Bremspedal wirkt jedoch weiterhin direkt auf die Bremskolben im Hauptbremszylinder, so daß man auch noch bei ausgefallenem Hilfsgerät bremsen kann. Der notwendige Pedaldruck muß dann allerdings vervielfacht werden.

Unterdruck als Hilfskraft

Die Hilfskraft liefert der Unterdruck aus dem Ansaugrohr. Der Bremskraftverstärker ist über einen Schlauch mit dem Saugrohr verbunden. Beim Bremsen verschiebt der Druckunterschied zwischen dem äußeren Luftdruck und dem Unterdruck im Ansaugrohr eine große, elastische Membrane und drückt zusätzlich auf die Kolben im Hauptbremszylinder. Wenn der Motor nicht läuft, kann der Servo auch keine (zusätzliche) Bremskraft liefern. Bleibt der Motor unterwegs plötzlich stehen, haben Sie noch eine Reserve für einige Bremsungen. Aber dann werden die Wadenmuskeln voll beansprucht.

Bremskraftverstärker prüfen

Wartung Nr. 29

- Der Motor muß abgestellt sein.
- Bremspedal **20 Mal** durchtreten.
- Pedal durchgetreten halten und Motor starten.
- Bei intaktem Bremskraftverstärker muß das Pedal jetzt ein Stück nachgeben. Senkt sich das Pedal nicht, ist die Bremskraftverstärkung defekt.

Sind Bremsleitungen (4) und Bremsschläuche (1) mit einem Blechhalter (2) an anderen Bauteilen (wie hier am Hinterachsträger) befestigt, so darf der federnde Schlauchhalter (3) nicht fehlen. Hier wird die Verbindung mittels eines speziellen Bremsleitungsschlüssels gelöst.

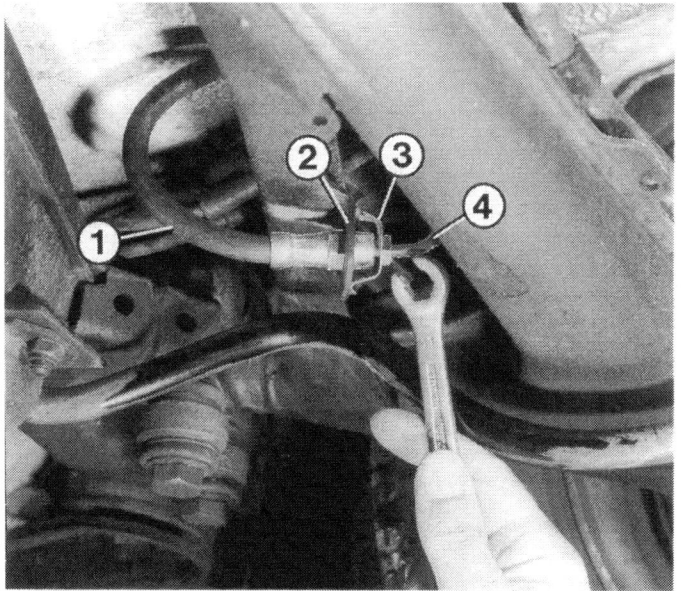

- Bei ausgefallener Bremskraftverstärkung ist ein Defekt im Unterdrucksystem am wahrscheinlichsten: Unterdruckschlauch vom Ansaugkrümmer zum Bremskraftverstärker undicht, Rückschlagventil im Unterdruckschlauch, Gummiring zwischen Hauptbremszylinder und Servogerät oder Membrane des Bremskraftverstärkers defekt.
- Zur Kontrolle des Rückschlagventils Ventil mit Unterdruckschlauch am Bremsservo abziehen.
- Durchblasen muß, Ansaugen darf nicht möglich sein.

- Überwurfmutter der Bremsleitung losdrehen. Hierzu Gegenverschraubung – z.B. an einem Bremsschlauch – festhalten.
- Ist die Mutter auf der Leitung angerostet, wodurch sich diese mitdreht, muß die Leitung in jedem Fall erneuert werden. Die dünnwandigen Rohre knicken schnell ab.
- Zum Lösen der Leitungsanschlüsse kann folgender Trick weiterhelfen, wenn das betreffende Leitungsstück ohnehin ausgewechselt werden soll:
- Bremsleitung nahe der Verschraubung abzwicken, Überwurfmutter mit einer Sechskantnuß losdrehen.

- Richtigen Einbau des Rückschlagventils kontrollieren.
- Zum Austausch eines schadhaften Gummirings zwischen Hauptbremszylinder und Verstärker muß der Zylinder demontiert werden.
- Bleibt zuletzt noch der Defekt des Bremskraftverstärkers selbst. Eine Reparatur ist hier nicht möglich – austauschen lassen.

- Muß eine neue Leitung noch etwas zurechtgebogen werden, darf dies nur in einem großen Radius geschehen. Andernfalls knickt das dünne Rohr ab.
- Innenseite des Bogens beim Biegen mit dem Daumen unterstützen. So können Sie sich langsam dem Radius entlang arbeiten.
- Evtl. vorhandene Schutzschläuche bzw. -tüllen nicht vergessen.
- Bremsleitungen in ihren Abstandshaltern verlegen.
- Anzugsdrehmoment: 10–15 Nm.
- Bremsanlage entlüften.

Störungssuche Bremskraftverstärker

Bremsleitungen ausbauen

Das Bild zeigt den Bremskraftverstärker (3), den Unterdruckschlauch zum Ansaugkrümmer (1) und das Rückschlagventil (2) im Motorraum.

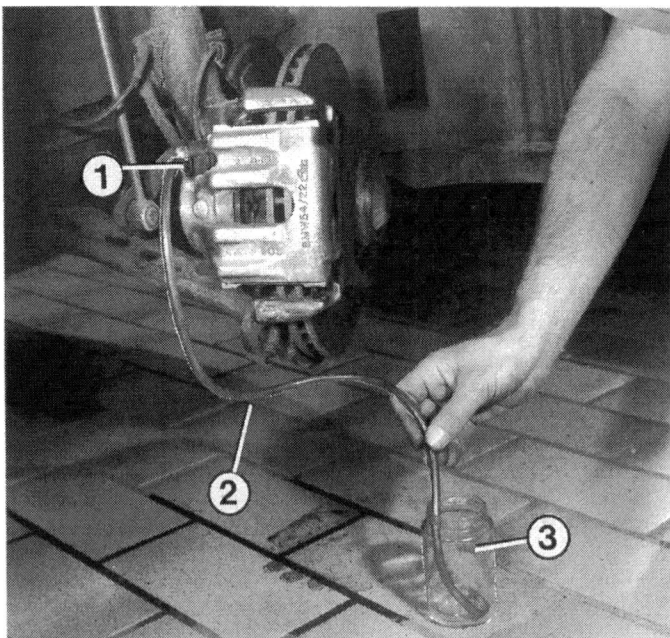

Bremsen entlüften am vorderen Bremssattel: Das Entlüftungsventil (1) wird mit einem Schlüssel SW 7 geöffnet. Der Kunststoffschlauch (2) ist auf das Ventil gesteckt und leitet die herausgepumpte Flüssigkeit in das vorbereitete Gefäß (3).

Bremsschläuche ausbauen

● Zuerst die Überwurfmutter der betreffenden Bremsleitung losdrehen. Dabei darauf achten, daß sich die Leitung nicht verdreht.
● Ist ein Bremsschlauch mit einem Blechhalter an der Karosserie befestigt, dann ist er mit einem Blechbügel gegen Hin- und Herrutschen gesichert. Beim Zusammenbau darf dieser sogenannte Schlauchhalter (Bild auf der vorangegangenen Seite oben) nicht vergessen werden.
● Beim Einbau den Schlauch immer zuerst an der Stelle festdrehen, an der er sein Außengewinde hat (13–16 Nm).
● Dann die andere Verschraubung anziehen (10–15 Nm).
● Der Bremsschlauch darf nicht in sich verdreht sein. Zur Kontrolle dient der Farbstreifen oder Gummianguß entlang des Schlauches.
● Bremssystem entlüften.
● Sofort nach der Reparatur kontrollieren, ob der Schlauch bei Federbewegungen irgendwo scheuern kann.
● Die Kontrolle nach einer längeren Fahrtstrecke wiederholen.

Bremsanlage entlüften

Wenn sich das Bremspedal federnd durchtreten läßt und sich der gewohnte Pedalweg erst nach mehrmaligem »Pumpen« einstellt, ist Luft in die Bremsanlage eingedrungen. Es liegt also eine Undichtigkeit vor. Defekt suchen und reparieren. Es ist in diesem Fall nicht damit getan, einfach zu entlüften. Entlüftet werden muß ferner nach Reparaturen an der Bremshydraulik, wenn Luft in Bremszylinder und Leitungen eingedrungen ist:

● Bremsflüssigkeits-Vorratsbehälter ganz mit frischer Bremsflüssigkeit auffüllen und auch während des Entlüftens immer dafür sorgen, daß er rechtzeitig vor Absinken des Spiegels mit frischer Flüssigkeit nachgefüllt wird. Sonst wird wieder Luft angesaugt.
● Staubkappe vom Entlüftungsventil nehmen (Arbeitsreihenfolge: hinten rechts; hinten links; vorn rechts; vorn links) und das Entlüftungsventil (SW 7) um ½ bis 1½ Umdrehungen öffnen.
● Durchsichtigen Schlauch (wie von der Scheibenwaschanlage) über das saubergeriebene Ventil schieben und das freie Schlauchende in ein teilweise mit Bremsflüssigkeit gefülltes Gefäß stecken.
● Von Helfer das Bremspedal so lange langsam niedertreten und wieder zurückkommen lassen, bis im Schlauch keine Luftbläschen mehr sichtbar sind. (Bei stark entleerter Hydraulik zwei Entlüftungsdurchgänge am Wagen machen.) So wird Bremsflüssigkeit – und natürlich auch Luft – durch das Entlüftungsventil gepumpt.
● Kommen keine Luftbläschen mehr, muß der Helfer das Bremspedal in der tiefsten Stellung halten, während Sie das Entlüftungsventil schließen. Mit Gefühl anziehen (3,5–5 Nm), sonst reißt das Ventil ab!
● An den übrigen Radbremsen auf gleiche Weise entlüften.

Störungsbeistand

Bremsen

Die Störung	– ihre Ursache	– ihre Abhilfe
A Bremsen ziehen einseitig	1 Reifendruck ungleichmäßig	Korrigieren bei kalten Reifen
	2 Reifenprofil ungleichmäßig	Reifen wechseln
	3 Beläge verschmiert, »verglast« oder ungleichmäßig abgenutzt	Beläge erneuern
	4 Führungsbolzen im Bremssattel verschmutzt oder verrostet	Reinigen bzw. austauschen
	5 Kolben im Bremssattel festgerostet	Gängig machen oder erneuern
	6 Bremsscheiben stark riefig oder zu dünn	Bremsscheiben ersetzen
	7 Bremsschläuche innen zugequollen	Schläuche ersetzen
B Bremsen quietschen	1 Falsche Beläge	Original-Beläge einbauen
	2 Keine Bremspaste zwischen Bremsträgerplatte und Bremskolben	Beläge ausbauen, »Plastilube«-Bremspaste auf die Belagrückseite auftragen
	3 Siehe A 4, 5, 7 und 8	
C Bremsen rattern und blockieren	1 Siehe A 5 und 7	
	2 Bremsscheibe hat Schlag	Erneuern
	2 Bremsscheibe stark riefig	Erneuern
D Eine oder alle Radbremsen werden sehr heiß	1 Ausgleichbohrung im Hauptbremszylinder verstopft	Säubern
	2 Kein Spiel zwischen Bremspedal (Druckstange) und Hauptbremszylinderkolben	Einstellen
	3 Verrostete Bremssättel	Überholen lassen
	4 Handbremse löst nicht vollständig	Bremsseile und Hinterradbremse kontrollieren
E Pedalweg zu groß	1 Siehe A 4 und 5	
	2 Radlagerspiel zu groß	Radlager erneuern
	3 Siehe C 2	
F Pedalweg zu groß, Pedal läßt sich weich und federnd durchtreten	1 Luft im Bremssystem	Bremsanlage entlüften
	2 Bremssystem undicht	Dichtheitsprüfung durchführen
	3 Hauptbremszylinder defekt	Austauschen
	4 Bei starker Bremsbelastung Dampfblasenbildung in zu alter Bremsflüssigkeit	Bremsflüssigkeit austauschen
	5 Siehe A 5	
G Schlechte Bremswirkung bei hohem Pedaldruck	1 Pedalweg normal: Beläge verölt oder »verglast«	Erneuern
	2 Pedalweg kurz: Bremskraftverstärker defekt	Kontrollieren
	3 Pedalweg lang: Ein Bremskreis ausgefallen durch Undichtigkeit	Kontrollieren, schadhafte Teile auswechseln
H Handbremse wirkt einseitig oder nur schwach	1 Korrosion in der Handbrems-Bremstrommel	Einbremsen oder Ersetzen
	2 Bremsseil eingerostet	Erneuern
	3 Bremsbeläge der Handbremse »verglast«	Kontrollieren bzw. ersetzen

Das Antiblockiersystem

Stotter-Bremser

Bei einer Vollbremsung mit blockierten Vorderrädern schlittert das Fahrzeug geradeaus. Zu lenken wäre es nur, wenn der Fahrer in dieser Paniksituation in der Lage wäre, das Bremspedal kurz loszulassen, um ein eventuelles Hindernis zu umfahren. Von einem weniger routinierten Fahrzeuglenker ist eine solche Reaktion jedoch kaum zu erwarten. Hier liegt der Hauptvorteil des Antiblockiersystems: Es erhält die Lenkfähigkeit, indem es Blockierbremsungen vermeidet.

ABS kann nicht alles!

ABS kann keine Bremswunder vollbringen, wie häufig angenommen wird; der Bremsweg wird sich also nicht unter allen Bedingungen wesentlich verkürzen. Vielmehr hilft ABS, die Lenkfähigkeit des Wagens während einer starken Bremsung zu erhalten. Doch bedarf es dazu eines weit größeren Lenkeinschlags als normal. Das ist nur einer der Punkte, die anders sind als bei einer normalen Bremsanlage:
○ Üben Sie deshalb auf einem abgelegenen Parkplatz Vollbremsungen unter Lenkeinschlag.
○ Treten Sie dabei voll aufs Bremspedal. Das Dosieren der Bremskraft übernimmt das ABS für Sie.
○ Das gilt für Bremsungen bei Geradeausfahrt wie auch bei eingeschlagener Lenkung.
○ Wundern Sie sich nicht über das pulsierende Bremspedal. Wenn das ABS regelt, sind diese Pedalschwingungen normal.
○ In Extremfällen werden Sie auch bei ABS das Bremspedal loslassen müssen, um heikle Situationen in der Kurve noch zu retten.

Was ABS macht

ABS sorgt immer für eine optimale »Stotterbremsung«, so daß eine reine Blockierbremsung nicht mehr möglich ist. Die Räder drehen sich selbst bei einer Vollbremsung auf Glatteis noch etwas, damit sie das Fahrzeug in der Spur halten können.

Funktion der Einzelteile

Die Hydraulikeinheit

Die Antiblockierregelung für die Vorderräder erfolgt unabhängig voneinander. Die Hinterräder werden gemeinsam geregelt, wobei dasjenige Rad die Regelung bestimmt, welches zuerst zum Blockieren neigt. Entsprechend den Befehlen vom elektronischen Steuergerät wird der Druck zu den Bremskreisen entweder konstant gehalten, verringert oder wieder aufgebaut. Höher als der Druck, den Sie über das Bremspedal erzeugen, kann der Druck aber nicht werden.

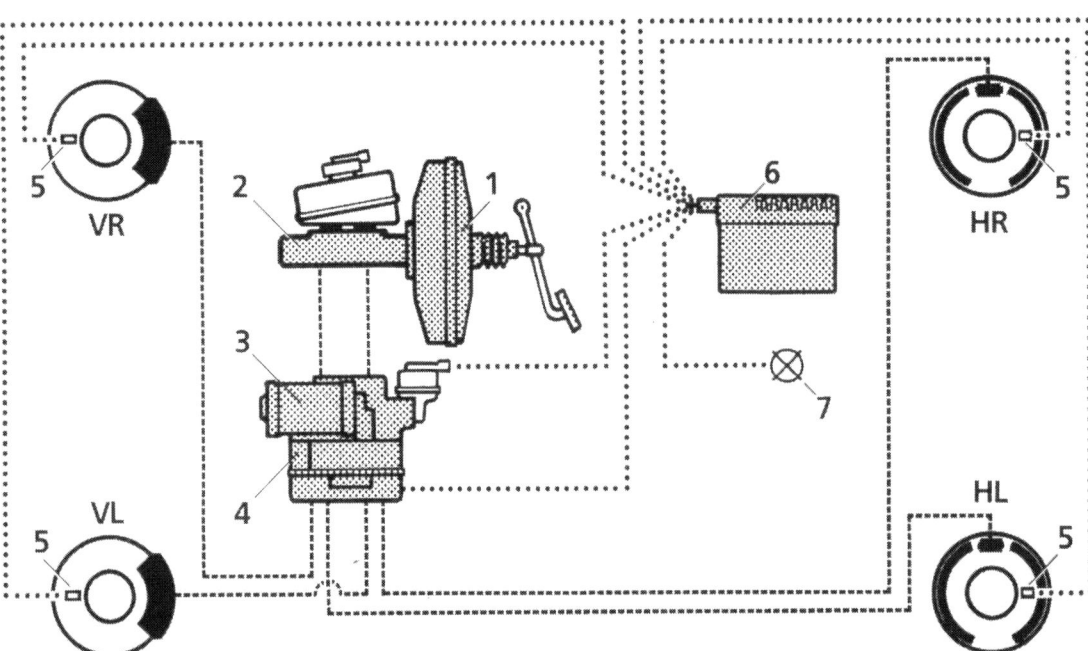

Dieses Schema zeigt die Funktionszusammenhänge beim ABS-System:
1 – Bremskraftverstärker;
2 – Hauptbremszylinder;
3 – ABS-Hydraulikeinheit;
4 – ABS-Steuereinheit;
5 – Drehzahlfühler;
6 – ABS-Steuergerät;
7 – Kontrolleuchte am Armaturenbrett.

Die Hydraulikeinheit (Pfeil) des Antiblockiersystems hat ihren Platz links vorn im Motorraum unter dem Hauptbremszylinder.

Für die Druckregelung sind sechs schnell schaltende Magnetventile zuständig – je ein Einlaß- und ein Auslaßventil pro Bremskreis. Solange Druck aufgebaut wird, sind die Magnetventile stromlos. Damit ist der Einlaß geöffnet und der Auslaß geschlossen. Zum Halten des Drucks erhält das Einlaßventil Spannung, es schließt, und der Druck im blockiergefährdeten Bremskreis kann nicht mehr erhöht werden. Soll Bremsdruck abgebaut werden, werden Ein- und Auslaßventil mit Spannung versorgt. Der Einlaß bleibt geschlossen, der Auslaß öffnet für eine ganz kurze Zeitdauer. Der Bremsdruck wird in Richtung Vorratsbehälter abgeleitet, und das blockiergefährdete Rad kann wieder schneller drehen. Das Spiel von Druckaufbau, -halten und -abbau kann von neuem beginnen, bis die Blockiergefahr beseitigt ist.

Die Druckabbauphase spüren Sie am Bremspedal. Im Hauptbremszylinder öffnet das elektrische Hauptventil. Eine sogenannte Positionierungshülse wird entgegen der Pedalkraft gedrückt und mit ihr die Kolben des Hauptbremszylinders. Damit der Druck im Bremssystem während oder nach der Regelphase nicht ganz abfällt, wird von der elektrischen Ventilpumpe des Antiblockiersystems Bremsflüssigkeit aus dem Vorratsbehälter nachgefördert. Das geschieht innerhalb von Sekundenbruchteilen – das Pedal pulsiert.

Die Drehzahlfühler

Insgesamt vier Drehzahlfühler erfassen die Drehzahlen jedes einzelnen Rades und leiten diese Information zur Steuerelektronik weiter. Damit kann das Schaltgerät seinerseits die Hydraulikeinheit ansteuern.
Die Drehzahlfühler selbst bestehen aus einem Magnetkern und einer Spule und sind in geringem Abstand zu einer Zahnscheibe – dem Rotor – montiert. Der Rotor – sein Name sagt es schon – dreht sich mit dem Rad und läßt damit die zahnförmigen Erhebungen an seinem Umfang je nach Geschwindigkeit schneller oder langsamer am Fühler vorbeilaufen. Jeder Zahn, der unter dem Fühler vorbeiwandert, induziert im Fühler einen kurzen Spannungsanstieg. Auf diese Weise wird im Fühler eine Wechselspannung erzeugt, die entsprechend der Raddrehzahl ihre Frequenz ändert. Das Signal wird vom Steuergerät als Drehzahlinformation verarbeitet.

Das Steuergerät

Hinter dem Handschuhfach sitzt das »Hirn« des Antiblockiersystems. Es verarbeitet die Informationen von den Drehzahlfühlern. Gleichzeitig steuert es die Hydraulikeinheit so an, daß die Räder nicht blockieren. Neben der

Drehzahlfühler (Pfeil) tasten an jedem Rad eine Zahnscheibe ab. Die entstehende Wechselspannung ist Meßgröße für die Drehzahl.

Das ABS-Steuergerät (Pfeil) sitzt gewissermaßen unter dem Handschuhfach am rechten Türpfosten.

komplizierten Signalaufarbeitung enthält das Steuergerät eine doppelte Steuerlogik. Das heißt im Klartext, daß die eingehenden Signale in zwei getrennten Mikroprozessoren verarbeitet werden. Beide Logikblöcke werden durch eine Verbindungsleitung gegenseitig durch zwei sogenannte Vergleicher überwacht. Werden Fehler festgestellt, schaltet das Steuergerät das ABS aus, und die Kontrollampe im Armaturenbrett leuchtet auf.

Die Relais Zwei zusätzliche Relais tragen zur Funktion des ABS bei:
○ das Pumpenmotorrelais und
○ das Überspannungsrelais.
Beide Relais befinden sich im Stromverteilerkasten hinten links im Motorraum.

Störungen am ABS-System

Die ABS-Kontrolleuchte im Armaturenbrett leuchtet mit dem Einschalten der Zündung auf. Sie muß verlöschen, wenn der Motor läuft. Fällt die Bordspannung unter 10 Volt, leuchtet die Kontrolle ebenfalls. Sie kann weiterhin aufleuchten, wenn ein Rad länger als 20 Sekunden durchdreht. Dann die Zündung wieder ausschalten und erneut starten.

Leuchtet die Kontrolle ständig, ist das ABS nicht betriebsbereit. Die Werkstatt muß nach der Ursache suchen. Als Laie können Sie allenfalls die Steckverbindungen zum Steuergerät, zu den Drehzahlfühlern oder zur Hydraulikeinheit kontrollieren. Fortgeschrittene reinigen die Stirnseiten der Drehzahlgeber und die Rotoren.

Fingerzeig: Auch wenn die ABS-Kontrolle ständig leuchtet, das ABS also abgeschaltet oder defekt ist, kann der Wagen ohne Einschränkungen gefahren werden. Die Bremse funktioniert dann eben wie bei einem Wagen ohne ABS.

Räder und Reifen

Schwarze Magie

Eine etwa handtellergroße Berührungsfläche zur Fahrbahn muß den BMW auf Kurs halten – und dies bei jedem Wetter und bei Straßen aller Art. Von der Behandlung der Reifen hängt es jedoch ab, ob das ganze Sicherheitspaket, das in einen Reifen »eingebaut« ist, auch wirksam ist.

Welche Reifengrößen sind montiert?

Folgende Reifengrößen können auf unseren 3er-Sechszylindermodellen montiert sein:

	Reifenbezeichnung	Stahlfelge	Leichtmetallfelge	Einpreßtiefe (mm)
320i	185/65 R 15 87 Q, T, H M+S	6 J × 15 H 2	–	42
	205/60 R 15 91 V	6½ J × 15 H 2	7 J × 15 H 2	47
	225/55 R 15 92 V*	6½ J × 15 H 2	7 J × 15 H 2	47
325i	185/65 R 15 87 Q, T M+S	6 J × 15 H 2	–	42
	205/60 ZR 15	–	7 J × 15 H 2	47
	205/60 R 15 Q, T, H M+S	6½ J × 15 H 2	7 J × 15 H 2	47
	225/55 ZR 15*	–	7 J × 15 H 2	47
	225/55 R 15 92 Q, T, H M+S	6½ J × 15 H 2	7 J × 15 H 2	47

* Keine Montage von Schneeketten möglich. Bei Nachrüstung ist eine Lenkwinkelbegrenzung erforderlich. Hierzu wenden Sie sich bitte an eine BMW-Werkstatt

Für Ihren speziellen Wagen gelten diejenigen Reifengrößen, die in Ihrem **Kfz-Schein eingetragen** sind. Reifen mit anderen Bezeichnungen dürfen sich an Ihrem BMW nicht befinden, sonst kann es Ärger mit der Polizei geben. Denn die Betriebserlaubnis des Wagens ist dann erloschen. Und das wird teuer!

Wollen Sie eine der in der Tabelle genannten Reifengrößen an Ihrem Wagen montieren, obwohl sie im Kfz-Schein Ihres Wagens **nicht eingetragen** ist, muß diese zuvor beim TÜV in die Papiere eingetragen werden. Die dazu nötige Unbedenklichkeitsbescheinigung erhalten Sie von der Abteilung »Technischer Kundendienst« der BMW AG, Postfach 400240, 8000 München 40.

Nicht alle Größen gelten für Ihren Wagen

Die Reifenbezeichnungen

Bei den von BMW verwendeten Reifenbezeichnungen haben wir es mit unterschiedlichen Schreibweisen zu tun:
○ Die alte Schreibweise – z.B. 205/60 ZR 15 – trägt den Reifen-Geschwindigkeitsbuchstaben (Z) in der Mitte der Reifenbezeichnung.

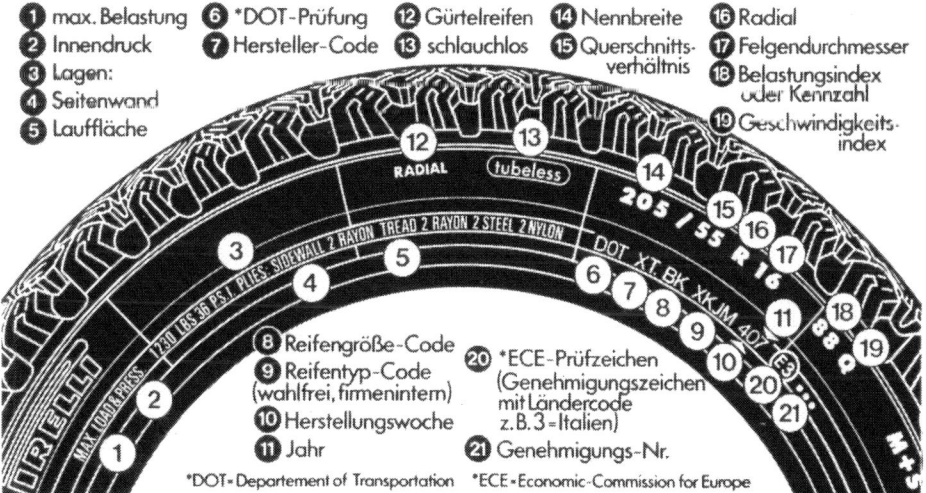

❶ max. Belastung ❻ *DOT-Prüfung ❷ Gürtelreifen ❹ Nennbreite ❻ Radial
❷ Innendruck ❼ Hersteller-Code ❸ schlauchlos ❺ Querschnitts- ❼ Felgendurchmesser
❸ Lagen: verhältnis ❽ Belastungsindex
❹ Seitenwand oder Kennzahl
❺ Lauffläche ❾ Geschwindigkeits-
index

❽ Reifengröße-Code ❷ *ECE-Prüfzeichen
❾ Reifentyp-Code (Genehmigungszeichen
(wahlfrei, firmenintern) mit Ländercode
❿ Herstellungswoche z.B. 3=Italien)
⓫ Jahr ㉑ Genehmigungs-Nr.

Was so alles an Beschriftung auf eine Reifenflanke paßt, finden Sie hier erklärt.

*DOT = Departement of Transportation   *ECE = Economic-Commission for Europe

○ Die neue Schreibweise – z.B. 205/60 R 15 91 V – trägt den Geschwindigkeits-Kennbuchstaben (V) am Schluß der Bezeichnung. Zusätzlich ist die Reifen-Tragzahl (in diesem Fall lautet sie 91) angegeben.

Was die Bezeichnungen bedeuten

Die Zahlen und Buchstaben in der Reifenbezeichnung haben die folgende Bewandtnis:
185, 205, 225: Reifenbreite in unbelastetem Zustand in mm.
55, 60, 65: Verhältnis von Reifenhöhe zu Reifenbreite = 65:100 (zum Beispiel). Entsprechend niedriger ist das Höhen/Breiten-Verhältnis bei 60er- und 55er-Reifen.
R: Kennzeichnung der Bauart als **R**adial- oder Gürtelreifen.
15: Innendurchmesser des Reifens in Zoll (").
Q: zulässige Höchstgeschwindigkeit bis 160 km/h – Geschwindigkeitsklasse für herkömmliche M+S-Reifen.
S: bis 180 km/h.
T: bis 190 km/h – Hochgeschwindigkeits-M+S-Reifen.
H: bis 210 km/h.
VR: über 210 km/h (ältere, aber noch verwendete Bezeichnung; nach oben keine Begrenzung. Wurde durch Einführung von »V« und »ZR« abgelöst).
V: bis 240 km/h.
ZR: über 240 km/h.

Die Felgenbezeichnungen

Die Zahlen und Buchstaben der Felgenbezeichnungen bedeuten folgendes:
6, 6½, 7: Felgenmaulweite in Zoll. Gemessen wird an der Felgenhornbasis quer zur Laufrichtung des Rades.
J: Kennzeichnung der Felgenhorn-Höhe.
x: Zeichen für Tiefbettfelge.
15: Felgendurchmesser in Zoll. Gemessen wird von Wulst zu Wulst.
ET 42, ET 47: Einpreßtiefe 42 bzw. 47 mm. Dieses Maß erläutert die Zeichnung auf der gegenüberliegenden Seite oben näher.

Radschrauben

Alle BMW-Felgen – ob aus Leichtmetall oder Stahl – werden mit denselben Radschrauben befestigt. Sie brauchen also keine anderen Radschrauben mitzuführen, wenn Sie trotz Leichtmetallfelgen ein Stahl-Reserverad besitzen.

Andere Radschrauben für Sonderfelgen

Abweichend vom eben gesagten können nachträglich montierte Leichtmetallfelgen anderer Hersteller als BMW besondere Schrauben erfordern. Das hat folgende Gründe:
Für die entsprechende Stärke der Felgen-Anlagefläche muß die passende Radschraubenlänge verwendet werden. Eine zu kurze Radschraube hält das Rad nicht sicher an der Nabe. Eine Schraube mit zu langem Schraubengewinde ragt zu weit in die Schraubenbohrung der Radnabe und kann nicht genügend angezogen werden.

Anbau von Sonderfelgen

Sonderfelgen heißen auf Amtsdeutsch solche Räder, die in Form oder Material nicht der serienmäßigen Ausstattung entsprechen. Da es wegen nachträglich montierten Rädern und Reifen immer wieder Schwierigkeiten bei Polizeikontrollen oder der Hauptuntersuchung bei DEKRA oder TÜV gibt, hier einige Punkte, die Sie beachten müssen.
○ Keine Probleme gibt es, wenn Felgen- und Reifengröße mit den Angaben in den Fahrzeugpapieren übereinstimmen und die Felgen Original-BMW-Teile sind.
○ Eine Änderung der Fahrzeugpapiere durch die Zulassungsstelle ist erforderlich, wenn Felgen- und Reifengröße mit den Angaben in den Kfz-Papieren übereinstimmen und eine Rad-ABE vorliegt.
○ Ein Gutachten nach § 19 (2) StVZO beim TÜV (Teilgutachten) und die Berichtigung der Kfz-Papiere ist notwendig, wenn Felgen- und Reifengröße nicht mit den Angaben in den Papieren übereinstimmen und/oder für die Felgen lediglich ein TÜV-Bericht vorliegt.
○ Beim Kauf neuer Sonderfelgen muß eine Rad-ABE oder ein TÜV-Bericht beigefügt sein.
○ Vor dem Kauf gebrauchter, nicht originaler Felgen ohne entsprechende Papiere sollten Sie anhand der genauen Hersteller- und Typenbezeichnung sowie des Herstellungsdatums (es ist in der Felge eingeschlagen oder eingegossen) aus dem Räderkatalog des TÜV heraussuchen lassen, ob hierfür eine Rad-ABE oder ein TÜV-Bericht vorliegt.
○ Räder ohne ABE oder TÜV-Bericht dürfen in der Bundesrepublik nicht montiert werden.

Ein wichtiges Felgenmaß stellt die Einpreßtiefe »d« dar. Damit bezeichnet man den Abstand zwischen der Felgenmitte und der Anlagefläche der Felge an die Radnabe.

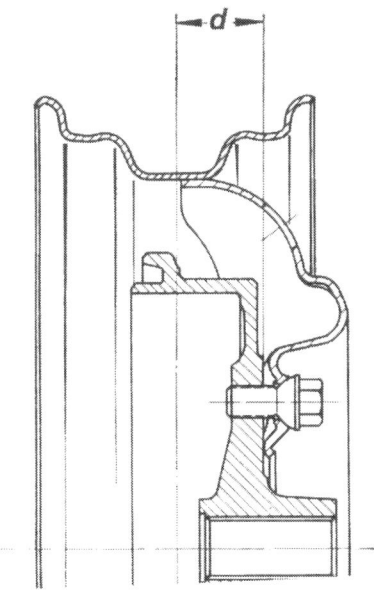

Reifendruck prüfen

Ständige Kontrolle

Die nachfolgend genannten Werte (in bar Überdruck) entsprechen den BMW-Werksangaben. Ältere Betriebsanleitungen nennen teilweise andere Druckwerte.

Modell	Reifengröße Sommerreifen	halbe Beladung		volle Beladung	
		vorn	hinten	vorn	hinten
320i	205/60 R 15 91 V 225/55 R 15 92 V	1,9	2,1	2,1	2,6
	185/65 R 15 87 Q, T, H M+S 205/60 R 15 91 Q, T, H M+S	2,2	2,4	2,4	2,9
325i	205/60 ZR 15 225/55 ZR 15	2,0	2,3	2,3	2,8
	185/65 R 15 87 Q, T, H M+S 205/60 R 15 91 Q, T, H M+S	2,2	2,5	2,5	3,0

Fingerzeige: Die Druckangaben gelten für die von BMW freigegebenen Reifenfabrikate. Bei Verwendung anderer Fabrikate kann höherer Riefendruck notwendig sein.
Die Druckangaben finden Sie auch an der Türsäule an der Fahrerseite.
Bei einem Fahrzeug mit Anhängekupplung sollte der Reifendruck im Solobetrieb an den hinteren Reifen um 0,2 bar erhöht werden. Bei Anhängerbetrieb gelten die Luftdruckangaben für volle Beladung.

Bereits wenige Kilometer zügiger Fahrt lassen den Reifendruck um 0,2–0,3 bar ansteigen. Diese Druckerhöhung durch Erwärmung ist bei den Luftdruckempfehlungen bereits berücksichtigt worden und darf deshalb nicht

Luftdruck bei kalten Reifen messen

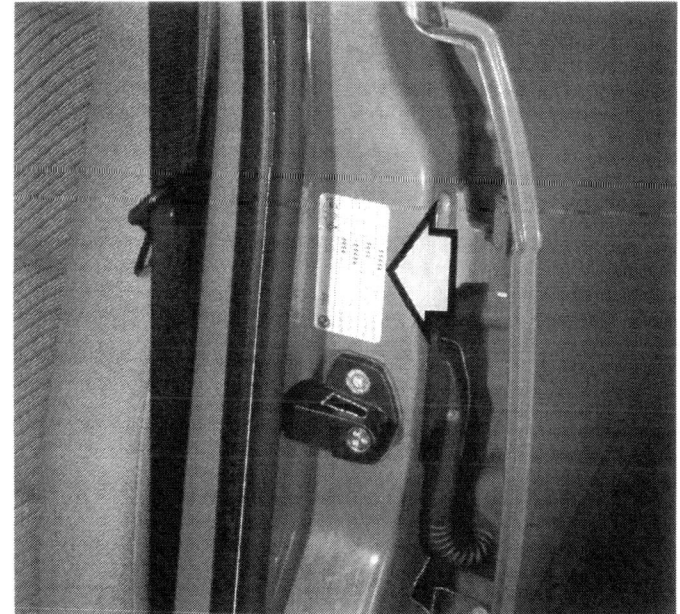

Der Aufkleber an der hinteren Türsäule der Fahrertür gibt Aufschluß über den richtigen Reifendruck des betreffenden Fahrzeugs.

abgelassen werden. Am günstigsten ist ein eigener Luftdruckprüfer, womit der Reifendruck vor Antritt der Fahrt bei kalten Reifen gemessen werden kann.

Reifenzustand kontrollieren

Wartung Nr. 20

Die Kontrolle geht am besten bei aufgebocktem Wagen, etwa beim Ölwechsel an der Tankstelle.
- Drehen Sie jedes Rad einmal komplett durch.
- Fremdkörper, wie kleine Steinchen, bohren Sie mit einem schmalen Schraubendreher aus den Profillamellen, ohne den Reifen dabei zu beschädigen.
- Das Reifenprofil muß seit dem 1. 1. 1992 laut Gesetzesvorschrift über die gesamte Profilbreite noch mindestens 1,6 mm tief sein.
- Aus Sicherheitsgründen sollten Sie jedoch die Reifen schon bei Erreichen der 3-mm-Profilgrenze wechseln lassen, denn die breiten Reifen des BMW »schwimmen« schon bei geringer Profiltiefe auf nasser Fahrbahn.
- Zur Verschleißkontrolle dienen in regelmäßigen Abständen quer zur Lauffläche verlaufende Erhebungen in den Profilrillen. Sie sind an der Reifenflanke durch die Buchstaben »TWI« gekennzeichnet.
- Wenn diese Erhebungen mit den Profilrippen in gleicher Höhe stehen, hat der Reifen noch 1,6 mm Restprofil. Spätestens jetzt ist es Zeit zum Reifentausch.
- Aus der Art der Profilabnutzung können Sie einiges herauslesen.

Das Reifenlaufbild

○ **An der Außenseite abgefahrene Vorderreifen** deuten auf flotte Fahrweise in Kurven hin. Einzige Abhilfe: Vorderräder regelmäßig gegen die Hinterräder austauschen.
○ **Einseitig abgefahrenes Profil** kann auch auf falsche Radeinstellung hinweisen; vor allem dann, wenn lediglich ein Reifen schräg abgelaufen ist.
○ **Starke Abnutzung in der Profilmitte** deutet auf wesentlich zu hohen Luftdruck. Oder der Wagen wird oft mit hoher Geschwindigkeit gefahren. Dann rundet sich die Lauffläche durch die auftretenden Zentrifugalkräfte. Die Bodenberührung und damit auch der Verschleiß finden verstärkt in der Lauffflächen-Mitte statt.
○ Sind **beide Außenschultern** eines Reifens **stärker abgefahren als die Profilmitte**, wurde lange Zeit mit zu niedrigem Luftdruck gefahren.
○ **Gleichmäßige Auswaschungen** im Profil deuten auf einen defekten Stoßdämpfer.
○ Tritt die **ungleiche Abnutzung nur an bestimmten Stellen** auf, ist das Rad unwuchtig.

Festen Sitz der Radschrauben kontrollieren

Wartung Nr. 22

Nach ca. 1000 km Fahrtstrecke soll nach jeder Radmontage kontrolliert werden, ob die Radschrauben richtig angezogen sind. Als Anzugsdrehmoment sind 110 Nm vorgeschrieben, also nicht mit einem zusätzlich verlängerten Radschlüssel die Schrauben »anknallen«. Eine gute Gelegenheit, das eigene »Kraft-Empfinden« mit dem Drehmomentschlüssel zu überprüfen.

Rad-Unwuchten

Unwuchtige Räder spürt man durch Vibrationen im Lenkrad oder Schütteln im Vorderwagen. Beides tritt bei

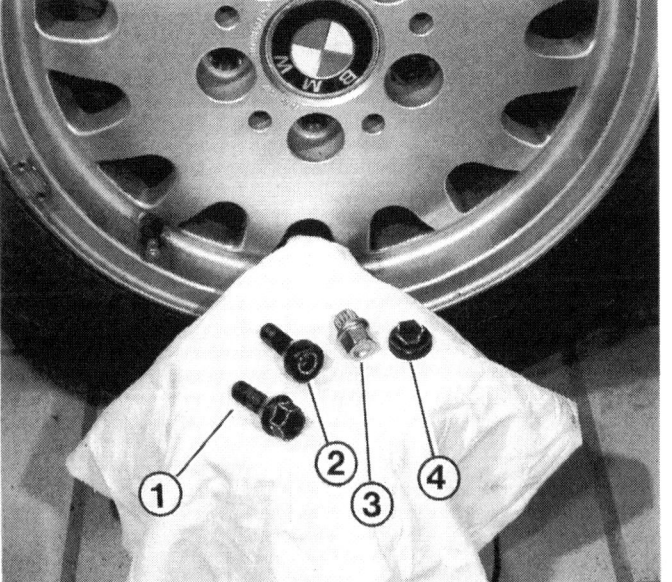

Die Radschrauben (1) passen an Stahl- und Leichtmetallfelgen aus dem Hause BMW. Abschließbare Radschrauben oder, wie hier, Radschraubensicherungen schützen teure Felgen vor Diebstahl. Es bedeuten:
2 – Radschraube für Adapter;
3 – Adapter zum Lösen der Radschraube;
4 – Abdeckkappe zur Radschraube für Adapter.

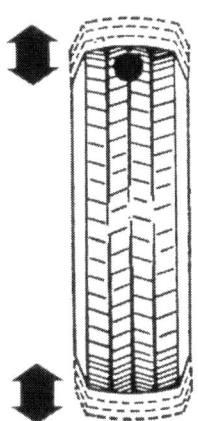

Unsere Skizze erläutert die Auswirkungen der Unwucht:

 Die **statische** Unwucht erkennt man, wenn ein freihängendes, drehendes Rad immer mit der gleichen Stelle zu Boden sinkt und sich allmählich auspendelt. Folge: Das Rad hüpft während der Fahrt.

Die **dynamische** Unwucht ist durch Auspendeln des Rades nicht zu erkennen, denn sie liegt irgendwie schräg zur Radachse, so daß das schnellaufende Rad flattert und wackelt. Unausgewuchtete Räder führen zu schnellem Reifenverschleiß, unruhiger Lenkung und vorzeitiger Abnutzung der Radlager.

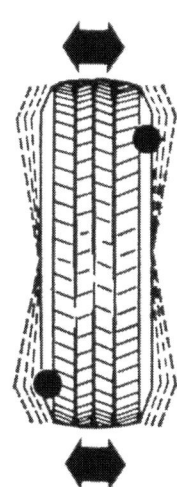

bestimmten Geschwindigkeiten besonders stark auf. Die Ursache liegt an ungleichmäßiger Gewichtsverteilung am Rad.

Räder auswuchten

Die Räder müssen statisch und dynamisch ausgewuchtet werden. Dazu gibt es zwei Methoden:
○ Das Rad wird am Wagen ab- und an einer Auswuchtmaschine angeschraubt. Dort läuft es zur Probe, Unwuchten werden dabei angezeigt und können durch Anbringen von Bleigewichten ausgeglichen werden.
○ Zum Ausschalten letzter Unwuchten ist Feinwuchten erforderlich. Dabei werden auch Unwuchten von Radnabe und Bremsscheibe ausgeglichen. Die am Wagen anmontierten Räder werden durch einen Elektromotor mit Reibrad in die notwendige schnelle Drehung versetzt und die Restunwucht angezeigt. Das gleicht man wieder durch Bleigewichte aus.

Fingerzeig: Feinwuchten ist besonders an den Vorderrädern des BMW anzuraten. Dort sind selbst kleinste Unwuchten am Lenkrad zu spüren. An den Hinterrädern ist das Auswuchten am Fahrzeug eher entbehrlich.

Radwechsel

Unterwegs ist der Radwechsel nicht ganz problemlos. Die Radschrauben können festgerostet sein oder sie wurden beim letzten Radwechsel in der Werkstatt mit einem Schlagschrauber »angeknallt« (statt mit den vorgeschriebenen 110 Nm festgezogen). Dann sind die Schrauben möglicherweise nicht einmal mit dem stabilen BMW-Radschraubenschlüssel mehr zu lösen. Hilfe ist dann nur noch von einem ausziehbaren Radschraubenschlüssel (siehe Werkzeug-Kapitel) oder einem Radkreuz mit aufgestecktem Rohrstück (als Verlängerung) zu erwarten.
● Handbremse anziehen und 1. oder Rückwärtsgang einlegen.
● Unterwegs Warnblinkanlage einschalten und Warndreieck aufstellen.

| Luftdruck häufig zu hoch | Luftdruck häufig zu niedrig | Stoßdämpfer defekt | Fehlerhafte Radaufhängung u. Lenkgeometrie (Spur, Sturz usw.) | Vollbremsung (blockiertes Rad) |

Die Art des Reifenverschleißes läßt Rückschlüsse auf dessen Ursachen zu. Die Zeichnung zeigt einige Beispiele.

- Räder der anderen Wagenseite gegen Wegrollen sichern, z. B. mit Steinen oder Holzstücken.
- Bei Rad-Vollblende die Blende von Hand abziehen.
- An Leichtmetallfelgen im Kreuzspeichen-Design die Radnabenabdeckung abnehmen. Dazu wird ein Schraubendreher oder der große Kunststoff-Sechskantschlüssel aus dem Bordwerkzeug verwendet.
- Felgenschloß – so vorhanden – öffnen.
- Radschrauben bei auf dem Boden stehendem Wagen jeweils knapp eine Umdrehung lockern.
- Bordwagenheber an einem der vier Aufnahmepunkte unten am Türschweller ansetzen (siehe dazu Kapitel »Der sichere Arbeitsplatz«). Darauf achten, daß der Wagenheberfuß zunächst stabil mit der ganzen Standfläche auf dem Boden aufliegt. Bei weichem Untergrund Brettchen unterlegen.
- Wagen hochkurbeln, bis das Rad frei hängt.
- Radschrauben vollends herausdrehen, Rad abnehmen.
- Wer sich das anschließende Aufsetzen des neuen Rades erleichtern will, steckt den Zentrierstift aus dem Bordwerkzeug in eine der Gewindebohrungen.
- Reserverad aufstecken.
- Schrauben über Kreuz gleichmäßig anziehen. Dabei das Rad hin- und herdrehen, damit es sich einwandfrei auf der Radnabe zentriert.
- Wagen ablassen, Schrauben nachziehen (110 Nm).
- Rad-Vollblende aufdrücken. Dabei die Blende zuerst am Reifenventil »einhängen«, mit dem Fuß festhalten und anschließend an der gegenüberliegenden Seite festdrücken.
- Am besten klappt dieser Balanceakt, wenn das Reifenventil unten am Rad steht.
- Nach ca. 1000 km Radschrauben nochmals nachziehen.

Fingerzeig: Soll ein intaktes, am Wagen gewuchtetes Rad etwa nach Kontrollen an der Bremse wieder montiert werden, muß es in gleicher Stellung wie zuvor an der Radnabe festgeschraubt werden. Dazu die Einbaulage kennzeichnen, wie im Bild auf der gegenüberliegenden Seite gezeigt.

Radmittenzentrierung fetten

Wartung Nr. 21

Wir würden diesen Wartungspunkt durchführen, wenn die Räder ohnehin zur Bremsbelagkontrolle oder anläßlich des Radwechsels abgenommen wurden.
- Wegen der unterschiedlichen Materialien kann es zwischen Leichtmetallfelgen und Radnaben zu sogenannter Kontaktkorrosion kommen.
- Um das zu vermeiden, muß die Radmittenzentrierung dünn eingefettet werden.
- Tritt Korrosion an dieser Stelle auf, kann die Felge fast unlösbar an der Radnabe festbacken.

Neue Reifen kaufen

Steht die Anschaffung von neuen Reifen an, ist das eine gute Gelegenheit, auf eine andere Reifendimension zurückzugreifen, die evtl. den eigenen Anforderungen besser als die seitherige entspricht. Deshalb hier in Kürze die Eigenschaften und Besonderheiten der Reifengrößen, die am BMW montiert werden können. **Welche Reifen davon für Ihren Wagen in Frage kommen, entnehmen Sie Ihren Fahrzeugpapieren.**
- Die Standardgröße **205/60 R 15** ist für beide Sechszylindermodelle voll ausreichend – und in der Anschaffung teuer genug!
- Auf die noch breiteren **225/55 R 15**-Reifen umzusteigen, muß gut überlegt werden. Selbst wer bereit ist, den Mehrpreis für die noch breiteren Walzen zugunsten einer verbesserten Optik zu berappen, wird kaum Freude am Eigenlenkverhalten des Wagens haben. Denn je breiter die Reifen werden, desto empfindlicher reagiert der BMW 3er auf Fahrbahn-Längsrillen – sprich: desto mehr Lenkkorrekturen sind für den Geradeauslauf bei unebener Fahrbahn notwendig.
- Längere Lebensdauer ist mit breiteren Reifen nicht zu erwarten, denn: Je breiter die Reifen-Aufstandsfläche, desto schauerlicher die Aquaplaning-Eigenschaften bei zunehmendem Reifenverschleiß. Was wiederum früheren Austausch erfordert.

Winterbereifung

- Ohne Winterreifen ist der BMW kaum durch Matsch und Schnee zu bewegen. Relativ hohe Motorleistung und Antrieb der verhälnismäßig gering belasteten Hinterachse sorgen für nicht allzu gute Wintereigenschaften.

Soll ein intaktes, am Wagen gewuchtetes Rad etwa nach Kontrollen an der Bremse wieder montiert werden, muß es in gleicher Stellung wie zuvor an der Radnabe festgeschraubt werden. Dazu die Einbaulage an Felge und Nabe kennzeichnen, wie hier mit den Pfeilen gezeigt.

Selbst die Beladung des Kofferraums mit einem Sandsack bringt keine überzeugende Verbesserung. Die Anschaffung von Winterreifen ist also kaum zu umgehen.
○ Bei Winterreifen haben Sie die Wahl zwischen den herkömmlichen M+S-Reifen, die lediglich 160 km/h schnell gefahren werden dürfen, und den teureren Hochgeschwindigkeitsreifen für 190 und 210 km/h Höchsttempo. Entsprechend lauten die Geschwindigkeits-Kennbuchstaben dieser Reifen »Q«, »T« oder »H«.
○ Stehen Kostengründe im Vordergrund und wird der Wagen winters vornehmlich im Kurzstreckenverkehr gefahren, so würden wir in jedem Fall auf die preisgünstige Reifendimension 185/65 R 15 zurückgreifen, die übrigens nur als Winterbereifung zugelassen ist.
○ Legt der Wagen dagegen auch winters viele Autobahnkilometer zurück oder will man auf das bullige Aussehen des BMW auch im Winter nicht verzichten, eignen sich breitere Winterreifen in den erwähnten Sommerreifen-Dimensionen besser.
○ Wenn der BMW schneller laufen kann, als es die bauartbedingte Höchstgeschwindigkeit der Winterreifen zuläßt, muß ein Hinweisschild mit der Reifen-Höchstgeschwindigkeit am Armaturenbrett angebracht werden.
○ Ein M+S-Reifen mit weniger als 4 mm Profiltiefe taugt nichts mehr im Winter. Wenn etwa im Gebirge Winterreifen vorgeschrieben sind, werden M+S-Reifen als solche nur dann anerkannt, wenn ihr Profil noch mindestens 4 mm tief ist.

Elektrik und Elektronik

Kleine grüne Männchen

Elektrizität ist leider unsichtbar. Deshalb ist alles, was mit Strom zusammenhängt, für viele ein Buch mit sieben Siegeln. Verdeutlichen wir uns doch die Zusammenhänge von Strom und Spannung am Beispiel eines Wasserfalls: Seine Höhe stellt die elektrische **Spannung** dar (in Volt gemessen), seine Breite – also die herabfließende Wassermenge – symbolisiert den elektrischen **Strom** (in Ampere gemessen).

Steht am Fuß unseres Wasserfalls ein Mühlrad, so wird dort **Leistung** (in Watt) erzeugt. Und zwar so viel, wie sich aus dem Produkt von Höhe und Breite des Wasserfalls ergibt. Klar also, daß es egal ist, ob der Wasserfall hoch und schmal oder niedrig und dafür breiter ist. Denn erst das Ergebnis der Rechnung »Höhe mal Breite« (oder »Spannung mal Strom«) entscheidet über die abgegebene Leistung. Einleuchtendes Beispiel: Die 40-Watt-Birne zu Hause brennt genau gleich hell wie die 40-Watt-Birne am Auto, obwohl das Bordnetz statt 220 Volt nur 12 Volt aufzuweisen hat.

Bleibt noch der **Widerstand** zu erklären: Er ist mit einer Verengung in der Wasserleitung vergleichbar, durch den der Wasser(Strom-)fluß reduziert werden kann.

Grundbegriffe der Elektronik

Schon dem Wort nach basiert die Elektronik auf den Elektronen – jenen immens kleinen Bausteinen, aus denen das ohnehin schon kleine Atom zum Teil besteht. Die Elektronen sorgen in allen elektrisch leitenden Werkstoffen (Leiter) dafür, daß Strom überhaupt fließen kann. Die Elektronen wandern dabei im Leiter von Atom zu Atom.

Nichtleitende Werkstoffe besitzen zwar auch Elektronen, doch sind diese sehr stark an den Atomkern gebunden. Sie können also auch nicht weiterwandern, und somit fließt auch kein Strom.

Die dritte Werkstoffgruppe stellen die sogenannten Halbleiter dar. Das sind Kristalle (meist Germanium oder Silizium), die so nachbehandelt wurden, daß in ihrem Atomaufbau Elektronen fehlen oder überschüssige Elektronen vorhanden sind.

Dadurch ergibt sich der durchaus erwünschte Effekt, daß durch die Kristallplättchen nur unter bestimmten Bedingungen Strom fließen kann. Werden diese Bedingungen nicht erfüllt, baut sich eine Sperrschicht auf, und der Stromfluß wird gehemmt.

Halbleiterbauelemente findet man natürlich nicht nur einzeln in der Fahrzeugelektrik verwendet. Meist sind sie in größerer Stückzahl zu kompletten Schaltungen zusammengefaßt, wie zum Beispiel im Steuergerät der Motronic-Zünd-/Einspritzsteuerung oder dem Zentralverriegelungsmodul.

Halbleiter

Transistor: Er läßt nur dann Strom durchfließen, wenn an seinem dritten Anschluß eine Spannung anliegt. Ist diese Spannung hoch, fließt viel Strom durch; bei geringer Spannung entsprechend weniger. Vergleichbar ist das mit einem Wasserhahn. Je weiter das Ventil aufgedreht wird, desto mehr Wasser fließt durch.

Diode: Sie ist nur in einer Richtung für den elektrischen Strom leitend. Kommt der Strom aus der Gegenrichtung, sperrt sie den Durchgang. Das ist wie beim Reifenventil: Luft kann durchgepumpt werden, aber sie kommt nicht mehr heraus.

Leuchtdiode: Der Halbleiterkristall sendet Licht aus, sobald Spannung anliegt. Im Grund genommen ist das wie bei einer Glühlampe, aber es gibt keinen Glühfaden, der allmählich verbrennen kann.

Weitere Bauelemente

In nahezu allen elektronischen Schaltungen kommen Bauteile vor, die nicht zur Sparte der Halbleiter gehören, ohne die aber die Elektronik nicht denkbar wäre. Häufigste Vertreter sind:

Widerstand: Seine Aufgabe ist es, den Stromfluß zu hemmen, wie bereits beschrieben.

Kondensator: Er wirkt wie eine kleine Batterie und kann elektrische Energie für eine gewisse Zeit speichern. Er wird zur Glättung von Spannungsschwankungen und zum Dämpfen von Spannungsspitzen verwendet. Wenn eine Zeitverzögerung in einer Schaltung erwünscht ist (z. B. im Blinkrelais), wird ein Kondensator mit einem Widerstand zu einem »Zeitglied« zusammengeschaltet.

Elektronische Schaltungen

Integrierte Schaltkreise (IC): Eine Vielzahl von elektronischen Bauteilen ist im kleinen Gehäuse eines IC untergebracht. Die meist schwarzen »Käfer« mit 14 und mehr Anschlußfüßen gibt es mit allen erdenklichen Funktionen.

Mikroprozessoren: Sie spielen eine wachsende Rolle in der Technik. Es sind weiterentwickelte ICs, aber wesentlich »intelligenter«. Je nach Art des elektrischen Eingangssignals können sie vorher programmierte Schaltungsvorgänge auslösen.

Elektrische Messungen

Maß halten

Damit der Meßwert richtig abgelesen werden kann, bedarf es zunächst eines genauen Meßgeräts. Welche Geräte sich eignen, sehen Sie im Bild auf der folgenden Seite.
Wie man das Meßgerät richtig anschließt und was bei den einzelnen Messungen zu beachten ist, finden Sie in den folgenden Abschnitten erklärt.

Vor Beginn der Arbeit

○ Schalten Sie vor Abziehen eines Steckers im Bereich der Fahrzeugelektronik immer die Zündung aus. Noch besser ist das Abklemmen der Batterie. Denn beim Trennen eines Steckkontakts können Spannungsspitzen entstehen, die nahegelegenen empfindlichen Elektronikgeräten (z. B. Bordcomputer) nicht gut bekommen.
○ Fast alle Stecker im BMW sind gegen unbeabsichtigtes Lockern geschützt. Zum Abziehen muß also fast immer eine Sicherung überwunden werden. Mehr dazu im folgenden Kapitel.

Verschiedene Messungen

Spannung messen mit Prüflampe

Praktisch ist eine Prüflampe mit Nadelkontakt, mit deren Nadel einfach die Isolierung des zu prüfenden Kabels durchstochen werden kann. Die Klemme am Kabel der Lampe wird irgendwo an blankem Fahrzeugmetall, der sogenannten Masse, angeclipst.
Die Lampe gibt in erster Linie Auskunft darüber, ob überhaupt Spannung anliegt. An ihrer Helligkeit kann man in etwa die Höhe der Spannung abschätzen.

Spannung messen mit Diodenprüfer

An elektronischen Bauteilen darf mit einer herkömmlichen Prüflampe nicht gemessen werden. Sie nimmt zu viel Leistung auf und kann so Bauteile der Elektronik beschädigen. Wer in diesem Bereich Messungen vornehmen will, sollte sich einen Spannungsprüfer mit Leuchtdioden anschaffen.

Spannung messen mit Voltmeter

Exakter ist die Spannungsmessung mit dem Volt-Meßbereich eines Zeiger- oder Digitalmeßgeräts. Durch den sehr geringen Stromverbrauch des Instruments droht auch Elektronikteilen keine Gefahr.
○ Zum Messen der Batteriespannung (als Beispiel) wird das mit »–« gekennzeichnete Meßkabel an den Minuspol der Batterie angeschlossen. Das »+«-Kabel kommt an den Pluspol.
○ Zeigt das Instrument beispielsweise nur 10,4 Volt an, hat eine der Batteriezellen Kurzschluß. Interessant kann es auch sein, die Batteriespannung zu messen, während der Anlasser betätigt wird. Sind dann nur noch 6 Volt abzulesen, steht es mit der Batterie sicher nicht zum besten.
○ Weitere Methoden, das Volt-Meßgerät einzusetzen:
○ Messen einer Spannung »gegen Masse«: »+«-Kabel des Meßgeräts an einer Klemme anschließen, an der Spannung anliegt, »–«-Kabel an ein blankes Teil der Karosserie oder des Motors anklemmen. Beide sind durch dicke Kabel mit dem Minuspol der Batterie verbunden, wodurch eine exakte Messung möglich ist.
○ Häufig wird die Spannung zwischen zwei bestimmten Kontakten (etwa an einem Steuergerät) gemessen. Wie das Meßgerät anzuschließen ist und welche Spannung anliegen soll, ist in einem solchen Fall Bestandteil der Prüfvorschriften.
○ Mit dem Volt-Meßbereich kann auch geprüft werden, ob ein Massekabel in Ordnung ist: »+«-Kabel des Meßgeräts am Pluspol der Batterie anschließen, »–«-Kabel des Geräts am Ende des Massekabels anklemmen. Ist die Masseversorgung intakt, muß volle Batteriespannung angezeigt werden.

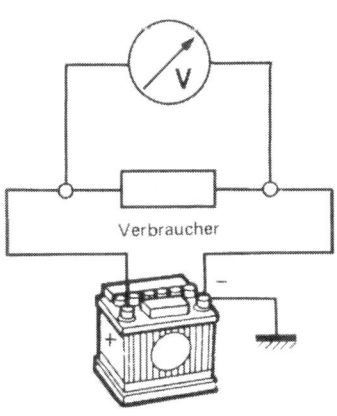 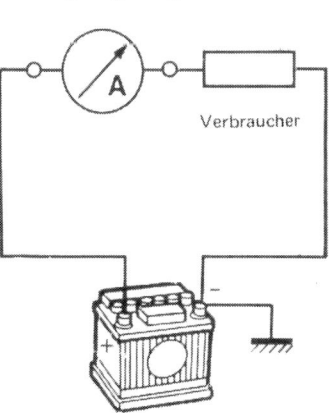 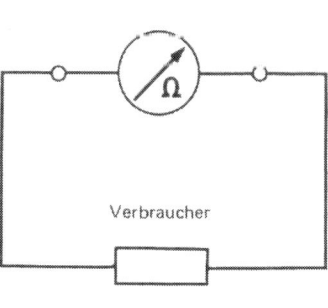

Verschiedene elektrische Messungen. Von links nach rechts: Spannung, Strom, Widerstand messen.

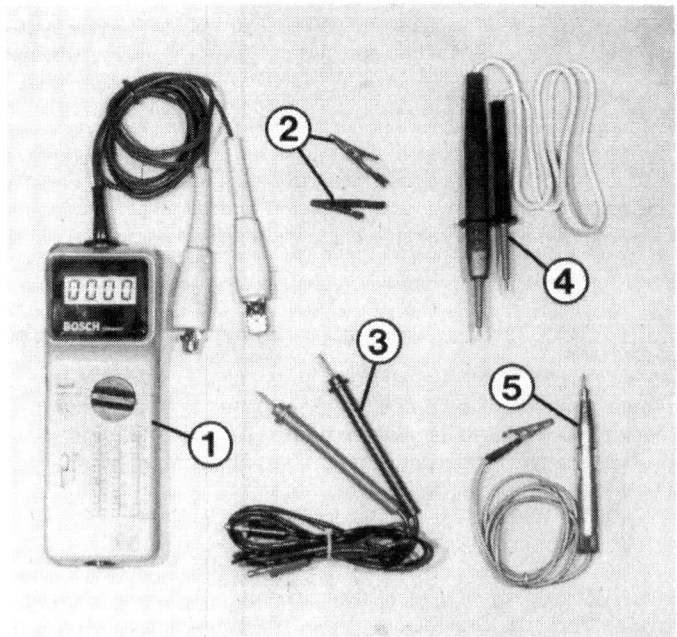

Meßgeräte für Fahrzeug- und Motorelektrik:
1 – Präzisions-Motortester mit Digitalanzeige; dazu Krokodilklemmen (2) und Meßspitzen (3);
4 – Leuchtdioden-Spannungsprüfer (auch für Elektronik-Bauteile geeignet);
5 – herkömmlicher Spannungsprüfer mit Glühlampe.

Strom messen

Ob Strom zu einem Verbraucher fließt, wird mit dem Amperemeter bzw. dem entsprechenden Meßbereich des Vielfach-Meßinstruments gemessen.

○ Dazu muß der Stromkreis aufgetrennt und das Meßgerät zwischen die jetzt freien Pole zwischengeschaltet werden.

○ In der Praxis sieht das so aus: Einen Steckkontakt in der Leitung zu einem Verbraucher abziehen und Meßgerät zwischen Stecker und Kontaktzunge zwischenschalten.

○ Strom wird beispielsweise gemessen, wenn der Verdacht besteht, daß ein heimlicher Stromverbraucher irgendwo im Bordnetz sitzt, der über Nacht die Batterie leersaugt. Um diese Leckstelle zu lokalisieren, nehmen Sie eine Sicherung nach der anderen heraus, klemmen stattdessen das Amperemeter an den Kontakten im Sicherungskasten an und können so feststellen, in welchem Stromkreis Verluste entstehen.

○ **Niemals** versuchen, auf diese Weise den Stromverbrauch des Anlassers zu ermitteln! Der Strom ist viel zu hoch für unser kleines Meßgerät.

Widerstand messen

Die exakte Widerstandsmessung an einem Bauteil hat nur dann einen Sinn, wenn man ein genau anzeigendes Gerät besitzt. Sonst bleiben letztlich Zweifel an der Messung.

○ Mit dem Widerstandsmeßbereich läßt sich beispielsweise erkennen, welchen Innenwiderstand ein bestimmtes Bauteil hat. Die Angaben finden Sie – wo nötig – hier im Buch.

○ Die Kabel des Meßgeräts (Polung ist dabei gleichgültig) werden dazu an zwei Anschlüssen des Bauteils angeklemmt.

○ Oder es wird der Widerstand »gegen Masse« gemessen: Ein Kabel am Bauteil, das zweite an Motorblock oder Karosserie anklemmen.

○ Ferner läßt sich mit dem Widerstands-Meßbereich eines Meßinstruments prüfen, ob eine Leitung oder ein Schalter »Durchgang« hat (der Meßwert ist dann $0\,\Omega$) oder ob der Stromweg irgendwo unterbrochen ist (dann erhalten Sie den Meßwert unendlich = ∞).

Die Karosserie-Elektrik

Labyrinth

Von Sicherungen, Leitungen, Relais, Schalt- und Steuergeräten handelt dieses Kapitel. Denn in einem so stark elektronifizierten Auto wie dem BMW gibt es davon mehr als genug.

Grundlagen der Fahrzeugelektrik

Minus an Masse

Strom kann nur in einem geschlossenen Kreislauf fließen. Wenn Sie zu Hause den Lichtschalter anknipsen, leuchtet das Licht auf. Genauso ist es im Auto, nur daß hier der von Batterie oder Lichtmaschine kommende Strom über den jeweiligen Stromverbraucher zurück zur Batterie oder Lichtmaschine fließt.
An die Mehrzahl der Stromverbraucher im BMW sind zwei Kabel angeschlossen. Doch nur eines läßt sich bis zur Batterie bzw. bis zum Generator zurück verfolgen, wie dies auch die Stromlaufpläne zeigen. Die andere Leitung ist dagegen meist schon nach wenigen Zentimetern irgendwo am Karosserieblech festgeschraubt oder mit einer Steckerfahne eingesteckt.
Hier hat man sich zunutze gemacht, daß die Metallteile von Karosserie und Motor bzw. Getriebe ebenfalls Strom leiten können. In der Autoelektrik bezeichnet man sie mit der »Masse«. Sie sorgen für die Stromrückleitung zum Minuspol der Batterie. Merksatz: **M**inus an **M**asse.
Wenn ein Stromverbraucher direkt auf Metall sitzt, braucht er nur ein einziges Anschlußkabel, aber im heutigen kunststoffreichen Automobil müssen fast immer kleine Verbindungsleitungen den Kontakt zur Fahrzeugmasse herstellen.

System im Wirrwarr

Normklemmen

Das bunte Kabelgewirr im Auto ist eigentlich ganz gut geordnet, denn viele Einzelheiten der Kraftfahrzeug-Elektrik sind genormt. Die Zahlen an verschiedenen Bauteilen und Kabelanschlüssen sowie in den Stromlaufplänen haben in allen deutschen und in manchen ausländischen Fahrzeugen dieselbe Bedeutung. Beispiele:
Klemme 15 erhält nur bei eingeschalteter Zündung (Zündschloß-Raste »II«) Strom ab Zündschloß, wobei außer den Zündspulen jene Stromverbraucher versorgt werden, die nur bei Betrieb des Wagens Strom erhalten sollen. Die Kabel an den Normklemmen 15 besitzen vielfach eine grüne Ummantelung, bisweilen auch mit farbigen Zusatzstreifen bei bestimmten Stromverbrauchern.
Klemme R ist eine BMW-eigene Benennung für Anschlüsse, die in Zündschloßraste »I« und »II« sowie in Anlaßstellung funktionieren sollen. Die Ummantelung ist häufig violett; ggf. mit Zusatzstreifen.
Klemme 30 erhält dauernd Strom vom Pluspol der Batterie bzw. bei laufendem Motor von der Lichtmaschine. Das kann bei unvorsichtigem Umgang mit Werkzeug zu Kurzschlüssen und Funkenregen führen, wenn das Minuskabel der Batterie nicht abgenommen wurde. Diese stets stromführenden Kabel haben meist eine rote Umhüllung, ggf. mit zusätzlichen Farbstreifen.
Klemme 31 ist die Masse-Klemme, mit der ein Stromverbraucher zur Fahrzeugmasse verbunden sein muß, damit der Stromkreis geschlossen ist. Diese Kabel sind braun umhüllt.

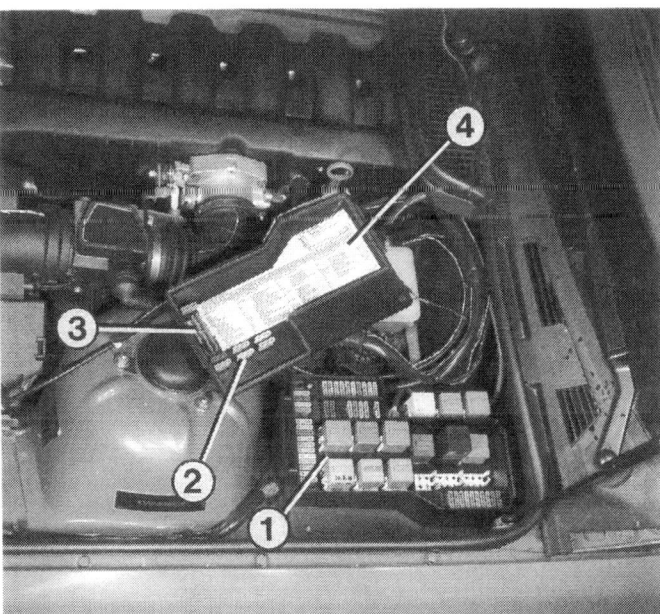

Der Stromverteilerkasten (1) ist das Kernstück der Karosserie-Elektrik im BMW. Im Deckel des Kastens sind untergebracht: 2 – die Reservesicherungen; 3 – die Kunststoffzange zum Abziehen von Sicherungen und Relais; 4 – eine Kurzfassung der Sicherungstabelle.

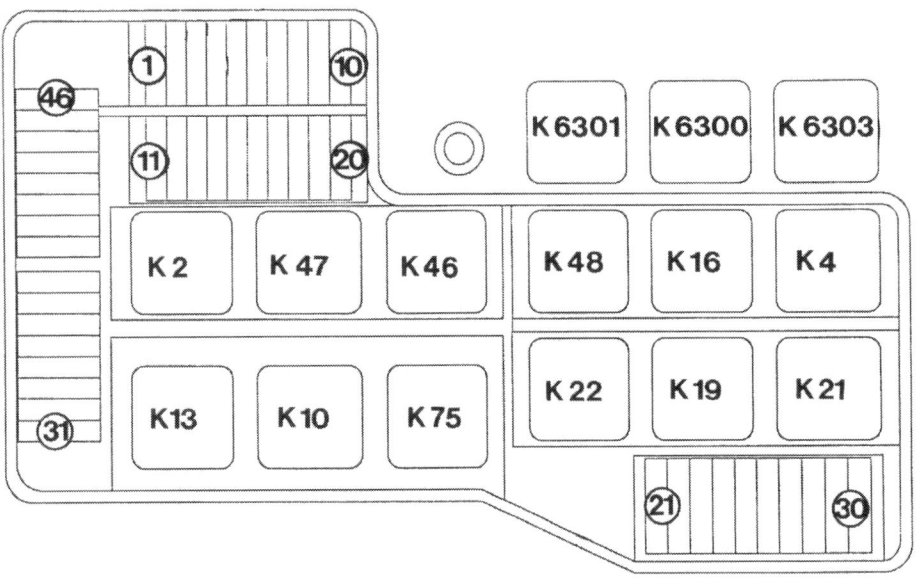

Die Zeichnung zeigt die Belegung des Stromverteilerkastens. Die Zahlen in den Kreisen nennen die Sicherungs-Nummer jeweils am Anfang und Ende einer Sicherungsleiste. Ferner sind die Relais für folgende Bauteile abgebildet:
K2 – Hupenrelais; K4 – Heizungsgebläserelais; K10 – ABS-Überspannungsschutzrelais; K13 – Relais für heizbare Heckscheibe; K16 – Blink/Warnblinkrelais; K19 – Relais für Klimakompressor; K21 – Relais für elektrischen Kühlerventilator (Klimaanlage) Stufe I; K22 – Relais für elektrischer Kühlerventilator (Klimaanlage) Stufe II; K46 – Fernlichtrelais; K47 – Nebelscheinwerferrelais; K48 – Abblendlichtrelais; K75 – ABS-Pumpenmotorrelais; K6300 – Motronic-Hauptrelais; K6301 – Kraftstoffpumpenrelais; K6303 – Lambda-Sondenheizungsrelais.

Klemme 49 ist für die Blink- und Warnblinkanlage zuständig. Kabelfarbe blau/grün und blau/braun.
Klemme 53 versorgt die Scheibenwischeranlage.
Klemme 56 ist für die Spannungszufuhr des Abblendlichts mit gelb/weißem und gelb/blauem Kabel sowie des Fernlichts mit weiß/grünem und weiß/blauem Kabel zuständig.
Klemme 58 gehört zum Standlicht vorn sowie zu den Schluß- und Kennzeichenleuchten. Die Grundfarbe der Kabelumhüllung ist grau, jeweils mit zusätzlichen Farbstreifen.

Kabelsteckverbindungen

Lange Zeit mußte der ADAC in seiner Pannenstatistik lose Kabelsteckverbindungen als eine der häufigsten Pannursachen vermerken – und das bei fast allen Autos.
Dem hat BMW im wahrsten Sinne des Wortes einen Riegel vorgeschoben: Nahezu alle Steckverbindungen sind zusätzlich mechanisch gesichert. Klar, daß diese Sicherungen zum Abziehen des Steckers überwunden werden müssen.
Hier die am häufigsten vorkommenden Steckersicherungen:
○ Stecker der Einspritzanlage sind durch einen Drahtbügel gesichert, der niedergedrückt werden muß.
○ Die meisten der Mehrfachstecker haben seitlich zwei Sicherungsrasten, die zum Abziehen niedergedrückt werden müssen.
○ Beispielsweise am Kombi-Instrument sitzen Mehrfachstecker, die mit einem Drehriegel gesichert sind.
○ Eine Spange, die seitlich verschoben werden muß, um den Stecker abzuziehen, sitzt z.B. an der Kabelsteckverbindung des Zentralverriegelungs-Antriebs in den Türen.

Die Karosserie-Elektrik

Stromverteilerkasten

Kernstück der Karosserie-Elektrik ist beim BMW der Stromverteilerkasten links hinten im Motorraum. Dort ist die

In der Elektronikbox rechts in der hinteren Motorraumwand ist Platz für das Steuergerät des automatischen Getriebes (1; hier nicht eingebaut) und das Motronic-Steuergerät (2).

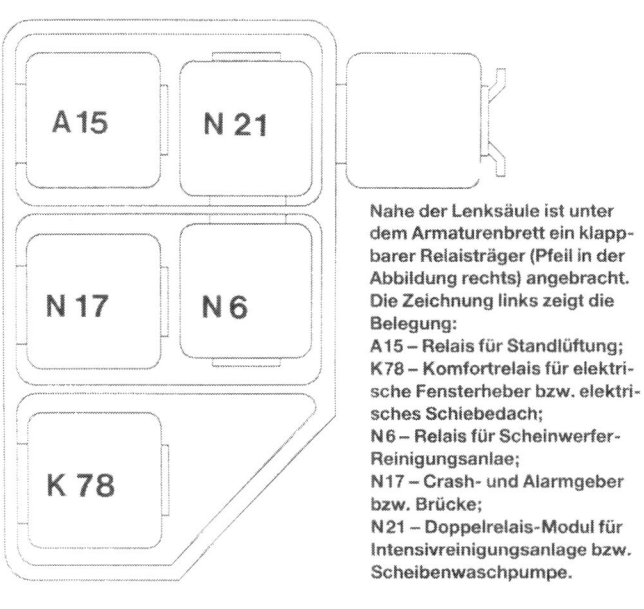

Nahe der Lenksäule ist unter dem Armaturenbrett ein klappbarer Relaisträger (Pfeil in der Abbildung rechts) angebracht. Die Zeichnung links zeigt die Belegung:
A15 – Relais für Standlüftung;
K78 – Komfortrelais für elektrische Fensterheber bzw. elektrisches Schiebedach;
N6 – Relais für Scheinwerfer-Reinigungsanlae;
N17 – Crash- und Alarmgeber bzw. Brücke;
N21 – Doppelrelais-Modul für Intensivreinigungsanlage bzw. Scheibenwaschpumpe.

überwiegende Zahl der Relais und Sicherungen übersichtlich untergebracht. Doch dieser Einbauort reicht bei weitem nicht für alle elektrischen Bauteile.

Elektronikbox

In der Elektronikbox, die sich hinter einer Verkleidung rechts in der hinteren Motorraumwand befindet, ist Platz für die Steuergeräte der Motronic und der Getriebesteuerung (automatisches Getriebe).

Links unter dem Armaturenbrett

Unter der linken unteren Armaturenbrettverkleidung – ganz vorn – befindet sich das Hirn der Check-Control. (Ausbau der Verkleidung siehe Kapitel »Der Innenraum«.)
Ebenfalls dort untergebracht sind zwei Relaisträger, die folgenden Bauteile beherbergen können:
○ Anlaßsperrelais
○ Wischermotorrelais
○ Wischerrelais
○ Klemme-15-Entlastungsrelais
○ Crash-Alarmgeber
○ Doppelrelaismodul
○ Scheinwerfer-Reinigungsmodul
○ Relais für Standlüftung
○ Komfortrelais für elektrische Fensterheber und elektrisches Schiebedach

Fahrer-Fußraum

Unter der Seitenverkleidung des Fahrer-Fußraums, unter der auch der Lautsprecher sitzt, ist das Wisch-Wasch-Modul (die Wischer-Steuerung) versteckt.

Mittelkonsole

Vorn in der Mittelkonsole ist das Steuergerät der Klimaanlage untergebracht.

Vor dem Handschuhfach

Bei ausgebautem Handschuhfach (Ausbau des Handschuhfachs siehe Kapitel »Der Innenraum«) sind zugänglich:
○ ABS-Steuergerät
○ Zentralverriegelungsmodul
○ Relais der Türschloßheizung
○ Steuergerät für Tempomat
○ Airbag-Diagnose-Modul
○ Modul der Diebstahl-Warnanlage

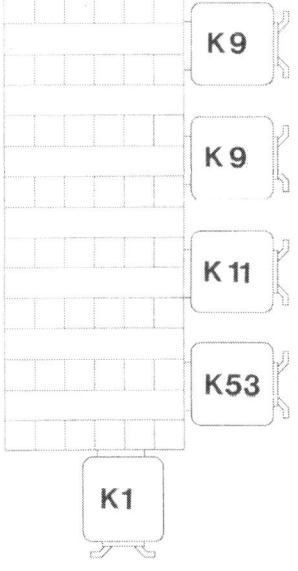

Ebenfalls links unter dem Armaturenbrett sitzt nahe der linken Seitenwand ein weiterer Relaisträger (Pfeil in der Abbildung rechts). Die Belegung zeigt die Zeichnung:
K1 – Anlaß-Sperrelais bei Automatikgetriebe bzw. Brücke;
K9 – Klemme-15-Entlastungsrelais (Einbauort wahlweise);
K11 – Wischerrelais;
K53 – Wischermotorrelais.

Bei ausgebautem Handschuhfach kommt man an die folgenden Steuergeräte heran: 1 – Steuergerät und Sicherung für Diebstahl-Warnlanlage; 2 und 3 – nicht belegt; 4 – Tempomat-Steuergerät; 5 – ABS-Steuergerät; 6 – Zentralverriegelungsmodul; 7 – Airbag-Steuergerät. Natürlich sind – wie hier – nur diejenigen Steuergerätplätze belegt, die nach Ausstattung des Fahrzeugs erforderlich sind.

Die Schaltrelais

Wozu werden Schaltrelais benötigt?

Schaltrelais verwendet man in erster Linie für leistungsstarke Stromverbraucher. Das hat folgenden Grund: Leitet man den Strom auf langen Kabelwegen über den dazugehörigen Schalter, gibt es Spannungsverlust. Außerdem werden die Schalterkontakte durch den hohen Stromfluß stark beansprucht. Bei einer Relaisschaltung benutzt man den Schalter nur für den geringen Schaltstrom, womit nicht der Verbraucher direkt, sondern dessen Relais eingeschaltet wird.

Stammt der Schaltbefehl nicht von einem Schalter, sondern von der Elektronikbox, gilt dasselbe: Die empfindlichen Elektronikbauteile können hohe Ströme nicht weiterleiten, ohne Schaden zu nehmen.

Funktion der Schaltrelais

○ Beim Einschalten des betreffenden Verbrauchers wird im Relais durch den an Klemme 86 ankommenden »Schaltstrom« der Schaltstromkreis zu Klemme 85 (Masse) geschlossen.

○ Dadurch zieht eine Magnetspule einen kräftigen Kontakt gegen Federdruck an und schließt so den Stromkreis für den »Arbeitsstrom«.

○ Der Arbeitsstrom wird zur Vermeidung von Spannungsabfall auf kurzem Weg direkt an Klemme 30 des Relais herangeführt und von dort weiter – bei geschlossenen Schalterkontakten – über Klemme 87 an den Stromverbraucher weitergeleitet.

○ Bisweilen ist noch eine Klemme 87a vorhanden. Die ist fest mit Klemme 87 verbunden, hat also dieselbe Funktion.

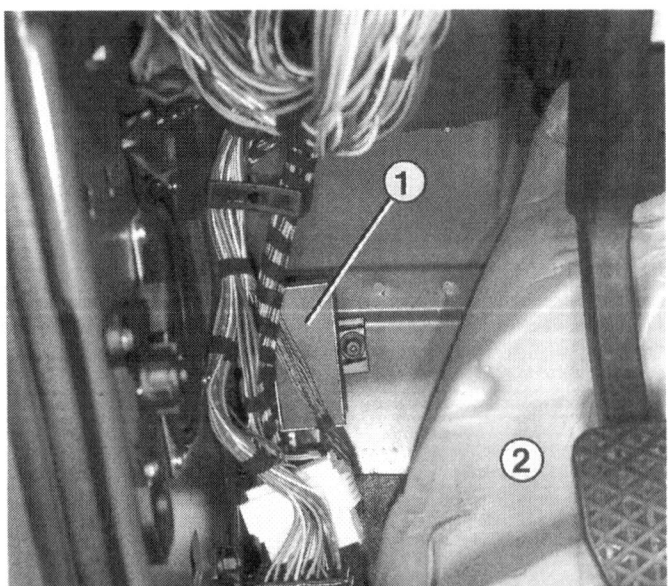

Links vorn im Fahrerfußraum befindet sich das Wisch/Wasch-Modul (1). Um an dieses Bauteil heranzukommen, muß die linke Fußraumverkleidung ausgebaut und der Teppichboden zurückgeschlagen werden.

Die Zeichnung zeigt die Verbinderleiste rechts unter dem Armaturenbrett, die bei ausgebautem Handschuhfach zugänglich ist. Links die Belegung bei Fahrzeugen mit serienmäßiger Heizung, rechts die Belegung bei Fahrzeugen mit Klimaanlage. Eingesteckt ist ohnehin nur ein einziges Relais: K54 – Relais für Türschloßbeheizung.

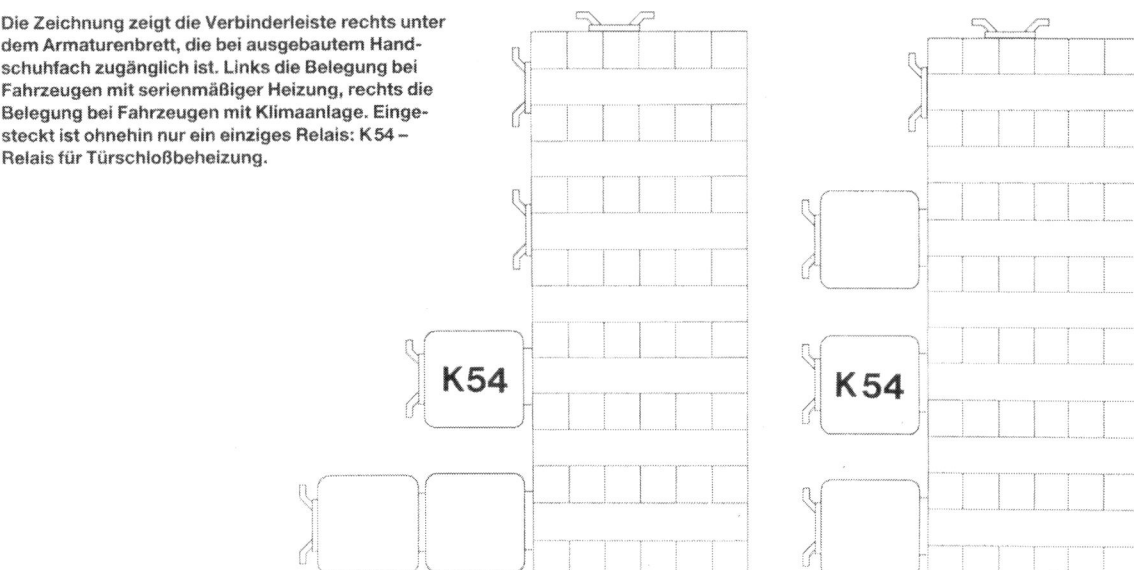

- An Klemme 30 muß immer Spannung anliegen, sofern es sich nicht um ein Relais handelt, dessen Verbraucher von einem anderen abhängt. Beispiel: Das Relais der Nebelschlußleuchte erhält nur dann Strom, wenn Licht eingeschaltet ist.
- Zur Kontrolle der Stromversorgung Relais herausziehen und mit Prüflampennadel Klemme 30 im Relaissockel antippen. Kein Strom: Zuleitung defekt.

- Relais aus dem Stecksockel abziehen.
- Klemme 30 und 87 im Relaissteckfeld mit einer Büroklammer oder einem kurzen Drahtstück überbrücken. Dadurch erhält der betreffende Verbraucher Dauerstrom.
- Zum Abschalten die Kurzschlußbrücke abziehen,

- Relais abziehen, Klemme 86 mit Batterie-Plus und Klemme 85 mit Masse verbinden. Die Magnetspule muß den Relaiskontakt deutlich hörbar anziehen, sonst ist das Relais defekt.

Störungssuche Schaltrelais

da der betreffende Schalter in diesem Fall ja überbrückt ist.

Behelf bei defektem Schaltrelais

Die Sicherungen

Im BMW werden sogenannte Flachstecksicherungen verwendet. In ein durchscheinendes, eingefärbtes Kunststoffteil sind zwei Flachstecker eingebettet, die durch den Schmelzfaden verbunden sind.

Sicherungstabelle

Stromverbraucher	Nr. der spannungsführenden Sicherung(en)	Stromverbraucher	Nr. der spannungsführenden Sicherung(en)
Abblendlicht links	11, 25	Abblendlicht rechts	12, 25
Analoguhr	23, 31	Anhängekupplung	2
Anlasser	28	Antiblockiersystem (ABS)	10, 21, 27, 38, 45
Anzünder	32	Automatisches Getriebe	28
Blink-/Warnblinkanlage	23, 33, 34, 37	Borddisplay	27, 31, 45, 46
Bordcomputer	23, 27, 31, 45, 46	Bremsleuchten	27, 46

Stromverbraucher	Nr. der spannungsfüh-renden Sicherung(en)	Stromverbraucher	Nr. der spannungsfüh-renden Sicherung(en)
Crash- und Alarmgeber	11, 12, 25, 34	Diebstahlwarnanlage	31, 33, 34 43, 44
Digitaluhr	23, 27, 31, 45, 46	Elektrische Fensterheber (nur Coupé)	14
Elektrische Sitzverstellung	5, 40	Elektrische Spiegelverstellung	24
Elektrisches Schiebe-/Hebedach	1	Elektronische Getriebesteuerung	26, 28
Fernlicht links	25, 29	Fernlicht rechts	25, 30
Handschuhfachleuchte	44	Heizbare Scheibenwaschdüsen	24
Heckscheibenheizung/-antenne	6, 23, 31, 37, 39, 41	Heizungsgebläse	20
Heizungsregelung	23	Innenraumbeleuchtung	33, 37, 43
Infrarot-Schließsystem	7, 24, 31, 43	Instrumente	23, 27, 31, 45, 46
Kennzeichenleuchte	37	Klimaanlage	16, 20, 23, 31, 39, 41
Kraftstoffpumpe	18	Ladesteckdose	33
Lichtschalter	22, 25, 33, 37	Motorraumbeleuchtung	37
Motronic	16, 18, 28	Nebelscheinwerfer	15, 22
Nebelschlußleuchte	17	Radio/CD-Spieler	9, 45
Radio/CD-Spieler mit 17-Pin-Steckverbinder	9, 46	Rückfahrleuchten	26
Scheibenwischer	36, 37, 44, 45	Scheinwerfer-Waschanlage	3
Signalhorn	8	Sitzheizung	4, 23
Standlüftung	19, 20	Stand-/Rücklicht links	33
Stand-/Rücklicht rechts	37	Tempomat	28
Türschloßheizung	7, 33	Zentralverriegelung	7, 35, 43

Die Sicherungs-stärke

Zur Unterscheidung der maximal zulässigen Nennstromstärke (Ampere) dienen die Kennfarben des Kunststoffteils: Braun – 7,5 A; rot – 10 A; blau – 15 A; gelb – 20 A; weiß – 25 A; grün – 30 A.

Sicherung Nr.	1	2	3	4	5	6	7	8	9	10	11	12	13	14	15	16	17	18	19	20	21	22	23
Stärke A	30	15	30	15	30	20	5	15	20	30	7,5	7,5	–	30	7,5	5	7,5	15	15	30	5	5	5

Sicherung Nr.	24	25	26	27	28	29	30	31	32	33	34	35	36	37	38	39	40	41	42	43	44	45	46
Stärke A	15	5	10	5	5	7,5	30	15	30	15	30	20	5	15	20	30	7,5	7,5	–	7,5	7,5	5	7,5

Die Stromlaufpläne

Nervenstränge

Bei der Darstellung der elektrischen Einrichtungen und Leitungsverbindungen ist BMW neue Wege gegangen: Was früher noch in einem Gesamtschaltplan oder -stromlaufplan unterzubringen war, mußte beim 3er in zahlreiche Funktionsgruppen getrennt werden.
In dieser – aus dem gedachten Gesamtschaltplan herausgegriffenen – Teildarstellung ist dann alles enthalten, was zum Verstehen dieser Baugruppe dazugehört: Bauteilnamen, teils sogar kurze Funktionserklärungen, Steckernumerierungen, Steckverbinder-Zuordnungen, Kabelfarben etc. – eine separate Schaltplanerklärung ist deshalb nicht mehr erforderlich.
Nachteil dieser Darstellungsweise ist das ständig notwendige Blättern, wenn eine Querverbindung gesucht werden soll. Ideal angewandt werden diese Teilstromlaufpläne in Verbindung mit dem BMW-Diagnosecomputer. In Ermangelung dieses Geräts schafft die Anwendung der Stromlaufpläne nicht immer den gewünschten Überblick.

Fingerzeig: Die gesamten Stromlaufpläne für die in diesem Buch behandelten Modelle füllen zwei DIN A4-Ordner. Dieser Umfang kann natürlich hier im Buch nicht wiedergegeben werden. Wir haben uns für eine Auswahl der unserer Ansicht nach am häufigsten benötigten Pläne entschieden. Wer sich den kompletten Schaltplanordner zulegen möchte, kann ihn beim BMW-Händler oder einer BMW-Niederlassung offiziell im Ersatzteillager bestellen (Bestell-Nr. 01 509 783 930 De).

Aufbau der Stromlaufpläne

Im Stromlaufplan ist ein Stromkreis mit dem kürzestmöglichen Kabelweg – dem Strompfad – gezeichnet ohne Rücksicht auf die Einbaulage im Fahrzeug. Bauteile mit mehreren Funktionen können auf mehrere Pfade aufgeteilt sein.
Stromzufuhr: Oben im Stromlaufplan ist meist die Plus-Seite dargestellt. Von hier kommt der Strom von einer Sicherung, deren Klemmenbezeichnung, Nummer und Stärke angegeben ist.
Oder die Stromzuleitung ist nur über einen anderen Stromlaufplan zurückzuverfolgen. Dann ist über ein Dreieck mit einem Kennbuchstaben (z. B. »C«) die betreffende Schaltplan-Nummer (z. B. 1240.0–01) gedruckt. Um bei diesem Beispiel zu bleiben, muß das Kabel am Dreieck »C« im Schaltplan 1240.0–01 weiterverfolgt werden.
Sicherungen: Mit dem Kennbuchstaben »F« und einer nachfolgenden Zahl sind die im Sicherungshalter sitzenden Sicherungen bezeichnet. Die Numerierung entspricht ihrem Platz im Stromverteilerkasten (siehe dazu Tabelle im vorangegangenen Kapitel).
Sicherungsdetails: Dieser Begriff taucht hin und wieder in den Stromlaufplänen auf. Er verweist auf einen Schaltplanteil im BMW-Schaltplanordner, der lediglich die Beschaltung der Sicherungen zeigt – wir haben hier im Buch ganz darauf verzichtet. Taucht dieser Begriff auf, weiß man, daß hier die Stromzuleitung über eine Sicherung erfolgt.
Leitungen: Die elektrischen Leitungen sind vor der Farbbezeichnung mit dem Querschnitt ihrer Metallseele angegeben; »,5« steht für 0,5 mm^2 Querschnitt, »,75« für 0,75 mm^2 und »2,5« beispielsweise für 2,5 mm^2. Die Kabelfarben sind abgekürzt wiedergegeben: Es bedeuten: BL – blau; BR – braun; GE – gelb; GN – grün; GR – grau; VI – Violett; RT – rot; SW – schwarz; WS – weiß.
Steckverbindungen: Sie tragen grundsätzlich den Kennbuchstaben »X«. Anhand der nachfolgenden Nummer läßt sich aus einer Tabelle im BMW-Schaltplanordner herausfinden, wo der Stecker im Fahrzeug eingebaut ist und wieviele Pole er besitzt.
Bauteile: Alle elektrischen Bauteile sind in den Stromlaufplänen mit voller Bezeichnung angegeben. Außerdem tragen sie Kennbuchstaben mit nachgestellten Unterscheidungsziffern. So bedeuten z. B. A – Anzeige-Kombinationen; B – Geber; E – Glühlampen; F – Sicherungen; G – Stromquellen; H – Signaleinrichtungen; K – Relais; M – Motoren; P – Anzeigegeräte; R – Widerstände; S – Schalter; W – Stromschienen; X – Steckkontakte.
Schaltzeichen: Zur Darstellung der Bauteile werden genormte Schaltzeichen verwendet, wobei alle Schalter und Kontakte den Zustand des stehenden, abgeschlossenen Wagens mit angezogener Handbremse zeigen.
Klemmen- oder Pinbezeichnungen: Ein- oder zweistellige Ziffern, ggf. mit Zusatzbuchstaben im Stromlaufplan finden sich gleichlautend an den Anschlußklemmen des entsprechenden Bauteils.
Masse: Karosserie, Motor oder Getriebe dienen in der Autoelektrik zur Rückleitung des Stromes – man spricht hier von »Masse«. Im Stromlaufplan ist jeder Masseanschluß als solcher bezeichnet.

Anlasser

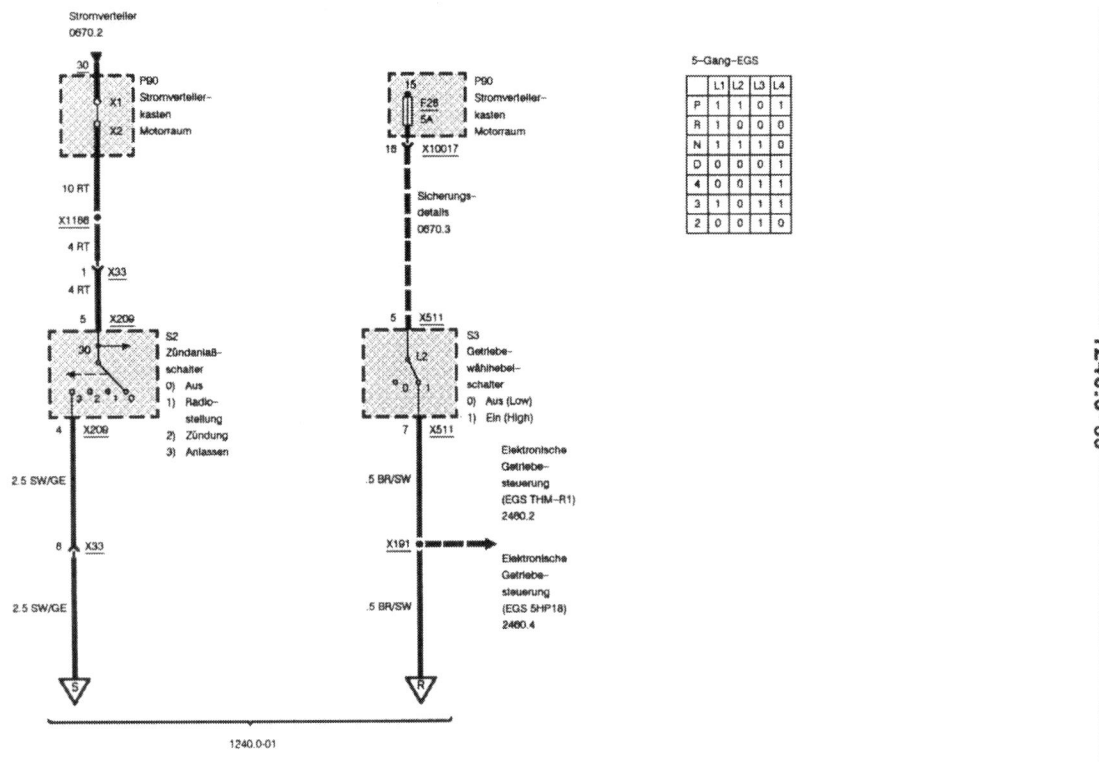

Anlasser

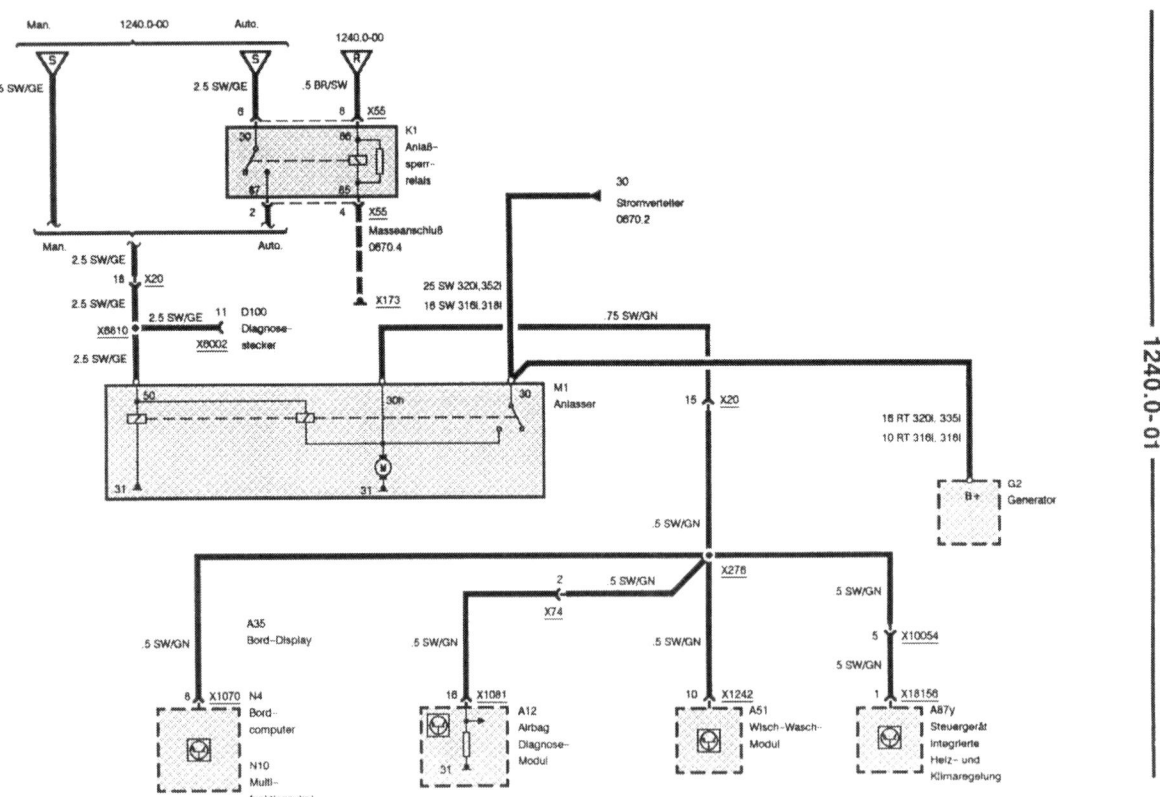

Generator

1230.0-00

ZVM-Türschloßheizung (TSH)

5120.1-00

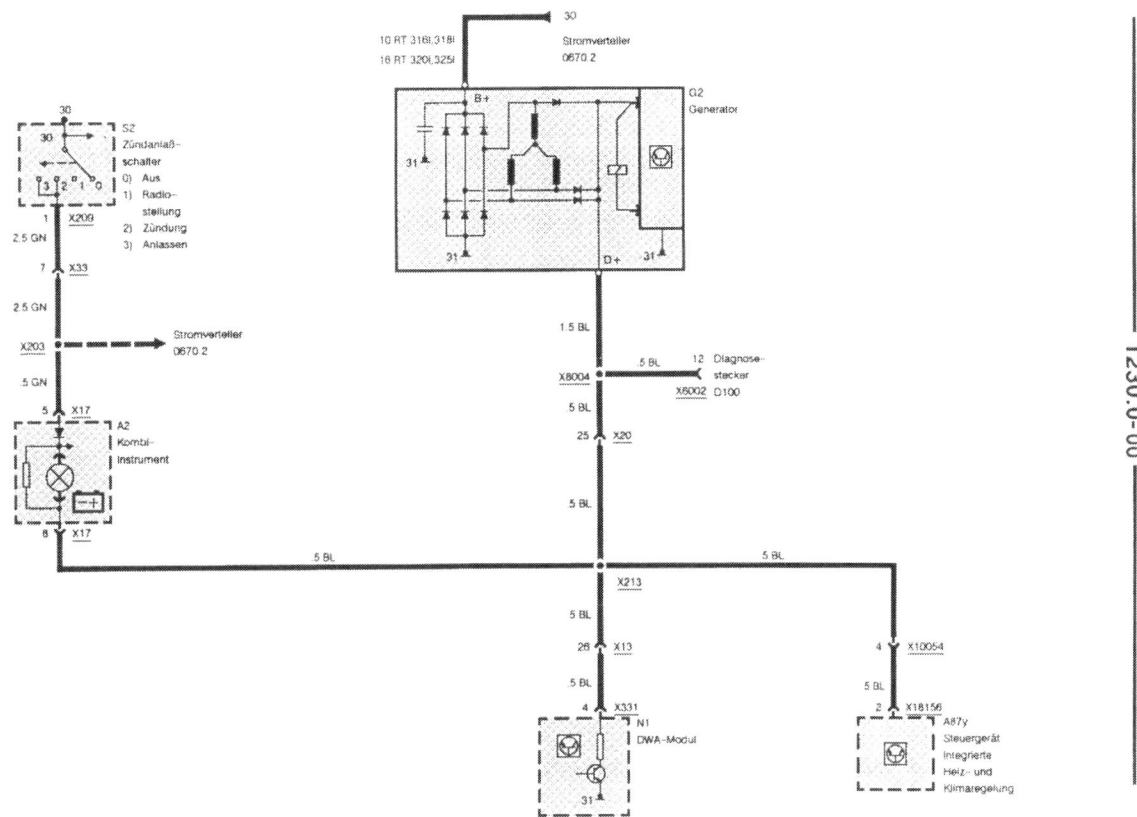

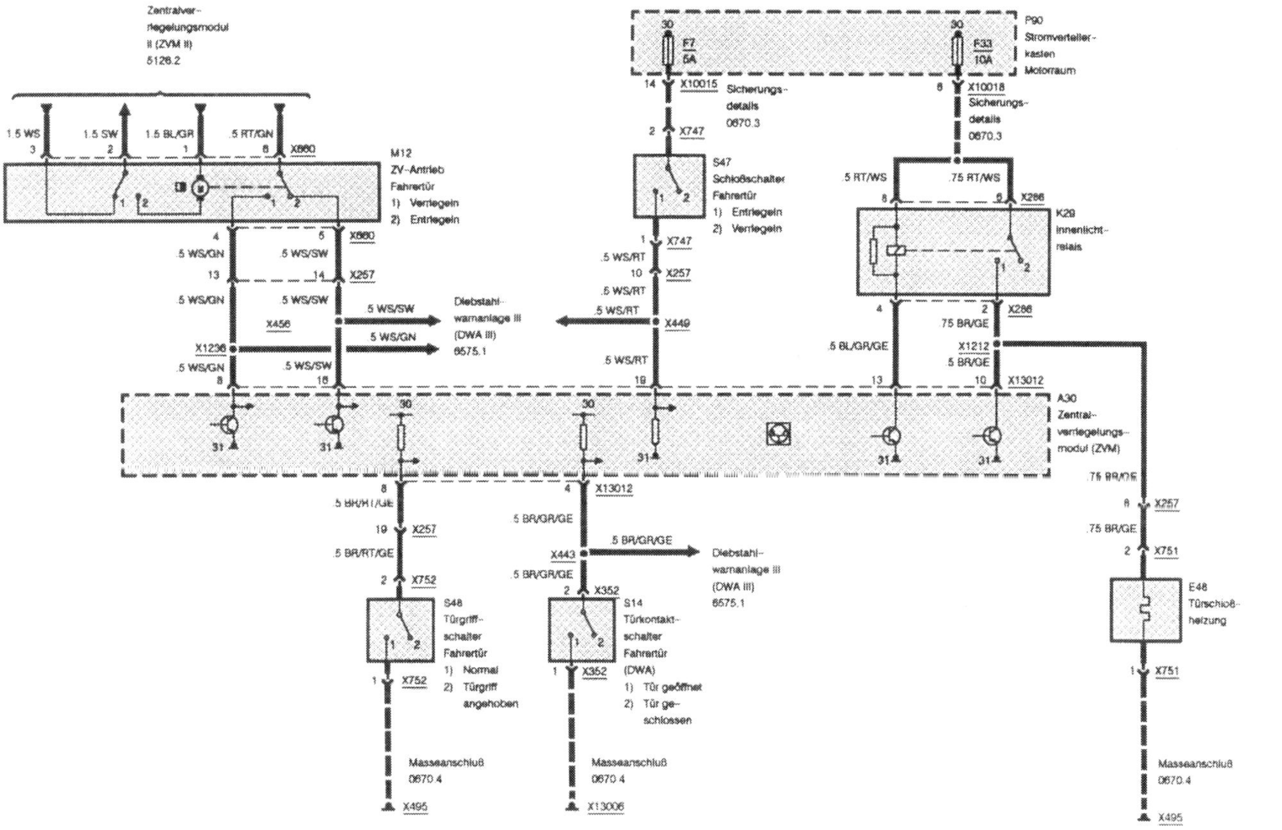

Zentralverriegelungsmodul II (ZVM II)

Eingänge

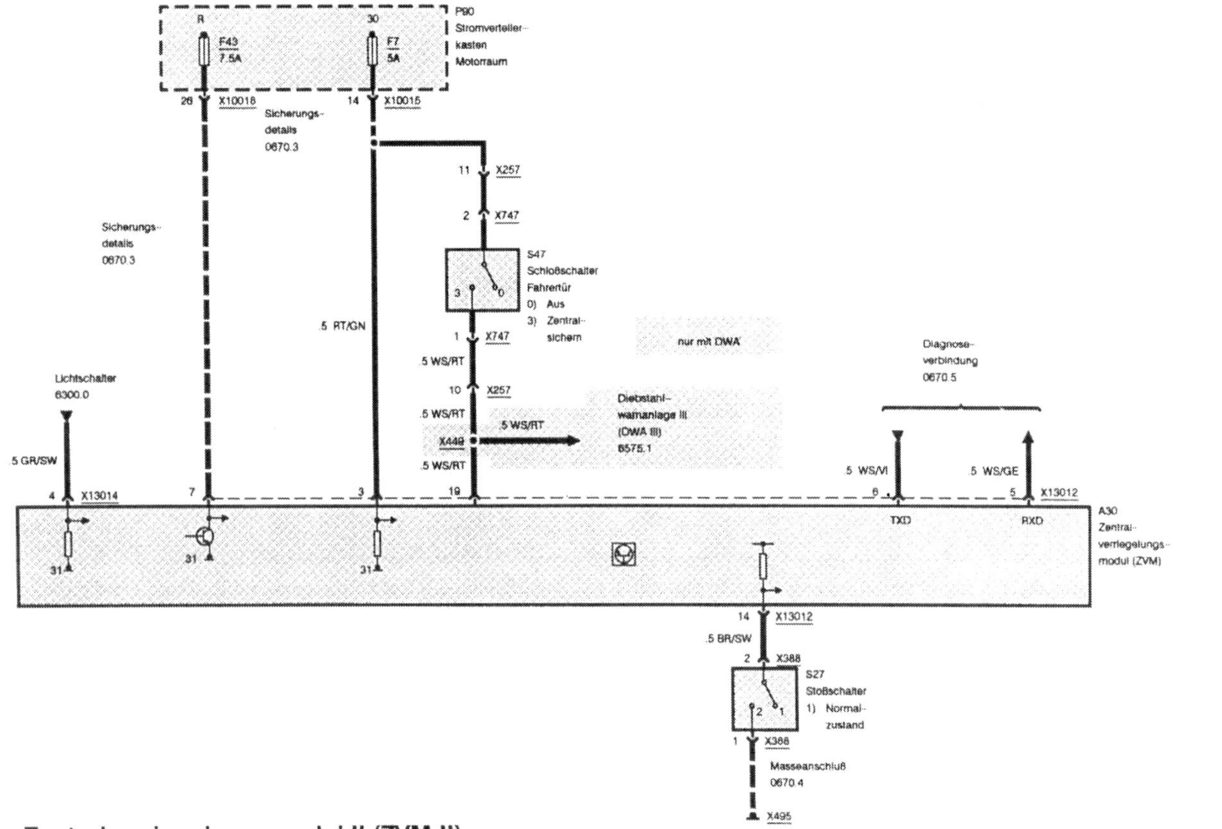

Zentralverriegelungsmodul II (ZVM II)

Eingänge

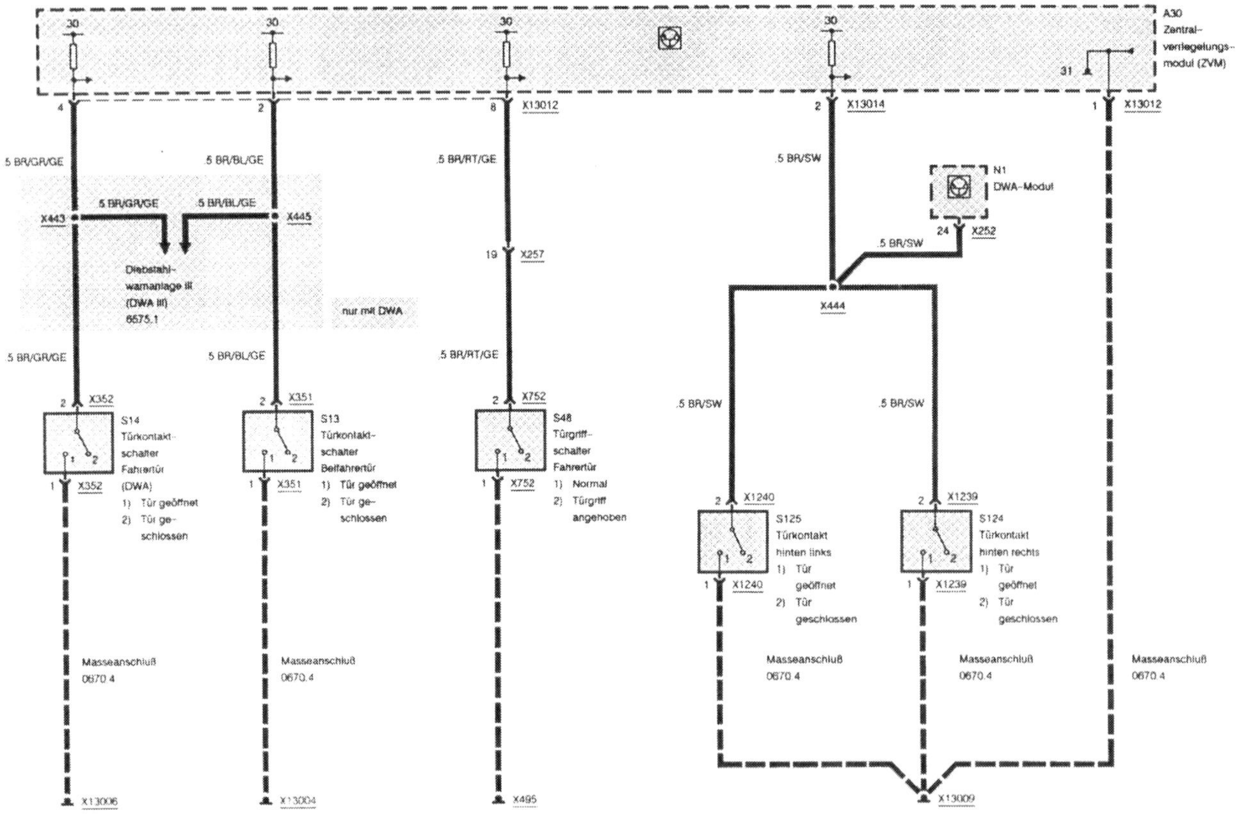

Zentralverriegelungsmodul II (ZVM II)
Ausgänge

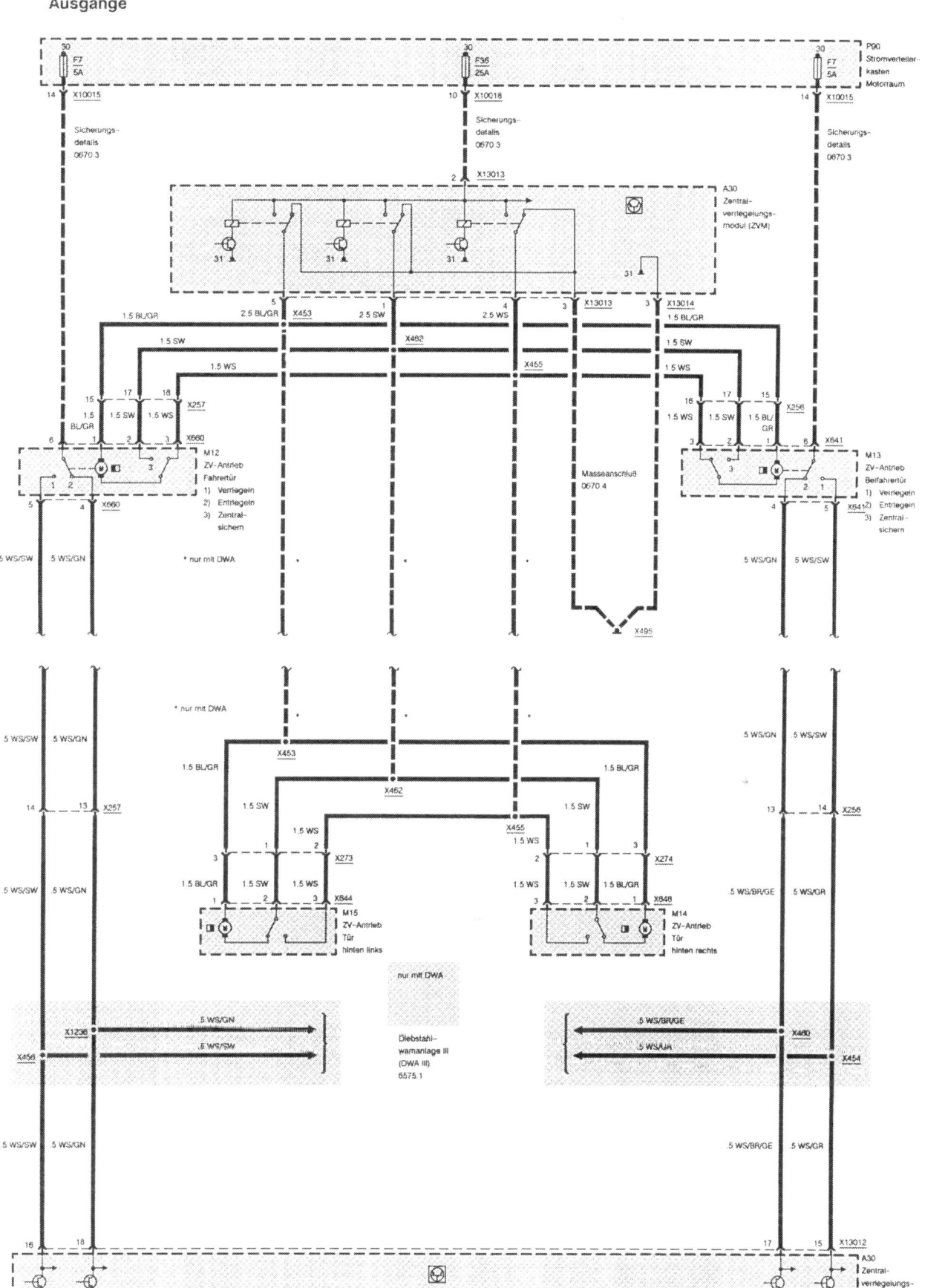

Zentralverriegelungsmodul II (ZVM II)

Ausgänge

5126.2-04

Elektrische Fensterheber (FH)

5133.1-00

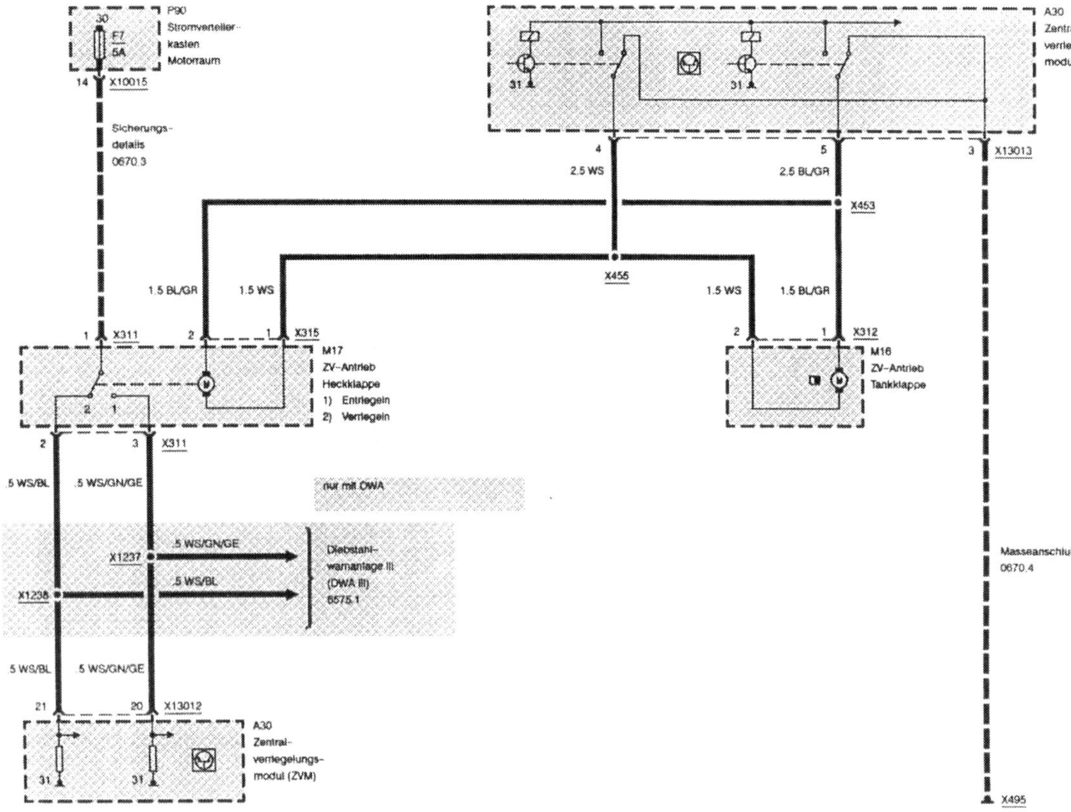

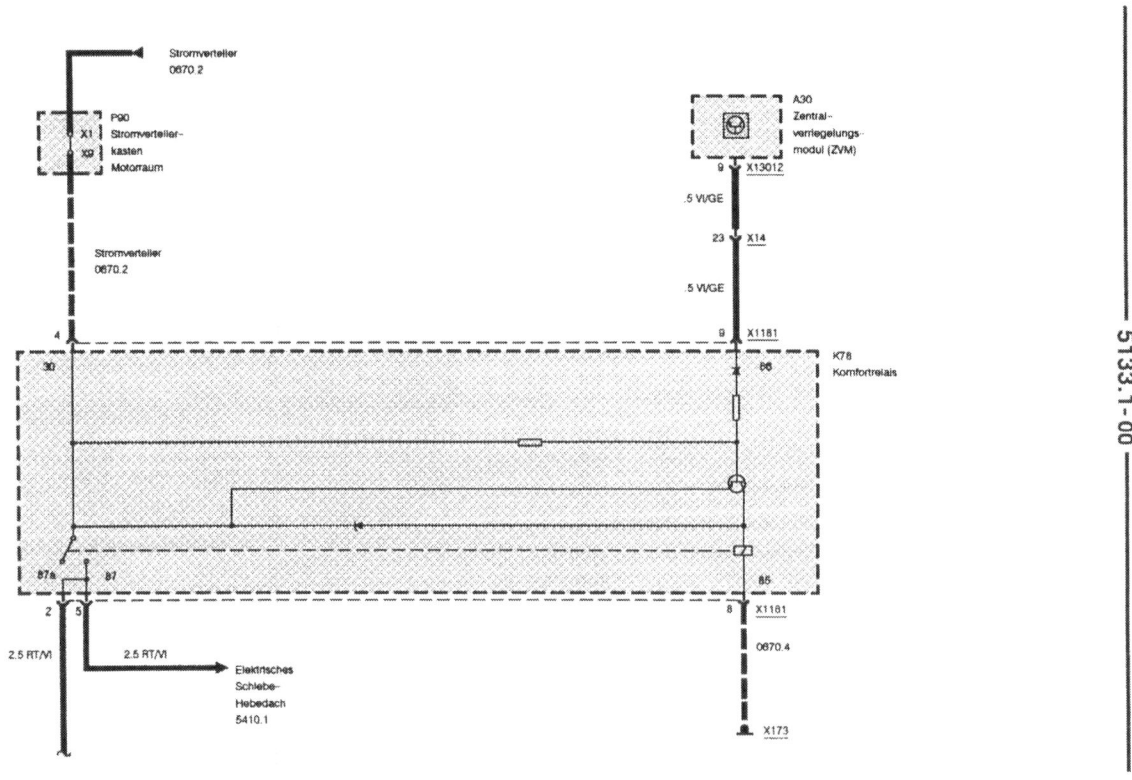

Elektrische Fensterheber (FH)

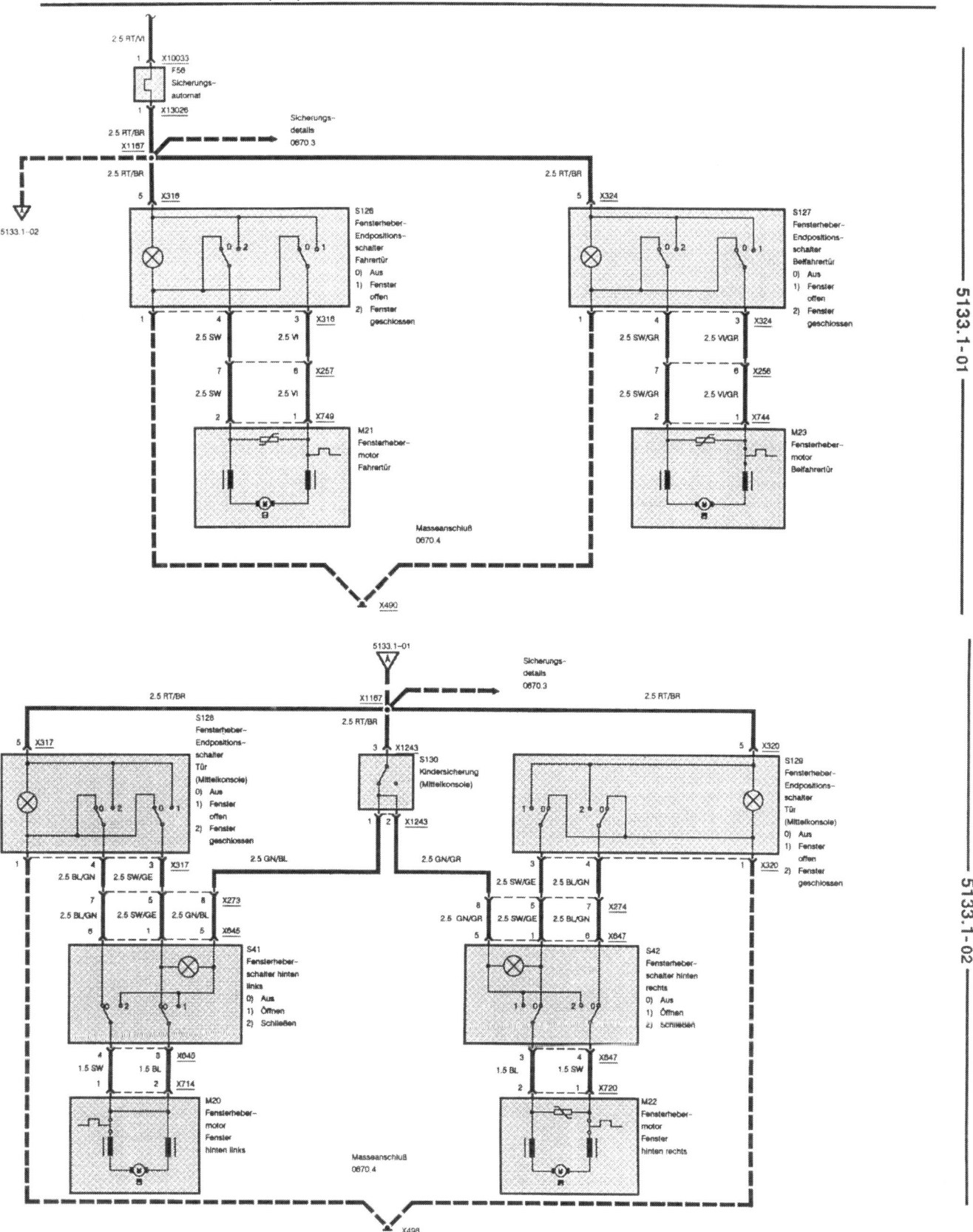

Elektrisches Schiebe- Hebedach

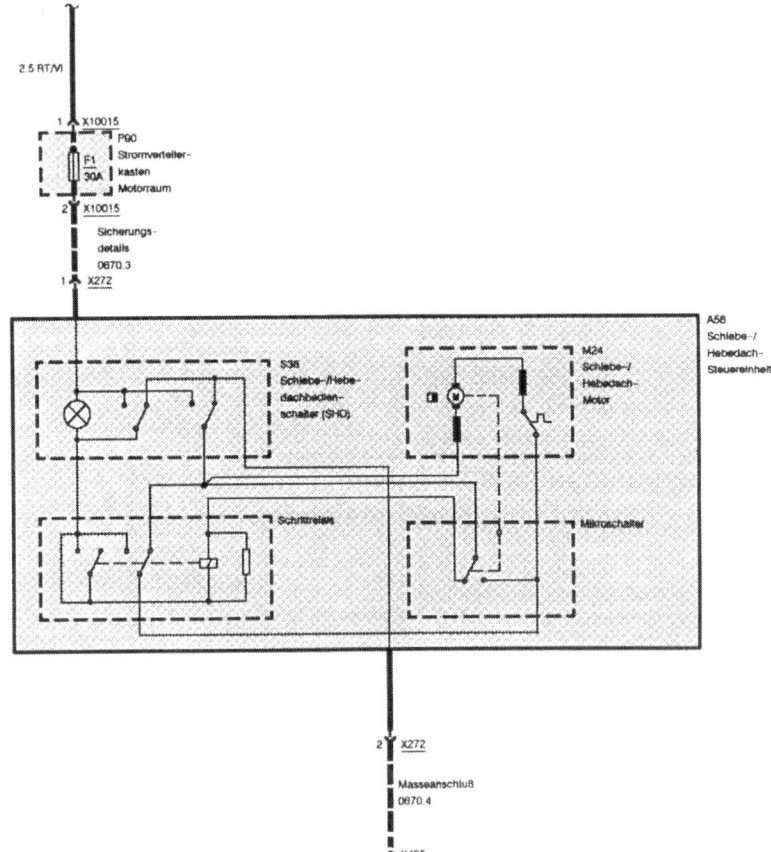

Elektrische Spiegelverstellung
Außenspiegel

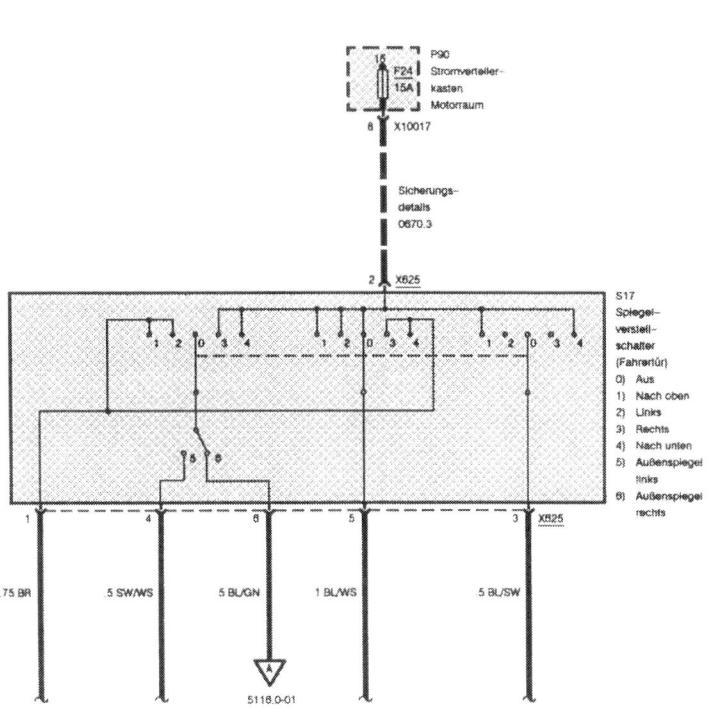

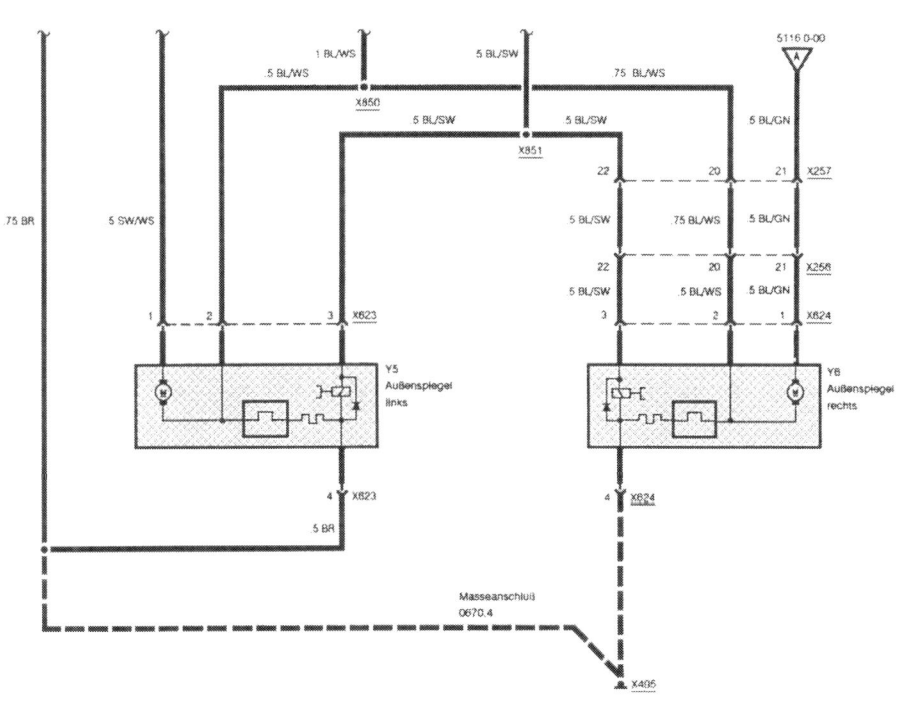

Wisch-Wasch- Modul (WWM)

Wascher, Intensivreinigung, Scheinwerferreinigung - Low

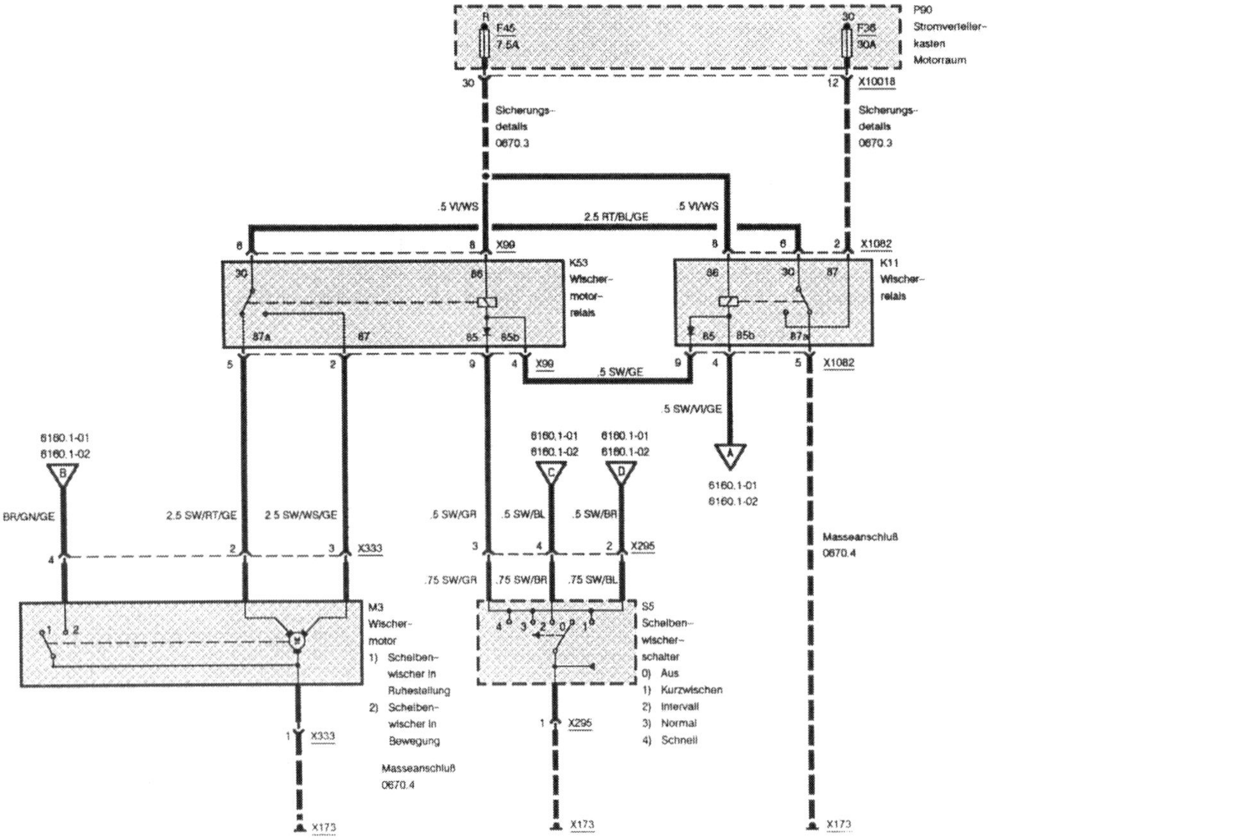

6160.1–00

Wisch-Wasch- Modul (WWM)

Wascher, Intensivreinigung, Scheinwerferreinigung - Low

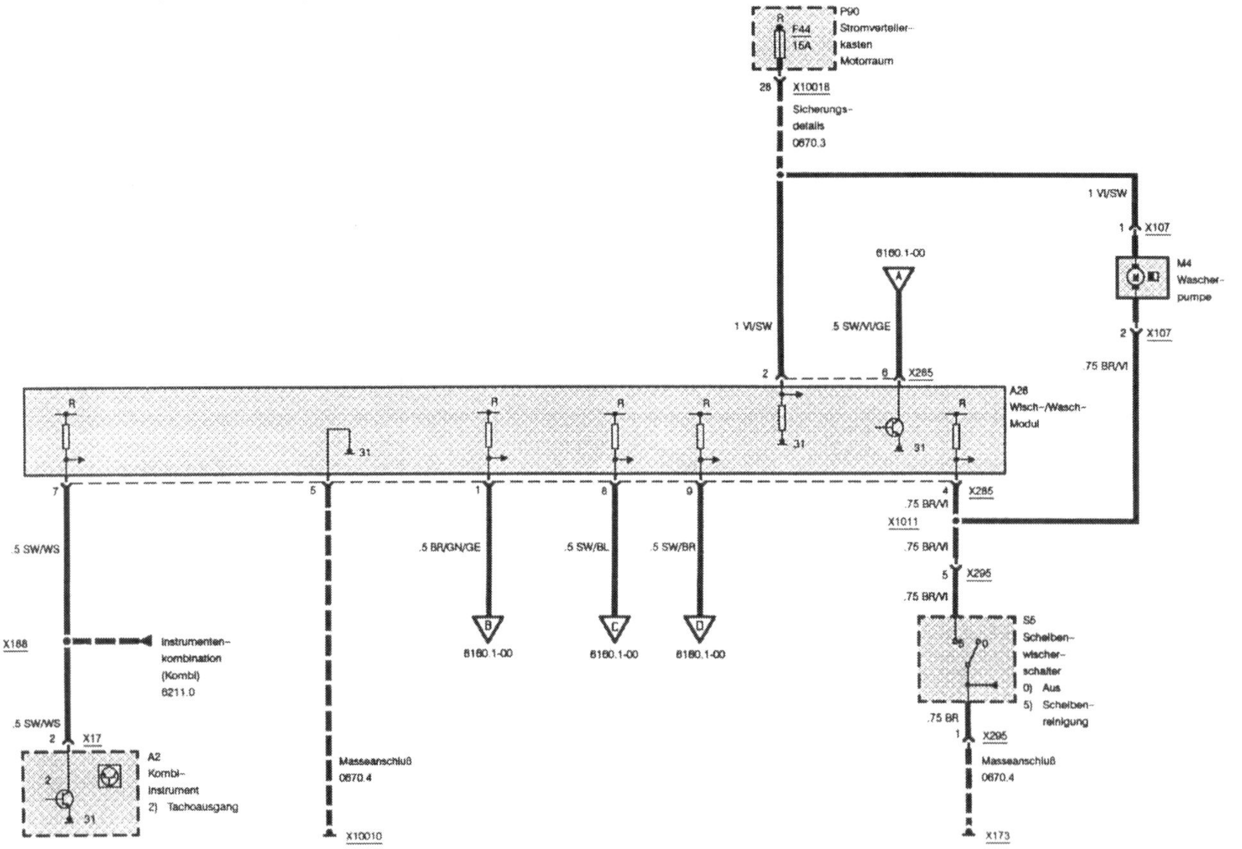

6160.1–01

Wisch-Wasch- Modul (WWM)

Wascher, Intensivreinigung, Scheinwerferreinigung - High

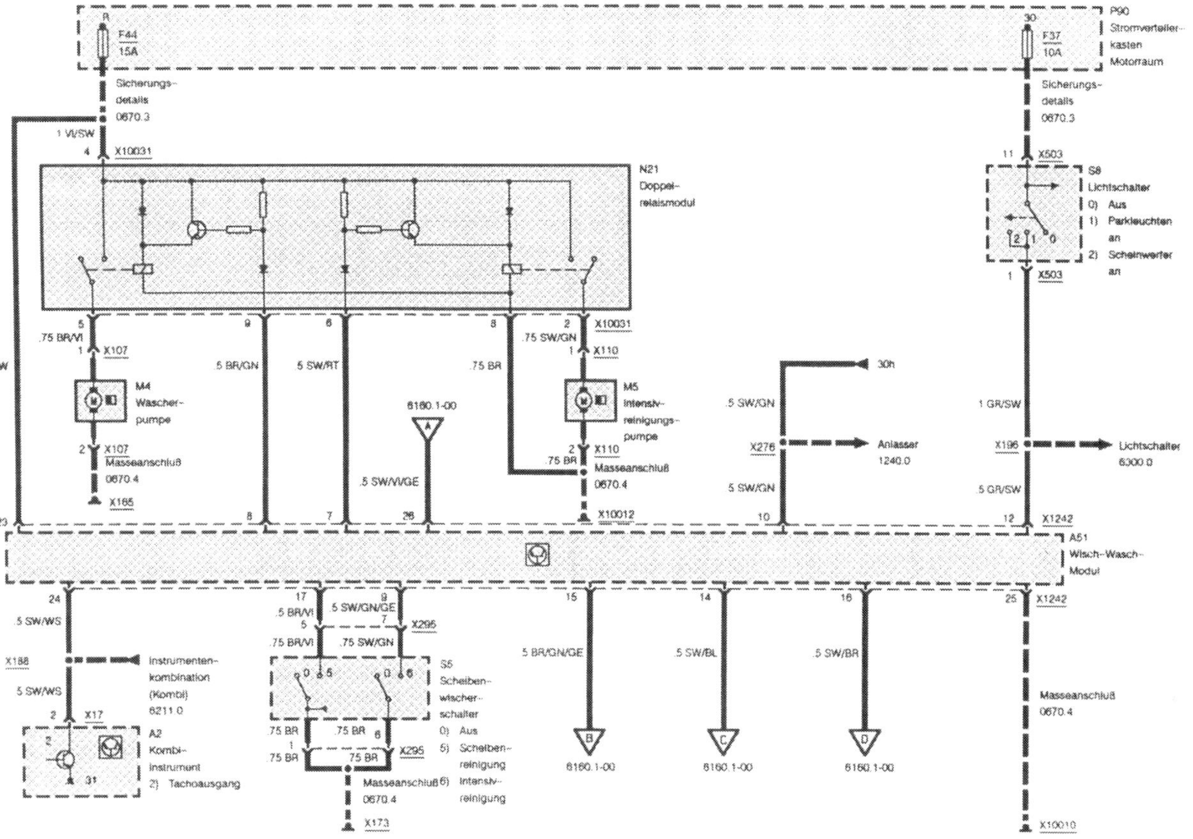

Instrumentenkombination (Kombi)

Kombiinstrumentanzeigen

6160.1-02

6211.0-00

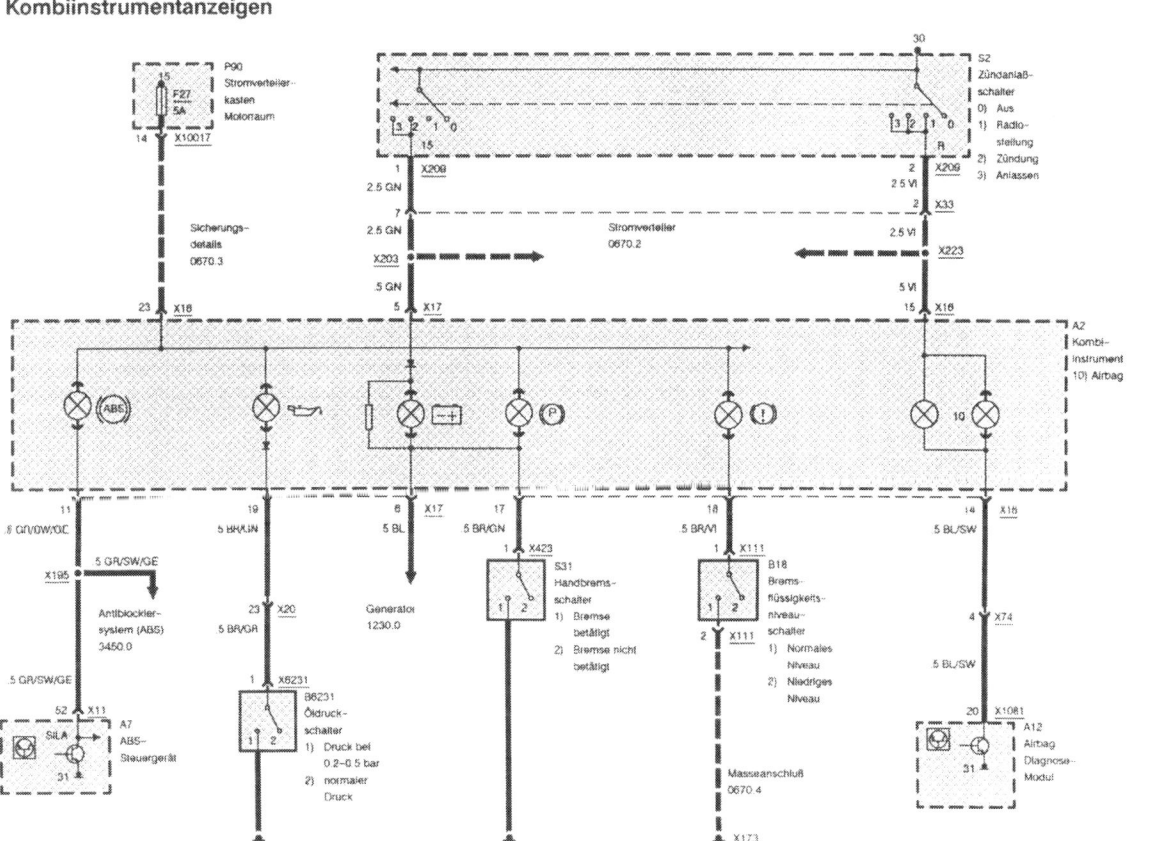

Instrumentenkombination (Kombi)

Kombiinstrumentanzeigen

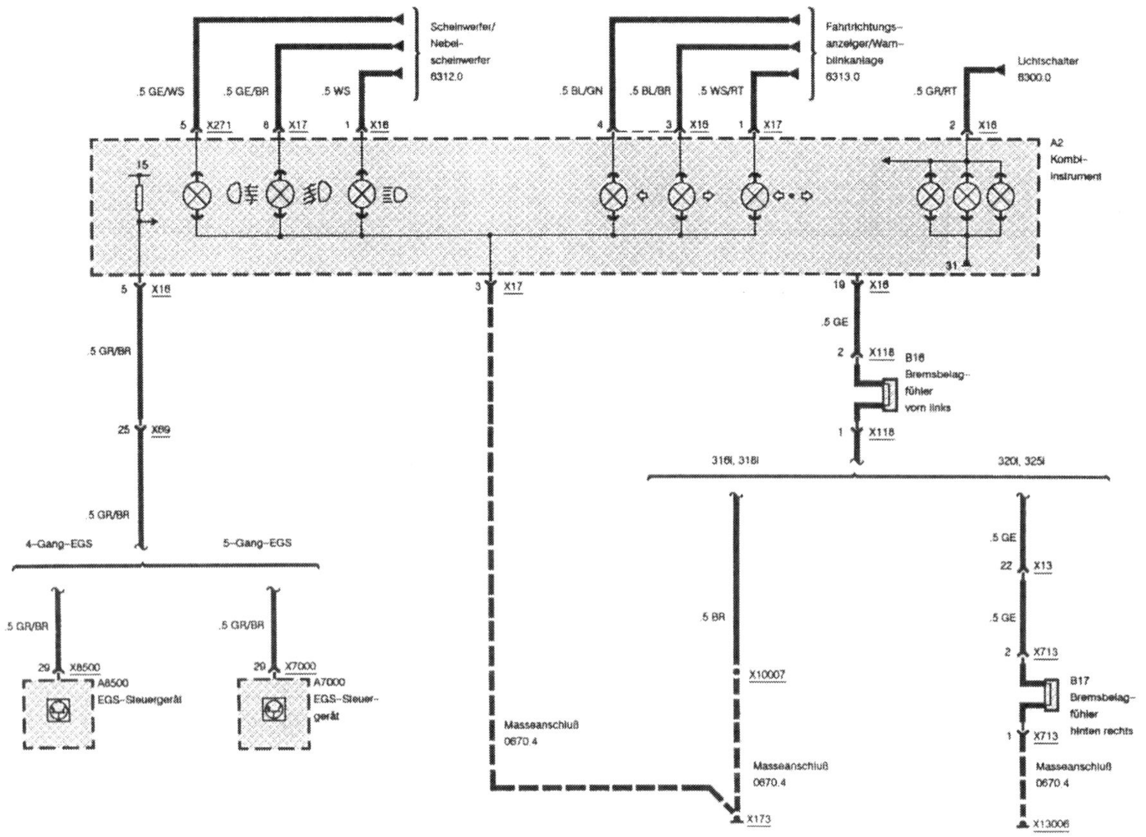

6211.0-01

Instrumentenkombination (Kombi)

Kombiinstrumentanzeigen

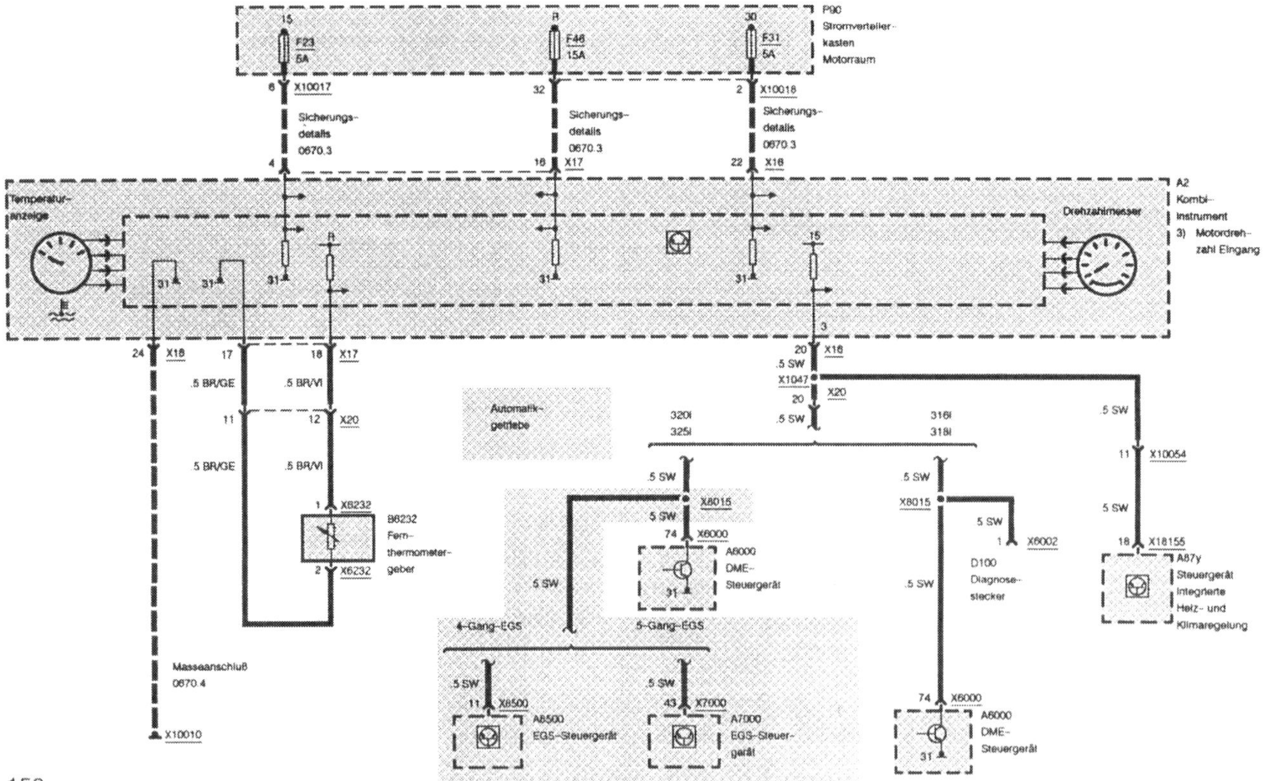

6211.0-02

Instrumentenkombination (Kombi)

Tacho-Ausgangssignal

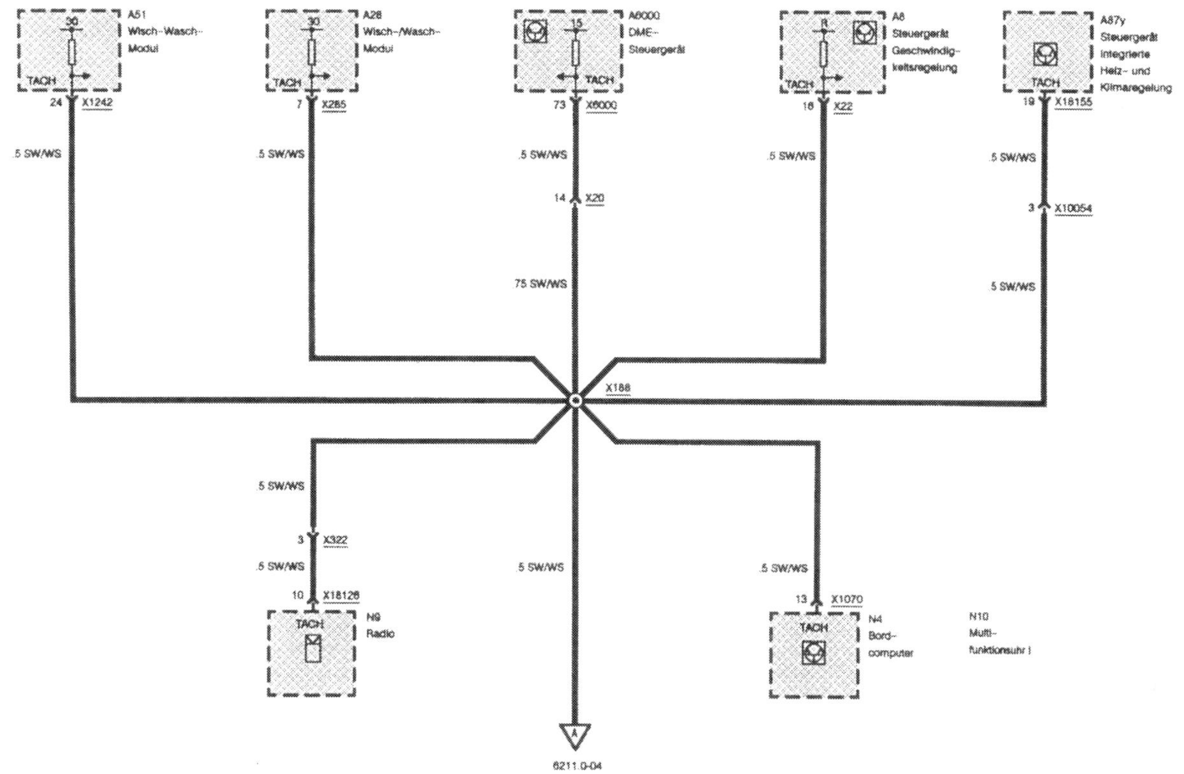

6211.0-03

Instrumentenkombination (Kombi)

Kombiinstrumentanzeigen

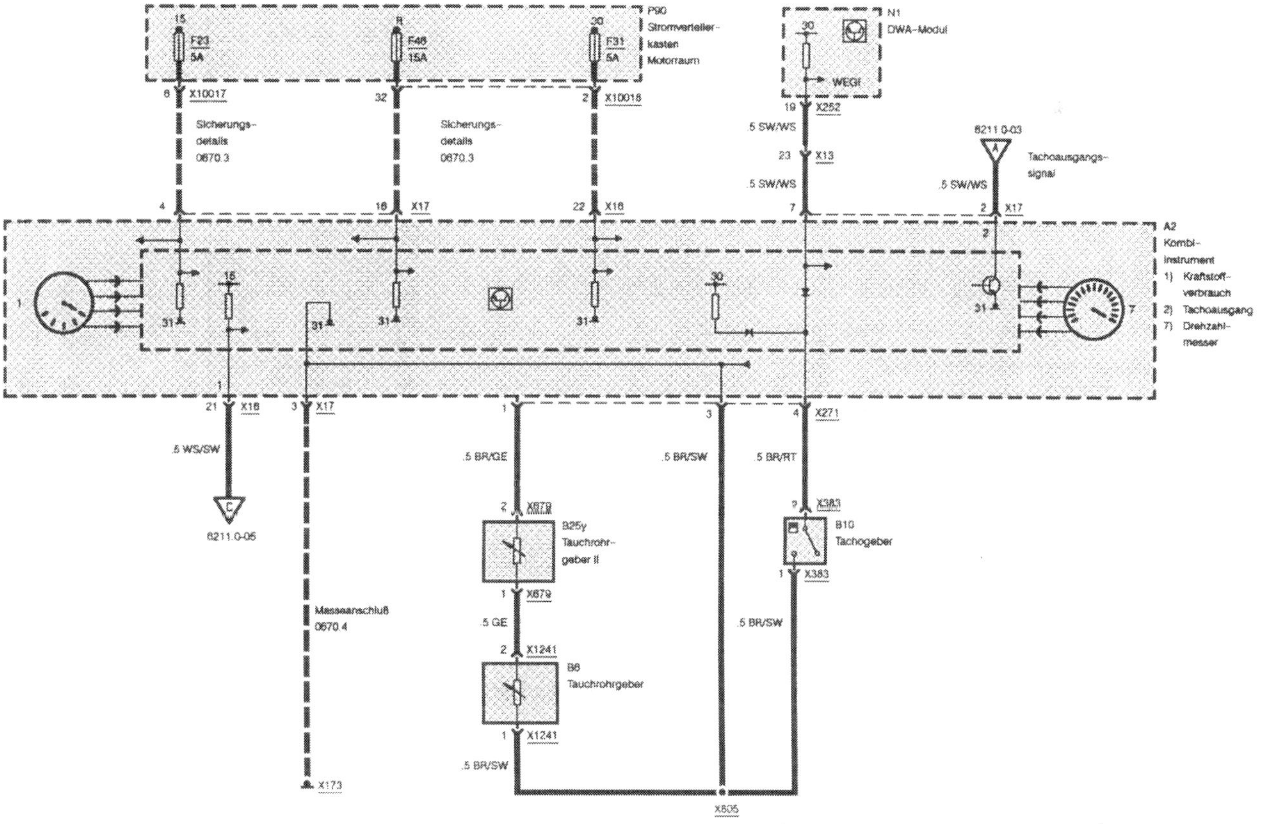

6211.0-04

Instrumentenkombination (Kombi)
Kombiinstrumentanzeigen

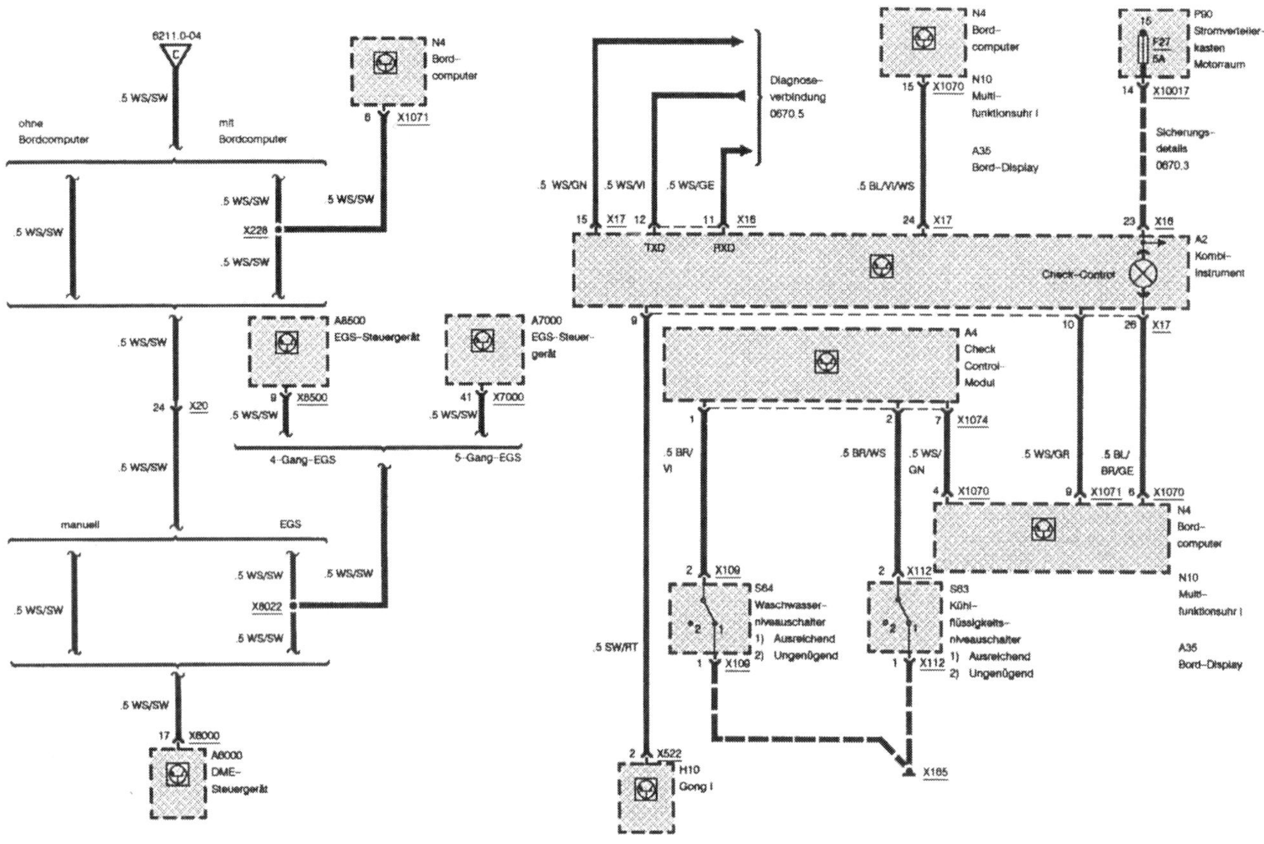

Lichtschalter

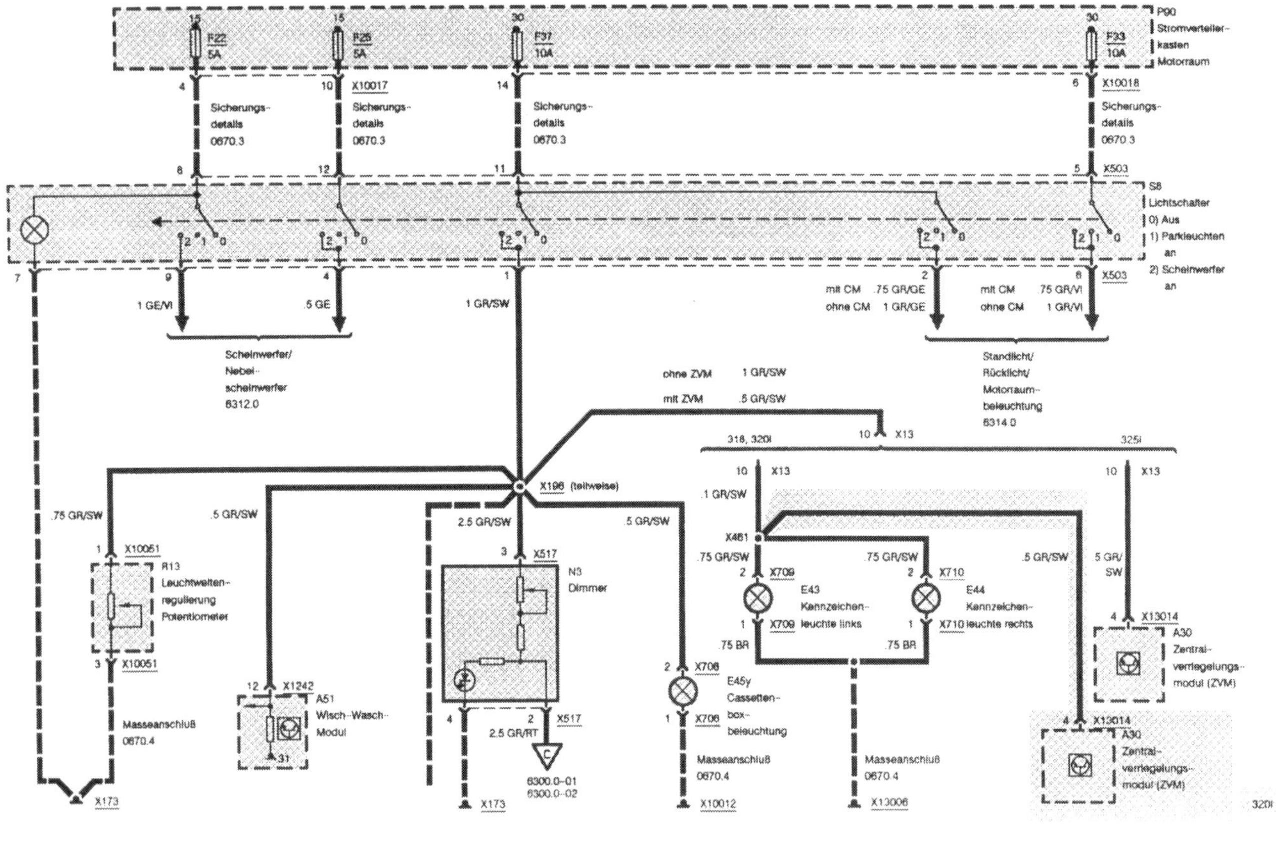

Lichtschalter

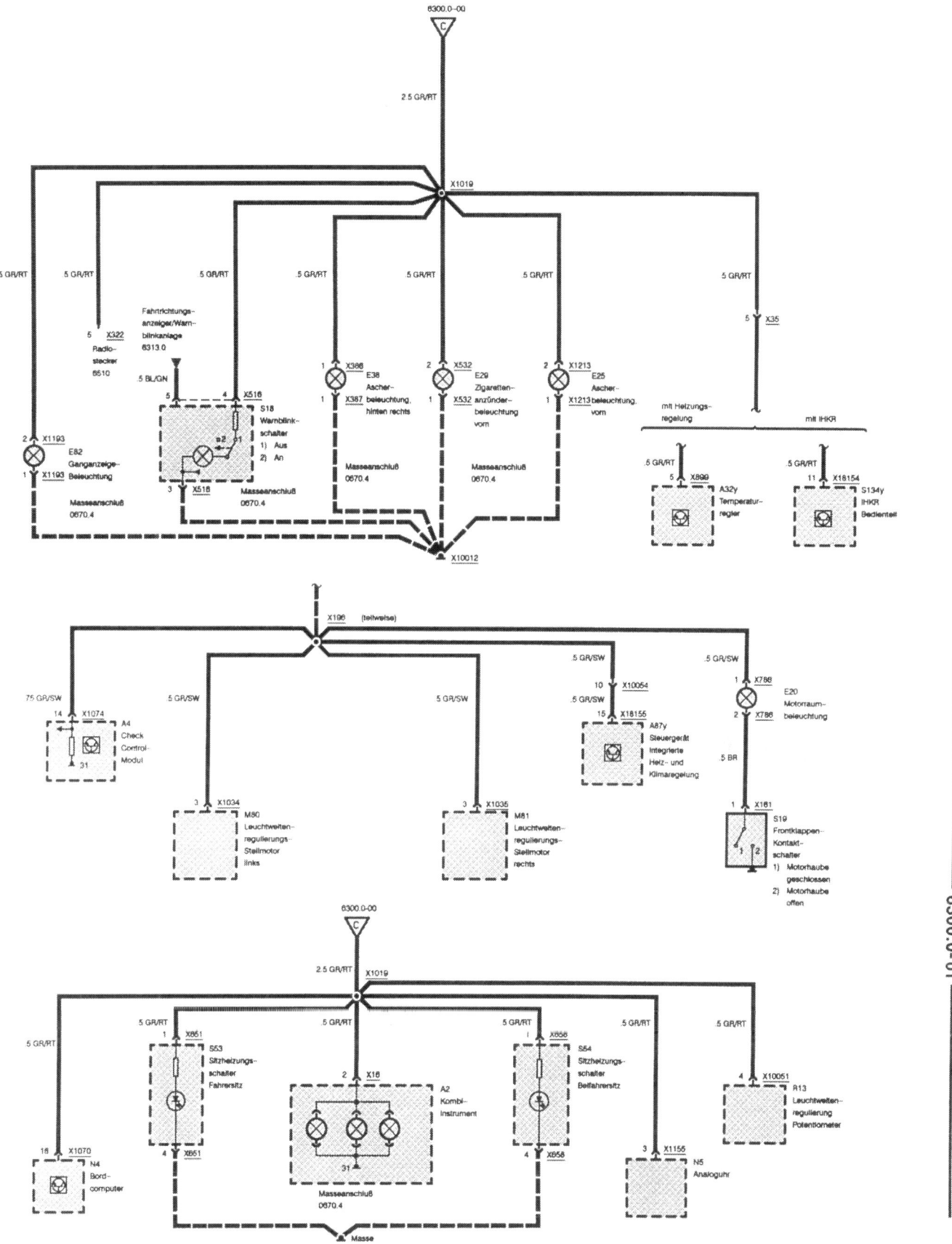

Scheinwerfer/ Nebelscheinwerfer

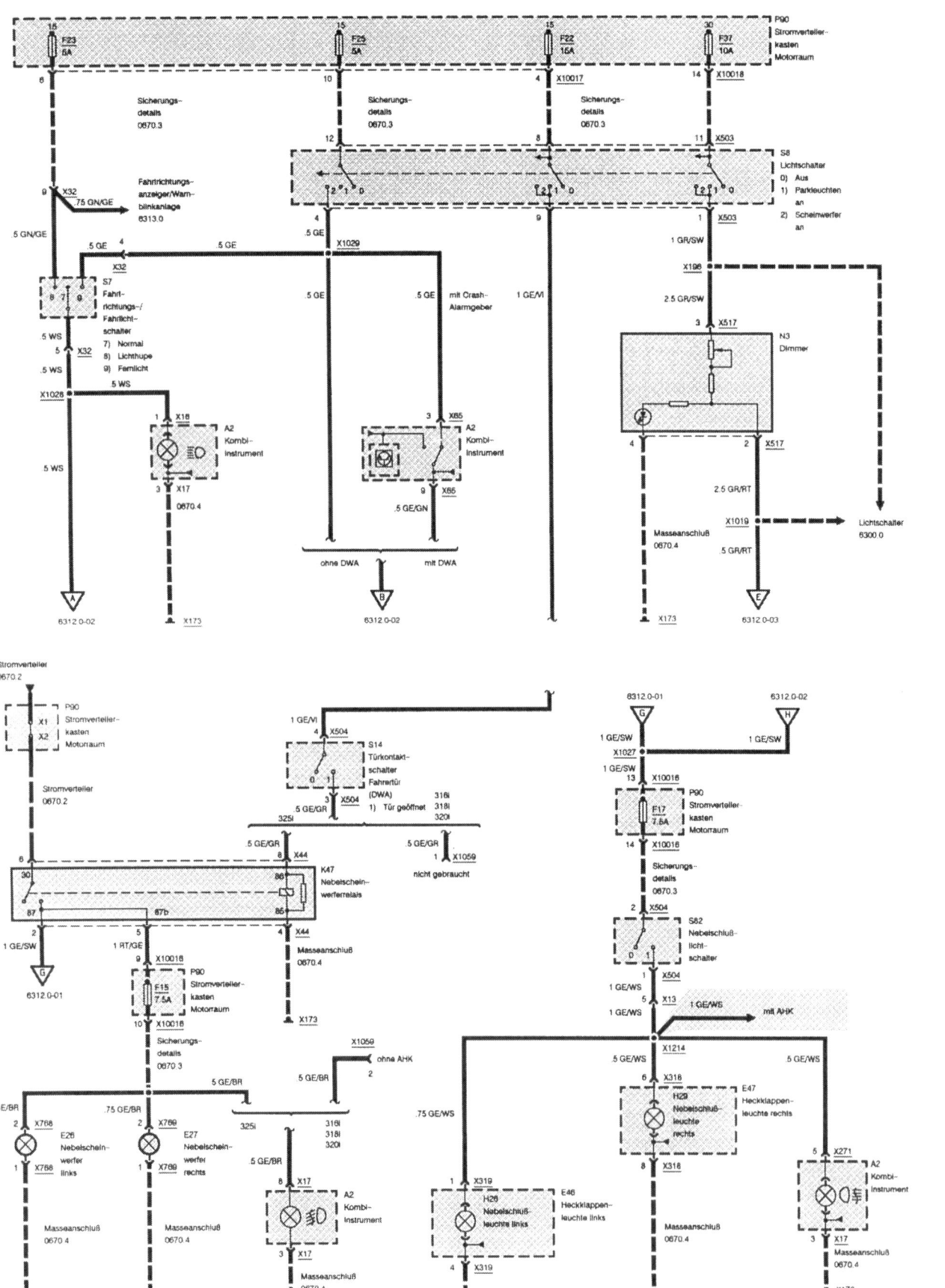

Scheinwerfer/ Nebelscheinwerfer

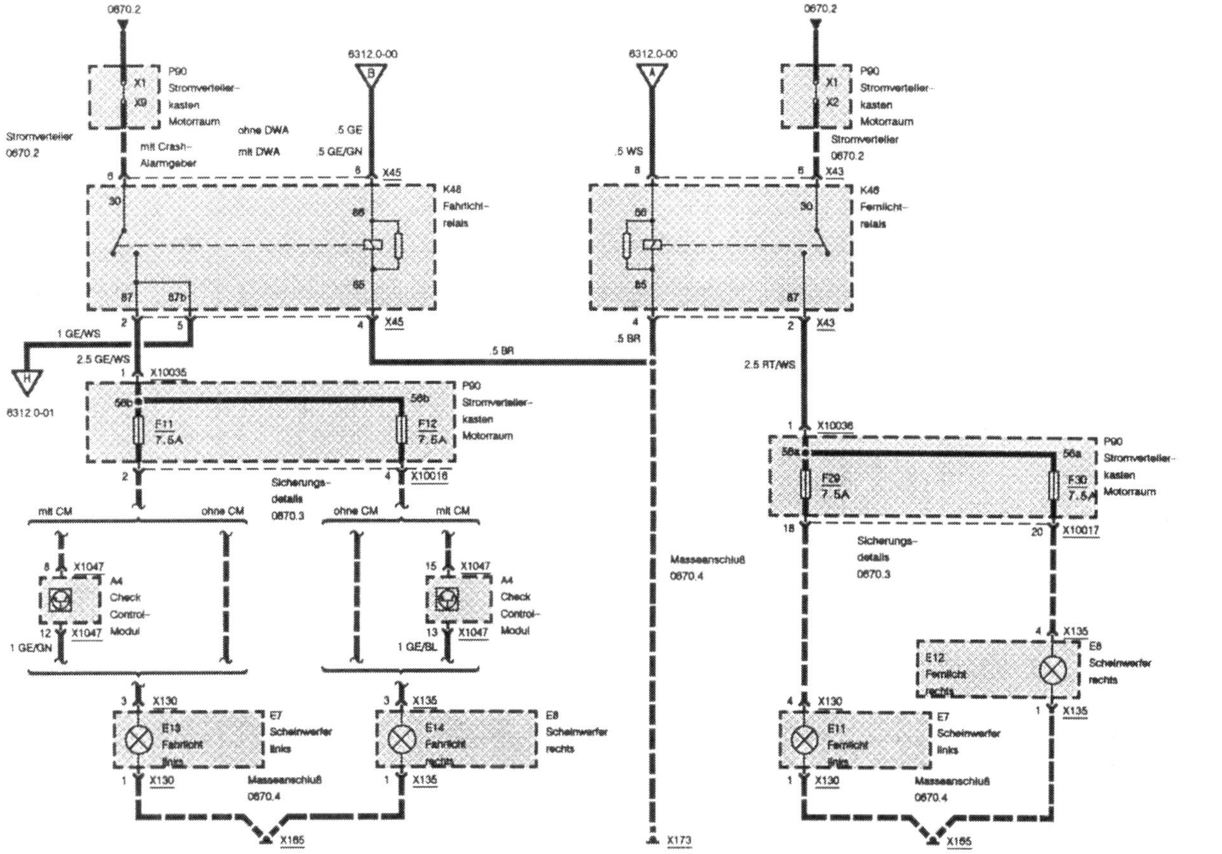

6312.0-02

Scheinwerfer/ Nebelscheinwerfer

Leuchtweitenregulierung

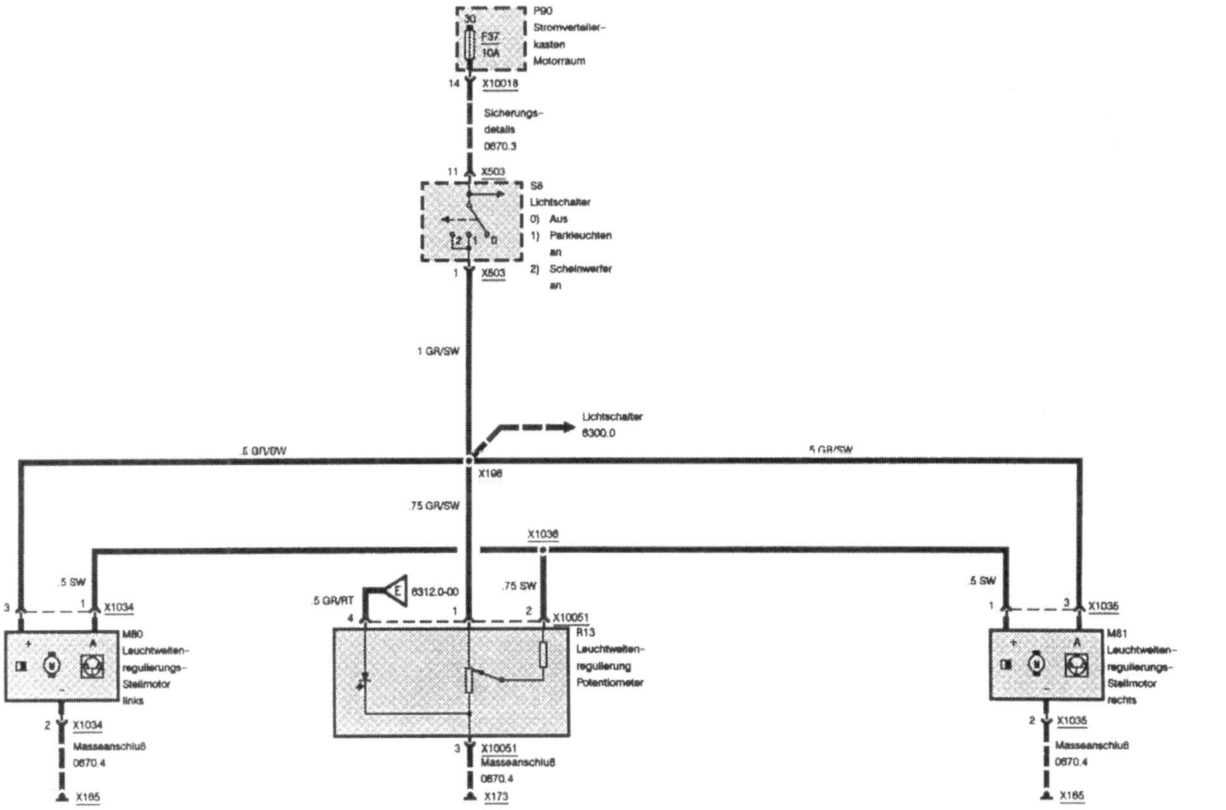

6312.0-03

Standlicht/ Rücklicht/ Motorraumbeleuchtung

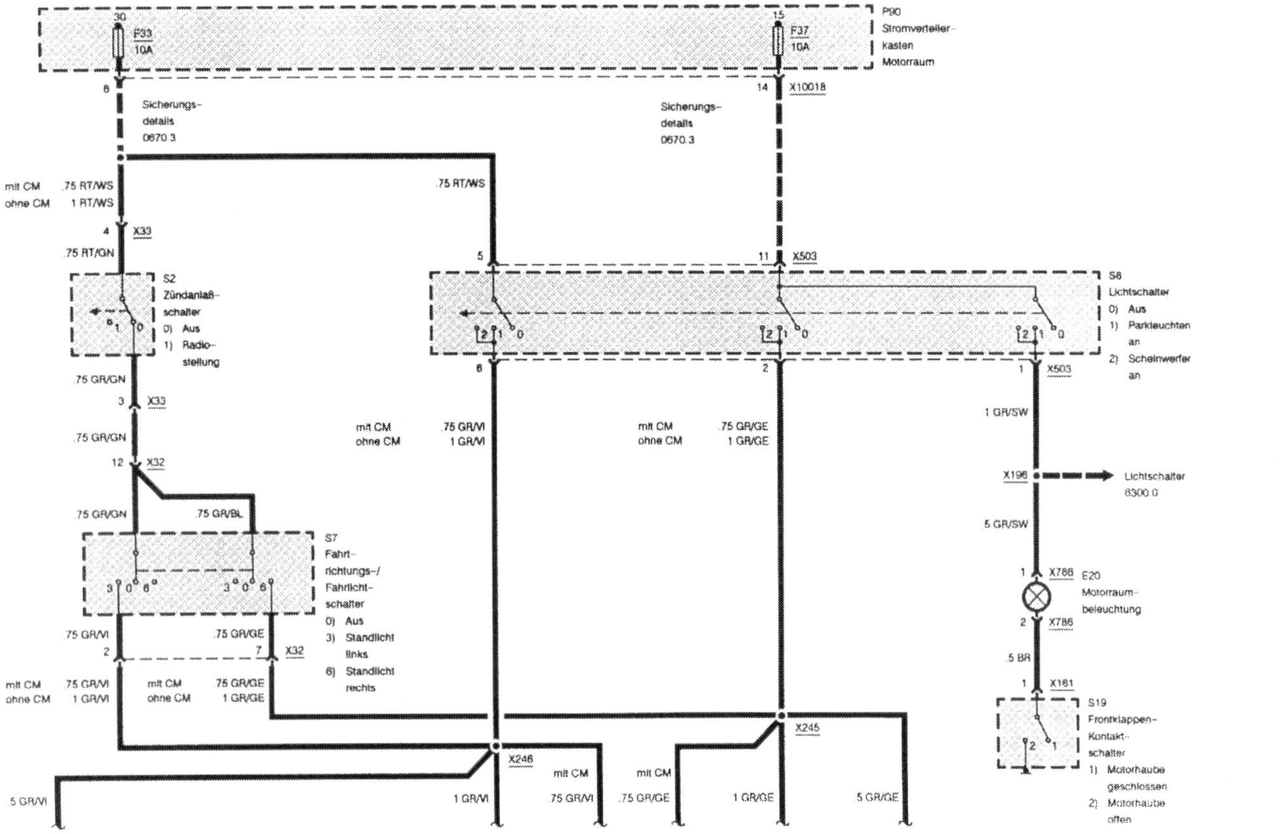

6314.0–00

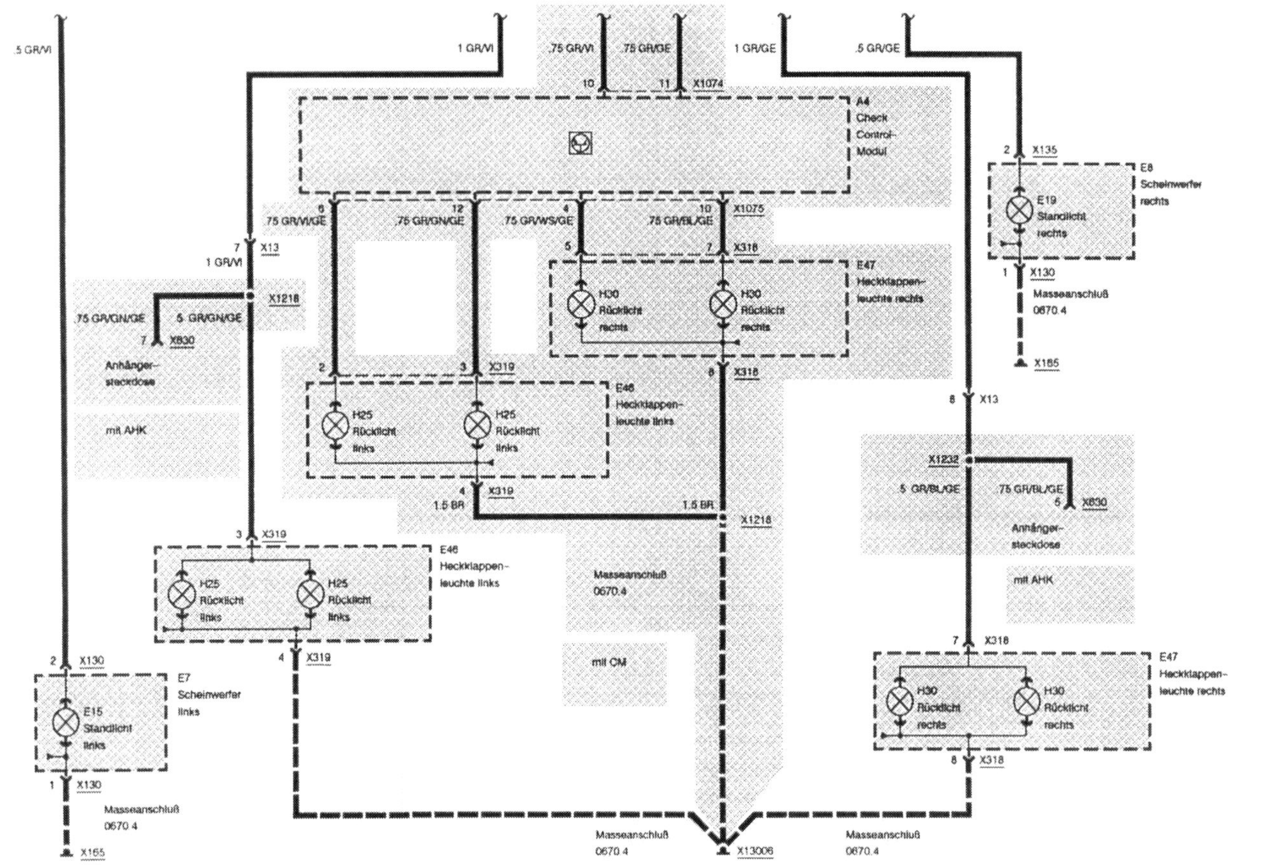

6314.0–01

Rückfahrscheinwerfer

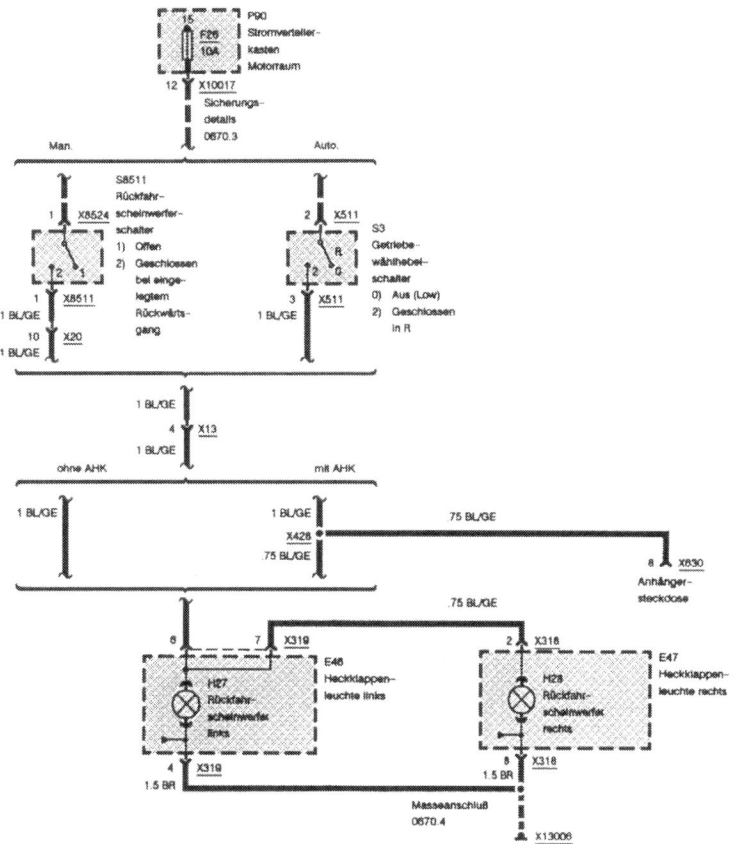

Signalhorn

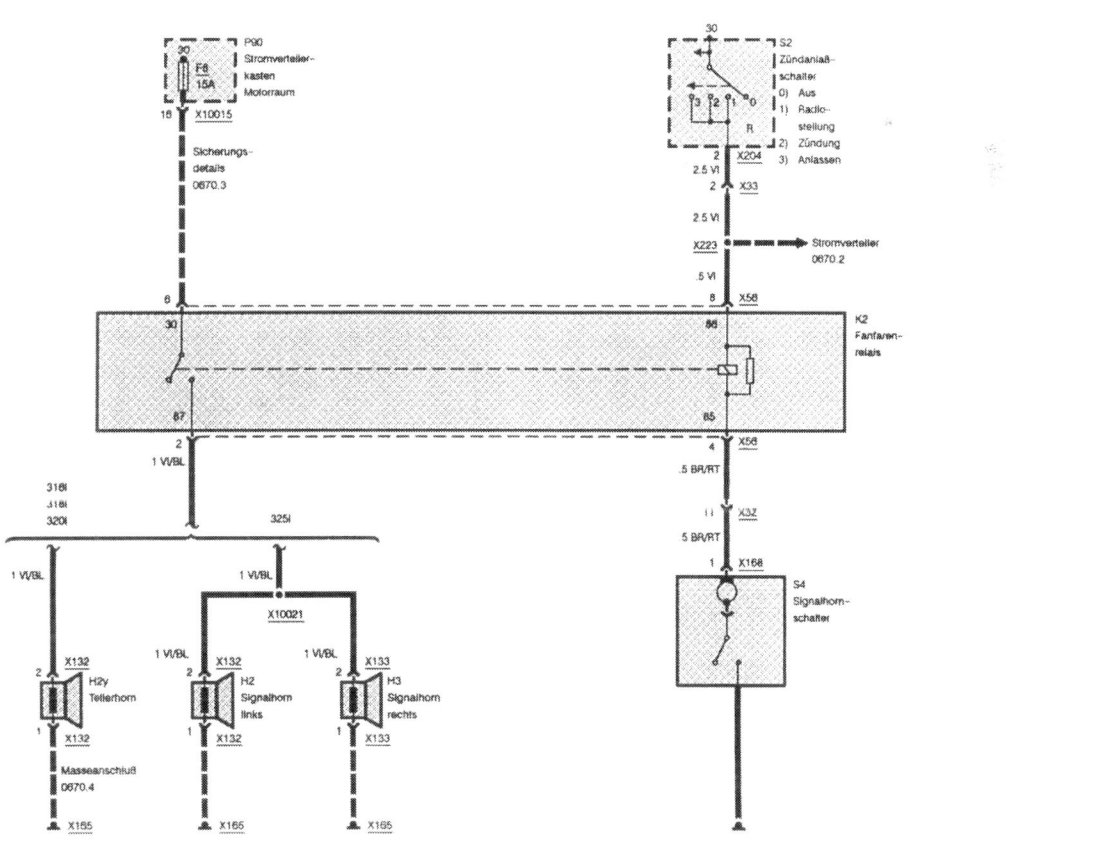

Fahrtrichtungsanzeiger/Warnblinkanlage

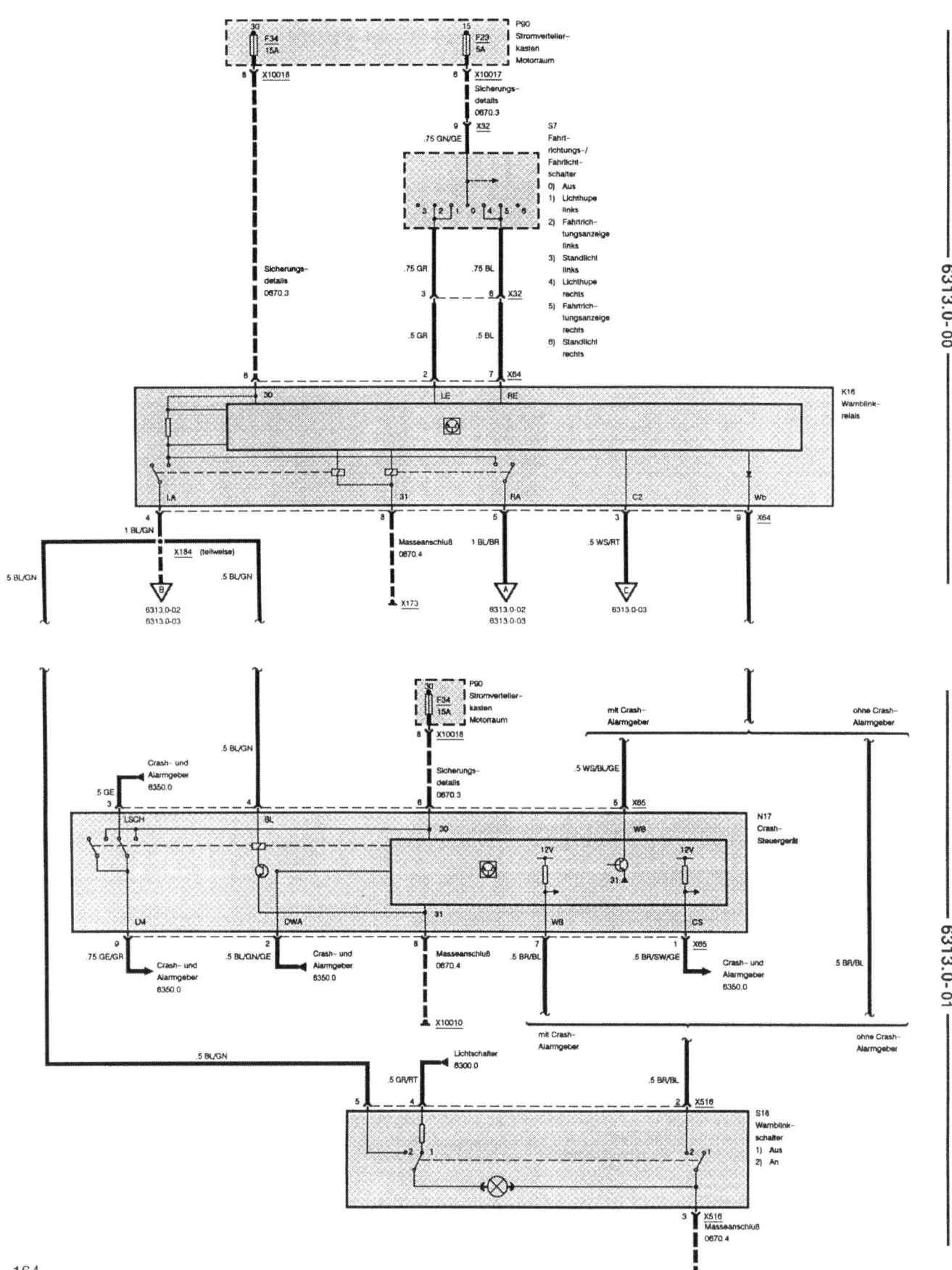

Fahrtrichtungsanzeiger/Warnblinkanlage

6313.0-02

Fahrtrichtungsanzeiger/Warnblinkanlage

6313.0-03

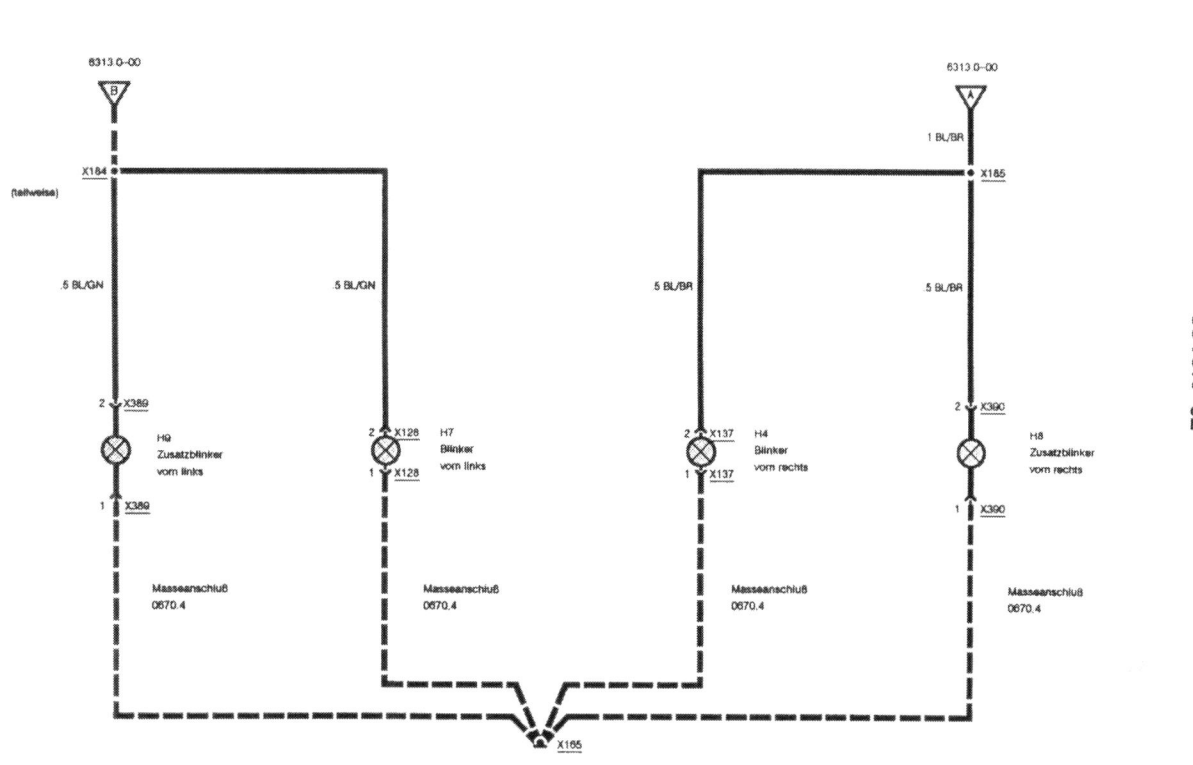

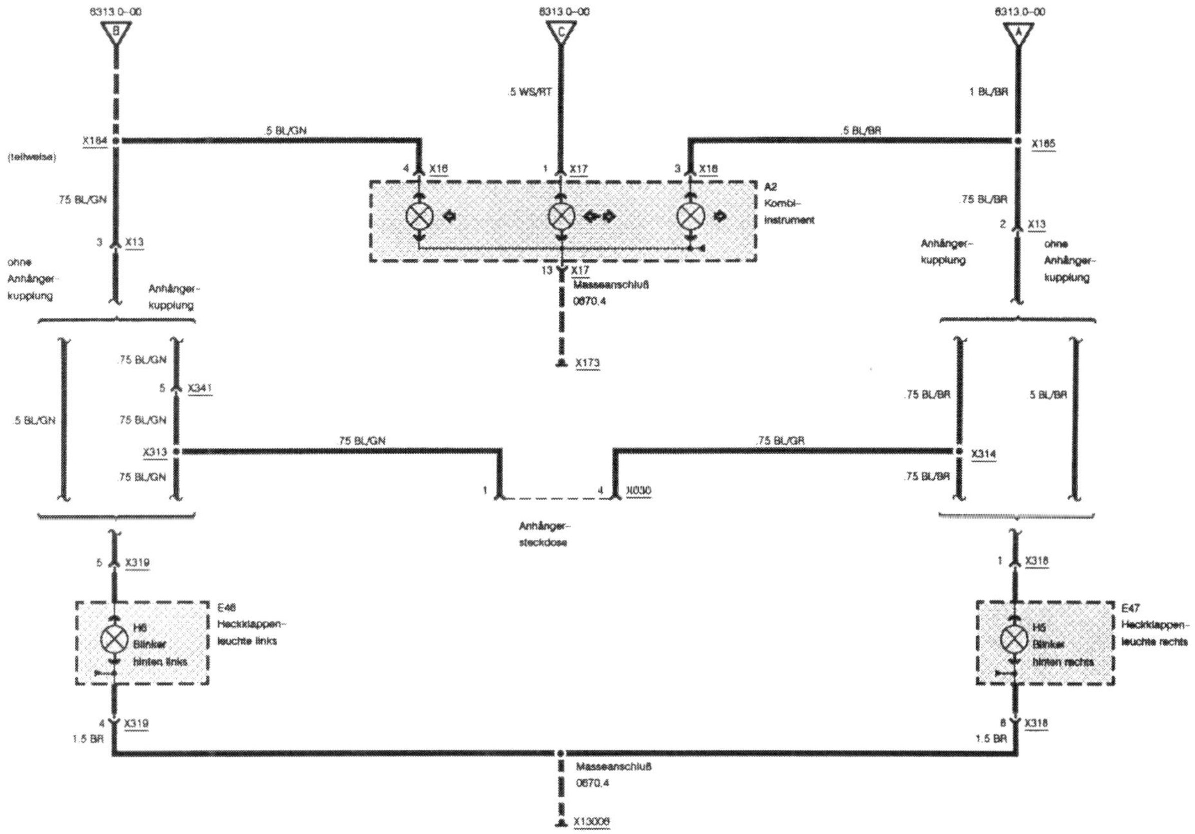

Bremsleuchten

Ohne CM

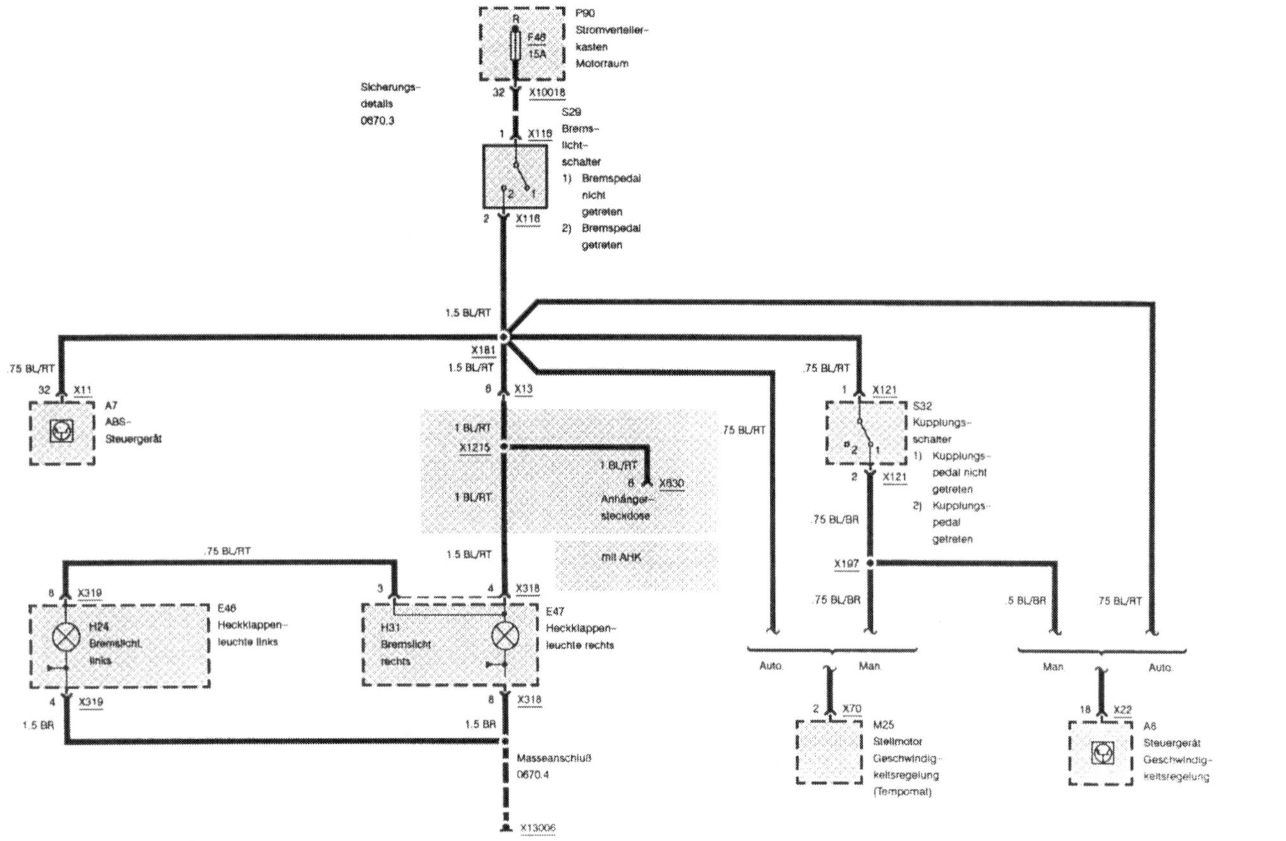

6325.0-00

Bremsleuchten

Mit CM

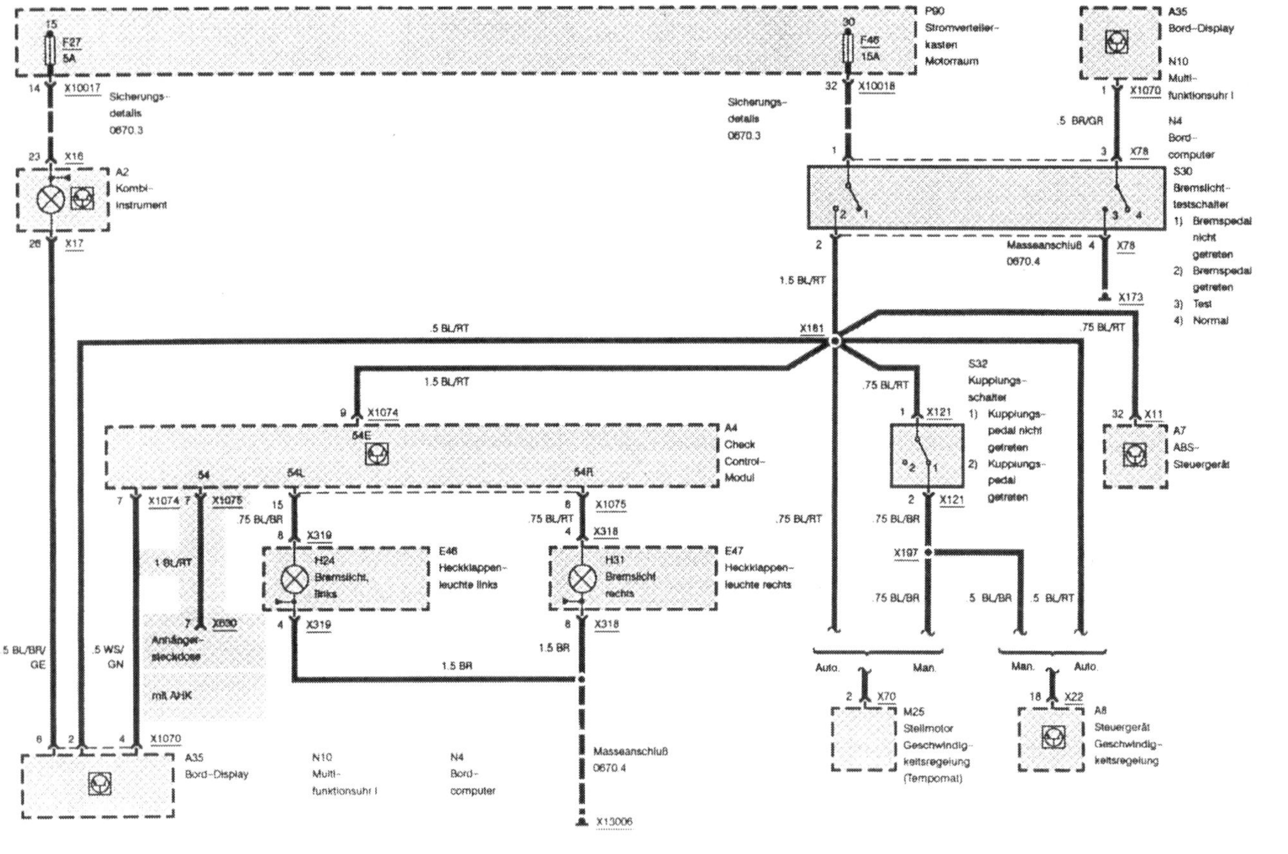

6325.0-01

Heizungsregelung (HR)

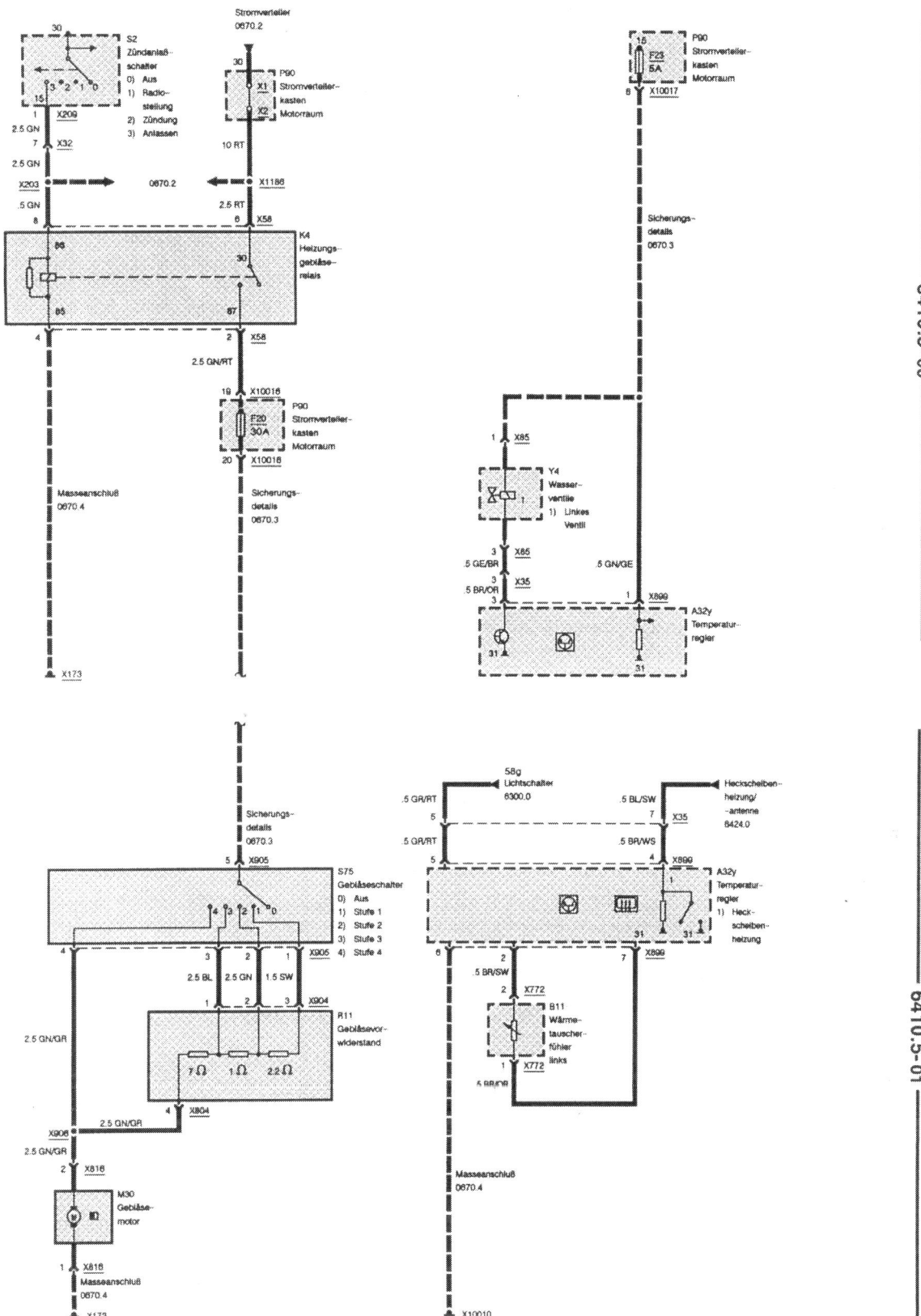

Die Batterie

Strom-Konserve

Um die Batterie dreht sich alles. Sie ist der Mittelpunkt der Bordelektrik im BMW. Ihr Energievorrat wird von den verschiedenen Stromverbrauchern in Anspruch genommen – wieder aufgeladen wird sie von der Lichtmaschine.

So funktioniert die Batterie

Eine Bleiplatte als Elektrode, die mit verdünnter Schwefelsäure (dem Elektrolyt) in Verbindung kommt, gibt unter dem Einfluß des Lösungsdrucks positive Ionen, also elektrisch geladene Teilchen an den Elektrolyt ab. Dadurch wird zwischen der Bleiplatte und dem Elektrolyt eine elektrische Spannung aufgebaut.

In der Praxis verläßt man sich jedoch nicht auf diesen freiwilligen Übertritt geladener Teilchen, sondern zwingt der Batterie eine Ladespannung auf. Das hat den Effekt, daß sich das Bleisulfat der Platten einer entladenen Batterie an der positiven Elektrode in Bleidioxid und an der negativen Elektrode in Bleischwamm umwandelt. Gleichzeitig wird im Elektrolyt wieder Schwefelsäure gebildet, und als äußeres Zeichen für den fast abgeschlossenen Ladevorgang steigen Gasbläschen auf.

Beim Entladen dreht sich der Vorgang um. Das Bleidioxid der positiven Platte und der Bleischwamm der negativen werden wieder zu Bleisulfat, wobei sich die Schwefelsäure verbraucht und Wasser gebildet wird. Mit der Entladung sinkt deshalb die Säuredichte ab.

Die richtige Batterie

Nur die allerersten 320i-Modelle hatten ihre Batterie rechts vorn im Motorraum sitzen. Bei allen anderen Sechszylinder-3ern sitzt sie hinten rechts im Kofferraum unter einer praktischen Abdeckung mit Staufächern. Dieser Einbauort trägt zu etwas ausgeglicheneren Gewichtsverhältnissen im Wagen bei.

Serienmäßig eingebaut ist eine **12 Volt/65-Ah-Batterie** mit der **Typ-Nummer 56530**. Als Sonderausstattung kann die kräftigere 75-Ah-Batterie montiert sein.

Fingerzeig: Die im Kofferaum eingebauten Batterien besitzen eine sogenannte Zentralentgasung. Die beim Laden entstehenden Gase werden dabei oben im Batteriegehäuse gesammelt und über einen dünnen Schlauch nach außen geleitet.

Batterie-Daten **Spannung und Kapazität:** In der Angabe 12 V/65 Ah gibt die vorangestellte 12 V natürlich die Spannung an. Hinter dem Schrägstrich ist die Stromstärke in ihrer »zeitlich lieferbaren Menge« vermerkt – »Ah« steht für Amperestunden. Das ist die Nenn-Batteriekapazität, die nach Normbedingungen gemessen wird.

In der Praxis rechnet man allerdings nur mit ⅔ der angegebenen Kapazität; bei einer älteren Batterie lediglich mit der Hälfte.

Kälteprüfstrom: Die Zahl 320 A (z.B.) A nennt die Stromstärke, welche die Batterie bei –18°C liefern kann.

Typnummer: Eine fünfstellige Zahl dient einheitlich bei allen deutschen Batterie-Herstellern zur Kennzeichnung. Bei der serienmäßigen 65-Ah-Batterie lautet die entsprechende Kennzahl z.B. 56530. Die erste Zahl (5) steht für die Batteriespannung von 12 Volt. Die darauf folgenden beiden Zahlen (hier: 65) geben die Batterie-Kapazität an. Die beiden letzten Ziffern kennzeichnen Konstruktionsmerkmale, wie Bauform, Pollage und Bodenleiste.

Wie lange reichen die Reserven?

Wie lange ein Stromverbraucher mit dem Stromvorrat aus der Batterie funktionieren kann, errechnen wir aus folgender Formel:

Betriebszeit = Batteriekapazität × Bordnetzspannung : Leistung des Verbrauchers. In der Praxis sollten Sie aber nie mit der vollen Batteriekapazität, sondern nur mit ½ bis ⅔ der Nennkapazität rechnen. Es ergeben sich damit beispielsweise die in der Tabelle genannten Betriebszeiten.

Batterie	Parklicht	Standlicht	Warnblinkanlage
65 Ah	ca. 52 Stunden	ca. 21 Stunden	ca. 10 Stunden
75 Ah	ca. 60 Stunden	ca. 24 Stunden	ca. 12 Stunden

Am ärgsten wird die Batterie natürlich vom Anlasser gestreßt. Mit einer Leistung von ca. 1100 Watt setzt er der Batterie vor allem in dem Moment zu, in dem der Motor vom Stillstand in eine Drehbewegung versetzt wird. Der Stromverbrauch steigt dann bis auf ein Vielfaches der normalen Werte an. Natürlich braucht der Anlasser weit weniger Strom, um den warmen Motor durchzudrehen als den kalten.

Temperatureinfluß auf die Batterie

Batterien haben die Eigenart, um so unwilliger auf Kälte zu reagieren, je weniger Strom sie gespeichert haben. Völlig leere Akkus sind so empfindlich, daß sie bei Frost einfrieren und platzen können. Ist die Batterie dagegen randvoll geladen, verträgt sie die Kälte verhältnismäßig gut. Vor der kalten Jahreszeit empfiehlt sich bei einem älteren Akku die Kontrolle des Ladezustands.

Wartungsfreie Batterie

Die Batterieflüssigkeit besteht aus Schwefelsäure, die mit destilliertem Wasser verdünnt ist. Ein Teil dieses Wassers kann verdunsten oder wird beim Ladevorgang in Wasserstoff und Sauerstoff zersetzt. Bei herkömmlichen Autobatterien muß der Flüssigkeitsstand regelmäßig ergänzt werden. Im BMW 3er ist eine wartungsfreie Batterie nach DIN 72311 eingebaut. Durch ein größeres Flüssigkeitsvolumen soll sie unter normalen Bedingungen ihr gesamtes Leben ohne Nachfüllen von destilliertem Wasser auskommen. Erhöhten Wasserverlust verursachen lediglich höhere Umgebungstemperaturen, längere Aufenthalte in heißen Regionen (Urlaub), ein defekter Lichtmaschinen-Spannungsregler, Selbstentladung bei langen Standzeiten des Fahrzeugs oder Tiefentladung, etwa durch eingeschaltetes Standlicht über Nacht.

Batteriesäurestand kontrollieren

Auch beim wartungsfreien Akku sollte nach dem Flüssigkeitsstand gesehen werden:

Wartung Nr. 4

● Die Batterieflüssigkeit muß mindestens bis zum unteren der beiden am Gehäuse auflackierten oder eingeprägten Striche reichen, zumindest aber die Plattenoberkanten gut bedecken.
● Bei abgesunkenem Flüssigkeitspegel Verschlußstopfen herausdrehen.
● Bei einer normal geladenen Batterie bis zum oberen Strich bzw. bis 15 mm über die Plattenoberkanten **destilliertes Wasser** auffüllen.
● In eine stark entladene Batterie nur so viel Wasser einfüllen, daß die Platten oben bedeckt sind. Beim Wiederaufladen steigt der Flüssigkeitsstand nämlich erheblich.
● Erst nach dem Laden bis zur oberen Marke nachfüllen.
● Die Wassermenge aus der Einfüllflasche muß gut dosierbar sein, sonst wird der Akku überfüllt.
● Eine überfüllte Batterie »kocht über«, die Säure tritt am Entgasungsschlauch aus.

Batterie ausbauen

● Kofferraumdeckel öffnen.
● Rechts im Kofferraum den Verbandskasten von der Ablage abnehmen.
● Ablage entriegeln und herausnehmen.
● Grundsätzlich **zuerst das Massekabel** losschrauben, um beim weiteren Hantieren Kurzschlüsse zu vermeiden.
● Dazu Mutter an der Klemme des Minuskabels lösen, Klemme vom Batteriepol abnehmen.
● Pluskabel-Klemme lösen und abnehmen.

In den Sechszylinder-Modellen der 3er-Reihe ist die Batterie rechts hinten im Kofferraum untergebracht. Die Zahlen bedeuten:
1 – Pluspol;
2 – Minuspol;
3 – Spezialbefestigungsschraube für Batteriehalteblech;
4 – Abdeckung für Batterie.

Kontaktpflege an der Batterie

- Schraube der Halteleiste losdrehen, Schraube und Leiste abnehmen.
- Entlüftungsschlauch von der Batterie abziehen.
- Batterie aus dem Kofferraum herausheben.
- Oxidkristalle an den Batterieklemmen mit warmem Sodawasser abwaschen oder mit »Neutralon« von Varta behandeln.
- Batteriepolköpfe und Kabelklemmen mit Säureschutzfett (Bosch »Ft 40 v 1«) einstreichen.
- Beim Einbau Entlüftungsschlauch wieder auf den Anschluß an der Batterie aufschieben.
- Kein Fett erhalten die Polkopfseiten und die Innenseiten der Klemmen, sonst kann es Kontaktschwierigkeiten geben.

Ladezustand der Batterie prüfen

Erscheint der Akku trotz richtigem Säurestand kraftlos, muß der Ladezustand kontrolliert werden. Auskunft darüber gibt das spezifische Gewicht der Batteriesäure. Sie brauchen für die Kontrolle einen speziellen Hebe-Säuremesser (Aräometer), den Sie sich bei der Tankstelle ausleihen können.

- Batterie-Verschlußstopfen herausdrehen.
- So viel Batteriesäure ansaugen, daß die Meßspindel frei schwimmt.
- Säuregewicht ablesen. Es bedeuten: 1,28 kg/l = Batterie voll geladen; 1,20 kg/l = halb geladen; 1,12 kg/l = entladen.

Batterie laden

Heimladegerät anschließen

- Pluskabel des Ladegeräts am **Pluspol-Abgriff im Motorraum** (Bild auf der rechten Seite) anschließen, das Minuskabel an einem blanken Motorteil.
- Die Batteriestopfen können eingeschraubt bleiben. Das sich beim Laden bildende Gas kann über den Schlauch der Zentralentgasung ins Freie entweichen.
- Der Ladestrom soll anfangs etwa 10% der Batteriekapazität betragen (z. B. 6,5 A beim 65-Ah-Akku) und sich während der Ladung automatisch verringern.
- Die Batterie ist voll geladen, wenn ihre Säuredichte innerhalb von zwei Stunden nicht mehr ansteigt.
- Beim Batterieladen wird das destillierte Wasser teilweise zersetzt. Es bilden sich Gasblasen aus Wasserstoff und Sauerstoff – das hochexplosive Knallgas.
- **Noch einige Tips zum Laden der Batterie in geschlossenen Räumen:** Wenn mit hohem Strom geladen wird, für gute Durchlüftung des Raumes sorgen.
- Beim Laden der Batterie in deren Nähe nicht rauchen und kein offenes Feuer verwenden.
- Auch Funken beim Ab- oder Anklemmen des Laders bzw. der Batteriekabel können das Knallgas entzünden.

Schnelladen

Wer es eilig hat, kann seine Batterie bei Tankstelle oder Werkstatt schnelladen lassen. Dabei wird mit mindestens 40 Ampere geladen. Nach einer Stunde ist die Batterie wieder voll. Beachten Sie:
○ Einem älteren Akku kann die Schnelladung das Leben kosten, dann muß eine ohnehin bald fällige neue Batterie her.
○ Die Batterie sollte zum Schnelladen ausgebaut werden. Denn zum einen können die empfindlichen elektronischen Bauteile im Auto durch den hohen Ladestrom Schaden nehmen, und zum anderen müssen die Batterie-Verschlußstopfen herausgedreht werden, da der Akku bei der Schnelladung erheblich »gast«.

Start mit leerer Batterie

Nach einer Frostnacht oder durch versehentlich eingeschaltetes Standlicht oder Radio kann es am Strom zum Motorstart fehlen. Dann bieten sich mehrere Methoden an, den Motor in Gang zu bekommen.

Fingerzeig: Bei Fahrzeugen mit Katalysator wird oft vor dem Anrollenlassen, Anschieben oder Anschleppen gewarnt. Falls der Motor lediglich wegen einer leeren Batterie nicht anspringt, ist das aber ungefährlich. Anders bei einem Defekt an der Zündanlage: Da können unverbrannte Gemischanteile in den Katalysator gelangen, wo sie bei laufendem Motor nachgezündet werden und die Temperatur im Kat auf gefährliche Höhen treiben.

Fremdstrom aus dem Starthilfekabel

- Fahrzeug mit geladener Batterie so dicht heranfahren, daß die Starthilfekabel in den Motorraum des BMW gelegt werden können.
- Kontrollieren Sie, ob an Ihrem stromlosen Fahrzeug alle Stromverbraucher abgeschaltet sind.

Damit zum Laden der Batterie und zum Anschließen der Starthilfekabel die Rücksitzbank eingebaut bleiben kann, befindet sich dieser Pluspol-Abgriff (2) unter einer kleinen Abdeckung (1) rechts hinten im Motorraum.

● Ein Kabel am Pluspol-Abgriff rechts hinten im Motorraum anschließen.
● Anderes Starthilfekabel zuerst am Minuspol der geladenen Fremdbatterie und dann im Motorraum des stromlosen Wagens an blanker Masse (z. B. direkt am Motor) anschließen.
● Motor des Hilfswagens starten und mit erhöhter Drehzahl laufen lassen, damit die Lichtmaschine kräftig Spannung liefert.

● Falls der Motor nicht gleich anspringt, zwischendurch eine Abkühlungspause für den Anlasser einlegen. Hilfsmotor weiterlaufen lassen, wodurch die leere Batterie bereits etwas nachgeladen wird.
● Beim Abklemmen der Starthilfekabel zuerst die Klemme vom Minuspol der geladenen Fremdbatterie abnehmen.

Mit zwei Helfern läßt sich der BMW bei gutem Motorzustand anschieben:
● Zündung einschalten.
● 1. Gang einlegen, in höheren Gängen wird die Lichtmaschine für kräftige Stromlieferung zu langsam durchgedreht.
● Kupplung durchtreten, Wagen anschieben lassen, bis er in Schwung ist.
● Kupplung schlagartig kommen lassen. Der Motor wird abrupt durchgedreht und müßte anspringen.
● Sofort Kupplung treten und Gas geben.

Wagen anschieben

Suchen Sie sich zum Anschleppen einen schlepperfahrenen Helfer aus, damit nicht durch Ungeschick größerer Schaden entsteht. Und denken Sie daran: Bei stehendem Motor arbeiten Servolenkung und Bremskraftverstärker nicht.
● Zündung einschalten, 2. Gang einlegen und Kupplung treten.
● Der Zugwagen muß langsam anfahren.
● Bei etwa 15 km/h die Kupplung langsam kommen lassen, dabei die rechte Hand an den Handbremshebel legen.
● Ist der Motor angesprungen, Kupplung treten und Gas geben.
● Handbremse sanft ziehen, damit Sie dem Vordermann nicht ins Heck rollen.
● Schleppfahrer Hupsignal geben.
● Gang herausnehmen, Kupplung loslassen.
● Mit der Handbremse zusammen mit dem Schleppwagen sanft abbremsen.

Wagen anschleppen

Die Lichtmaschine

Kraftwerk auf Reisen

Weil der BMW kein Verlängerungskabel zur Stromversorgung hinter sich herziehen kann, muß die Stromherstellung direkt im Auto erfolgen. Und das ist Sache der Lichtmaschine.

Der Drehstrom-Generator

Leistung

Im BMW sind je nach Ausstattung unterschiedlich leistungsfähige Lichtmaschinen eingebaut. Wagen mit Schaltgetriebe ohne Klimaanlage begnügen sich mit einem 90-A-Generator. Modelle mit Automatikgetriebe und/oder Klimaanlage besitzen dagegen die stärkere 105-A-Lichtmaschine. Und gegen Aufpreis ist für beide Modelle eine 140-A-Generator zu haben.

Übrigens erzeugt der Generator eine Spannung von ca. 14 Volt. Sie ist also höher als die Batteriespannung. Denn nur so kann Strom zur Batterie fließen, wodurch diese aufgeladen wird. Spannung und Maximalstrom multipliziert ergibt die Leistung der Lichtmaschine: 1260 Watt bei 90 Ampere, 1470 Watt bei 105 Ampere und 1960 Watt bei 140 Ampere.

Damit die Lichtmaschine auch bei starker Belastung nicht den Hitzetod stirbt, wird ihr Gebläse über einen separaten Zuleitungsschlauch mit Kühlluft versorgt.

Umgang und Vorsichtsmaßnahmen

Die Drehstrom-Lichtmaschine liefert schon bei Leerlaufdrehzahl des Motors Strom. Ferner halten ihre Schleifkohlen weit über 80 000 km.

Getreu ihres Namens erzeugt sie jedoch Drehstrom, den wir im Auto nicht gebrauchen können, denn die Batterie kann natürlich nur Gleichstrom speichern. Deshalb sind im Generator drei Gleichrichter-Dioden eingebaut, die den Drehstrom in einen pulsierenden Gleichstrom umwandeln. Diese Dioden sind allerdings gegen hohe Spannungen empfindlich, und deshalb sollten Sie folgende Punkte beachten:

○ Bei laufendem Generator darf kein Kabel zwischen Akku und Lichtmaschine gelöst bzw. angeschlossen werden. Dadurch kann die Spannung schlagartig ansteigen (Spannungsspitzen) und eine Diode »verheizt« werden.

○ Ohne richtig angeschlossene, intakte Batterie darf die Drehstrom-Lichtmaschine nicht laufen. Der Akku dient als Spannungsbegrenzer für den Generator, gewissermaßen als Puffer gegen Überspannungen.

○ Sämtliche Kabelanschlüsse zwischen der Drehstrom-Lichtmaschine, der Batterie und dem Karosserieblech oder dem Triebwerkblock (Masse) müssen ganz fest sitzen. Schon ein Wackelkontakt kann zu gefährlichen Spannungsspitzen führen.

○ Beim Schnelladen der Batterie (nicht zum Aufladen mit dem Heimlader) und beim elektrischen Schweißen an der Karosserie müssen beide Kabel vom Akku abgeklemmt werden, damit die Lichtmaschinen-Dioden keinen Schaden erleiden.

Die Ladekontrolle

○ Die Kontrolleuchte im Kombi-Instrument hat zwei Plus-Anschlüsse, und zwar einerseits von der Klemme D+ des Generators (blaues Kabel) und andererseits von Klemme 15 (grünes Kabel).

○ Mit Einschalten der Zündung führt Klemme 15 Spannung. Die Lichtmaschine steht aber noch, so daß der spannungslose D+-Kontakt als »Minus« wirkt. Die Kontrollampe leuchtet auf, denn zwischen dem von der Batterie versorgten Bordnetz und dem noch stehenden Generator herrscht eine Spannungsdifferenz.

○ Wird der Motor gestartet und hat die Lichtmaschine ihre Ladedrehzahl erreicht, verbindet der Spannungsregler den Stromerzeuger mit der Bordelektrik. Nun kommt Plusstrom von Klemme 15 und zusätzlich von Klemme D+. Damit besteht keine Spannungsdifferenz mehr, die Ladekontrolle verlöscht.

○ Beim Einschalten der Zündung muß die brennende Ladekontrolle – in Verbindung mit einem parallel geschalteten Widerstand – die Drehstrom-Lichtmaschine »vorerregen«. Nur so kann diese schon aus niedrigen Drehzahlen heraus Strom liefern. Allerdings ist die Vorerregung nur beim ersten Anlaufen des Generators erforderlich.

Nicht immer wird geladen

Ob die Batterie von der Lichtmaschine geladen wird, beweist das Verlöschen der Kontrollampe nicht. Es besagt nur, daß zwischen Batterie und Generator keine Spannungsdifferenz mehr besteht. Wenn im Motorleerlauf beispielsweise sämtliche Stromverbraucher eingeschaltet sind, leuchtet die Ladekontrolle nicht auf, obwohl mehr Strom der Batterie entnommen wird, als eine der leistungsschwächeren Lichtmaschinen liefern kann: Es besteht dennoch keine Spannungsdifferenz zur Batterie.

Rückansicht der ausgebauten und teilzerlegten Lichtmaschine (1):
2 – Spannungsregler;
3 – Abdeckung für Kabelanschlüsse;
4 – Abdeckung für Rückseite mit Kühlschlauchanschluß.

Fingerzeig: Vielleicht haben Sie beobachtet, daß manchmal die Ladekontrolle brennen bleibt, wenn Sie den warmgefahrenen Motor ohne Gas starten und er in niedriger Leerlaufdrehzahl weiterläuft. Hierbei ist die Vorerregung der Drehstrom-Lichtmaschine zu schwach, sie liefert noch keinen Strom. Sobald Sie auf das Gaspedal tippen, verlöscht das rote Licht – alles ist wieder in Ordnung. Diese Erscheinung ist normal und deutet keinen Schaden an.

Der Spannungsregler

Die Lichtmaschine kann man mit einem Fahrraddynamo vergleichen: Je schneller sie dreht, um so höher steigt die Spannung und somit auch der gelieferte Strom. Ein derartiges Auf und Ab würden die Stromverbraucher im Auto nicht lange ertragen, deshalb muß ein besonderer Regler die Lichtmaschinenspannung begrenzen und ein Überladen der Batterie verhindern. Dieser Regler – ein elektronischer Feldregler – ist direkt an der Drehstrom-Lichtmaschine festgeschraubt.

Selbsthilfe an Generator und Regler

Wartungsarbeiten an der Drehstrom-Lichtmaschine fallen nicht an, wenn man einmal vom wirklich selten notwendigen Schleifkohlenwechsel absieht. Tiefergehende Schäden sind mit Heimwerkermitteln nicht zu beheben.

Ladespannung prüfen

- Voltmeter zwischen +-Pol der Batterie und Masse anschließen.
- Motor mit mittlerer Drehzahl laufen lassen.
- Bei intaktem Regler sind jetzt etwa 13,3 bis 14,6 Volt abzulesen.
- Ist das nicht der Fall, Schleifkohlen kontrollieren bzw. Regler austauschen.
- Hilft das nicht, ist die Lichtmaschine selbst defekt. Austauschen.

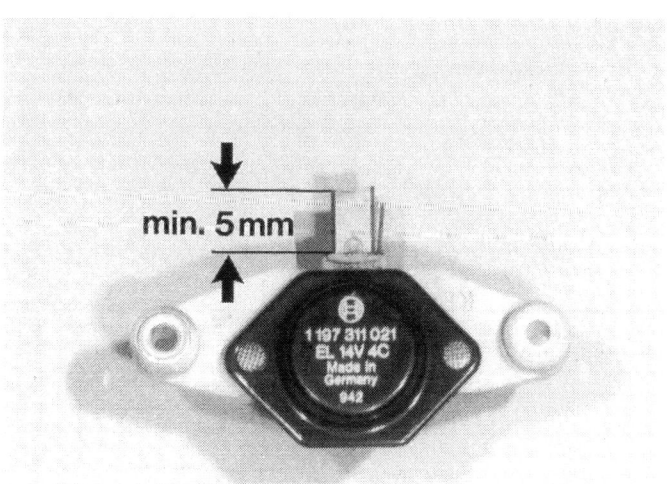

Bei ausgebautem Spannungsregler kann die Länge der Schleifkohlen gemessen werden: Kürzer als 5 mm dürfen sie nicht sein.

Schleifkohlen kontrollieren	● Lichtmaschine ausbauen. ● Abdeckung an der Lichtmaschinen-Rückseite abschrauben. ● Zwei Halteschrauben am Regler losdrehen. ● Regler gewissermaßen herausklappen, damit die Kohlebürsten nicht hängenbleiben. ● Überstand der Schleifkohlen messen. ● Sind sie nur noch **5 mm** lang, müssen sie ersetzt werden.
Schleifkohlen auswechseln	Die Schleifkohlen sind mit ihren Anschlußlitzen an einem Halter angelötet. Sie brauchen als Werkzeug daher einen Lötkolben. Ersatz-Schleifkohlen gibt's beispielsweise beim Bosch-Dienst. ● Regler ausbauen. ● Anschlußlitzen auslöten, Kohlen herausziehen. ● Druckfedern von den alten Kohlen abziehen und auf die neuen stecken. ● Anschlußlitzen anlöten. ● Dabei wenig Lötzinn verwenden und schnell arbeiten, damit sich die Anschlußlitzen nicht mit Zinn vollsaugen. Sonst werden sie starr.

Fingerzeig: Bei ausgebautem Regler können Sie die Kupfer-Schleifringe des Lichtmaschinen-Ankers (auf ihnen laufen die Kohlen) ebenfalls prüfen. Haben sie schon tiefe Einlaufspuren, kann man sie in einer Autoelektrik-Werkstatt überdrehen und polieren lassen.

Lichtmaschine ausbauen	● Batterie-Massekabel abklemmen. ● Keilrippenriemen ausbauen. ● Abdeckkappe hinten auf der Lichtmaschine abnehmen, darunter die Kabelanschlüsse abschrauben. ● Massekabel nicht vergessen. ● Abdeckung vorn auf der Umlenkrolle des Keilrippenriemens abdrücken – die obere Halteschraube der Lichtmaschine sitzt darunter. ● Obere und unter Halteschraube der Lichtmaschine lösen, Schrauben herausziehen. ● Lichtmaschine abnehmen.

Fahren mit defekter Lichtmaschine

Wenn die Lichtmaschine oder ihr Regler streikt, ist die Weiterfahrt noch nicht gefährdet, denn die Batterie kann hilfreich einspringen.

Bei Tag reicht der Batteriestrom noch eine ganze Weile, obwohl die Motronic zum Erzeugen der Zündfunken und zum Betreiben der Einspritzung (mit elektrischer Benzinpumpe) eine Mindestspannung benötigt. Zudem ist der Akku oft nur zu ⅔ geladen.

Doch je nach Batteriekapazität reicht der Strom aber zu mindestens vier Stunden Fahrt.

Keilrippenriemen statt Keilriemen

Wo früher bis zu drei Keilriemen die Wasserpumpe, die Lichtmaschine, Servopumpe und Klimaanlage antrieben, ist ein sogenannter Keilrippenriemen im Einsatz. Der flache Profilriemen ist **lebenslang wartungsfrei**.

Dafür, daß der Riemen immer schön gespannt ist, sorgt eine federbelastete, hydraulisch gedämpfte Spannrolle. Eine Umlenkrolle vergrößert den Umschlingungswinkel (also den Winkel, unter dem der Riemen die Riemenscheibe umfaßt) an der Lichtmaschine.

Der Verlauf des Keilrippen-Riemens ist am ausgebauten Motor gut zu sehen. Es bedeuten:
1 – Riemenrad der Kurbelwelle;
2 – Spannrolle;
3 – Riemenrad für Wasserpumpe/Kühlerventilator;
4 – Umlenkrolle;
5 – Riemenrad der Lichtmaschine;
6 – Riemenrad der Servopumpe.

Die Zeichnung zeigt, wie die Keilrippenriemen auf die Riemenräder aufgelegt werden müssen. Rot dargestellt ist der Hauptriemen für den Antrieb von Wasserpumpe/Ventilator, Lichtmaschine und Servopumpe. Rosa unterlegt ist der Riemen zum Klimaanlagen-Kompressor.

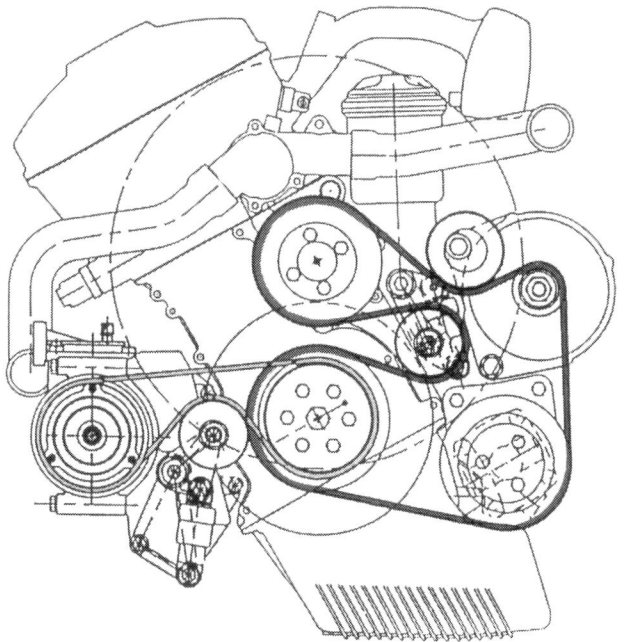

Ist der BMW mit einer Klimaanlage ausgestattet, kommt ein zweiter Keilrippenriemen mit eigener Spannvorrichtung zum Einsatz, der nur den Klimaanlagen-Kompressor antreibt.

Zustand des Keilrippenriemens prüfen

Wartung Nr. 8

Auch wenn der Keilrippenriemen wartungsfrei ist, sollte sein Zustand dennoch von Zeit zu Zeit überprüft werden:

- Drehen Sie die Kurbelwelle einige Male ganz durch, während Sie Innen- und Außenflächen des Riemens begutachten. Nur so ist der Riemen auf ganzer Länge zu sehen.

- Riemen, die stark verölt, ausgefranst oder angerissen sind, müssen ersetzt werden.

Keilrippenriemen im BMW

Modell	Keilrippenriemen für	Riemengröße
320i/325i	Lichtmaschine Wasserpumpe, Servopumpe	6 K x 1560
	Kompressor der Klimaanlage	5 K x 890

Keilrippenriemen aus- und einbauen

- Luftfilter und Luftmassenmesser ausbauen (Kapitel »Motronic-Einspritzung«).
- Wo vorhanden, Keilrippenriemen für Klimaanlagen-Kompressor abnehmen.
- Schwarze Kunststoff-Abdeckung über Kühler und Motorhauben-Schließblech abschrauben.
- Lüfterzarge am Kühler oben lösen und nach oben herausziehen.

Zum Entspannen und Abnehmen des Keilrippenriemens muß auf der Halteschraube der Spannrolle (Pfeil) ein Innensechskantschlüssel angesetzt werden, mit dem die gesamte Rolle nach rechts geschwenkt wird, wodurch sich der Riemen entspannt.

- Belüftungsschlauch für Lichtmachine ausbauen.
- Abdeckung über der Spannrolle des Keilrippenriemens mit Schraubendreher abdrücken.
- Soll der bisherige Keilrippenriemen wieder eingebaut werden, Laufrichtung des Keilrippenriemens mit Filzstift oder Kreide kennzeichnen.
- Schraubenschlüssel an der Zentralschraube der Spannrolle ansetzen und Spannrolle schwenken, damit sich der Keilrippenriemen entspannt.
- Keilrippenriemen über die Lüfterflügel ziehen und abnehmen.
- Beim **Einbau** beachten: Bereits gelaufene Keilrippenriemen gemäß der Kennzeichnung einbauen. Änderung der Laufrichtung kann zu Schäden führen.
- Ausgebaute Federelemente der Spannrolle wegen der hydraulischen Dämpfung stehend lagern. Versehentlich liegend gelagerte Elemente durch mehrmaliges Zusammendrücken entlüften.

Fingerzeig: Ohne Keilrippenriemen darf der Motor nicht gestartet werden, da sonst die Wasserpumpe ohne Antrieb ist. Folge: Der Kühlmittelkreislauf ist unterbrochen, der Motor überhitzt.

Störungsbeistand

Batterie und Lichtmaschine

Die Störung	– ihre Ursache	– ihre Abhilfe
A Rote Ladekontrolle brennt nicht beim Einschalten der Zündung	1 Batterie leer	Mit Starthilfekabeln starten oder Wagen anschleppen
	2 Batteriekabel gebrochen, Kabelklemmen lose oder oxidiert	Batteriekabel und -klemmen kontrollieren
	3 Kontrollampe defekt	Ersetzen
	4 Kabelweg zwischen Zündschloß, Kontrollampe und Lichtmaschine unterbrochen	Stromweg mit Prüflampe kontrollieren
	5 Massekabel zwischen Lichtmaschine und Motorblock gebrochen	Kabel kontrollieren
	6 Schleifkohlen abgenutzt	Schleifkohlen erneuern (lassen)
	7 Spannungsregler defekt	Regler austauschen
	8 Lichtmaschine schadhaft	Lichtmaschine instand setzen lassen
	9 Nach zu heftiger Motorwäsche: Eingedrungene Feuchtigkeit hat einen isolierenden Schmierfilm zwischen den Schleifringen und Kohlen gebildet	Lichtmaschine so gut als möglich mit Druckluft ausblasen oder Schleifringe und Kohlen sauberreiben
B Ladekontrolle brennt oder glimmt bei laufendem Motor	1 Keilrippenriemen lose	Spannvorrichtung prüfen
	2 Mangelnder Kontakt/Oxidation an Kabelanschlüssen oder unterbrochene Kabel	Kabelanschlüsse und Kabel prüfen
	3 Siehe A 6–8	
C Batterieoberfläche feucht	1 Batterie überfüllt	Zuviel eingefülltes destilliertes Wasser durch Überladen herausgasen. Keine Säure absaugen
	2 Batterieverschlüsse bzw. Zentralentgasungs-Schlauch verstopft	Entlüftungslöcher bzw. Schlauch säubern
	3 Siehe A 7	
D Batterie gast stark	Siehe A 7	

Der Anlasser

Start-Helfer

Dreht man den Zündschlüssel in Stellung »Start«, geschieht im Anlasser folgendes:
○ Die Klemme 50 am Zündschloß liefert Spannung an den oben auf dem Anlasser sitzenden Magnetschalter.
○ Dadurch schiebt ein Einrückhebel das Zahnritzel des Anlassers auf einem Steilgewinde in den Zahnkranz der Motor-Schwungscheibe.
○ Beim Eingreifen des Ritzels schaltet der Magnetschalter den vollen, von Klemme 30 kommenden Batteriestrom ein, so daß der Anlasser den Motor erst nach dem Einspuren des Ritzels kräftig durchdreht.
○ Anlasser-Motor und Zahnritzel sind durch ein Planetengetriebe verbunden. Der Elektromotor dreht deshalb wesentlich schneller als das Ritzel. Dadurch besitzt der Anlasser mehr Schwung-Energie.
○ Ist der Motor angesprungen, wird das Ritzel aus der Schwungscheibe wieder ausgespurt.

Anlasser ausbauen

● Batterie-Massekabel abklemmen.
● Luftfiltergehäuse zusammen mit Luftmassenmesser und Luftansaugschlauch abbauen.
● Gaszug aushängen.
● Gitter des Luftsammelkastens abnehmen, Halteschrauben innen und außen am Kasten lösen, Luftsammelkasten aus dem Motorraum herausziehen.
● Ventildeckel- und Ansaugkrümmerabdeckung ausbauen.
● Masseleitung der Zündspulen losschrauben.
● Zündspulen-Kabelschacht abschrauben.
● Steckverbindung an den Zündspulen lösen, Leitungen aus dem Ventildeckel ausclipsen und Kabelschacht zur Seite legen.
● Schlauch der Kurbelgehäuse-Entlüftung ausclipsen.
● Steckverbindung des Ansaugluft-Temperaturgebers trennen.
● Kühlmittelschläuche der Drosselklappenstutzen-Beheizung abbauen.
● Darunter Schlauch der Tank-Entlüftung abziehen.
● Steckverbindung des Drosselklappen-Potentiometers trennen.
● Kraftstoff-Vor- und -Rücklaufleitung markieren und von den Stutzen abziehen.
● Zuluftschlauch des Leerlaufregelventils am Ansaugkrümmer ausclipsen.
● Unterdruckschlauch vom Bremskraftverstärker abziehen.
● Ansaugkrümmer vom Zylinderkopf abschrauben.
● Abstützung des Ansaugkrümmers losschrauben.
● Sämtliche Kabel am Anlasser abnehmen.
● Haltemuttern bzw. -schrauben des Anlassers lösen und Anlasser vom Motorblock abnehmen.
● Beim Einbau auf die korrekte Verlegung der Anlasserleitungen achten.
● Dichtungen am Ansaugkrümmer erneuern.
● Für die einzelnen Bauteile gelten folgende Anzugsdrehmomente: Ansaugkrümmer an Zylinderkopf: 15 Nm; Anlasser an Motor: 47–50 Nm.

Schleifkohlen auswechseln

Wenn der Anlasser streikt, sind möglicherweise nur die Schleifkohlen abgenutzt. Diese Kohlebürsten können (teils nur komplett mit Halteplatte) als Ersatzteil in der BMW- oder Bosch-Werkstatt gekauft und ausgewechselt werden. Gebraucht werden Kenntnisse im Löten, Elektrolot und ein kräftiger Lötkolben.

Der Anlasser ist im BMW gut versteckt. Der Pfeil deutet auf diejenige Stelle, an der er sich erahnen läßt. Sichtbar sind nur die elektrischen Anschlüsse. Entsprechend schwierig ist der Ausbau.

- Anlasser ausbauen.
- An der geschlossenen Seite des Anlassers zwei Schlitz- oder Kreuzschlitzschrauben an dem kleinen Lagerdeckel herausdrehen, Deckel abnehmen.
- Sicherungsscheibe und Einstellscheibe(n) vom darunter liegenden Wellenstumpf abnehmen und der Reihenfolge nach ablegen.
- Beide Schrauben (oder Muttern mit Stehbolzen) am hinteren Gehäusedeckel herausdrehen und Deckel abnehmen.
- Schleifkohlenlänge messen: Mindestmaß **13 mm**.
- Andruckfedern der Kohlebürsten hochheben und Kohlen aus der Führung ziehen.
- Bürsten-Halteplatte von der Ankerwelle ziehen.
- Alle Kohlebürsten mit ihren Anschlußkabeln auslöten bzw. abtrennen.
- Wird die komplette Halteplatte ersetzt, nur die Verbindungskabel trennen.
- Bei der Verlötung der neuen Kohlebürsten darauf achten, daß sich die Kupferlitze nicht durch einfließendes Lötzinn verhärtet. Deshalb möglichst schnell löten oder Kabel während des Lötens mit einer Zange nahe der Lötstelle zusammendrücken.
- Anlasser wieder zusammenbauen.

Störungsbeistand

Anlasser

Die Störung	– ihre Ursache	– ihre Abhilfe
A Beim Drehen des Zündschlüssels in Startstellung dreht der Anlasser zu langsam oder gar nicht	1 Kontrollampen brennen schwach oder verlöschen	
	a) Batterie entladen	Mit Starthilfekabeln starten
	b) Kabelanschlüsse lose oder oxidiert	Kabelanschlüsse kontrollieren
	c) Anlasser hat Masseschluß	Anlasser überholen lassen
	2 Kontrollampen brennen hell, Klicken aus Richtung Anlasser	Kurz auf den Magnetschalter klopfen. Dreht der Anlasser weiterhin nicht:
	a) Kohlebürsten bzw. deren Anschlüsse im Anlasser gelöst	Kohlebürsten überprüfen
	b) Kontakte im Magnetschalter verschmort	Magnetschalter ersetzen
	c) Anlasserwicklung schadhaft	Anlasser überholen lassen
	3 Kontrollampen brennen hell, keinerlei Geräusche	
	a) Klemme-50-Anschluß am Magnetschalter lose	Steckanschluß überprüfen
	b) Klemme-50-Leitung vom Zündschloß zum Magnetschalter unterbrochen	Leitung mit Prüflampe kontrollieren
	c) Magnetschalter klemmt	Zerlegen und fetten oder ersetzen
B Anlasser läuft, ohne den Motor durchzudrehen	1 Einrückvorrichtung klemmt	Anlasser überholen lassen
	2 Verzahnung des Ritzels oder der Motor-Schwungscheibe beschädigt	Wagen bei eingelegtem Gang ein Stück vorschieben. Erneut starten. Beschädigte Teile ersetzen lassen
C Anlasser läuft weiter, obwohl Zündschlüssel losgelassen wurde	1 Magnetschalter hängt und schaltet nicht ab	Zündung sofort abschalten, notfalls Batterie abklemmen. Magnetschalter ersetzen
	2 Zünd-/Anlaßschalter defekt	Zünd-/Anlaßschalter ersetzen
D Ritzel spurt nach Anspringen des Motors nicht aus	1 Rückstellfeder des Einrückhebels lahm oder gebrochen	Zündung sofort abschalten. Reparieren lassen
	2 Verzahnung des Ritzels bzw. der Motor-Schwungscheibe beschädigt	Schadhafte Teile ersetzen lassen

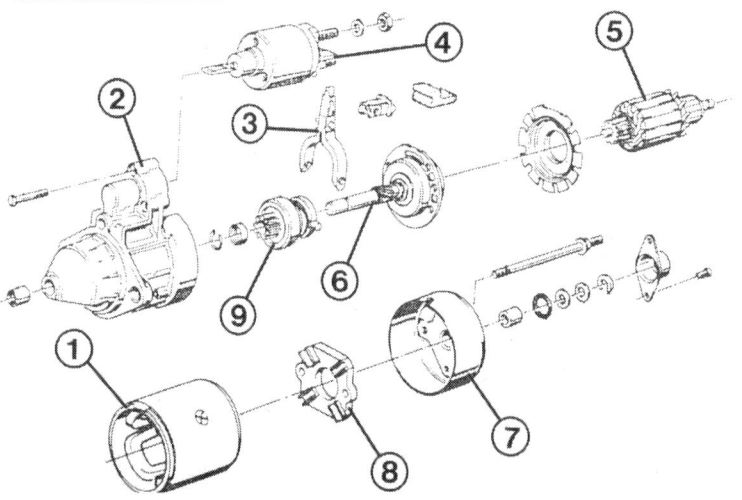

Die Teile des Anlassers:
1 – Gehäuse mit Wicklung;
2 – Lagergehäuse;
3 – Einrückhebel;
4 – Magnetschalter;
5 – Anker;
6 – Planetengetriebe;
7 – Ritzelgetriebe;
8 – Gehäusedeckel.

Die Zündanlage

Hat's gefunkt?

Ein kräftiger elektrischer Funken ist schon vonnöten, um das von den Kolben angesaugte und verdichtete Kraftstoff/Luft-Gemisch zu entzünden. Dafür ist der Zündungsteil der Motronic verantwortlich. Die Motronic ist es auch, die sehr präzise festlegt, unter welchen Last- und Temperaturbedingungen der Funke zu welchem Zeitpunkt überspringen soll.

Das Zündsystem

In der Einleitung ist es schon erwähnt: Der BMW besitzt ein umfassendes Motor-Management – die **Motronic**. Die ist sowohl für die Einspritzung wie auch für die Zündung zuständig. Dabei nutzt sie für beide Teile dieselben Geber, wie z. B. den Drehzahl- (Impuls-)geber hinter der Riemenscheibe, den Geber für Nockenwellen-Position links vorn im Zylinderkopf, den Drosselklappen-Potentiometer, die Temperaturgeber für Kühlmittel und Ansaugluft und andere.
Von der Funktion her ist die Motronic eine normale Transistorzündung geblieben – doch mit kleinen, aber feinen Unterschieden:
○ Sie berechnet die Zündverstellung elektronisch und führt sie auch elektronisch aus.
○ Sie besitzt eine ruhende Zündverteilung, d.h. es ist kein Zündverteiler mehr nötig.
○ Deswegen ist jeder Zündkerze eine eigene Zündspule zugeordnet, die sie – zur Vermeidung störanfälliger Zündleitungen – gewissermaßen huckepack auf dem Rücken trägt.

Was die Zündung leistet

Damit an der Zündkerze im Verbrennungsraum überhaupt ein Funke überspringen kann, muß zwischen den Zündkerzen-Elektroden eine Spannung von mindestens 30 000 Volt vorhanden sein. Die Batterie liefert aber nur 12 Volt. Also muß die Batteriespannung gewaltig hochtransformiert werden.
Ferner geht es beim Funkenüberschlag nicht um Zehntel- oder Hunderstel-, sondern um Tausendstelsekunden. Nur ein Minimales zu spät oder zu früh, und die Zündung und damit die Leistung des Motors ist mangelhaft. Nicht zu vergessen die Menge der Funken, die hier benötigt wird: Dreht ein Motor mit 3000 Touren pro Minute, dann verlangt jeder Zylinder 25 Funken pro Sekunde, das sind bei unseren Sechszylindermotoren zusammen 150 in der Sekunde. Und jeder einzelne wird vom Motronic-Steuergerät ausgelöst.

Wann wird gezündet?

Der Funke muß im richtigen Augenblick überspringen – davon hängt die volle Leistung des Motors ab. Diesen Augenblick herauszufinden, ist allerdings nicht ganz einfach.
Am wirkungsvollsten ist die Verbrennung, wenn das Kraftstoff/Luft-Gemisch in dem Moment entzündet wird, da dieses auf engstem Raum zusammengepreßt ist. Diese höchste Verdichtung herrscht beim Viertaktmotor in

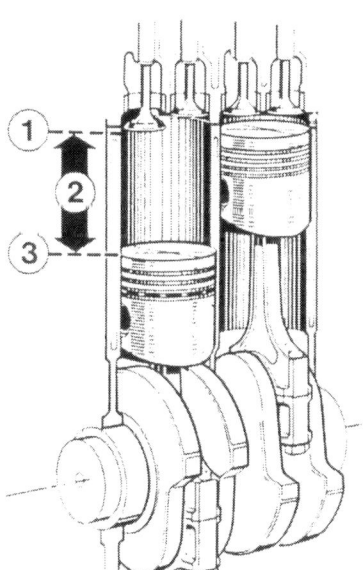

Oberer (1) und unterer (3) Umkehrpunkt des Kolbens auf der Kolbenlaufbahn (OT und UT) werden in dieser Zeichnung verdeutlicht. Der Kolbenhub (2) bezeichnet die Strecke dazwischen.

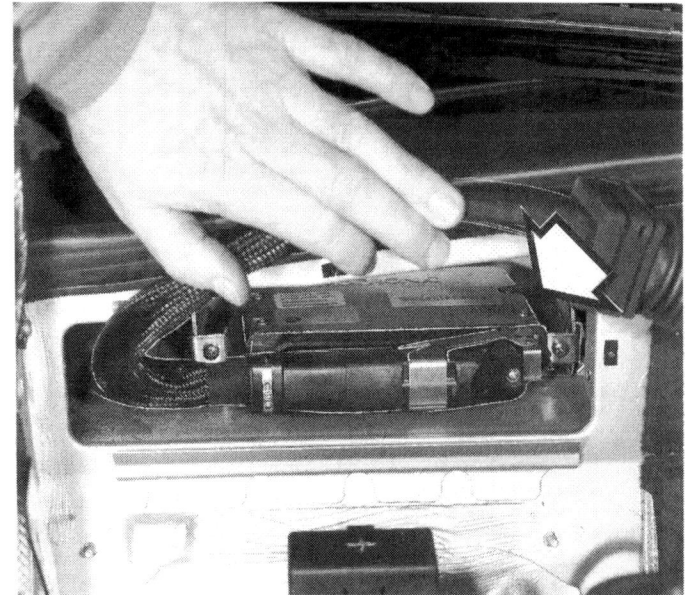

Das Steuergerät der Motronic (Pfeil) sitzt gut versteckt in einem eigenen Kasten rechts in der hinteren Motorraumwand. In der Abbildung ist der Deckel und die Dämm-Matte vor dem Steuergerätekasten abgenommen.

jenem Augenblick, in dem der Kolben bei Beendigung des Kompressionshubs von der Aufwärtsbewegung in eine Abwärtsbewegung übergehen will.

Bevor sich die Bewegungsrichtung des Kolbens umkehrt, steht er einen winzigen Sekundenbruchteil lang am höchsten Punkt in seiner Bewegungsbahn still. Diesen Punkt nennt man den Oberen Totpunkt (OT).

Der ideale Zündzeitpunkt zum Entzünden des Gemisches liegt geringfügig später – nämlich in dem Moment, in dem der Kolben gerade seine Abwärtsbewegung beginnt. Die Verdichtung ist am höchsten, und der Kolben kann mit Kraft und Schwung zum Motorblock hinuntergedrückt werden.

Nun wäre es aber falsch, den Zündzeitpunkt genau auf OT zu legen. Denn das Kraftstoff/Luft-Gemisch braucht eine gewisse Zeit (rund $1/3000$ s), bis es sich entzündet hat und den vollen Verbrennungsdruck entwickelt. Also wird der Zündzeitpunkt vorverlegt. Wir haben Frühzündung. Der Startschuß für den Funken erfolgt deshalb noch während der Aufwärtsbewegung des Kolbens, der Verbrennungsdruck setzt jedoch erst knapp nach dem OT ein.

Oberer Totpunkt und Frühzündung

Mit steigender Motordrehzahl muß der Zündfunke immer früher überspringen, denn – wir haben das im letzten Abschnitt schon angesprochen – das Kraftstoff/Luft-Gemisch braucht ja immer die gleiche Zeit zur Entzündung. Nur so erfolgt die Verbrennung wieder genau zur richtigen Zeit, nämlich dann, wenn der Kolben gerade wieder beginnt abwärts zu laufen.

Das Verbrennen des Kraftstoff/Luft-Gemisches hängt aber auch von dessen Zusammensetzung ab. Bei nur gering durchgetretenem Gaspedal (bei Teillast) ist das Gemisch in den Brennräumen weniger zündfähig; es verbrennt daher langsamer und muß auch aus diesem Grund früher gezündet werden.

Zündverstellung in Richtung spät

Andere Situationen erfordern es, den Zündzeitpunkt in Richtung spät zu verschieben. Die Zündung erfolgt dann erst, wenn der Kolben den OT längst passiert hat. Es wird also fast in den Auspufftakt hinein gezündet, was die Abgaszusammensetzung verbessert, die Motorleistung aber verschlechtert. Demzufolge ist Spätzündung genau richtig, wenn der Motor ohne Last im Schiebebetrieb (z.B. bergab ohne Gas) läuft.

So entsteht der Zündfunke

Zu jeder Zündkerze gehört eine Zündspule, die für die notwendige Hochspannung zur Erzeugung des Zündfunkens sorgt. Wie es zu Funken kommt, ist hier erklärt:

○ Das Grundprinzip der Zündung besteht darin, daß zunächst der Batteriestrom durch die Primärwicklung der Zündspule fließt.

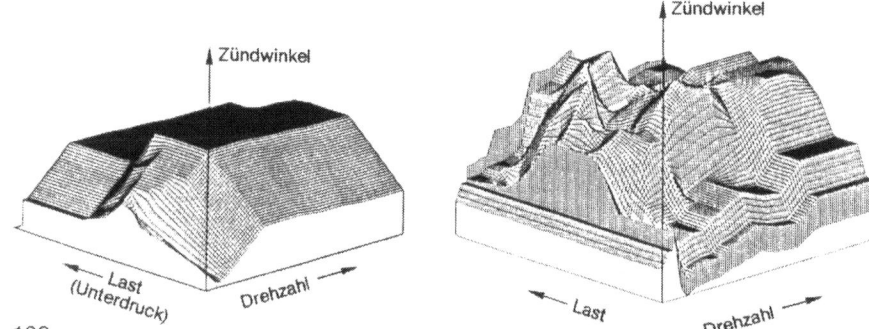

In der linken Zeichnung ist das Zündkennfeld einer herkömmlichen Zündanlage dargestellt. Rechts bei der Motronic erkennen Sie, daß das Kennfeld wesentlich stärker ausgeformt ist. Folge: Der Zündzeitpunkt ist viel genauer auf den jeweiligen Betriebszustand angepaßt.

Links: Der Drehzahlgeber der Motronic (Pfeil) ist über der Zahnscheibe am Schwingungsdämpfer bzw. Riemenrad vorn am Motor befestigt. Er gibt der Motronic Auskunft über Motordrehzahl und Stellung der Kurbelwelle. Um die Stellung der Kurbelwelle orten zu können, fehlen an einer Stelle des Zahnkranzes zwei Zähne.

Rechts: Der Nockenwellengeber der Motronic (1) dient der Zylinder-Erkennung. Er meldet dem Steuergerät, wann ein bestimmter Zylinder mit dem Zünden dran ist. Das hier in der Abbildung ausgebaute Teil ist in die Bohrung (2) links am Zylinderkopf eingesteckt.

○ Diese Wicklung besteht aus wenigen Windungen eines dicken Drahtes. Unter der Wirkung des Stromes baut sich um den Eisenkern in der Zündspule ein kräftiges Magnetfeld auf – unsere Zündenergie.

○ Nähert sich der Kolben in seinem Zylinder dem Punkt, da die angesaugte und verdichtete Ladung gezündet werden soll – dem Zündzeitpunkt –, wird der Strom zur jeweiligen Zündspule unterbrochen. Das geschieht im Motronic-Steuergerät und zwar einzeln für jede Zündspule – je nach dem, welche Zündkerze nach der Zündfolge des Motors gerade mit dem Zünden an der Reihe ist.

○ Mit dem Ausschalten des Stromes bricht das Magnetfeld in der Zündspule zusammen. Dabei passiert folgendes: In der Sekundärwicklung aus sehr vielen Windungen eines dünnen Drahtes entsteht ein Hochspannungs-Stromstoß von einigen zigtausend Volt.

○ Diese Zündspannung wird direkt der Zündkerze zugeleitet, das Gemisch wird entzündet, der Motor dreht weiter. Der Stromkreis wird wieder geschlossen, und das Spiel läuft in der nächsten Spule von neuem ab.

Das Motronic-Zündungskennfeld

Bei der Motronic bedarf es keiner zusätzlichen Einrichtung zur Verstellung des Zündzeitpunkts. Dem Steuergerät stehen alle möglichen Motordaten und -kennwerte zur Verfügung. Drehzahlgeber, Kurbelwellen-Positionsgeber, Geber für Motortemperatur, Drosselklappenstellung etc. machen's möglich. Aus all diesen Daten und Informationen errechnet die Motronic den für den jeweiligen Belastungszustand richtigen Zündzeitpunkt. Zeichnet man den Zündwinkel (Zündzeitpunkt) über dem Lastzustand des Motors und der Motordrehzahl auf, erhalten wir ein sogenanntes Zündkennfeld. Das Kennfeld der Motronic wird wegen seiner bizarren Form gerne gezeigt – es läßt auf genaue Einflußnahme auf die Betriebszustände schließen. Eine einfachere Form zeigt das Kennfeld von herkömmlichen Zündanlagen.

Die Geber der Motronic

Die Geber der Motronic sind doppelt genutzt: Von der Einspritzanlage wie von der Zündanlage. Drehzahlgeber und der Geber für Zylinder-Erkennung sind die wichtigsten. Beides sind sogenannte Induktionsgeber.

○ Der Drehzahlgeber funktioniert folgendermaßen: Spule und Magnet sind im Geber untergebracht. Das Gegenstück bilden die zackenförmigen Erhebungen am Kranz des Schwingungsdämpfers hinter der Kurbelwellen-Riemenscheibe.

Jedesmal, wenn nun eine Erhebung unter dem Geber vorbeiläuft, ändert sich das Magnetfeld des Dauermagneten, und in der Spule wird Spannung erzeugt. Dieses kleine Spannungssignal genügt zur Weiterverarbeitung im Steuergerät der Motronic. Die Information über die Drehzahl der Kurbelwelle liegt somit vor.

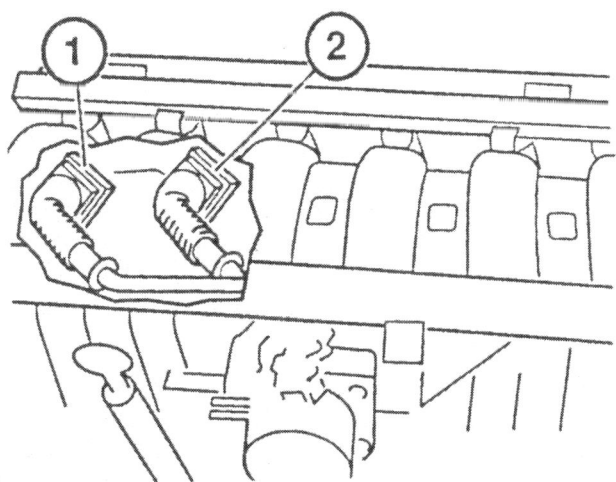

Zusammen mit dem Geber (2) der Kühlmittel-Temperaturanzeige im Kombi-Instrument sitzt der Kühlmittel-Temperaturgeber der Einspritzung (1) unter dem Ansaugkrümmer des Motors versteckt. Die Zeichnung soll verdeutlichen, wo sich in etwa die beiden Bauteile befinden.

○ Um auch noch die genaue Stellung der Kurbelwelle zu erfassen, wurden an einer definierten Stelle am Umfang des Zackenrads zwei Zähne ausgelassen. An dieser Stelle setzt die sonst erzeugte Wechselspannung einen kleinen Moment aus, was das Steuergerät zur Positionsbestimmung zu deuten weiß.
○ Fast identisch funktioniert der Nockenwellen-Positionsgeber. Er meldet dem Steuergerät, wann ein bestimmter Zylinder mit dem Zünden dran ist.
○ Weitere Geber übermitteln die Ansauglufttemperatur, die Motortemperatur und die Stellung der Drosselklappe (Lastzustand).

Vorsicht beim Umgang mit der Zündung!

Gegenüber den alten kontaktgesteuerten Zündungen sind die neuen Zündsysteme, wie z.B. die Motronic, ungleich leistungsfähiger. Die höhere Zündenergie kommt zwar dem Motorlauf und der Zuverlässigkeit zugute, doch sind die **hohen Zündspannungen** nun in den **für Menschen gefährlichen Bereich** gerückt. Schon in der dünnen Steuerleitung zu einer Zündspule können Spannungen bis zu 100 Volt auftreten, ganz zu schweigen von der Zündspannung, die mit über 20000 Volt gefährlich hoch ist.

Zwar hört man glücklicherweise nichts davon, daß Autobesitzer von ihrer Zündung ermordet wurden, doch kann das Berühren blanker Kontakte unter ungünstigen Umständigen vor allem für Herzkranke sehr gefährlich werden. Deshalb:

○ Sämtliche elektrischen Leitungen – auch Anschlüsse von Prüfgeräten – nur bei **ausgeschalteter Zündung** berühren oder ab- bzw. anklemmen.
○ Soll der Motor vom Anlasser lediglich durchgedreht werden ohne anzuspringen, muß die Zündung »lahmgelegt« werden.
○ Der Stecker am Steuergerät der Motronic darf nur bei ausgeschalteter Zündung abgezogen und aufgesteckt werden.
○ Zur Motorwäsche muß die Zündung ebenfalls ausgeschaltet sein.
○ Zur Starthilfe bei leerer Batterie mit einem Schnellader darf dieser höchstens eine Minute lang angeschlossen sein und die Spannung nicht mehr als 16,5 V betragen.
○ An die Anschlüsse der Zündspulen dürfen keine weiteren Verbraucher, Entstörkondensatoren oder ähnliches angeschlossen werden.
○ Zum elektrischen Schweißen am Fahrzeug müssen die Kabel an der Batterie abgeklemmt werden.

Zündung lahmlegen   Ist eine Zündspule oder -kerze ausgebaut, darf der Motor keinesfalls mit dem Anlasser durchgedreht werden. Denn so kann die Zündenergie nicht abgeleitet werden, und das Motronic-Steuergerät sowie die betreffende Zündspule können Schaden nehmen. Deshalb bei **ausgeschalteter Zündung** das Hauptrelais am Stromverteilerkasten (Bild unten) abziehen.

Störungssuche an der Zündung

Kompliziert sieht sie aus, die Motronic-Zündanlage, und manch einer wird sich fragen, ob hier die Störungssuche in Eigenregie noch sinnvoll ist. Wir meinen ja – sofern man nach folgendem System vorgeht:
○ Zuerst die Sichtprüfung. Da fallen einfach zu behebende Fehler sofort auf.
○ Die anschließende Funktionsprüfung zeigt, ob die Motronic einen Zündfunken zustandebringt.

Hier ist das Hauptrelais der Motronic (2) abgezogen. In Fahrtrichtung davor befindet sich das Relais der Kraftstoffpumpe (1); dahinter sitzt das Relais der Lambda-Sondenbeheizung (3).

Ausbau der Abdeckung auf dem Zylinderkopfdeckel. Abdeckkäppchen (1) aus den hier mit Pfeilen bezeichneten Vertiefungen herausheben. Dann die beiden Muttern (2) in den Vertiefungen lösen. Vor dem Herausschwenken des Deckels muß natürlich der Öleinfülldeckel abgenommen werden.

○ Als nächstes wird die Spannungsversorgung des Steuergeräts geprüft.
○ Jetzt kommt die Prüfung der Zündspulen dran.
○ War bis zu diesem Punkt kein Fehler zu finden (was recht unwahrscheinlich ist), kann es eigentlich nur noch am Steuergerät selbst oder an den Gebern liegen. Das Steuergerät ist voll diagnosefähig, d.h. die BMW-Werkstatt kann mit dem Service-Tester oder dem mobilen Modic-Gerät genau feststellen, wo der Defekt sitzt. Um den Fehlerspeicher nicht zu löschen, darf jedoch die Batterie während den vorangegangenen Kontrollen nicht abgeklemmt werden.

Sichtprüfung der Zündanlage

○ Zylinderkopfabdeckung abnehmen (siehe Kapitel »Der Motor und sein Innenleben«): Sitzen alle Kabelanschlüsse und Steckkontakte an den Zündspulen fest?
○ Ist im Mehrfachstecker am Motronic-Steuergerät eventuell ein einzelner Steckkontakt zurückgerutscht?
○ Zeigt die Vergußmasse einer Zündspule Risse oder Verwerfungen?
○ Sind alle Teile der Zündanlage sauber und trocken? Feuchter Schmutz begünstigt Spannungsüberschläge.

Ist Zündspannung vorhanden?

Gleich zu Anfang prüfen wir, ob die Zündanlage überhaupt Zündfunken zustandebringt:
● Eine Zündspule ausbauen, Kerze herausdrehen.
● Spule und Kerze wieder zusammenstecken und diese so auf dem Motorblock befestigen, daß sie sicheren Massekontakt hat und von der Motorbewegung nicht abgeschüttelt werden kann. Das erreicht man z.B., wenn man das Gewindeteil der Kerze mittels der Klemme eines Starthilfekabels leitend mit dem Motor verbindet.
● Motor von Helfer mit dem Anlasser durchdrehen lassen.
● Springen kräftige Funken an der Kerzen-Elektrode über, ist Zündstrom zumindest an dieser Spule vorhanden und damit die Zündanlage aller Wahrscheinlichkeit nach in Ordnung.
● Dennoch können Fehler vorhanden sein, die auf diese Weise nicht zu erkennen sind: ein defekter Geber oder falsches Ausrechnen des Zündzeitpunkts durch das Steuergerät.
● Oder alle anderen Zündspulen funktionieren nicht (was sehr unwahrscheinlich ist).

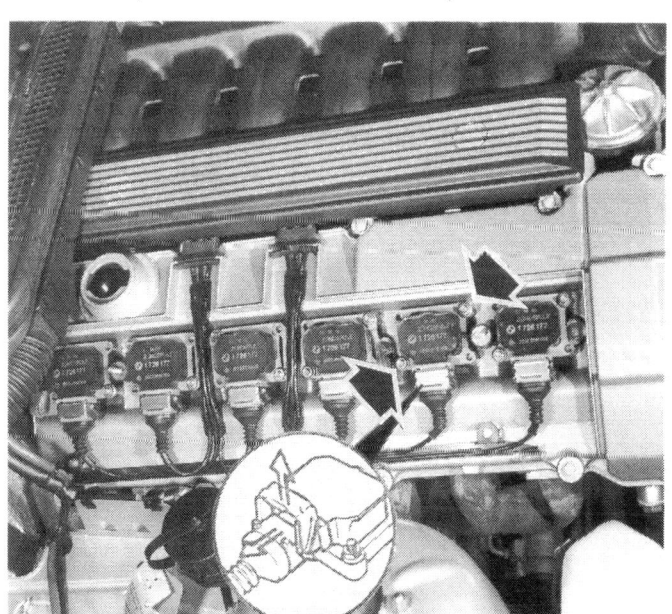

Ausbau der Zündspulen: Das Lösen des Anschlußsteckers ist in der kleinen Zeichnung dargestellt, die Pfeile deuten auf die beiden Haltemuttern einer Zündspule.

Voraussetzung für eine ruhende Zündverteilung ist, daß jeder Zylinder seine eigene Zündspule besitzt. Im Bild ist eine solche Zündspule ausgebaut (1) sowie eingebaut (2) zu sehen.

- Funkt nichts, versuchen Sie es mit einem anderen Zylinder.
- Springen immer noch keine Funken an der Zündkerze über, muß nach der folgenden Anleitung weiter geprüft werden.

Fingerzeig: Beachten Sie bei den folgenden Messungen, daß Meß- und Prüfgeräte nur bei ausgeschalteter Zündung an- und abgeklemmt werden dürfen.

Stromversorgung der Zündanlage in Ordnung?

Neben einem Totalausfall der Zündanlage durch fehlende Spannung kann auch zu geringe Versorgungsspannung erhebliche Störungen bewirken! Deshalb ist hier ein Voltmeter besser zur Prüfung.
- **Zwei Strompfade müssen hier verfolgt werden**:
- **Strompfad 1**: Meßgerät zwischen Pin 26 des Steuergeräts und Masse anschließen.
- 11,5 Volt müssen dort mindestens abzulesen sein.
- Messen Sie gar keine Spannung oder eine zu geringe, liegt der Fehler im Kabelweg zum Stromverteilerkasten (Kapitel »Die Karosserie-Elektrik«).
- **Strompfad 2**: Am Hauptrelais im Stromverteilerkasten prüfen, ob das rote Zuleitungskabel Batteriespannung führt (mind. 11,5 Volt).
- Wenn nicht, Stromzufuhr von der Batterie prüfen.
- Ist das Relais selbst in Ordnung? Das prüft man, indem man die Zündung einschaltet und an beiden rot/weißen Kabeln mißt, ob Spannung vorhanden ist.
- Wenn nicht, obwohl die Stromzufuhr in Ordnung war: Steuerleitung vom Steuergerät zum Relais defekt oder Relais selbst defekt (Kapitel »Die Karosserie-Elektrik«).

Zündspule defekt?

- Die **Sichtprüfung** an den Zündspulen wurde bereits durchgeführt. Spule mit herausgedrückter Vergußmasse oder Haarrissen ersetzen.
- Zur **Widerstandsprüfung** Leitungsstecker an der jeweiligen Zündspule bei ausgeschalteter Zündung abnehmen. Wir messen Primär- und Sekundärwicklung der Spule.
- Mit einem genauen Ohmmeter zwischen den Zündspulenklemmen 1/– und 15/+ messen. Sollwert: **0,4–0,8 Ω**.
- Mit dieser Messung läßt sich ein Kurzschluß zwischen den Wicklungen nicht erkennen. Fällt also der Verdacht trotz guter Meßergebnisse auf die Zündspule, sollten Sie die ausgebaute Spule bei einer Autoelektrik-Werkstatt durchprüfen lassen.

Zündzeitpunkt kontrollieren?

Die Kontrolle des Zündzeitpunkts ist bei der Motronic des BMW überflüssig geworden. Denn an dieser Zündung kann sich beim besten Willen nichts verstellen: Die Geber sitzen rüttelsicher in ihren Halterungen und das Zackenrad am Schwingungsdämpfer kann seine Position auch nicht verändern.
Fazit: Bei Motronic braucht der Zündzeitpunkt nur bei Störungen (von der Werkstatt) geprüft zu werden, denn verstellen läßt sich ohnehin nichts.

Die Zündfolge

Für ausgewogenen Motorlauf werden die Zylinder entsprechend der werkseitig festgelegten Zündfolge **1-5-3-6-2-4** gezündet.

Bei der ab Seite 183 beschriebenen Zündspannungsprüfung ist es besonders wichtig, daß die Zündkerze guten Massekontakt hat. Der wird hier im Bild mittels eines Starthilfekabels hergestellt (Pfeile).

○ In der dementsprechenden Reihenfolge sind die Zündkabel auch in die Zündspulen eingesteckt.
○ Bei Reparaturarbeiten sind Verwechslungen beim Einstecken möglich. Deshalb Leitungsstecker vor dem Ausbau **kennzeichnen**, sofern die Zylinder-Nr. auf den Zuleitungskabeln unleserlich geworden ist.

Zündkerzen auswechseln

Der Wartungsplan sieht bei jeder Inspektion II einen Kerzenwechsel vor. Das erscheint uns ein realistisches Intervall zu sein, bei dem keine Veranlassung besteht, es Kraft besseren Wissens zu verlängern. Gerade bei Fahrzeugen mit Katalysator muß besonders darauf geachtet werden, daß die Zündanlage intakt ist – wir sprachen schon davon. Trotzdem lohnt es sich, die ausgebauten Kerzen kritisch zu beäugen: Lesen Sie im nächsten Abschnitt, was das »Kerzengesicht« aussagt.
Übrigens, falls Sie die Kerzen zwischendurch zur Kontrolle doch einmal ausgebaut haben: Von Hand sollten Sie die Zündkerzen möglichst nicht reinigen. Das schadet der Isolierschicht der Zündkerzen-Mittelelektrode (Speckstein). Aber den Elektrodenabstand können Sie prüfen (siehe übernächsten Abschnitt).

Wartung Nr. 34

Aus dem Aussehen und der Färbung der Zündkerzen-Elektroden können Sie erkennen, ob der Motor optimal arbeitet. Sehen Sie sich die Isolatorspitze mit der Mittelelektrode und die sie überdeckende Dreieck-Masseelektrode an. Es bedeuten:
○ **Isolatorspitze grau bis braun gefärbt:** Einspritzanlage in Ordnung, der Motor läuft wirtschaftlich.
○ **Starke Ablagerungen:** Ursachen können Zusätze im Motoröl oder Kraftstoff sein oder erhöhter Ölverbrauch duch schadhafte Ventilschaftabdichtungen. Evtl. Öl- bzw. Kraftstoffmarke wechseln.
○ **Schwarze rußartige Ablagerungen:** Zündkerze erreicht durch ausschließlichen Kurzstreckenverkehr ihre Selbstreinigungs-Temperatur nicht, falsche Zündkerze, CO-Gehalt zu hoch.
○ **Isolatorspitze weißlich gefärbt:** Zündzeitpunkt zu »früh«, also Motronic defekt, CO-Gehalt zu niedrig.
○ **Schmelzerscheinungen an Mittel- und Dreieckelektrode:** Glühzündungen durch Ablagerungen im Ver-

Das »Zündkerzengesicht«

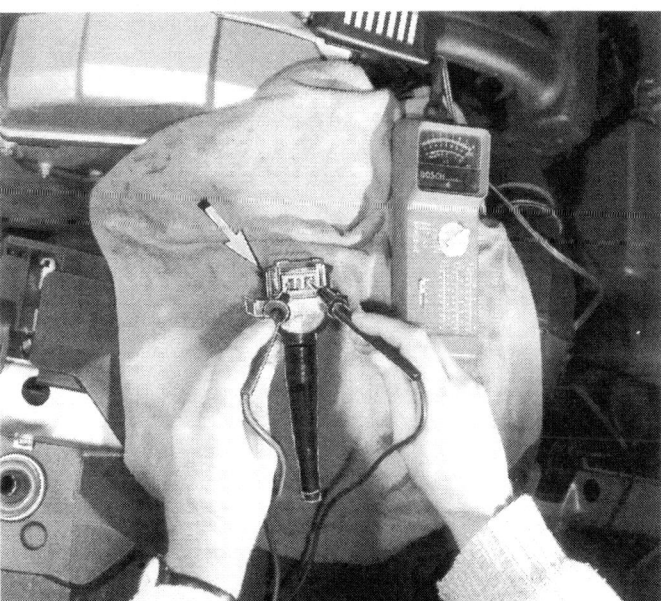

Hier wird mit dem Ohmmeter der Innenwiderstand der ausgebauten Zündspule (Pfeil) gemessen.

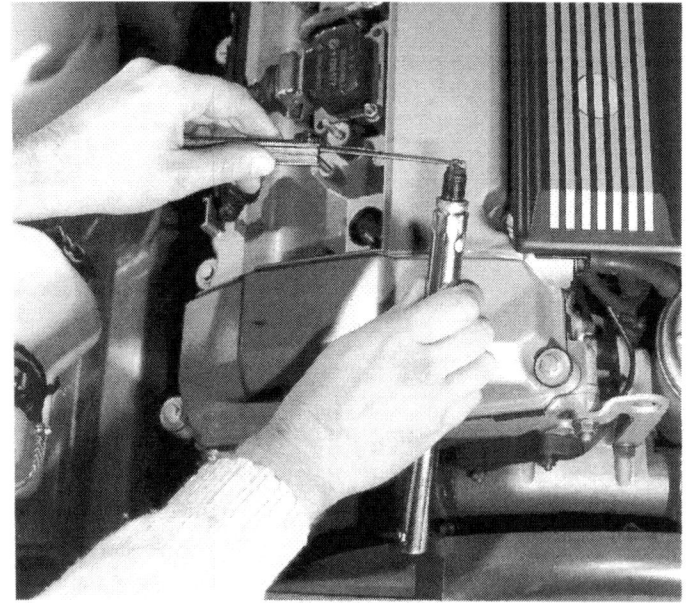

Hier wird mit einer Fühlerlehre der Elektrodenabstand der Kerze gemessen. Ein Nachstellen der Masseelektrode ist nicht vorgesehen. Ist der Elektrodenabstand zu groß, muß die Kerze ohnehin ersetzt werden.

brennungsraum. Überhitzte Ventile, Mängel an der Zündanlage oder Hitzestau durch mangelhafte Kühlung.
○ **Bruch der Isolatorspitze,** im Anfangstadium als Haarrisse erkennbar: Klopfende Verbrennung durch minderwertigen Kraftstoff, Mängel an der Zündanlage (Zündzeitpunkt), ungenügende Motorkühlung oder Gemischabmagerung durch Nebenluft.
○ **Gelblich glänzende Schicht auf der Isolatorspitze:** Benzin- und Motorölzusätze haben Ablagerungen gebildet, die sich bei abrupter voller Belastung des Motors verflüssigt haben und elektrisch leitfähig wurden – als Folge Zündaussetzer. Motor nach langem Kurzstreckenbetrieb nicht sofort voll belasten.
○ **Ölschicht über Elektroden und Innenraum der Kerze:** Kolbenringe, Ventilführungen oder -schaftabdichtungen schadhaft.

Der Elektrodenabstand

Das Kraftstoff/Luft-Gemisch bzw. das verbrannte Altgas wirkt korrosiv auf die metallischen Zündkerzen-Elektroden. Und die hohe Spannung beim Funkenüberschlag sprengt kleine Metallpartikel ab, wodurch der Funkenspalt mit zunehmender Laufzeit vergrößert wird. Die im BMW eingebauten Zündkerzen haben im Neuzustand einen Elektrodenabstand von **0,9 mm** (Toleranz ±0,1 mm). Ist der Abstand wesentlich zu groß, wird zum Auslösen des Funkens eine höhere Zündspannung benötigt, und es kann zu Zündaussetzern kommen, oder der Motor springt schlecht an.

● Zum Messen das Fühlerlehrenblatt 0,9 mm oder entsprechende Zündkerzenlehre zwischen Mittel- und Stirnelektrode halten.

● Der Elektrodenabstand wird bei der Spezialkerze für den BMW **nicht nachgestellt**. Bei wesentlichem Überschreiten der Toleranz Kerzen ersetzen.

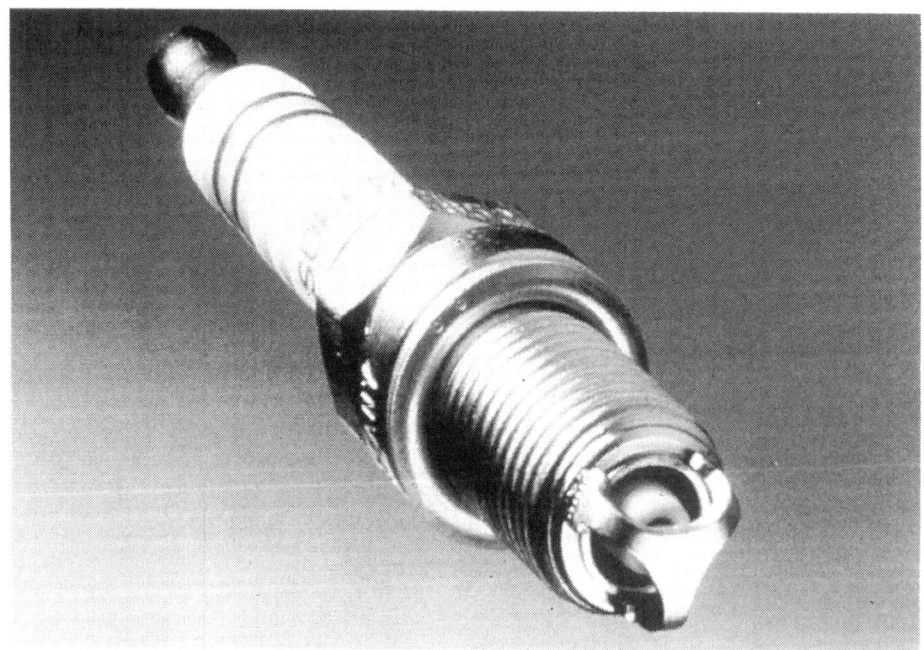

Für die Vierventiler-Motoren von BMW wurden spezielle Zündkerzen mit Dreieck-Masseelektrode entwickelt.

Schlüsselweite und Gewindegröße der Zündkerze ist auf dieser Zeichnung zu sehen.

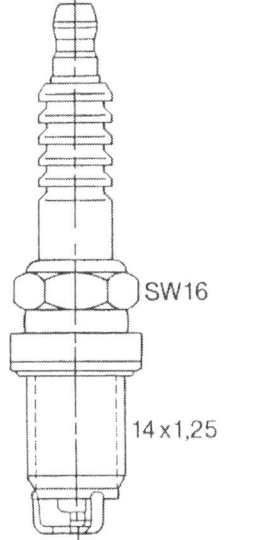
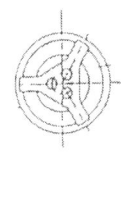

Neue Zündkerzen kaufen

Wärmewert

BMW gibt nur eine einzige Zündkerze zur Verwendung in unseren 3er-Sechszylindermodellen frei: Die Bosch-Kerze **FO 3 DA R**.
Wir sind in diesem Punkt nicht ganz so markengläubig und würden auch die Vergleichstype eines anderen Zündkerzen-Herstellers verwenden (beispielsweise die Beru-Kerze 14 F–03 DAR).

Zündkerzen und Zündspule ausbauen

- Stopfen in der Zylinderkopfabdeckung mit einem kleinen Schraubendreher herausheben. Darunter die Haltemutter losdrehen.
- Öleinfülldeckel abschrauben.
- Zylinderkopfabdeckung abnehmen.
- Anschlußstecker der Zündspulen in der Zylinderreihenfolge kennzeichnen (sofern keine Kennzeichnung auf den Leitungen vorhanden ist) und nach Lösen der Sicherung abziehen.
- Befestigungsmuttern der Zündspulen lösen, Zündspulen abziehen.
- Zündkerzen mit **langem Zündkerzenschlüssel SW 16** (z.B aus dem Bordwerkzeug) herausschrauben.
- Beim Einbau die Zündkerzen nur mit **24–28 Nm** festziehen.

Die Beleuchtung

Lichteffekte

Beleuchtungseinrichtungen sind nicht selten stilistische Mittel bei der Gestaltung der Autokarosserie. Man denke nur an die für einen BMW so charakteristischen Doppelscheinwerfer. Selbst die gemeinsame Gasabdekkung, wie sie beim 3er verwendet wurde, schadet dem typischen BMW-Gesicht nicht.
Bei allem guten Aussehen sollen die Beleuchtungseinrichtungen zusätzlich auch noch funktionieren. Das ist Anliegen dieses Kapitels.

Beleuchtung kontrollieren

Ständige Kontrolle

Die Check-Control (Serienausstattung beim 325i) prüft automatisch Brems-, Abblend-, Rücklicht und Kennzeichenleuchten. Ein Großteil der Leuchten ist damit ständig überwacht. Trotz dieser Kontrolleinrichtung sollte man sich von Zeit zu Zeit vergewissern, ob auch wirklich die gesamte Außenbeleuchtung intakt ist:

- Zündung einschalten und nacheinander sämtliche Beleuchtungseinrichtungen einschalten:
- Standlicht, Abblendlicht, evtl. eingebaute Nebelscheinwerfer, Fernlicht.
- Blinker vorn rechts und links sowie Warnblinker.
- Rücklichter und Kennzeichenleuchten sowie Nebelschlußleuchte.
- Blinker hinten rechts und links, Warnblinker, Rückfahrleuchten.
- Bremsleuchten, wozu allerdings ein Helfer auf das Bremspedal treten muß.

Ersatzlampen

Ein Vorrat der wichtigsten Ersatzlampen gibt Ihnen unterwegs die Möglichkeit, einen Lampendefekt sofort ambulant zu behandeln:
- Halogen-Einfadenlampe H1, 55 Watt DIN-Form YA (Haupt- und Fernscheinwerfer, Nebelscheinwerfer).
- Kugellampe, 21 Watt, DIN-Form RL (Blinker vorn und hinten, Bremslicht, Rückfahrscheinwerfer, Nebelschlußleuchte).
- Kugellampe, 5 Watt, DIN-Form G (Rücklicht).
- Glassockellampe, 5 Watt (Standlicht).
- Soffittenlampe, 5 Watt, 36 mm lang, DIN-Form L (Kennzeichenleuchten).

Scheinwerferlampen auswechseln

Alle Glühlampen in den Scheinwerfern werden vom Motorraum her ausgebaut. Zum Auswechseln der Lampen

Lampenwechsel am Fernscheinwerfer: Nach Drücken der Halteraste kann die hintere Lampenabdeckung (3) abgenommen werden. Nun sind zugänglich: Die Standlichtlampe (2) und die Hauptscheinwerferlampe (1).

Hier ist die Standlichtlampe mit Fassung (2) aus der Einbauöffnung am Fernscheinwerfer (1) herausgezogen. In die Fassung ist das kleine Birnchen lediglich eingesteckt.

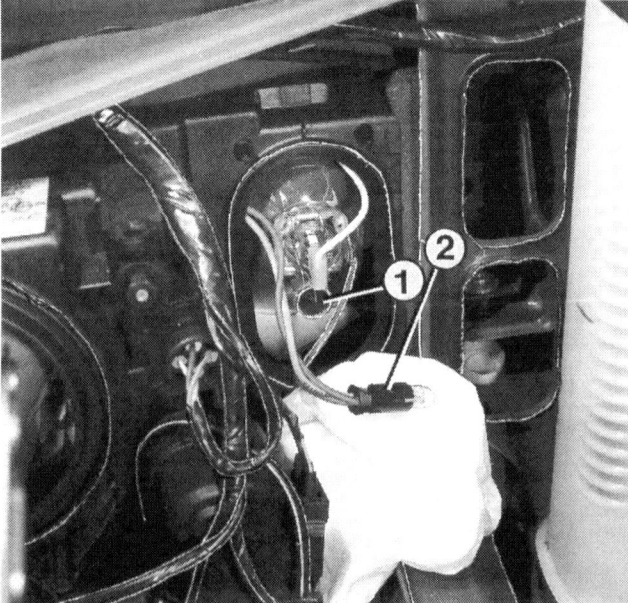

Lampenwechsel am Hauptscheinwerfer: Hintere Lampenabdeckung (2) nach Drücken der Halteraste (Pfeil) vom Lampengehäuse abziehen, danach kommt man von hinten an die Scheinwerferlampe (1) heran.

sicherstellen, daß der betreffende Lichtschalter ausgeschaltet ist. Die Glaskolben der Glühbirnen nicht mit der bloßen Hand berühren, sondern nur mit einem sauberen Lappen oder einem Papiertaschentuch anfassen.

Hauptscheinwerferlampen

- Abdeckung hinter der betreffenden Lampe nach Drücken der Halteraste aushängen.
- Drahtbügel, der die Glühbirne hält, aushängen und Lampe nach hinten herausziehen.
- Kabelstecker von der Glühlampe abziehen, Massekabel lösen.
- Beim Einsetzen der neuen Lampe darauf achten, daß der Birnensockel in die Aussparung am Reflektor paßt. Die abgeschrägte Stelle am Sockel muß nach links unten zeigen.

Standlichtlampe

- Abdeckung hinten am Fernscheinwerfer nach Drücken der Halteraste aushängen.
- Standlicht-Fassung (unter der Hauptscheinwerferlampe) nach hinten herausziehen.
- Glassockellampe aus der Fassung ziehen.
- Fassung beim Einbau in die Führung im Scheinwerfer einschieben, bis sie einrastet.

Scheinwerfer-Einheit ausbauen

- Linker Scheinwerfer: Luftfiltergehäuse zusammen mit dem Luftmassenmesser ausbauen.
- Beide Scheinwerfer: Stecker hinten am Scheinwerfergehäuse drehen und abziehen.
- Kabelsteckverbindung der Leuchtweitenregulierung trennen.
- Blinkergehäuse ausbauen und Befestigungsschrauben des Scheinwerfers herausdrehen. Achtung! Die Scheinwerfer-Halteschrauben sind in verstellbare Spreizdübel eingedreht. Beim Lösen der Schrauben Spreizdübel mit Gabelschlüssel gegenhalten.

Zum Ausbau der Scheinwerfer-Einheit die Kreuzschlitzschrauben (Pfeile) an Ober- und Unterkante des Gehäuses lösen. Dabei unbedingt die verstellbaren Spreizdübel mit einem Gabelschlüssel gegenhalten, damit sich die Grundeinstellung der Scheinwerfer-Einheit nicht verändert.

Bei einem Steinschlagschaden an der Abdeckung (2) der Scheinwerfer-Einheit braucht nicht das gesamte Gehäuse ersetzt zu werden. Der hintere Teil des Gehäuses (1) muß aber bis zum Ersetzen der Abdeckung mit einer Plastikfolie gegen Feuchtigkeit geschützt werden.

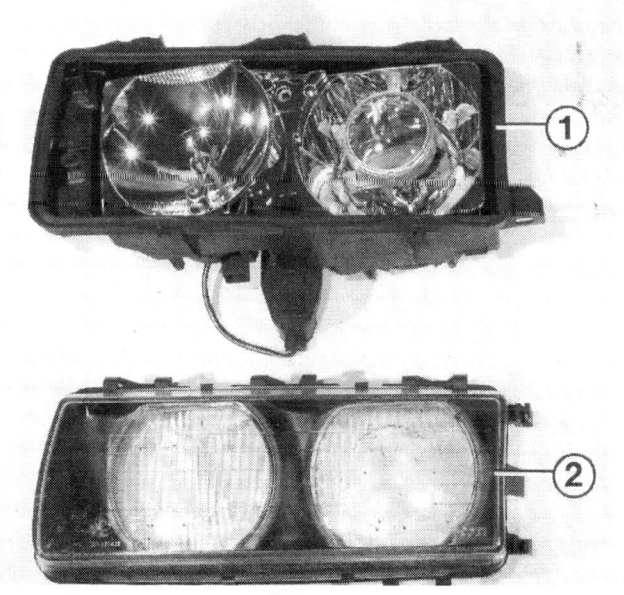

- Kunststoffabdeckung vorn am Frontblech nach Lösen der TORX-Schraube abheben.
- Darunterliegende Befestigungsschraube des Scheinwerfers herausdrehen.
- Die drei oberen Schrauben am Scheinwerfer herausdrehen.
- Scheinwerfer nach vorn aus dem Ausschnitt herausheben.
- Beim Einbau des Scheinwerfers werden zuerst die unteren Schrauben bis zum letzten Gewindegang eingedreht, dabei die Spreizdübel gegenhalten.
- Anschließend wird das Spaltmaß geprüft: Hierzu 2,5-mm-Fühlerblattlehre zwischen Scheinwerfer und Frontblech schieben. Ggf. Spreizdübel entsprechend verdrehen.
- Obere Befestigungsschrauben des Scheinwerfers eindrehen.
- Nach dem Einbau Scheinwerfereinstellung kontrollieren.

Scheinwerfer-Einheit zerlegen

- Scheinwerfer-Einheit ausbauen und auf ein Tuch legen.
- Bosch-Scheinwerfer: Kunststoffhalter oben und unten anheben und ausclipsen.
- ZKW-Scheinwerfer: Mit einem schmalen Schraubendreher oben und unten die Halteklammern vorsichtig abhebeln.
- Halter links und rechts herausheben.
- Beide Scheinwerfer: Halterahmen zusammen mit der Streuscheibe abnehmen.
- Klammern niederdrücken und beide Glühlampendeckel abnehmen.
- Sämtliche Glühlampen ausbauen.
- Versteller der Leuchtweitenregulierung ca. 45° drehen und Kugelbolzen seitlich aus der Halterung aushängen.
- Höhen- und Seiten-Einstellschrauben markieren und ganz herausdrehen.
- Reflektor aus dem Scheinwerfergehäuse herausheben.
- Beim Zusammenbau auf richtigen Sitz der Dichtung achten, damit keine Feuchtigkeit in den Scheinwerfer eindringen kann.
- Scheinwerfer einbauen und einstellen.

Scheinwerfereinstellung kontrollieren

Wartung Nr. 47

Von selbst wird sich die Scheinwerfer-Einstellung kaum verändern. Wenn jedoch ein Scheinwerfer ausgewechselt wurde, muß die Einstellung des Scheinwerferstrahls kontrolliert werden.
Unbedingt erforderlich ist ein Justieren natürlich auch, wenn bei einem Unfall die Wagenfront in Mitleidenschaft gezogen wurde oder nach dem Einsetzen neuer Federungsteile. So wird eingestellt:

- Wurde nur einer der Scheinwerfer ausgewechselt, genügt es fürs erste, wenn Sie in einigem Abstand vor eine helle Wand fahren, das Licht einschalten und dann die Höhe des Lichtstrahls am neu bestückten Scheinwerfer dem Strahl des unveränderten Scheinwerfers angleichen.
- Wurden die Scheinwerfer gerade mit einem Werkstattgerät neu eingestellt, können Sie die Höhe der Lichtpunkte beispielsweise an der Garagenwand markieren. Wichtig ist natürlich auch der Abstand, in dem der BMW zur Wand steht. Also anzeichnen.
- Mit Hilfe dieser Markierung kann dann, wann immer nötig, die Scheinwerfereinstellung am BMW in Eigenregie kontrolliert werden.

Die Einstellschrauben der Scheinwerfer-Einheit sind bei geöffneter Motorhaube von oben zugänglich. Zur Fahrzeugaußenseite hin gerichtet ist die Schraube der Seiteneinstellung, zur Fahrzeuginnenseite, also zum Kühler hin gerichtet, ist die Schraube für die Scheinwerfer-Höheneinstellung.

Die Höheneinstellung der Nebelscheinwerfer kann an der Einstellschraube unten in der Kühlungsöffnung des Spoilers (Pfeil) korrigiert werden.

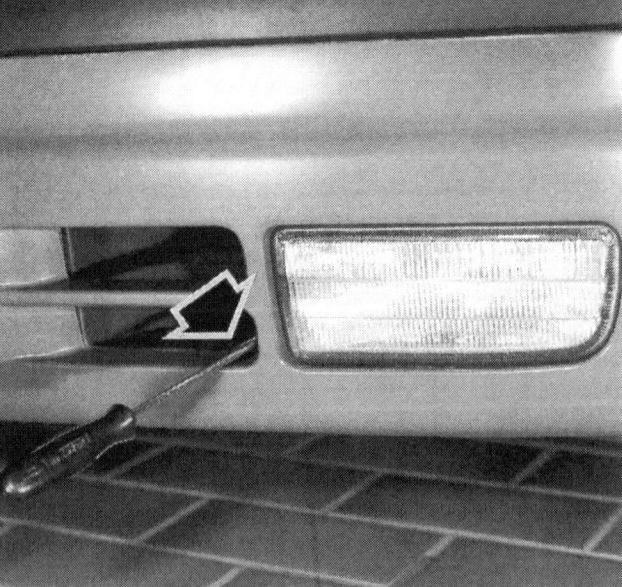

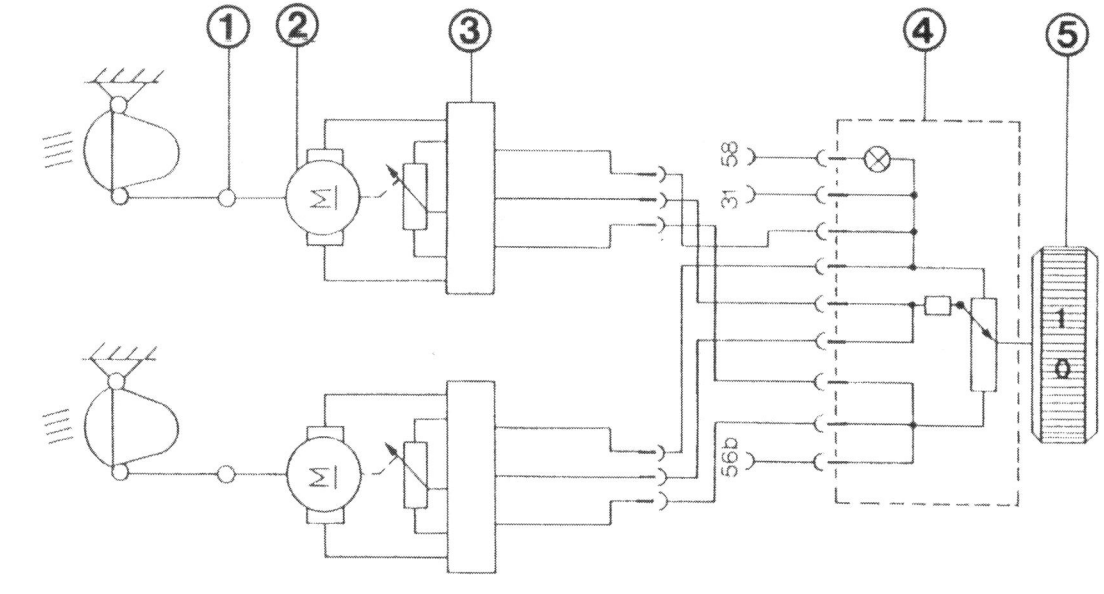

Funktionsschema der Leuchtweitenregulierung.
Es bedeuten:
1 – elektrische Leitung mit Stecker;
2 – Elektromotor;
3 – Steuerung;
4 – Schalter;
5 – Rändelrad.

● Die genaueste Methode, die Scheinwerfer einzustellen, ist nach wie vor die Justierung mit einem Einstellgerät, wie es Tankstellen, Bosch-Dienste und Werkstätten besitzen.
● Lichtstrahl der Nebelscheinwerfer einstellen: Bei fünf Meter Abstand vor der Einstellwand müssen die breit gestreuten Scheinwerferstrahlen 100 mm unterhalb (an der Wand) des jeweiligen Nebelscheinwerfer-Mittelpunkts (am Fahrzeug) liegen.

Wo sitzen die Einstellschrauben?

○ Die Einstellschrauben (Innensechskant 6 mm) für die Scheinwerfer-Einheit sind von oben bei geöffneter Motorhaube zu erreichen.
○ Die zur Fahrzeugmitte hin gerichteten Einstellschrauben dienen der Höheneinstellung.
○ Die zum Kotflügel hin gerichteten Einstellschrauben dienen der Seiteneinstellung.
○ Die richtige Scheinwerfereinstellung muß durch wechselseitiges Drehen beider Schrauben angefahren werden.
○ Die werkseitig eingebauten Nebelscheinwerfer sind nur in der Höhe einstellbar. Die Einstellschraube (Kreuzschlitz) ist durch eine Bohrung in der unteren Lufteinlaßöffnung des Stoßfängers – direkt neben dem Nebelscheinwerfer – zugänglich.

Leuchtweitenregulierung

Bei der Leuchtweitenregulierung wirkt je ein Elektromotor mittels Gewindestange auf die Höhen-Einstellschraube der Scheinwerfer-Einheit. Über ein Rändelrad links unter dem Kombi-Instrument kann je nach Beladungszustand diejenige Position angewählt werden, die der Elektromotor anfahren soll.

Nach Niederdrücken der Halteraste (Pfeil) kann das Blinkergehäuse nach vorn vom Scheinwerfer abgezogen werden.

Zum Auswechseln der 21-Watt-Lampe (2) am Blinker vorn müssen die beiden Halterasten (Pfeile) an der Fassung (3) niedergedrückt werden. Jetzt kann die Fassung aus dem Lampengehäuse (1) nach hinten abgezogen werden.

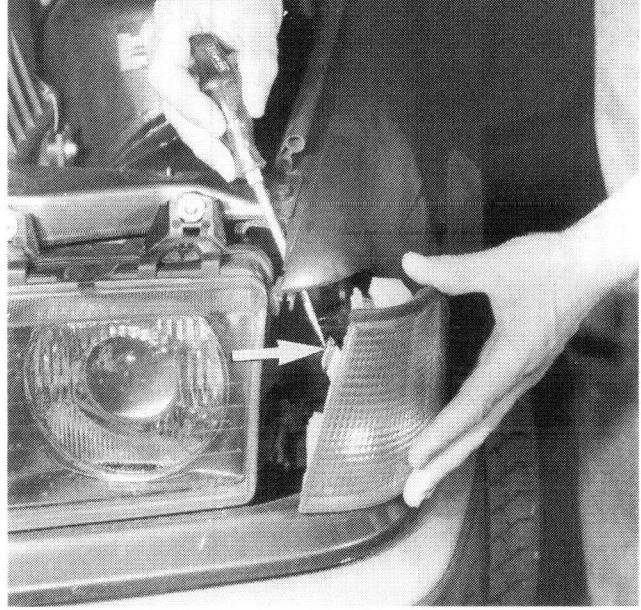
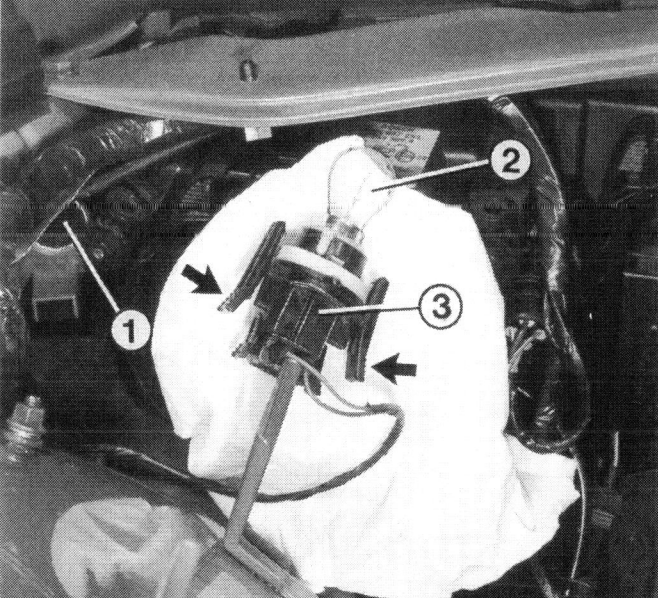

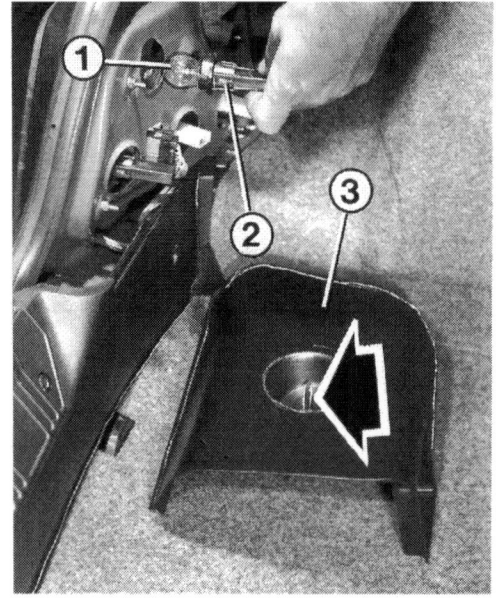

Links: Der Schalter (Pfeil) für die Rückfahrscheinwerfer sitzt rechts oben am Getriebe. Sind beide Rückfahrscheinwerfer gleichzeitig defekt, kann das evtl. an diesem Schalter liegen. Rechts: Zum Auswechseln der Glühlampen in den Heckleuchten Schnellverschluß (Pfeil) in der Heckleuchtenabdeckung (3) lösen und Abdeckung abnehmen. Alle Lampen der Heckleuchte besitzen einzelne kleine Fassungen (2). Hier wurde eine Fassung zum Auswechseln der Lampe (1) aus der Öffnung des Heckleuchtengehäuses herausgedreht.

Lampenwechsel rund ums Fahrzeug

Blinkleuchten vorn
- An der Rückseite des Blinkleuchtengehäuses die beiden Halterasten der Lampenfassung zusammendrücken und Fassung nach hinten herausziehen.
- Blinkerlampe in der Fassung linksdrehen und herausziehen (Bajonettverschluß).
- Soll das **Blinkleuchtengehäuse** ausgebaut werden, muß bei geöffneter Motorhaube von oben mit einem Schraubendreher die Halteraste des Blinkergehäuses in Richtung Fahrzeugseite gedrückt werden (siehe dazu Bild auf der Vorseite).
- Blinkleuchte dann nach vorn aus der Führung ziehen.
- Kabelstecker abziehen.

Heckleuchte
- Schnellverschluß der Leuchtenabdeckung im Kofferraum durch Linksdrehen lösen.
- Leuchtenabdeckung abnehmen.
- Die Lampenfassungen sind einzeln in das Gehäuse der Rückleuchte eingesetzt.
- Fassung der defekten Lampe linksdrehen und abnehmen (Bajonettverschluß).
- Lampe ebenfalls nach Linksdrehen aus der Fassung ziehen.
- Das **Rückleuchtengehäuse** ist von der Innenseite her mit vier Muttern befestigt, die zum Ausbau des kompletten Gehäuses gelöst werden müssen.
- Zusätzlich Mehrfachstecker entriegeln und abziehen.
- Beim Einbau auf gute Abdichtung achten.

Kennzeichenleuchten
- Zunbächst die Griffblende vom Kofferraumdeckel losschrauben.
- Betreffende Lampenfassung nach links drücken und aus dem Ausschnitt herausnehmen.
- Soffittenlampe aus der Fassung ziehen und neue Lampe einsetzen.
- Fassung wieder einsetzen und Griffblende anschrauben.

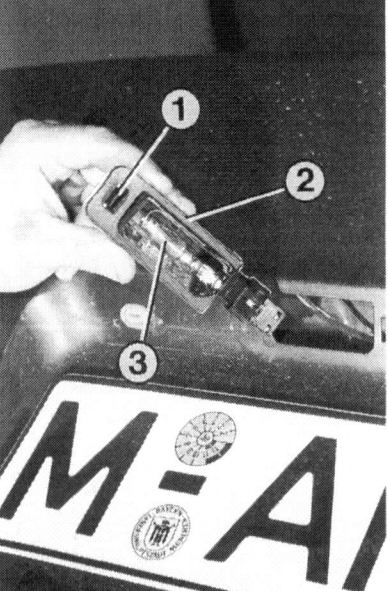

Links: Zuerst die Blende oberhalb des Kennzeichens abschrauben (Pfeile). Rechts: Jetzt kann die Fassung der Kennzeichenleuchte (2) aus der Verrastung (1) gehebelt werden, um die Soffittenlampe (3) auszuwechseln.

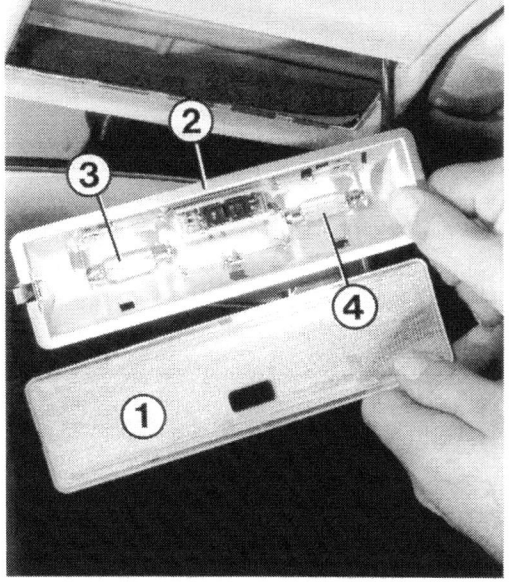
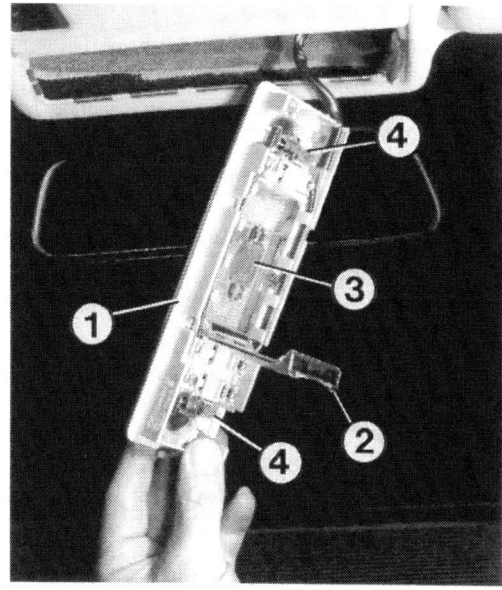

Links: Die Innenleuchte (2) ist aus dem Dachausschnitt herausgenommen. Weiter bedeuten:
1 – Plexiglasabdeckung;
3 und 4 – Soffittenlampen.
Rechts: Die Innenleuchte mit Leseleuchten ist hier ausgebaut:
1 – Lampengehäuse;
2 – Abdeckung für Soffitte (3), hier zurückgeklappt;
4 – Lämpchen für Leseleuchten.

Nebelscheinwerfer

Lampenwechsel

- Neben dem Nebelscheinwerfer befinden sich zwei Bohrungen im Stoßfänger. Schraubendreher durch die obere Bohrung stecken und die seitlich sitzende Scheinwerferhalterung entriegeln.
- Scheinwerfer nach vorn aus dem Ausschnitt herausnehmen.
- An der Rückseite des Scheinwerfers Kunststoffkappe nach links drehen und abnehmen.
- Kabelstecker abziehen.
- Drahtbügel, der die Lampe hält, aushängen und Lampe aus der Fassung herausnehmen.
- Neue Lampe einsetzen, Drahtbügel einhängen und Kabelstecker wieder anschließen.
- Nebelscheinwerfer in den Ausschnitt einsetzen und bis zum hörbaren Einrasten fest andrücken.

Nebelscheinwerfer nachträglich einbauen

Die eleganteste Lösung, Nebelscheinwerfer nachträglich in den BMW einzubauen, ist zweifellos die Verwendung der Original-Leuchten, wie sie im 325i serienmäßig vorhanden sind. Die Einbauöffnungen sind bei allen Wagen bereits vorhanden.
BMW bietet unter der Et.-Nr. 63 17 8 353 584 einen Nebelleuchten-Nachrüstsatz an. Im Satz sind enthalten: Die beiden Original-Nebelleuchten mit Linsenoptik, Nebelleuchtenschalter, Lichtschalter, Sicherungen, Relais, etc. Eine Einbaubeschreibung liegt bei.
Allzu schwierig ist die nachträgliche Montage nicht, denn das Anschlußkabel ist bis zur Steckverbindung vorverlegt.

Leuchten im Wageninnern

Innenleuchte vorn

Die Innenleuchte vorn ist mit zwei Soffittenlampen (10 Watt, 41 mm lang, DIN-Form K) ausgestattet. Die Lampe erhält dauernde Stromzufuhr. An- und abgeschaltet wird die Masseverbindung.

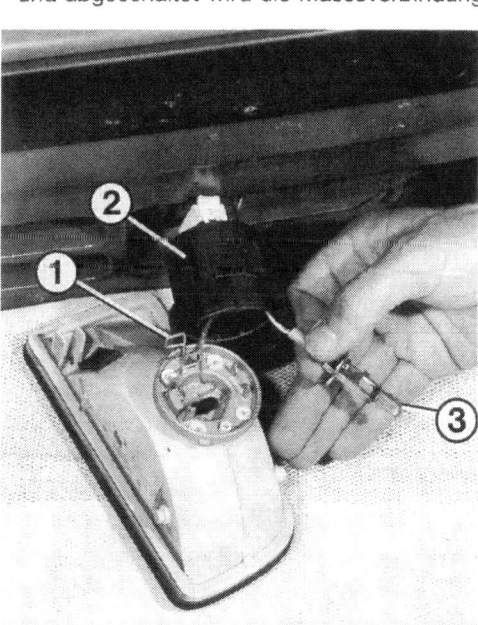

Lampenwechsel am Nebelscheinwerfer.
Links: Ausbau des Lampengehäuses nach Entriegeln der Halteraste mit einem Schraubendreher.
Rechts: Zum Herausnehmen der Halogenlampe (3) muß die hintere Lampenabdeckung (2) losgedreht und die Drahtsicherung (1) ausgehakt werden.

● Zum Ausbau einen flachen Schraubendreher in die kleine Aussparung an der linken Lampenseite stecken und damit die Haltefeder niederdrücken.
● Lampengehäuse aus dem Dachausschnitt hebeln.
● Plexiglasabdeckung vom Lampengehäuse abdrücken.
● Defekte Soffittenlampe aus ihren Haltezungen aushängen.
● Beim Einbau die rechte Seite zuerst in den Dachausschnitt einstecken.

Innenleuchte vorn mit Leseleuchten

Die Version mit Leseleuchten besitzt nur eine 15-Watt-Soffitte und zusätzlich je eine 10-Watt-Lampe für jede der Leseleuchten.
● Ausbau der Lampe, wie im vorigen Abschnitt beschrieben.
● Zum Wechsel der Soffitte Kunststoffraste drücken und Aluminium-Blende aufklappen.
● Die 10-Watt-Lämpchen zum Ausbau etwas linksdrehen und herausziehen (Bajonettverschluß).

Innenleuchten hinten

Die beiden Innenleuchten in den hinteren Dachpfosten sind in ihrer Funktion direkt von der Stellung des Schalters in der vorderen Leuchte abhängig.
● Zum Ausbau flachen Schraubendreher in die kleine Aussparung an der vorderen Schmalseite der Lampe stecken und auf diese Weise das Lampengehäuse aus dem Ausschnitt am Dachpfosten ziehen.
● Blechdeckel an der Lampen-Rückseite hochklappen und die 10-Watt-Soffittenlampe auswechseln.

Innenlichtsteuerung

Im Zeitalter der Elektronik ist das Aufleuchten der Innenbeleuchtung nicht mehr allein von den Türkontaktschaltern abhängig. Vielmehr steuert das Zentralverriegelungsmodul (Beschreibung in Kapitel »Instrumente und Geräte«) das Aufleuchten des Innenlichts, wenn der Innenleuchtenschalter in Mittelstellung steht.
Dann werden folgende Funktionen automatisch ausgelöst.
○ Bei geöffneter Tür ist das Innenlicht bis zu 15 Minuten eingeschaltet. Dann wird es zu Schonung der Batterie automatisch gelöscht.
○ Nach Schließen der Fahrertür leuchtet das Innenlicht noch ca. 20 Sekunden nach. Es verlöscht aber, wenn der Zündschlüssel in Stellung »I« gebracht wird.
○ Wird die geöffnete Fahrertür geschlossen und von außen verriegelt, geht das Innenlicht beim Verriegeln aus.
○ Nach einer Fahrt mit Stand- oder Fahrlicht geht das Innenlicht an, wenn der Motor ausgeschaltet wird.
○ Besitzt der Wagen Türschloßheizung, wird das Innenlicht schon beim Anheben des äußeren Türgriffes auch bei verschlossener Tür für 10 Sekunden eingeschaltet (höchstens 3 Mal in 10 Minuten).
○ Der Stoßsensor der Zentralverriegelung veranlaßt außerdem, daß das Innenlicht nach einem Unfall selbsttätig aufleuchtet.
○ Die Leseleuchten (Innenlichtpaket) können ab Zündschlüsselstellung »I« in Betrieb genommen werden.

Der Türkontaktschalter

Die Türkontaktschalter der Vordertüren sind beim BMW raffiniert untergebracht: Sie sind integriert in den Türschloß-Schließkeilen – jeweils an den hinteren Türpfosten.
An den hinteren Türen wurden anfangs noch die bekannten Türkontaktschalter mit Druckstift eingebaut. Später kam auch dort dieselbe Version wie an den Vordertüren zum Einsatz.

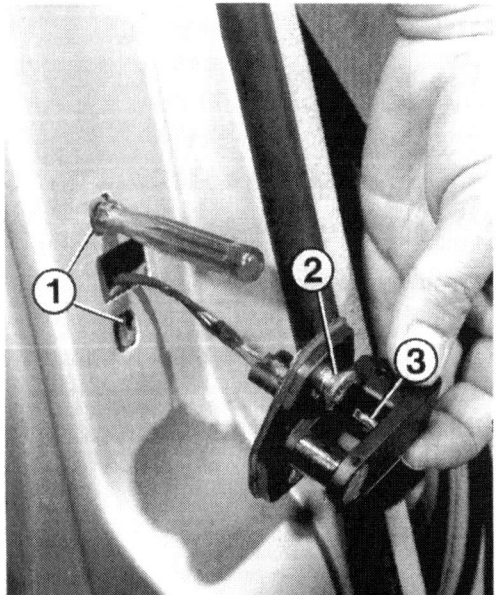

Links: Der Türkontaktschalter vorn (3) ist beim BMW im Schließkeil mit eingebaut. Zum Ausbau die TORX-Schrauben (2) des Schließkeils lösen. Darauf achten, daß die Gewindeplatte (1) beim Ausbau nicht in den Türpfosten fällt. Am besten mit Schraubendreher sichern, wie hier gezeigt.
Rechts: Einfachere, separat eingesetzte Türkontaktschalter befinden sich an den hinteren Türen (nur frühe Bauserien) sowie an der Kofferraumklappe.
Es bedeuten:
1 – Anschlußkabel;
2 – Türkontaktschalter.

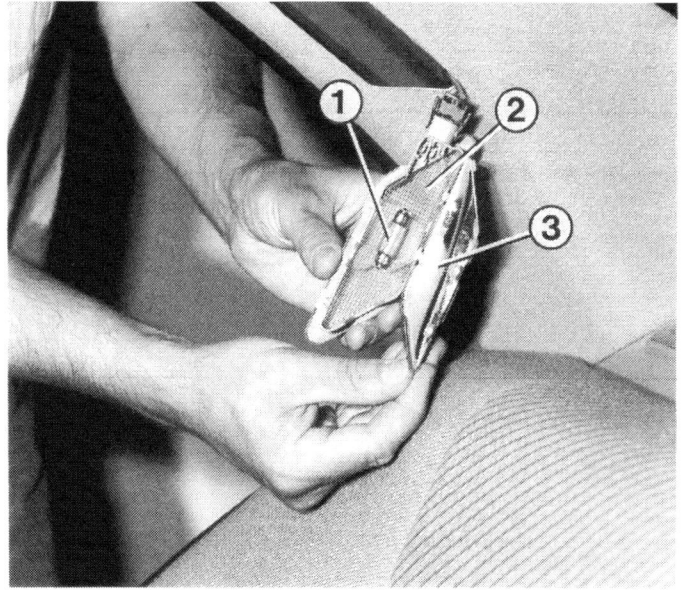

Zum Wechsel der Soffittenlampe (1) in den hinteren Innenleuchten (2) muß der Blechdeckel (3) zurückgeklappt werden.

Störungen am Türkontaktschalter

Brennt die Innenleuchte trotz richtiger Schalterstellung beim Öffnen einer bestimmten Tür nicht, gerät der betreffende Türkontaktschalter in Verdacht. Denn er schafft bei geöffneter Tür Masseverbindung zum Zentralverriegelungsmodul und signalisiert so, daß eine Tür geöffnet ist. Bliebe hinzuzufügen, daß das Zentralverriegelungsmodul auch für die Innenlichtautomatik zuständig ist.

An diesen Schaltern sind nur zwei Defekte denkbar:
○ Die Kabelstecker haben sich vom Schalter gelöst.
○ Der Schalter selbst ist defekt. Prüfen siehe übernächsten Abschnitt.

Türkontaktschalter ausbauen

● **Schalter vorn; hinten (neue Version):** Obere TORX-Schrauben (T40) am Schließkeil herausdrehen.

● Langen, schmalen Schraubendreher in die Gewindebohrung stecken und die Gewindeplatte in der Türsäule damit festhalten.

● Erst jetzt die untere TORX-Schraube lösen.

● Türkontaktschalter ausbauen.

● Jetzt können die Anschlußstecker und Kabel geprüft werden.

● Schalter selbst prüfen: Stecker abziehen, Ohmmeter am Schalter anschließen.

● Zwischen den Schalterkontakten – bei den hinteren Türkontaktschaltern der älteren Version zwischen Gehäuse und Kontakt – muß bei geöffneter Tür (Schalter nicht gedrückt) 0 Ω abzulesen sein.

● Schließkeil vorsichtig auf dem Schraubendreher ein Stück herausziehen, damit die Gewindeplatte in Position bleibt.

● **Schalter hinten (alte Version):** Kreuzschlitzschraube lösen, Schalter herausziehen.

● Darauf achten, daß das Anschlußkabel nicht in den Türpfosten zurückrutscht.

Türkontaktschalter prüfen

● Bei gedrücktem Kontaktstift (Tür geschlossen) muß dagegen ∞ Ω angezeigt werden.

● Wenn nicht, Schalter austauschen.

● Beim Auswechseln der Türkontaktschalter in den Schließkeilen die Gewindeplatte mit einem zweiten Schraubendreher festhalten.

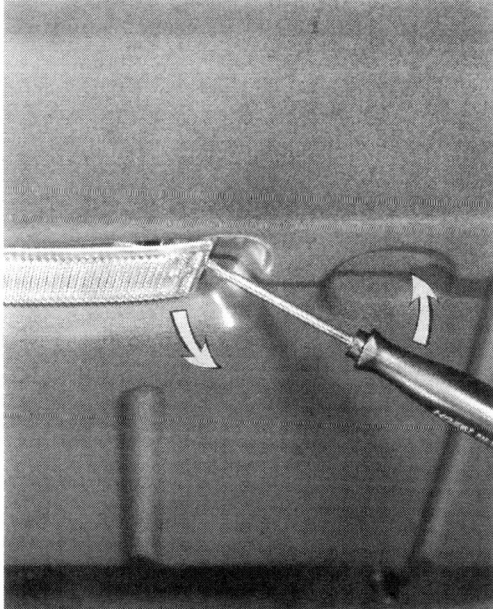
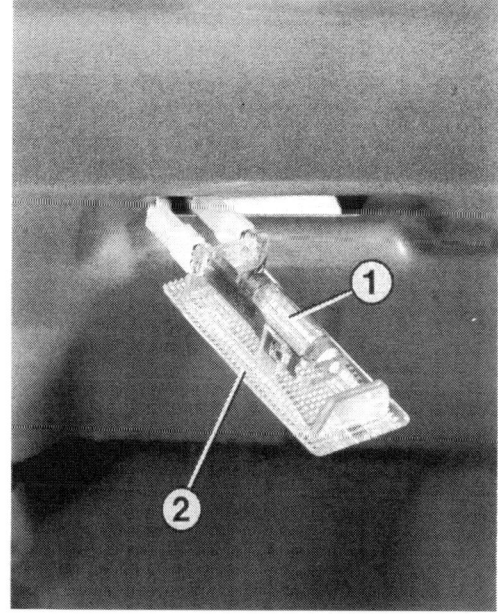

Die Kofferraumleuchte wird mit einem schmalen Schraubendreher vorsichtig herausgehebelt (Pfeile), anschließend kann die Soffittenlampe (1) aus dem Lampengehäuse (2) herausgenommen werden.

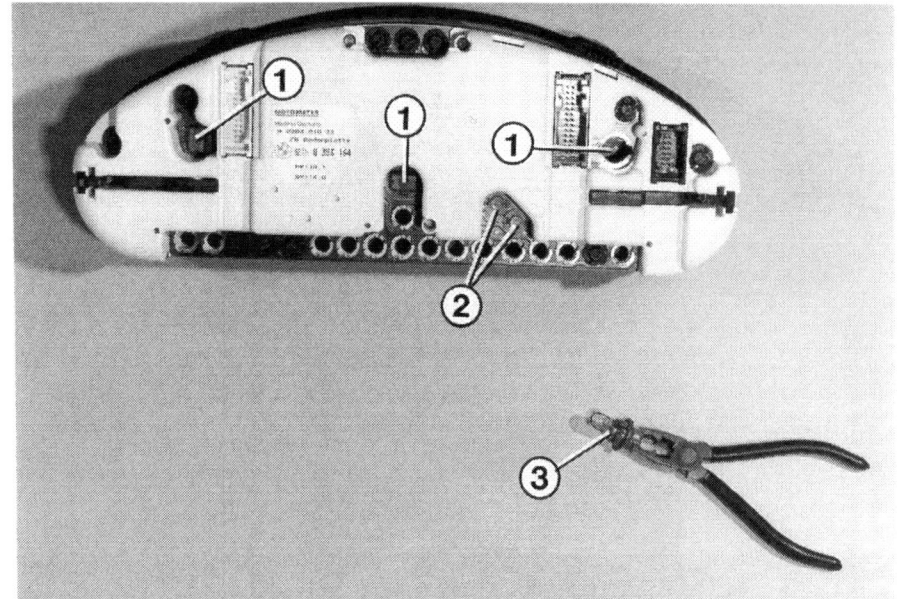

Je drei 3-Watt-Lämpchen (1) sind für die Beleuchtung der Rundinstrumente zuständig. Position »3« zeigt ein solches Lämpchen mit Fassung ausgebaut. Die Position »2« zeigt die beiden 1,5-Watt-Lämpchen, die das Flüssigkristalldisplay der Kilometeranzeige und der Service-Intervallanzeige von hinten anstrahlen.

Fingerzeig: Die Kofferraumleuchte des BMW hat eine Leistungsaufnahme von 10 Watt. Wer arglos den Kofferraum einen Tag lang offenläßt und dazu vielleicht noch das Radio eingeschaltet hat, kann abends schon Probleme mit dem Motorstart haben.

Kofferraumleuchte
- Kofferraumdeckel öffnen.
- Die Leuchte befindet sich oben im Kofferraum (gewissermaßen unter der Heckablage).
- Einen Schraubendreher in die Aussparung seitlich am Lampengehäuse stecken und die Lampe vorsichtig heraushebeln.
- Defekte Lampe aus ihren Haltezungen aushängen.
- Neue 10-Watt-Soffittenlampe einsetzen.
- Lampengehäuse zuerst mit der Kabelseite wieder in seine Aufnahme einsetzen.

Kontaktschalter der Kofferraumleuchte
Der Kontaktschalter der Kofferraumleuchte ist baugleich mit den Türkontaktschaltern für die hinteren Türen der älteren Bauart. Ausbauen und prüfen verläuft ebenfalls identisch, wie auf der vorangegangenen Seite beschrieben.

Motorraumleuchte
Die Motorraumleuchte kann nur bei geöffneter Haube und eingeschaltetem Stand- oder Fahrlicht brennen. Eingeschaltet wird sie durch einen Kontaktschalter vorn an der Motorhaube. Lampenwechsel:
- Kunststoffzunge an der Schmalseite des Lampengehäuses niederdrücken.
- Gleichzeitig das Abdeckglas abnehmen.
- 10-Watt-Soffittenlampe auswechseln.

Make-up-Spiegelbeleuchtung
Die Beleuchtung des Make-up-Spiegels funktioniert nur, wenn bei eingeschalteter Außenbeleuchtung die Sonnenblende heruntergeklappt ist und gleichzeitig die Spiegelblende zur Seite geschoben wurde (Mikroschalter in der Sonnenblende). So werden die Soffittenlampen ausgewechselt:

Links: Die Handschuhfachleuchte (2) ist hier aus ihrer Einbauöffnung herausgezogen, um die Soffittenlampe (1) auswechseln zu können.
Rechts: Der Kontaktschalter für die Handschuhfachleuchte ist bei ausgebautem Handschuhfach zugänglich, er sitzt an der rechten Seite außen am Handschuhfach.

Zum Auswechseln der Lichtschalterbeleuchtung wird der gesamte Lichtschalter ausgebaut. Dann kann die Lampenfassung (2) aus der Einbauöffnung (1) hinten am Schalter herausgezogen werden.

- Gehäuse der Spiegelbeleuchtung am besten mit einem flachen Löffelstiel oder stabilen Fingernägeln aus der Dachverkleidung ausrasten, um Beschädigungen zu vermeiden.
- Soffittenlampe(n) 10 Watt austauschen.

- Lampengehäuse so einsetzen, daß der Schliff der Streuscheiben das Licht nach vorn auf den Spiegel fallen läßt.

Handschuhfachleuchte

Beim Öffnen des Handschuhfaches wird die Handschuhfachleuchte durch einen separaten Kontaktschalter rechts am Handschuhfach eingeschaltet.

- Zum Auswechseln des Lämpchens Handschuhfach öffnen.
- Einen Schraubendreher in die Aussparung seitlich am Lampenglas stecken (seitlich geht's nicht), und die Leuchte vorsichtig heraushebeln.
- Soffittenlampe aus den Haltezungen herausnehmen.

- Nach Einbau der neuen 5-Watt-Soffittenlampe das Lampengehäuse – die Kabelseite zuerst – wieder einsetzen.

Leuchten am Armaturenbrett

Instrumentenbeleuchtung

An dieser Stelle ist lediglich die Beleuchtung der Anzeigeinstrumente behandelt. Die ebenfalls im Armaturenbrett sitzenden Kontrolleuchten finden Sie im Kapitel »Instrumente und Geräte« beschrieben. Ausbau der Instrumentenbeleuchtung:

- Kombi-Instrument ausbauen (Kapitel »Instrumente und Geräte«).
- Drei Lampenfassungen hinten am Kombi-Instrument linksdrehen und herausziehen.

- Die eingesteckten Glassockellämpchen (3 Watt, DIN-Form W 10/3) auswechseln, Fassung wieder ins Kombi-Instrument setzen und bis zum Anschlag rechtsdrehen.

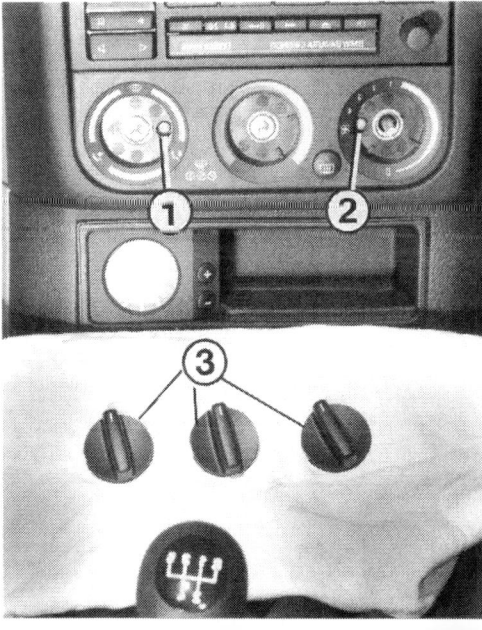

Auswechseln des Lämpchens hinter der Heizhebelbeleuchtung. Links: Die Heizungsdrehregler (3) werden abgezogen und die beiden Halteschrauben (1 und 2) der Blende herausgedreht.
Rechts: Hier ist die Heizhebelblende (3) abgebaut, um an das Lämpchen (4) heranzukommen.
Ferner bedeuten:
1 – Halteschraube für Blende;
2 – Drehregler der Heizungsbetätigung.

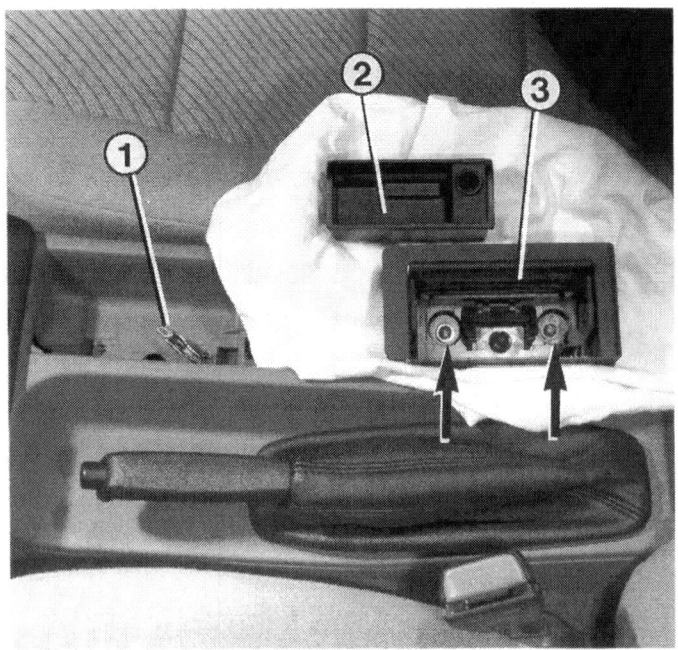

Zum Auswechseln des Lämpchens (1) der Ascher-Beleuchtung, muß der Ascher-Einsatz (2) herausgenommen werden und das Ascher-Gehäuse (3) an den zwei Halteschrauben abgeschraubt werden.

Beleuchtung für Uhr bzw. Bordcomputer	● Uhr bzw. Bordcomputer ausbauen (Kapitel »Instrumente und Geräte«). ● An der Rückseite des Geräts die Lampenfassung(en) linksdrehen und herausziehen.	● Lampenfassung und Glassockellampe sind eine Baueinheit – zusammen auswechseln.

Beleuchtung für Heizungs/Lüftungsbetätigung

Die Beleuchtung der Reglerskalen erfolgt bei der Heizungs/Lüftungsbetätigung lediglich über ein Lämpchen und wird durch Lichtleitbahnen zu den Symbolen geleitet.
● Drehregler abziehen.
● Frontblende abschrauben bzw. ausrasten.
● Glassockellämpchen 1,2 Watt (oberhalb des Nebelscheinwerfer-Schalters) herausziehen und auswechseln.

Beleuchtung der Schaltersymbole

Mit Ausnahme des Lichtschalters lassen sich die Beleuchtungen der Schaltersymbole nicht einzeln auswechseln.
Die Schalter bzw. Regler für heizbare Heckscheibe, Warnblinkanlage, Leuchtweitenregulierung, Instrumentenbeleuchtung, Fensterheber und Schiebedach besitzen eine fest eingebaute Beleuchtung. Ein Auswechseln des Lämpchens ist nicht möglich.
Entweder man findet sich mit dem dunklen Schalter ab oder man muß ihn komplett ersetzen (siehe Kapitel »Instrumente und Geräte«).

Zum Auswechseln des Lämpchens (1) der Anzünder-Beleuchtung braucht man schlanke Hände. Zum Ausbau der Fassung wird die Schalthebelabdeckung (2) ausgeclipst, und man muß unter der Konsole durchfassen, um nach der Lampenfassung zu tasten.

Links: Wer den Ausbau der Anzünderbeleuchtung nach der im Text beschriebenen Methode nicht schafft, muß das Ablagefach (Pfeil) ausbauen. Das geht erst nach Ausbau der Uhr bzw. des Bordcomputers, wie im Kapitel »Instrumente und Geräte« beschrieben.

Rechts: Nach Niederdrücken des Betätigungsknopfes (4) läßt sich das Beleuchtungsgehäuse (Position »5« zeigt das obere Teil) seitlich aus dem Schlüssel (6) herausschieben. Mit einem schmalen Schraubendreher lassen sich die beiden Hälften der Schlüsselbeleuchtung trennen. So kann die Kontaktfeder (2) gereinigt oder Batterie (3) bzw. Lämpchen (1) ausgewechselt werden.

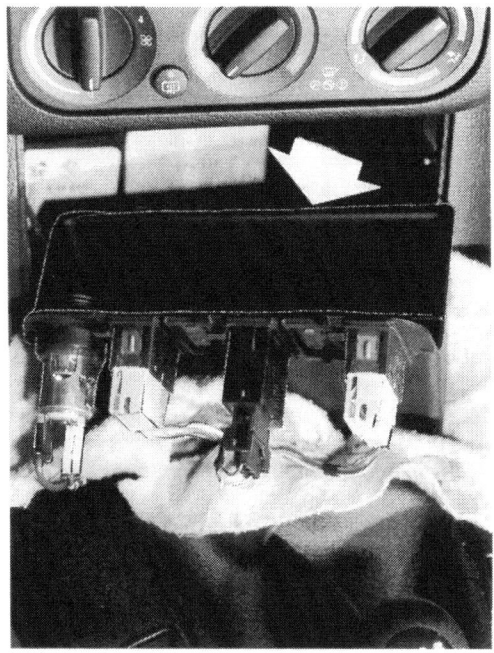
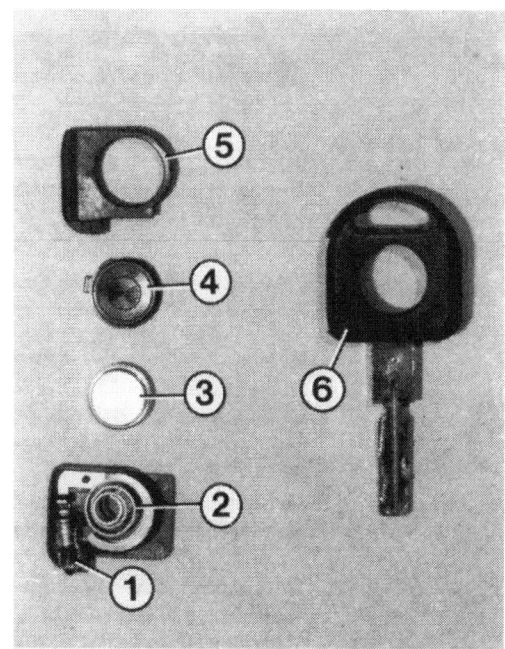

● Lichtschalter ausbauen (siehe Kapitel »Instrumente und Geräte«).
● Lampenfassung von hinten aus dem Schaltergehäuse ziehen.

● Ascher-Einsatz herausnehmen.
● Zwei Schrauben des Aschergehäuses lösen und Aschergehäuse herausnehmen.

● Schalthebelmanschette unten aus der Mittelkonsole aushaken und nach oben stülpen.
● Bei einem Fahrzeug mit Automatikgetriebe: Wählhebelblende rechts aushaken und nach oben schieben.
● Schaumstoffabdeckung in der Schalthebelöffnung herausziehen.
● Mit schlanker Hand in der Schalthebel-Öffnung nach der Lampenfassung des Anzünders tasten.

● Fassung mit Lämpchen auswechseln.

● Fassung abziehen, Glassockellämpchen 1,2 Watt auswechseln.

● Lampenfassung abziehen, Lämpchen auswechseln.

Beleuchtung für Lichtschaltersymbole auswechseln

Beleuchtung für Ascher vorn

Anzünderbeleuchtung

Am hier ausgebauten Bordcomputer sind die vier Lampenfassungen für Tasten- und Displaybeleuchtung mit Pfeilen bezeichnet.

Die Signaleinrichtungen

Zeichen setzen

Wie wirksam die Zeichensprache funktioniert, erlebt, wer ins Ausland reist. Nicht anders ist's im Straßenverkehr. Der Verständigung dienen international verständliche Symbole, wie Bremslicht, Blinker oder Hupe.

Blink- und Warnblinkanlage prüfen

Ständige Kontrolle Die Warnblinkanlage muß ständig funktionieren, deshalb wird ihr Schalter über eine Sicherung direkt von der Batterie versorgt. Die Richtungsblinker erhalten dagegen nur dann Strom, wenn der Zündschlüssel auf Raste »II« gedreht ist.
- Drücken Sie den Schalter der Warnblinkanlage, während der Zündschlüssel in »0«-Stellung steht:
- Alle vier Blinkleuchten, die Kontrolleuchten der Richtungsblinker und das rote Fenster im Schalter leuchten im gleichen Rhythmus auf.
- Warnblinker ausschalten, Zündschlüssel auf Raste »II« drehen.
- Bei gedrücktem Blinkerhebel muß jetzt eine Blinkerseite und die dazugehörige grüne Kontrolleuchte im Kombi-Instrument aufleuchten.

Fingerzeig: Das Ticken bei eingeschaltetem Blinker kommt vom Geräuschgeber im Kombi-Instrument. Denn das »Blinker-Geräusch« schreibt der Gesetzgeber als Kontrolle zusätzlich zur Kontrolleuchte vor. Das Blinkrelais sitzt dagegen im Stromverteilerkasten.

Blinker-Störungen
○ Blitzt bei eingeschalteten Richtungsblinkern die grüne Kontrolleuchte nur kurz auf, ist eine Glühlampe ausgefallen. Beim Warnblinken macht sich der Lampenausfall im Blinker-Rhythmus nicht bemerkbar. Lampenwechsel siehe Beleuchtungskapitel.
○ Brennen bei eingeschalteten Richtungs- oder Warnblinkern die Leuchten dauernd: Blinkrelais defekt.
○ Leuchtet nur die Kontrollampe, aber bleiben die orangefarbenen Leuchten am Wagen dunkel, liegt es ebenfalls am Blinkrelais.
○ Leuchten die Blinker mal in langsamer Folge, mal schnell und sind alle Steckverbindungen einschließlich der Massekabel zu den Leuchten in Ordnung, muß das Relais erneuert werden.
○ Funktioniert nur Warnblinken ohne Richtungsblinken oder umgekehrt, fehlt es an der Spannungsversorgung durch die betreffende Sicherung (siehe Kapitel »Die Karosserie-Elektrik«) oder der Schalter ist defekt (Ausbau siehe Kapitel »Instrumente und Geräte«).

Behelf bei defektem Blinkrelais Mit einem ausgefallenen Blinkrelais ist die Weiterfahrt nicht ganz ungefährlich, denn im dichten Verkehr und vor allem bei Dunkelheit wird Ihre Abbiegeabsicht den anderen Autofahrern nicht ersichtlich. In diesem Fall:
- Blinkrelais ausbauen (Relaisbelegung des Stromverteilerkastens siehe Kapitel »Die Karosserie-Elektrik«).
- Kurzschlußbrücke zwischen den Klemmen 49 und 49a herstellen.
- Dazu eine Büroklammer oder ein kurzes Drahtstück um die genannten Steckerzungen am Relais schlingen und jetzt das Relais wieder einstecken.
- Bei gedrücktem Blinkerhebel leuchtet jetzt eine Blinkerseite dauernd.
- Durch Ein- und Ausschalten mit dem Blinkerhebel erhalten Sie einen Blinker-Rhythmus.

Bremsleuchten prüfen

Ständige Kontrolle Die Check-Control (nur serienmäßig im 325i eingebaut) prüft zwar auch die Bremsleuchten, doch doppelte Kontrolle kann nicht schaden
- Zündschlüssel in Raste »I« oder »II« drehen.
- Die Garagenwand hinter dem Wagen muß rechts und links hell rot aufleuchten, wenn Sie auf das Bremspedal treten.
- Oder in einer Kolonne prüfen Sie mit dem Rückspiegel, ob sich in den Scheinwerfer-Reflektoren oder in der Lackierung des Hintermannes beide Bremslichter spiegeln.

Der Bremslichtschalter

Der Bremslichtschalter sitzt beim BMW oberhalb des Bremspedals und ist erst nach Ausbau der linken unteren Armaturenbrettverkleidung zugänglich. Wird das Bremspedal niedergedrückt, wandert sein Schalterstift heraus und schließt den Kontakt zu den Bremsleuchten.

Der Bremslichtschalter (2) ist in den Halter oberhalb des Bremspedals lediglich eingesteckt, nicht zu verwechseln mit dem Kupplungspedalschalter (1), der nur bei Fahrzeugen mit automatischer Geschwindigkeitsregulierung eingebaut ist.

Fingerzeig: Fahrzeuge mit Check-Control besitzen einen etwas anders aufgebauten Bremslichtschalter, um der Kontrollfunktion für die Bremslichtlampen gerecht werden zu können.

Bremslichtschalter überprüfen

Sind beide Bremslichter ausgefallen, kontrolliert man, ob es am Bremslichtschalter liegt:
- Armaturenbrettverkleidung links unten abnehmen (Kapitel »Der Innenraum«).
- Stecker am Bremslichtschalter abziehen und die beiden Steckerkontakte mit einer Büroklammer überbrücken.
- Bei mehr als zwei angeschlossenen Kabeln überbrücken Sie das violett/gelbe und das blau/rote.
- Brennen jetzt die Bremslichter, obwohl das vorher nicht der Fall war, ist der Bremslichtschalter defekt.

Störungsbeistand

Bremsleuchten

Die Störung	– ihre Ursache	– ihre Abhilfe
A Eine Bremsleuchte brennt nicht	1 Glühbirne durchgebrannt	Austauschen
	2 Spannungszuleitung unterbrochen. Brennen alle übrigen Glühbirnen in derselben Heckleuchte? Falls nicht:	Kabel kontrollieren
	3 Unterbrechung in der Masseverbindung	Masseanschluß überprüfen
B Beide Bremslichter brennen nicht	1 Sicherung defekt	Ersetzen
	2 Bremslichtschalter defekt	Überprüfen, ggf. ersetzen
	3 Siehe A 1 und 3	
	4 Fahrzeuge mit Check-Control: Unterbrechung im Check-Control-Modul	Überprüfen, ggf. ersetzen
C Bremsleuchten brennen dauernd	1 Siehe B 2	
	2 Kabel zum Bremslichtschalter haben direkten Kontakt	Kabel kontrollieren

Hupen prüfen

- Zündschlüssel auf Raste »I« oder »II« drehen.
- Nacheinander die beiden Huptasten im Lenkrad drücken.
- Jedesmal müssen beide Signalhörner ertönen.

Ständige Kontrolle

Elektrische Verschaltung der Hupen

Da im BMW zwei Hupen eingebaut sind, läuft die elektrische Verdrahtung über ein Schaltrelais (Erklärung siehe Kapitel »Die Karosserie-Elektrik«), um die Kontakte im Lenkrad zu entlasten:
○ Die Hupen erhalten Strom über das Hupenrelais im Stromverteilerkasten (Kapitel »Die Karosserie-Elektrik«).
○ Schaltstrom für das Relais liefert die Zündschloß-Klemme »R«. Klemme »R« wiederum ist nur zur Stromlieferung bereit, wenn der Zündschlüssel auf Raste »I« oder »II« gedreht ist (aber auch beim Betätigen des Anlassers).
○ Der Hupkontakt im Lenkrad stellt die Masseverbindung im Schaltstromkreis des Relais her, bestimmt also, wann das Relais schaltet. Die Stromversorgung des Schaltstromkreises stammt ebenfalls von Klemme »R«.

Hupe defekt?

● Betreffende Hupe abschrauben; die Hupen sitzen unterhalb des linken Scheinwerfers.
● An den Steckanschlüssen der Hupe ausreichend lange Kabelstücke aufstecken und diese mit dem Plus- bzw. Minuspol der Batterie verbinden.
● Bleibt es ruhig, ist das Signalhorn defekt.
● Ertönt die Hupe, obwohl das im eingebauten Zustand nicht der Fall war, liegt der Fehler in der Zuleitung (Sicherung, Relais, Huptasten).

● Ein krächzendes oder völlig stummes Horn läßt sich bisweilen durch Drehen der Einstellschraube an der Hupenrückseite wieder stimmen oder zu neuem Leben erwecken.
● Schraube unter der Vergußmasse freilegen.
● Nach dem Einstellen die Schraube mit Karosseriedichtmasse wieder feuchtigkeitsdicht verschließen.

Huptasten ausbauen

Funktioniert eine der beiden Huptasten am Serien-Lenkrad nicht mehr, sind sicher dort die Kontakte oxidiert. Ausbauen und Ersetzen:
● Zündschlüssel abziehen.
● **Vierspeichen-Serienlenkrad**: An der Lenkrad-Rückseite pro Huptaste eine kleine Kreuzschlitzschraube in der Bohrung der Lenkradspeiche lösen.
● Huptaste an einem Ende beginnend mit einem schmalen Schraubendreher aus dem umschäumten Lenkrad hebeln.
● **Sportlenkrad mit zentraler Huptaste**: Hup-Platte aus dem Lenkrad herausheben und ersetzen.

Störungsbeistand

Hupen

Die Störung	– ihre Ursache	– ihre Abhilfe
A Hupen tönen nicht	1 Sicherung defekt	Ersetzen
	2 Hupen defekt	Kontrollieren
	3 Anschlüsse der Hupen oxidiert	Blankkratzen
	4 Relais defekt	Ersetzen
	5 Hupkontakt im Lenkrad defekt	Kontrollieren, ob die anderen Hupkontakte in Ordnung sind
	6 Stromzuleitung (violett/blau) oder Masseleitung (braun) zur Hupe schadhaft	Kabel kontrollieren
	7 Kontaktleitung Lenkrad/Relais (braun/rot) oder Massezuleitung zum Lenkrad unterbrochen	Kabel kontrollieren

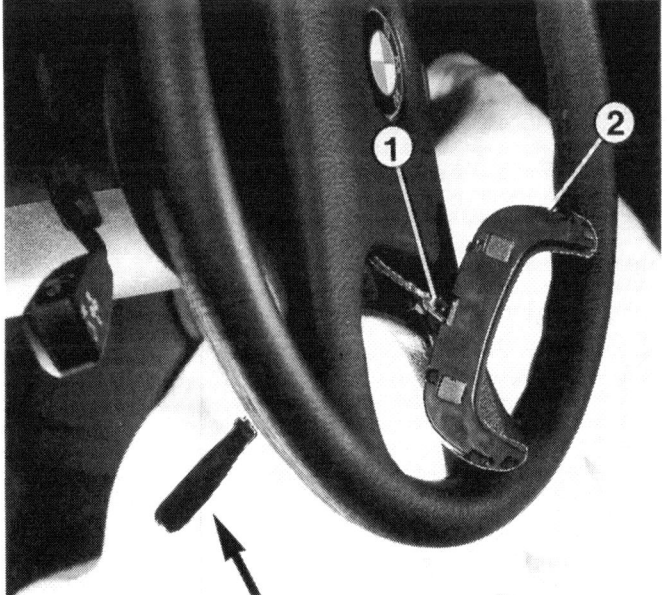

Ist eine der Huptasten (2) ohne Funktion, kann diese komplett ausgetauscht werden. Dazu die Halteschraube von der Lenkradrückseite her mit einem kleinen Schraubendreher (Pfeil) lösen und das Anschlußkabel (1) abziehen.

Die Hupe ist hier bei ausgebautem Scheinwerfer von vorn fotografiert, ansonsten ist sie am besten von unten zugänglich. Die Zahlen auf der Abbildung bedeuten:
1 – Anschlußstecker;
2 – Einstellschraube der Hupe.

Die Störung	– ihre Ursache	– ihre Abhilfe
B Nur eine Hupe tönt nicht	1 Eine Hupe defekt	Ersetzen
	2 Kabel zwischen den Hupen defekt	Kabel kontrollieren
C Hupe tönt dauernd bei Zündschlüsselraste »I« oder »II«	1 Kontaktleitung Lenkrad/Relais (braun/rot) hat Masseschluß	Kabel kontrollieren. Unterwegs: Kabel an der Hupe abziehen und isolieren
	2 Hupe hat inneren Kurzschluß	Hupe ersetzen. Unterwegs: Kabel an der Hupe abziehen und isolieren
	3 Siehe A 4 und 5	

Lichthupe kontrollieren

● Zündschlüssel auf Raste »II« drehen und den Blinkerschalter zum Lenkrad herziehen.
● Leuchten die Fernscheinwerfer und die blaue Fernlichtkontrolle auf; unabhängig von der Stellung des Lichtschalters?
● Funktioniert die Lichthupe nicht, obwohl das Fernlicht bei entsprechender Schalter- und Hebelstellung brennt, kann der Fehler nur im Lichthupenkontakt des Hebelschalters liegen, denn es besteht kein Unterschied in den Stromwegen für Fernlicht und Lichthupe. Schalterausbau siehe Kapitel »Instrumente und Geräte«.

Ständige Kontrolle

Instrumente und Geräte

Zwiesprache

Als Autofahrer leben Sie mit zahlreichen Anzeigeinstrumenten, Kontrolleuchten und Schaltern. Ferner sind Sie in der Lage, vom Fahrersitz aus allerlei dienstbare Geister, wie Scheibenwischer und heizbare Heckscheibe, in Betrieb zu nehmen. Von diesen und weiteren Einrichtungen handelt das folgende Kapitel.

Kontrollinstrumente und -leuchten prüfen

Ständige Kontrolle

Das Kombi-Instrument unserer 3er-Modelle prüft sich in gewissem Umfang selbst. Dazu bei ausgeschalteter Zündung die Taste des Tageskilometer-Rückstellers im Kombi-Instrument drücken und bei gedrückter Taste den Zündschlüssel auf Stellung »Radio an« drehen. Wenn Sie die Taste jetzt loslassen, erscheinen im Schriftfeld nacheinander die folgenden Anzeigen:

- Fahrzeug-Identifizierungsnummer
- BMW-interne Zahl
- Wegdrehzahl des Kilometerzählers (K-Zahl)
- Software-Version
- Hardware-Version
- Änderungsindex

Danach wird der Systemtest ausgelöst: Die Zeiger von Tacho und Drehzahlmesser nehmen dabei die Mittelstellung ein, die Nadeln von Tank-, Temperatur- und Verbrauchsanzeige wandern über die Skala, die Tankwarnleuchte brennt, alle Leuchtfelder der Kilometeranzeige und der Service-Intervallanzeige sind beleuchtet. Dieser Check erspart einige der sonst üblichen Funktionsprüfungen bei der Kontrolle und bei der Störungssuche.

Einen zusätzlichen Eigentest führt das Kombi-Instrument bei jedem Motorstart aus. Beim Einschalten der Zündung leuchten folgende Kontrolleuchten.

- Ladekontrolleuchte
- Öldruck-Kontrolleuchte
- Handbrems-Kontrolleuchte
- Bremsbelag-Verschleißanzeige
- Bremshydraulik-Kontrolleuchte
- Kontrolleuchte in der Tankanzeige
- Kontrolleuchte in der Kühlmittel-Temperaturanzeige
- Ggf. Kontrolleuchten von Sonderausstattungen (z. B. ABS)

Kombi-Instrument ausbauen

- Lenkrad abbauen.
- Zwei Schrauben an der Instrumenten-Oberkante herausdrehen.
- Obere Instrumentenkante etwas nach unten hebeln, Instrument nach vorn aus dem Armaturenbrett ziehen.
- Dabei die Lenksäule mit einem Lappen abdecken, um Kratzer an der Plexiglasscheibe des Kombi-Instruments zu vermeiden.
- Sicherungshebel der Mehrfachstecker hinten am Instrument hochklappen, um die Stecker abziehen zu können.
- Beim Einbau müssen die Hebel zum Aufstecken der Mehrfachstecker nach oben stehen.

Kombi-Instrument ausbauen: Zuerst zwei Schrauben oben am Kombi-Instrument lösen, obere Instrumentenkante etwas nach unten hebeln, Instrument abwärts schwenken und aus seiner Einbauöffnung ziehen.

Die Anschlußstecker (2 und 3) hinten am Kombi-Instrument lassen sich nach Hochklappen der Sicherungshebel aus den Steckerleisten (1) am Instrument herausziehen.

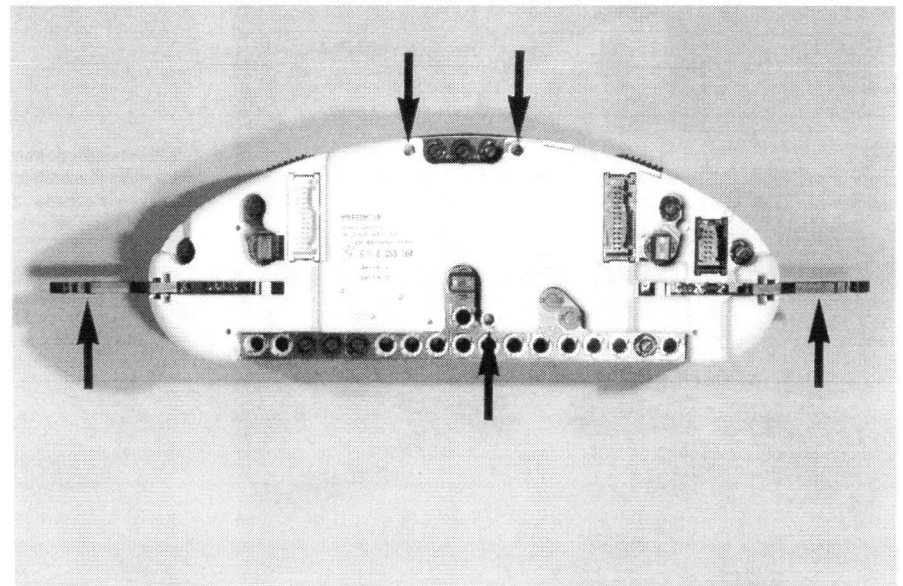

Öffnen der Instrumentenrückplatte nach Lösen der beiden Verschlußhebel (Pfeile rechts und links) und Herausdrehen von drei TORX-Schrauben (übrige Pfeile).

Die Teile des Kombi-Instruments

Kombi-Instrument zerlegen

Ohne Zerlegung des Kombi-Instruments lassen sich von der Rückseite her die folgenden Teile ausbauen:
○ **Kontrollampen:** Die Glühlampen der Kontrolleuchten sind beim BMW fest mit ihren Fassungen verlötet und auch nur komplett als Ersatzteil erhältlich. Zum Ausbau die Fassung eine Vierteldrehung linksdrehen und herausziehen.
○ Die **Warnleuchte der Tankanzeige.** Ausbau wie Kontrolleuchten.
○ Die **Warnleuchte der Temperaturanzeige.** Ausbau ebenfalls wie Kontrolleuchten.
○ Die **Lämpchen der Instrumentenbeleuchtung** (3-Watt-Glassockellämpchen). Zum Ausbau die Fassung eine Vierteldrehung linksdrehen und herausziehen.

Nach Abbauen der Instrumenten-Rückplatte (drei TORX-Schrauben, die sich evtl. auch mit einem kleinen Schraubendreher lösen lassen, an der Instrumenten-Rückseite herausdrehen, Entriegelungshebel ausrasten und nach oben schwenken) sind die folgenden Einzelteile zugänglich:
○ **Verbrauchsanzeige:** Das Instrument ist nicht verschraubt, sondern lediglich eingesteckt. Haltezungen niederdrücken, Instrument abziehen.
○ **Instrumententräger mit Tachometer, Drehzahlmesser, Verbrauchsanzeige, Tank- und Temperaturanzeige:** Drehriegel an den drei Haltebolzen um 180° drehen, Instrumententräger abnehmen
○ **Tachometer, Drehzahlmesser, Tankanzeige und Temperaturanzeige:** Instrumententräger ausbauen. Skalenzeiger abziehen, je zwei Schlitzschrauben an der Skala lösen, Instrument abnehmen.
○ **Anzeigemodul für Kilometerstand und Service-Intervallanzeige:** Nicht einzeln auswechselbar; ist Bestandteil der Leiterplatte.
○ **Leiterplatte:** Ist mit der Instrumenten-Rückplatte vernietet.

Der Instrumententräger (2) kann nach Lösen der Drehriegel (Pfeile) von der Instrumentenblende (1) abgezogen werden. Die Verbrauchsanzeige (3) läßt sich nach Ausrasten der beiden Haltezungen (4) vom Instrumententräger abziehen.

Tachometer, Drehzahlmesser, Tank- und Temperaturanzeige können nach Lösen der hier mit Pfeilen bezeichneten kleinen Schlitzschrauben vom Instrumententräger (1) abgenommen werden. Die Verbrauchsanzeige (2) ist an der Rückseite mit Haltezungen befestigt.

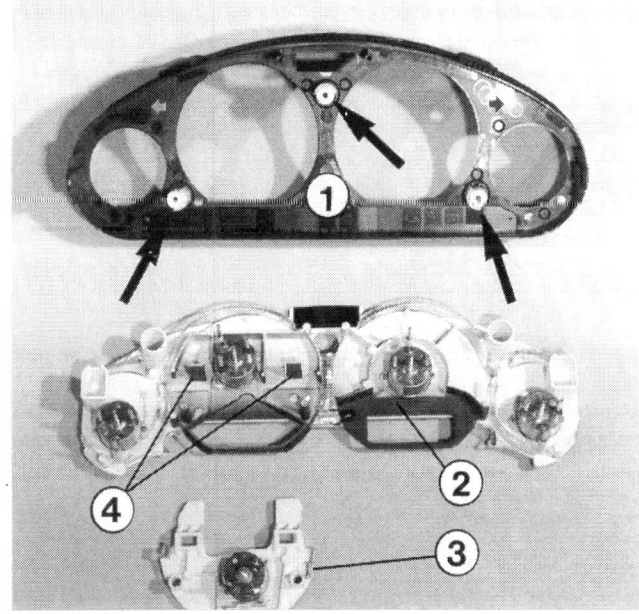

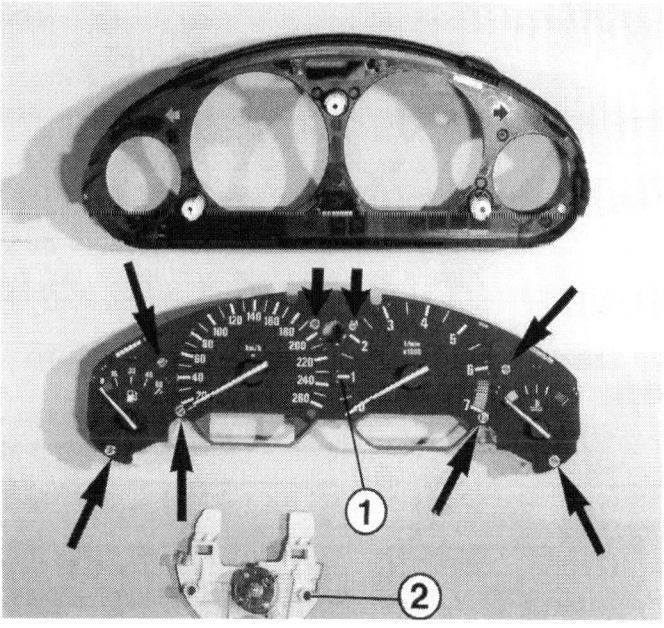

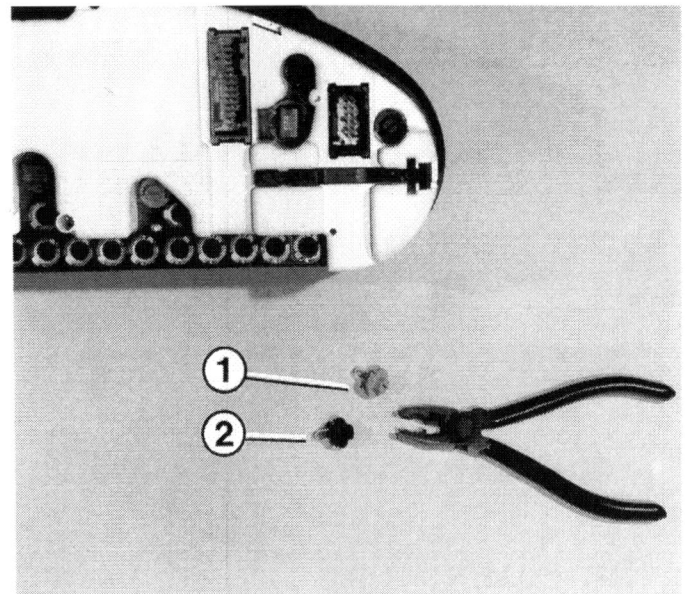

Die Kontrollämpchen (1 und 2) sind an der Rückseite des Instruments mit Bajonett-Verschlüssen befestigt, zum Lösen eignet sich eine kleine Kombi- oder Flachzange.

Fingerzeige: Funktionieren einzelne Instrumente im Armaturenbrett nicht, lohnt sich ein Blick in den Sicherungskasten (siehe Kapitel »Die Karosserie-Elektrik«).
Für die Instrumente im Armaturenbrett gibt es von Moto Meter und VDO einen Reparaturdienst. Die Moto Meter AG, Postfach 346, 7250 Leonberg 1, liefert Instrumente im Austausch. VDO unterhält eigene Werkstätten, Anschriften erhalten Sie von der VDO Adolf Schindling AG, Postfach 6140, 6231 Schwalbach.

Codierung des Kombi-Instruments

Um jeweils dasselbe Kombi-Instrument in verschiedenen Modellen der BMW-3er-Reihe einsetzen zu können, wird seine Software so ausgelegt, daß es zunächst einmal für alle 3er-Modelle die richtigen »Anlagen« besitzt. Zur Anpassung an das jeweilige Modell wird das Instrument dann codiert, was beim Neufahrzeug zunächst werkseitig, im Reparaturfall in der Werkstatt mit dem **Mo**bilen **Di**agnose-**C**omputer (kurz Modic) geschieht. Dieses Anpassen erfolgte bei älteren BMW-Fahrzeugen mit einem sogenannten Codierstecker, der aber bei dieser Instrumenten-Generation bereits überholt ist.
Zum Beispiel werden bei der Codierung die folgenden fahrzeugspezifischen Daten im Instrument aktiviert:
○ Die Weg-Drehzahl – also das Vergleichsmaß Radumdrehung/Wegstrecke – ist für den Tachometer und den Kilometerzähler wichtig.
○ Meßbereich des Drehzahlmessers und des Tachometers.
○ Die Verbrauchskennlinie ist Grundlage für das Funktionieren der Verbrauchsanzeige.
○ Ferner werden sogenannte Inspektionsgrenzwerte – unterschiedlich für die verschiedenen Modelle – wegen der Service-Intervallanzeige bei der Codierung übermittelt.

Der Tachometer

Der Tachometer im BMW ist – wie könnte es anders sein – ein elektronisches Meßgerät, ähnlich dem Drehzahlmesser. Wie dieser verarbeitet er Drehzahlimpulse, die er (anders als der Drehzahlmesser) von einem Geber im Hinterachsgetriebe erhält. Dort wird gemessen, wie oft sich die Räder drehen. Das Instrument bringt die Umdrehungs-Impulse mit einem Zeitfaktor in Bezug, und man erhält eine Vergleichsgröße für die Geschwindigkeit.
Auch für die Service-Intervallanzeige, die Verbrauchsanzeige, die Radio-Lautstärkenanpassung und den Bordcomputer wird ein Radumdrehungs-Signal als Meßgröße für die zurückgelegte Fahrstrecke oder die Geschwindigkeit gebraucht. Somit lag es nahe, auch den Tachometer mit diesem Signal zu versorgen und auf eine Tachowelle – wie sie in den alten, mechanischen Tachometern für den Antrieb sorgt – zu verzichten. Vorteile dieser Lösung: Geräuschfreier Tachoantrieb, präzisere Anzeige.
Wenn der Tachometer nicht funktioniert, zuerst die zuständige Sicherung im Sicherungskasten überprüfen (siehe Kapitel »Die Karosserie-Elektrik«).

Der Kilometer-zähler
Gesamt- und Tageskilometerstand werden in unserem BMW 3er durch LCD-Displays (Flüssigkristallanzeigen) angezeigt.
Damit der Kilometerstand nicht manipuliert werden kann – etwa durch längeres Abklemmen der Batterie –, werden die Laufleistungsdaten kontinuierlich in einem spannungsunabhängigen Speicher im Kombi-Instrument abgelegt.

Am Hinterachsgetriebe (Differential) sitzt der Tachometer-Impulsgeber (1); hier ist der Stecker (2) abgezogen.

Tachometer-Impulsgeber

Die Umdrehungs-Impulse für den Tachometer liefert der Reedkontakt-Geber am Hinterachsgetriebe. Der Reedkontakt ist ein Kontaktsatz, der luftdicht eingeschlossen in einer Gashülle untergebracht ist. Geschlossen wird der Kontakt, wenn ein Magnetfeld auf ihn einwirkt.

Damit der Reedkontakt eine Impulsfolge liefern kann, muß er im Drehzahl-Rhythmus geöffnet und geschlossen werden. Deshalb beeinflußt ein Flügelrad, das sich vor dem Geber dreht, das auf den Kontaktsatz einwirkende Magnetfeld.

Tachometer-Impulsgeber ausbauen

- Wagen hinten aufbocken und sichern.
- Gummi-Schutzmanschette am Geber abstreifen und Stecker abziehen.
- Zwei Sechskantschrauben herausdrehen, Halteblech abnehmen und Geber herausziehen.
- Eventuell läuft etwas Öl aus – auffangen.
- Beim Einbau Dichtring prüfen und gegebenenfalls erneuern.

Fingerzeig: Nicht mit abgezogenem Stecker am Tachometer-Impulsgeber fahren. Das Wegsignal des Gebers wird auch für die Service-Intervallanzeige ausgewertet. Die quittiert das Ausbleiben des Gebersignals nach einiger Zeit mit der Anzeige »Inspektion fällig«.

Drehzahlmesser

Wie oft die Kurbelwelle des Motors in der Minute rotiert, zeigt der Drehzahlmesser an. Dazu erhält er vom Zündungsteil der Motronic die Zündimpulse übermittelt. Die werden von der Elektronik im Instrument summiert und aufbereitet an das Meßwerk der Analoganzeige weitergegeben.

Bei Störungen gilt es, die Sicherungen (siehe Kapitel »Die Karosserie-Elektrik«) und die entsprechenden Leitungen zu prüfen. Auch in der Leiterplatte des Kombi-Instruments kann der Fehler stecken. Der Drehzahlmesser selbst kann mit Eigenmitteln nicht repariert werden.

Kraftstoff-Verbrauchsanzeige

Den momentanen Kraftstoffverbrauch zeigt die Verbrauchsanzeige unten im Drehzahlmesser an. Dabei bezieht sich das Meßgerät auf das Einspritzsignal der Benzin-Einspritzung und auf das Wegstrecken-Signal des Tachometer-Gebers. Aus beiden Größen errechnet das Gerät den momentanen Verbrauch (pro 100 km).

Die Tankanzeige

Der Benzinstand wird am Armaturenbrett elektrisch angezeigt. Die Tankuhr ist also nichts anderes als ein Voltmeter, das die Spannung anzeigt, die von der Elektronik des Kombi-Instruments an die Klemmen der Tankuhr geschickt wird.

Vergleichsgröße für den Tank-Füllstand ist für die Elektronik – sie wertet dieses Signal aus – der Widerstandswert der beiden Tankgeber. Dieser Widerstandswert ist höher bei vollem Tank, niedriger bei leerem Tank.

Der BMW besitzt zwei Tankgeber, um die Flüssigkeitsmenge in seinem zerklüfteten Tank optimal erfassen zu können. Den Ausbau beider Geber finden Sie im Kapitel »Tank und Kraftstoffpumpe« beschrieben.

Die Tankkontrolleuchte links in der Tankanzeige brennt, wenn weniger als **ca. 8 Liter** im Tank schwappen.

Störungssuche   Wer für die Störungssuche am Tankgeber den Service-Tester der BMW-Werkstatt nicht bemühen will, untersucht nacheinander die Fehlermöglichkeiten, denen der Laie ohne Werkstattmittel beikommen kann:

- Zuerst **Instrumenten-Sicherungen** (Kapitel »Die Karosserie-Elektrik«) kontrollieren.
- Dann **Systemtest** am Kombi-Instrument durchführen (Seite 204).
- Wenn die Tankanzeige beim Systemtest nicht ausschlägt, Kombi-Instrument untersuchen lassen, ggf. Tankanzeige-Instrument auswechseln.
- Das Auswechseln des Tankgeber-Instruments und der Tankgeber-Warnleuchte ist unter »Kombi-Instrument zerlegen« am Anfang dieses Kapitels beschrieben.
- War dagegen bei dieser Prüfung alles in Ordnung, rechten und linken **Tankgeber ausbauen**, wie im Kapitel »Tank und Kraftstoffpumpe« beschrieben.
- Ohmmeter an den Anschlüssen des Tankgebers anschließen, Widerstandswerte messen: Schwimmerarm am oberen Anschlag: ca. 250 Ω, Schwimmerarm am unteren Anschlag: ca. 15 Ω.
- Ein defekter Tankgeber kann nicht repariert werden. Austauschen.

Kühlmittel-Temperaturanzeige

Die Anzeige für die Kühlmitteltemperatur funktioniert ähnlich wie die Tankanzeige. Die Elektronik des Kombi-Instruments empfängt ein Signal vom Temperaturgeber am Motor. Dieser Geber ist ein veränderlicher Widerstand, der mit zunehmender Erwärmung einen größeren Stromdurchfluß freigibt – ein Signal, das die Elektronik an das Instrument weiterleitet.

Störungssuche   Wer den Fehler ohne den Service-Tester der BMW-Werkstatt finden will, untersucht nacheinander die Fehlermöglichkeiten, denen der Laie ohne Werkstattmittel beikommen kann:

- Zuerst **Instrumenten-Sicherungen** (Kapitel »Die Karosserie-Elektrik«) kontrollieren.
- Dann **Systemtest** am Kombi-Instrument durchführen (Seite 204).
- Wenn die Kühlmittel-Temperaturanzeige beim Systemtest nicht ausschlägt, Kombi-Instrument untersuchen lassen, ggf. Instrument auswechseln.
- Das Auswechseln der Temperaturanzeige und der Temperatur-Warnleuchte ist unter »Kombi-Instrument zerlegen« zu Beginn dieses Kapitels beschrieben.
- Geber der Temperaturanzeige links vorn am Motor ausbauen (Kühlmittel läuft aus).
- Ohmmeter an den Anschlüssen des Temperaturgebers anschließen.
- Widerstanswerte messen, während der Geber in einem Wasserbad steht, das kontinuierlich bis auf 100°C erhitzt wird.
- Der Geber muß ebenso kontinuierlich seinen Widerstandswert verändern, ansonsten Geber auswechseln.
- Nach Auswechseln des Gebers Kühlmittel auffüllen, Kühlsystem entlüften (Kapitel »Das Kühlsystem«).

Kontrolleuchten im Kombi-Instrument

Über das Kombi-Instrument verteilt finden wir eine Vielzahl von Kontrolleuchten für die unterschiedlichsten Funktionen. Auf sie wollen wir in den folgenden Abschnitten eingehen. Wie die kleinen Glühbirnen der Kontrollämpchen ausgebaut werden, erfahren Sie im Kapitel »Die Beleuchtung«.

Blinker-Kontrolleuchten

Die beiden Blinker-Kontrolleuchten erhalten Strom im Blinker-Rhythmus von derselben Leitung, die auch zu den jeweiligen Blinkleuchten führt. Von den rechten Blinkleuchten erhält die rechte Blinkerkontrolle Strom, von den linken die linke.
Die Masseverbindung beider Kontrolleuchten stammt von der direkten Masseleitung im Kombi-Instrument.

Fernlichtkontrolle

Bei eingeschaltetem Fernlicht oder beim Lichthupen erhält die Fernlichtkontrolle Strom – bei Fernlicht von Sicherung Nr. 25, bei Lichthupe von Sicherung Nr. 23. Ob die Fernscheinwerfer wirklich brennen, kann sie aber nicht anzeigen; das muß man selbst kontrollieren. Lediglich bei durchgebrannter Sicherung verlöscht auch die Kontrolleuchte. Die Massezufuhr zum Lämpchen kommt aus dem Kombi-Instrument.

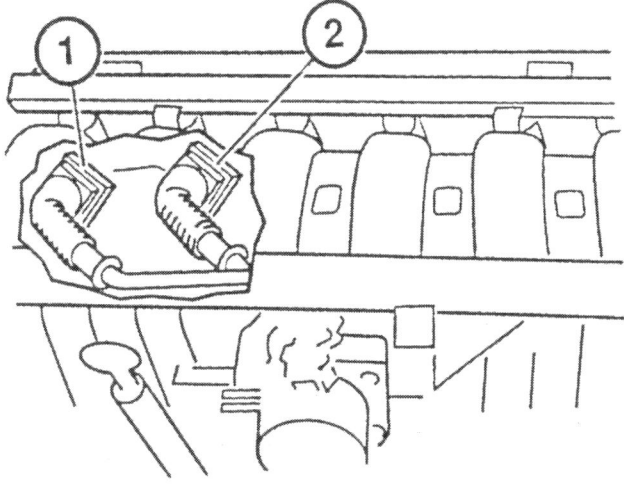

Die Temperaturgeber der Einspritzanlage (1) und der Kühlmittel-Temperaturanzeige (2) sind unter dem Ansaugkrümmer des Motors sorgsam versteckt. Die Zeichnung zeigt die Einbaulage der beiden Temperaturgeber.

Nebelscheinwerfer-Kontrolleuchte

Die Nebelscheinwerfer-Kontrolleuchte bezieht Strom aus der Leitung zu den Nebelscheinwerfern. Sie kann – wie auch die Fernlichtkontrolle – nur anzeigen, ob die Nebelleuchten eingeschaltet sind. Über die Glühlampe im Scheinwerfer sagt sie nichts aus. Wohl aber über die Sicherung. Masse kommt auch hier wieder von der Zentralleitung im Kombi-Instrument.

Kontrolleuchte für Nebelschlußlicht

Für die Nebelschlußlicht-Kontrolleuchte gilt dasselbe wie für die Nebelscheinwerfer-Kontrolle: Strom kommt von der Leitung zur Nebelschlußleuchte.

Anhänger-Blinkerkontrolle

Sie blinkt rhythmisch mit, wenn bei angeschlossener Anhängerbeleuchtung die betreffende Blinkleuchte am Anhänger funktioniert. Ist eine Anhänger-Blinkleuchte defekt, blinkt die Kontrolle beim jeweiligen Richtungsblinken nicht mit.
Bei eingeschalteter Warnblinkanlage und angeschlossener Anhängerbeleuchtung leuchtet die Kontrolle auch dann auf, wenn eine der Hänger-Blinkleuchten nicht funktioniert.

Handbrems-Kontrolleuchte

Die Handbrems-Kontrolleuchte ist vom Kombi-Instrument her bei eingeschalteter Zündung (Zündschloßraste »II«) mit Strom versorgt. Den Massekontakt schafft bei angezogener Handbremse ein kleiner Schalter neben dem Handbremshebel. Er ist nach Abziehen der Handbremshebelmanschette zugänglich.

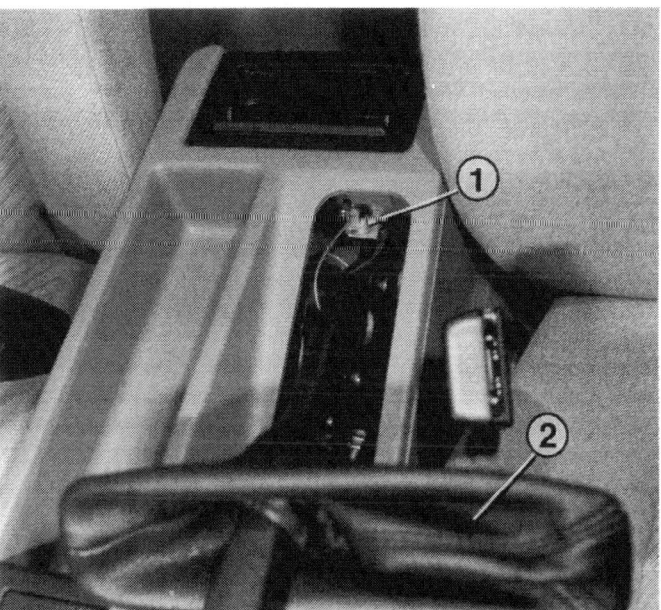

Der Schalter der Handbremskontrolle (1) ist erst nach Abziehen der Handbremshebelmanschette (2) zugänglich.

Bremsbelag-Verschleißanzeige

Vorn links und hinten rechts sind an einem Scheibenbremsbelag Verschleißfühler eingesetzt. Ist der Belag bis auf das Mindestmaß abgenutzt, wird das Kabel der Verschleißanzeige von der Bremsscheibe an- (Massekontakt) bzw. durchgeschliffen (kein Kontakt). Die Elektronik im Kombi-Instrument wertet dieses Signal aus und läßt die Glühlampe der Bremsverschleißanzeige aufleuchten.

Natürlich braucht bei brennender Kontrolleuchte nicht sofort die nächste Werkstatt angesteuert zu werden. Der Sonntagsausflug kann ohne Sicherheitseinbuße beendet werden, und tags darauf reicht's noch bequem für die Fahrt zur Arbeit.

Störungssuche Brennt die Bremsbelag-Verschleißanzeige, obwohl ausreichend Belagmaterial vorhanden ist, kommt als wahrscheinlicher Fehler eine Unterbrechung in den Leitungen zum Fühler im Bremsbelag in Betracht.

- Nacheinander Rad vorn links und hinten rechts abnehmen.
- Verbindungsstecker bei abgenommenem Rad aus den Haltern nehmen und auseinanderziehen.
- Beide Steckeranschlüsse derjenigen Kabel überbrücken, die zur Karosserie führen:
- Brennt die Kontrollampe bei eingeschalteter Zündung immer noch, liegt der Fehler an den Kabeln zum Kombi-Instrument oder an der Leiterplatte im Instrument.
- Verlöscht die Kontrolleuchte jetzt, liegt die Kabelunterbrechung an einer der Leitungen zum Belagfühler, oder der Belagfühler selbst ist defekt.
- Häufig hat der Fehlalarm seine Ursache in korrodierten Steckkontakten des Verbindungssteckers.

Kontrolleuchte für Bremsflüssigkeitsstand

Der Flüssigkeitsstand im Vorratsbehälter wird durch einen Schwimmer mit angeschlossenem Kontakt überwacht. Fällt der Pegel durch ein Leck in der Bremsanlage, wird der Kontakt zur Masseleitung ausgelöst, und die Kontrollampe brennt.

Störungssuche
- Brennt die Kontrolleuchte bei laufendem Motor, obwohl der Bremsflüssigkeitsbehälter voll ist, den Kabelstecker am Deckel des Behälters abziehen:
- Verlöscht die Lampe jetzt, ist der Niveauschalter im Deckel des Vorratsbehälters defekt; eventuell ist der Schwimmer leck.
- Brennt die Kontrolleuchte weiterhin, liegt der Fehler im Instrument oder im Zuleitungskabel.

ABS-Kontrolleuchte

Bei Fahrzeugen mit Antiblockiersystem (ABS) brennt diese Kontrolleuchte zur Funktionskontrolle beim Einschalten der Zündung. Wenn nicht, Lämpchen auswechseln (siehe Anfang dieses Kapitels). Bei laufendem Motor muß die Anzeige verlöschen. Brennt sie dagegen während der Fahrt, liegt ein Defekt im Bremssystem vor. In die Werkstatt fahren und kontrollieren lassen (siehe Kapitel »Das Antiblockiersystem«).

Ladekontrolleuchte

Bei laufendem Motor darf die Ladekontrolle weder glimmen noch aufleuchten. Sonst sitzt ein Fehler in der Stromversorgung, siehe Störungsbeistand im Kapitel »Die Lichtmaschine«. Brennt das rote Lämpchen beim Einschalten der Zündung nicht, ist vermutlich die Glühlampe durchgebrannt, oder aber die Verschraubung an der Lichtmaschine hat sich gelöst.

Mehr über die Funktion der Ladekontrolleuchte erfahren Sie ebenfalls im Kapitel »Die Lichtmaschine«.

Öldruckkontrolle

Bei eingeschalteter Zündung liegt an der Öldruckkontrolle Spannung an. Solange kein Öldruck aufgebaut wird, ist ihr Stromkreis durch den Öldruckschalter geschlossen – sie brennt.

Bei steigendem Öldruck im Motor öffnet der Öldruckschalterkontakt, der Stromkreis wird unterbrochen, und die Kontrolle verlöscht. Mehr zum Öldruck siehe im Kapitel »Der Motor und sein Innenleben«.

Fingerzeig: Kaltes Motoröl ist zähflüssig. Das ergibt hohen Öldruck, der die Kontrolleuchte schon beim oder gleich nach dem Anlassen des Motors verlöschen läßt. Im heißgefahrenen Motor im Hochsommer ist das Öl dünnflüssiger, und bei dem entsprechend niedrigeren Öldruck verlöscht die Kontrolle möglicherweise erst bei höheren Drehzahlen. Das ist eine normale Erscheinung – vor allem bei älteren Motoren.

Der Öldruckschalter (Pfeil) signalisiert über die Öldruckwarnleuchte am Armaturenbrett, ob in den Motorlagern ausreichend Öldruck vorhanden ist. Der Schalter sitzt direkt am Ölfiltergehäuse oberhalb der Lichtmaschine.

Leuchtet die Öldruckkontrollampe plötzlich während der Fahrt auf, ist das grundsätzlich ein Alarmzeichen.
- Brennt sie nur kurz bei scharfem Bremsen oder in schnell gefahrenen Kurven, dürfte der Ölstand unter die Minimalmarke abgesunken sein – Ölstand prüfen und, wenn nötig, Öl nachfüllen.
- **Leuchtet die Lampe dauernd, Motor sofort abstellen und anhalten!**
- Dann zuerst kontrollieren, ob das Kabel vom Öldruckschalter zum Kombi-Instrument Kurzschluß zu Masse hat:
- Zündung einschalten, Kabelstecker am Öldruckschalter abziehen.
- Bei stehendem Motor muß die zuvor brennende Warnlampe nun verlöschen; das beobachtet am besten ein Helfer. Brennt sie dagegen weiter, ist das Kabel irgendwo durchgescheuert und hat Massekontakt. Das ist harmlos für den Motor – Sie können weiterfahren.
- Normalerweise zeigt das Aufleuchten der Öldruckkontrolle, daß in den Schmierstellen des Motors der nötige Öldruck nicht aufgebaut wird. Das liegt jedoch meistens nicht an einem Defekt an der Ölpumpe, sondern weit öfter an schlagartigem Ölverlust. In Betracht kommt da z.B. eine lose Ölablaßschraube.
- Stellt sich der Fehler als gefährlich für den Motor heraus, muß der BMW abgeschleppt werden.
- Bei ständig leuchtender Ölkontrolle ist nicht selten ein defekter Öldruckschalter schuld. Verläßlich nachgeprüft werden kann das aber nur durch Auswechseln des Schalters.
- Andere Defektmöglichkeit: Bleibt die Öldruckkontrolle beim Zündschlüsseldreh dunkel? Zündung einschalten, Stecker am Öldruckschalter abziehen.
- Kontaktzunge am Stecker mit Draht verlängern und Drahtende an blankes Metall halten: Brennt nun das Warnlicht, liegt es am Öldruckschalter. Öldruckschalter austauschen.
- Leuchtet nichts, ist die Zuleitung oder die Glühlampe selbst defekt.

Störungssuche

Die Service-Intervallanzeige (SI)

Auf der Service-Intervallanzeige unten im Tachometer basiert das gesamte Wartungssystem unseres BMW. Was Ihnen die Leuchtfelder und Schriftzüge unten im Kombi-Instrument sagen wollen, erfahren Sie im Kapitel »Das Wartungssystem«.
Im 3er-BMW ist die Service-Intervallanzeige unten in die Flüssigkristallanzeige (LCD) des Kilometerzählers integriert.

Störungen an der Service-Intervallanzeige sind ein typischer Fall für die Fehlerabfrage über die Fahrzeug-Diagnose. Denn die Berechnung der Intervallzeiten erfolgt im Kombi-Instrument, und das ist diagnosefähig. Nur wenige Punkte können Sie selbst prüfen, ohne den Diagnose-Computer zu bemühen:
○ Wenn der Motor-Temperaturgeber, der Drehzahlmesser oder Geschwindigkeitsgeber an der Hinterachse keine Signale liefern, kann auch die Service-Intervallanzeige nicht zufriedenstellend funktionieren. Also prüfen, ob hier alles mit rechten Dingen zugeht.

Störungen

Analog-Zeituhr

Aus- und Einbau
- Mit Fühlerlehre 0,9–1,0 mm unten zwischen Uhr und Rahmen fahren.
- Uhr herausziehen, Stecker abziehen.
- Beim Einbau Uhr lediglich einschieben und einrasten lassen.

Digital-Zeituhr mit Außentemperaturanzeige

Bei dieser Sonderausstattung für den 320i ist ein Display (Anzeige) eingesetzt, das dem Bordcomputer gleicht. Zusätzliche Anzeigen bzw. Funktionen zur Uhr:
- Datum
- Außentemperatur (mit Warngong unter +3°C)
- Memofunktion (stündliches Erinnerungssignal)

Check-Control mit Außentemperaturanzeige und Digitaluhr

Serienausstattung beim 325i, Sonderausstattung für den 320i. Auch hier ist ein Display (Anzeige) eingesetzt, das dem Bordcomputer gleicht. Zusätzlich zur Uhr kommen folgende Anzeigen bzw. Funktionen:
- Datum
- Außentemperatur (mit Warngong unter +3°C)
- Memofunktion (stündliches Erinnerungssignal)
- Check-Control-Schriftanzeige

Der Bordcomputer

Der Bordcomputer (Sonderwunsch) sitzt am selben Einbauort wie die Zeituhr. Er bietet dem Fahrer auf seinem Display die folgenden Anzeigen bzw. Funktionen auf Abruf:
- Check-Control-Schriftanzeige
- Uhrzeit
- Datum
- Zwei Durchschnittsverbräuche
- Reichweite
- Durchschnittsgeschwindigkeit
- Außentemperatur (mit Warngong unter +3°C)
- Stoppuhr
- Voraussichtliche Ankunftszeit
- Distanz zum Fahrtziel
- Grenzgeschwindigkeit (selbstgewählt)
- Motorstartsicherung mit Zahlencode
- Memofunktion (stündliches Erinnerungssignal)

Meßwerte und Signale, aus denen der Bordcomputer seine Informationen bezieht oder errechnet, liefern die folgenden Bauteile:
- Schwingquarz der Zeituhr
- Geschwindigkeitsgeber an der Hinterachse
- Einspritzanlage (Verbrauchssignal)
- Tankgeber
- Außentemperaturfühler am Wagenbug
- Zündschloß

Störungen
Erscheint im Anzeigefeld des Bordcomputers die Buchstabenfolge »PPPP«, ist das als Krankmeldung des Computers zu verstehen. Eingriffe von Laienhand sind nicht möglich, doch ist der Bordcomputer »diagnosefähig«, d. h. der Diagnosecomputer in der BMW-Werkstatt liefert schnell Auskunft über die Ursache der Störung.

Der Wasserstandsgeber (Pfeil) ist von unten an der linken Kühlerseite eingeschraubt. Er signalisiert dem Check-Contol-System abgesunkenen Kühlmittelstand im Ausgleichbehälter des Kühlers.

Der Geber der Temperaturanzeige (Pfeil) ist in den Belüftungskanal an der linken Fahrzeugunterseite eingesteckt.

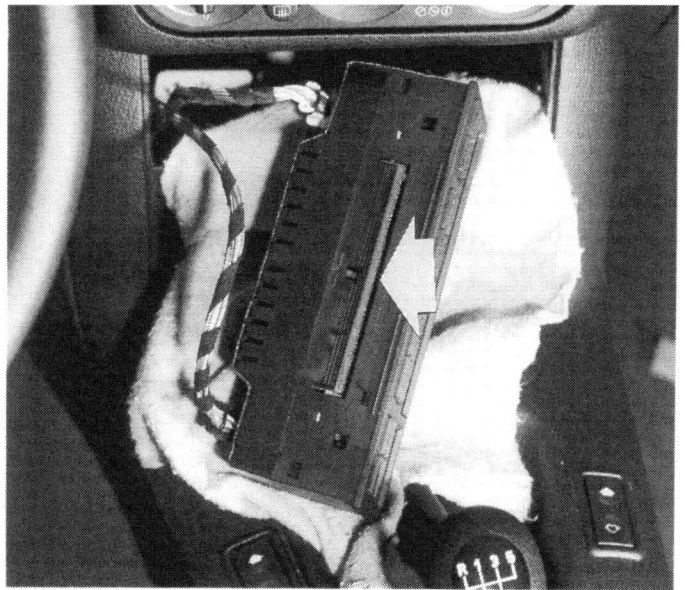

Uhr bzw. Bordcomputer werden von den hier mit Pfeil bezeichneten Verriegelungshebeln im Ausschnitt der Konsole gehalten. Zum Ausbau muß der Verriegelungshebel gewissermaßen von der Rückseite her niedergedrückt werden. Deshalb wird die Fühlerlehre auch von rechts beginnend in den Spalt eingeschoben.

Fingerzeig: Spannungsspitzen, wie sie unter ungünstigen Umständen bei einem Kurzschluß im Versorgungs-Stromkreis des Computers entstehen, können der Computer-Elektronik das Leben kosten. Auch »offene« Eingänge sind gefährlich. Deshalb z.B. den Temperaturfühler nicht längere Zeit ausgesteckt lassen.

Bordcomputer bzw. Digitaluhr ausbauen

- Mit Fühlerlehre 0,9–1,0 mm zwischen Rahmen und untere Ablage fahren.
- Von rechts beginnend den Verriegelungshebel zurückdrücken.
- Bordcomputer bzw. Digitaluhr aushebeln, Stecker abziehen.

Die Schalter

Im BMW ist eine Vielzahl verschiedener Schalter verbaut. Wie man sie ausbaut und zuletzt auch wie man sie prüft, ist in den folgenden Abschnitten beschrieben. Zum Bereich »Schalter« gehört auch das Zündschloß.

Fingerzeig: Viele Schalter im BMW sind von innen beleuchtet. Leider lassen sich diese Lämpchen – außer beim Lichtschalter – nicht einzeln auswechseln, weil dadurch der Schalter zerstört würde.

Hebelschalter

Die Hebelschalter am Lenkrad sind Schalter der Superlative: Sie zählen nicht nur zu den am meisten gebrauchten Schaltern im Auto, sie führen auch die meisten Schaltfunktionen aus.

Die Hebelschalter (1–3) lassen sich nach Niederdrücken von Halterasten (Pfeile) vom Lenkstock abziehen.

Der Hebelschalter der Geschwindigkeitsregelanlage ist nur mit einer Halteraste (Pfeil) befestigt.

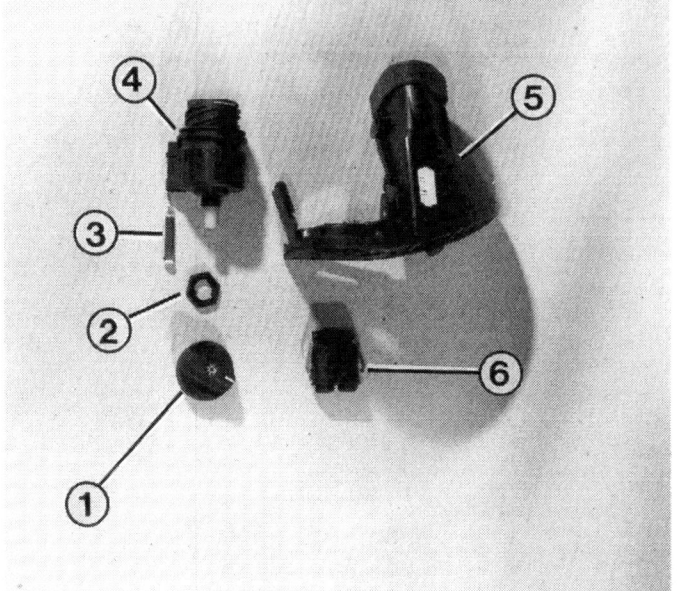

Lichtschalter und Luftdüse zerlegt. Es bedeuten:
1 – Drehgriff für Lichtschalter;
2 – Haltemutter;
3 – Lampenfassung für Lichtschalterbeleuchtung;
4 – Lichtschalter;
5 – Einbaublende mit Luftdüse;
6 – Schalter für Nebelscheinwerfer und Nebelschlußleuchte.

Hebelschalter ausbauen

- Batterie abklemmen.
- Armaturenbrettverkleidung links unten ausbauen (Kapitel »Der Innenraum«).
- Lenkrad ausbauen.
- Lenksäulenverkleidung ausbauen.
- Stecker der Zuleitungskabel trennen.
- Wo vorhanden, Massekabel abschrauben.
- Je zwei Haltespangen pro Hebelschalter niederdrücken und Schalter aus der Führung ziehen.

Lichtschalter ausbauen

- Kreuzschlitzschraube im Armaturenbrett unterhalb des Schalters herausdrehen.
- Schalter samt Lüftungsdüse aus dem Armaturenbrett ziehen.
- Schalterdrehknopf abziehen.
- Mutter unter dem Drehknopf lösen.
- Kabelstecker vom Schalter abziehen und Schalter abnehmen.

Schalter für Nebellicht ausbauen

- Kreuzschlitzschraube unterhalb des Lichtschalters aus dem Armaturenbrett herausdrehen.
- Schaltereinheit mit Luftdüse aus dem Armaturenbrett herausziehen.
- Stecker am Nebellichtschalter abziehen.
- Nebellichtschalter von hinten aus dem Einbauteil für Luftdüse und Schalter herausdrücken.

Schalter für heizbare Heckscheibe

Der Schalter für die heizbare Heckscheibe ist Bestandteil der Heizungsregulierung und kann auch nur zusammen mit der Leiterplatte der Heizungsregulierung ausgewechselt werden. Gleiches gilt für die beiden Leuchtdioden für Symbolbeleuchtung und Funktionsanzeige.

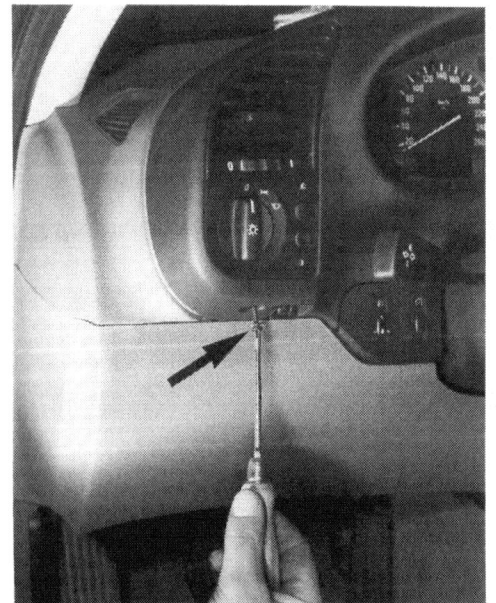

Links: Zum Ausbau des Lichtschalters muß die hier mit Pfeil bezeichnete Kreuzschlitzschraube herausgedreht werden.
Rechts: Nach Lösen der Kreuzschlitzschraube (2) ist hier die Einbaublende des Lichtschalters mit Luftdüse ein Stück herausgezogen. Es bedeuten:
1 – Lichtschalter;
3 – Haltemutter für Lichtschalter;
4 – Lichtschalterdrehgriff.

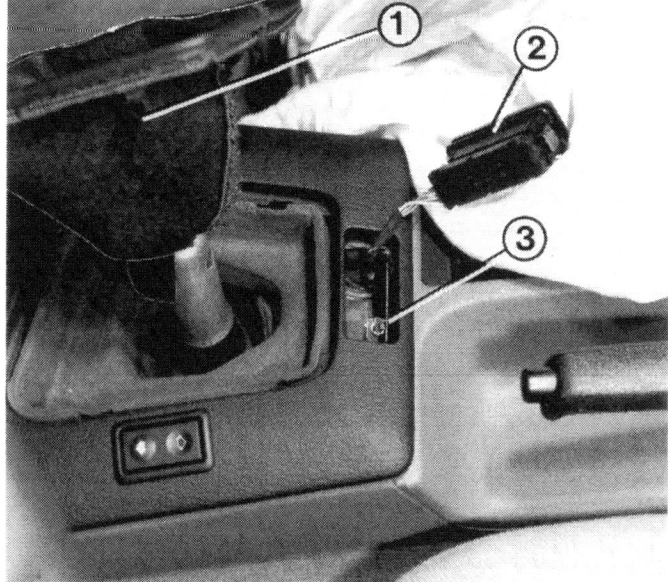

Nach Ausheben der Schalthebelabdeckung (1) kann der Schalter der Warnblinkanlage (2) von hinten aus der Mittelkonsole herausgedrückt werden. In der Einbauöffnung des Warnblinkschalters ist die Halteschraube für den Mittelkonsoleneinsatz (3) sichtbar.

Warnblinkschalter

Der Schalter der Warnblinkanlage ist bei eingeschaltetem Licht von einer kleinen Lampe in der Schaltertaste schwach erleuchtet. Dazu erhält das Lämpchen Strom vom Lichtschalter über einen elektrischen Widerstand. Wird der Schalter niedergedrückt, ist der Widerstand nicht mehr im Stromkreis – das Lämpchen leuchtet mit voller Lichtstärke im Blinkertakt.

Warnblink-Schalter ausbauen

- Schalthebel-Abdeckung in der Mittelkonsole seitlich aushaken und nach oben stülpen.
- Bei Fahrzeugen mit Automatikgetriebe Blende für Wählhebel abdrücken. Dazu Schraubendreher an der rechten Seite der Blende ansetzen.
- Mit der Hand den Warnblinkschalter von unten aus der Mittelkonsole drücken.
- Stecker abziehen.

Schalter der elektrischen Fensterheber

Bei entsprechend ausgestatteten Wagen werden die elektrischen Fensterheber von den Schalterblöcken in der Mittelkonsole betätigt. Zwei Einzelschalter sitzen (bei elektrischen Scheibenhebern hinten) in den Verkleidungen der beiden hinteren Türen. Alle Schalter sind beleuchtet, wenn die Fensterheber einsatzbereit sind.

Fensterheber-Schalter ausbauen

- Schalthebel-Abdeckung in der Mittelkonsole seitlich aushaken und nach oben stülpen.
- Bei Automatikgetriebe Blende für Wählhebel abdrücken (Schraubendreher rechts ansetzen).
- Mit der Hand die Fensterheberschalter von unten aus der Mittelkonsole drücken.
- Die Schalter können mit und ohne Halterahmen ausgebaut werden.
- Zum Abziehen der Stecker die Halterasten mit einem Schraubendreher lösen (siehe Bild unten).

Ebenfalls nach Ausheben der Schalthebelabdeckung können die Schalter der elektrischen Fensterheber (3) mit oder ohne Einbaurahmen (2) aus der Mittelkonsole herausgedrückt werden. Der Anschlußstecker (1) läßt sich erst nach Lösen der Verriegelung mit einem Schraubendreher abziehen. Der Pfeil zeigt, wie der Stecker entriegelt wird.

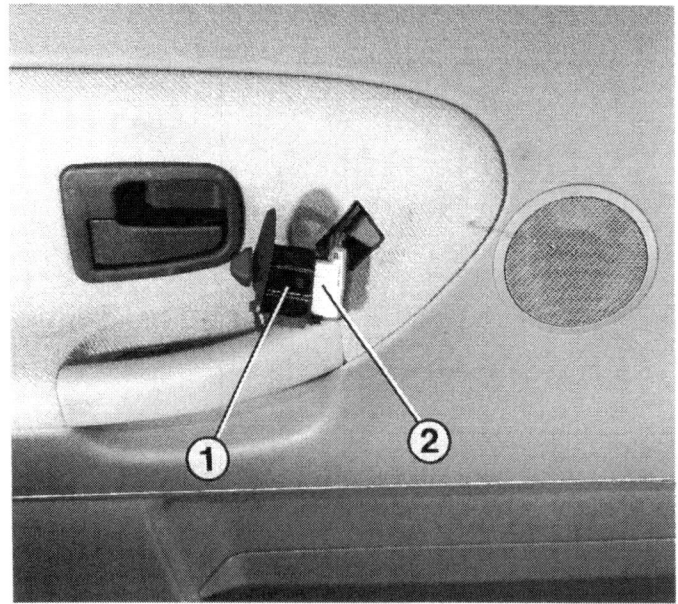

Der Schalter der elektrischen Spiegelverstellung (1) kann leicht aus der Türverkleidung herausgehebelt werden. Darauf achten, daß der Stecker (2) nach dem Abziehen nicht hinter die Verkleidung zurückrutscht.

Schalter für elektrisches Schiebedach

Wie die Fensterheber-Schalter ist er nur dann beleuchtet, wenn die elektrische Schiebedachbetätigung betriebsbereit ist.

Schiebedach-Schalter ausbauen

- Abdeckung für Schiebedach-Motor hinter der Innenleuchte aus der Dachverkleidung ausrasten.
- Zum Abhebeln eignet sich ein flacher Löffelstiel.
- Schalter aus der Abdeckung herausdrücken und Stecker abziehen.

Schalter für Spiegelverstellung

Der kleine Schalter für die Spiegelverstellung hat insgesamt vier Schaltkontakte zum Verstellen des Spiegels nach oben, unten, rechts und links. Zusätzlich sitzt im Schaltergehäuse der Umschalter für die Bedienung des rechten bzw. des linken Spiegels.

Schalter für Spiegelverstellung ausbauen

- Schmalen Schraubendreher oder Messerklinge zwischen Schalter und Türverkleidung schieben.
- Schaltergehäuse samt Anschluß aus dem Ausschnitt heraushebeln.
- Stecker vom Schalter abziehen.
- Zum Einbau Schalter wieder in die Türverkleidung eindrücken.

Drehregler

Die Helligkeit der Instrumentenbeleuchtung und die Leuchtweitenregulierung werden mit Drehreglern eingestellt.

Nach Abnehmen der linken unteren Armaturenbrettverkleidung lassen sich die Drehregler für Instrumentenbeleuchtung und Leuchtweitenregulierung zusammen mit der Konsole abnehmen, dazu die mit Pfeil bezeichnete Schraube lösen. Natürlich können die Regler auch einzeln aus der Konsole herausgedrückt werden.

Der Sicherungsautomat der elektrischen Fensterheber hält sich mit zwei kleinen Metallzungen (Pfeile) im Armaturenbrett. Er kann bei abgenommener linker Armaturenbrettverkleidung von hinten herausgedrückt werden.

Drehregler ausbauen

- **Instrumentenbeleuchtung:** Linke untere Armaturenbrettverkleidung ausbauen (Kapitel »Der Innenraum«).
- Drehregler von hinten aus der Einbaublende schieben.
- Stecker abziehen.

- **Leuchtweitenregulierung:** Der Ausbau dieses Drehreglers verläuft wie für den Drehregler der Instrumentenbeleuchtung beschrieben.

Das Zündschloß

Das Zündschloß dient nicht nur dazu, dem Besitzer des Zündschlüssels den Motorstart zu ermöglichen, sondern sperrt nach Abziehen des Zündschlüssels auch die Lenkung.

Während das Schloßteil nur in seltenen Fällen seinen Geist aufgibt, kann der in einem Kunststoffteil eingegossene Schaltkontaktsatz – also der Zündanlaßschalter – eher die Ursache für eine Störung sein. Ob er defekt ist, können Sie nach Abschrauben der linken unteren Armaturenbrettverkleidung sowie der Lenksäulenverkleidung prüfen (siehe Abschnitt »Schalter prüfen«).

Zündanlaßschalter ausbauen

Das Schalterteil des Zündschlosses kann die Ursache von Störungen sein, wenn die Kontakte abgenutzt sind. Ein Fehler, der fast ausschließlich bei älteren Wagen vorkommt.

- Batterie-Massekabel abklemmen.
- Linke untere Armaturenbrettverkleidung und Lenksäulenverkleidung ausbauen (Kapitel »Der Innenraum«).
- Unten am Zündschloß zwei Madenschrauben mit einem schmalen Schraubendreher herausdrehen.
- Anlaßschalter vom Zündschloß abnehmen.
- Mehrfachsteckverbindung der Zuleitungskabel trennen.
- Beim Einsetzen des neuen Schalterteils darauf achten, daß der Schloß-Betätigungsstift in die Aussparung am Schalterteil einrastet.

Nach Lösen der beiden kleinen Halteschrauben (Pfeil) kann das Schalterteil (1) vom Schloßteil (2) abgezogen. Beim Einbau darauf achten, daß der Betätigungsstift richtig im Schalterteil eingreift.

Zündung »kurzschließen«

Diese Beschreibung soll keinen Autodieb aus Ihnen machen, sondern Ihnen vielmehr helfen, bei defektem Zündschloß weiterfahren zu können. Der Zündschlüssel muß natürlich trotzdem vorhanden sein, und er muß sich natürlich im Zündschloß drehen lassen, damit die **Lenksperre entriegelt** werden kann. Bei Defekten am Lenkschloß selbst sollten Sie nicht mehr weiterfahren, denn die Lenkradsperre könnte sonst während der Fahrt einrasten.

● Linke untere Armaturenbrettverkleidung ausbauen.

● An der Steckerleiste sehen Sie nun den Mehrfachstecker, in den die Kabel vom Zündschloß münden. An die Kontakte der einzelnen Kabel kommt man im Gehäuse des Steckers gut von hinten heran.

● Nun werden die Einzelstecker des roten und des grünen Kabels – z.B. mit einer Büroklammer – überbrückt. Die Zündung ist damit eingeschaltet.

● Zum Starten des Motors basteln Sie sich eine zweite Drahtbrücke, die zunächst nur mit dem schwarz/gelben Kabel verbunden wird.

● Die zweite Drahtbrücke nun kurz gegen die bereits bestehende Brücke halten und sofort wieder wegziehen: Der Anlasser wirft jetzt den Motor an.

● Zweite Brücke am besten ganz entfernen und die erste gut isolieren, damit sie nicht mit einem blanken Teil in Berührung kommen kann. Sonst gibt's einen saftigen Kurzschluß, denn das rote Kabel besitzt keine Sicherung.

● Zum Abstellen des Motors die Verbindung zwischen dem roten und grünen Kabel abziehen.

● Zum Fahren kann die Armaturenbrettverkleidung ausgebaut bleiben.

Schalter prüfen

● Mit einer Prüflampe mit Nadelkontakt können Sie die Kabelisolierung durchstechen und feststellen, welche Kabel Spannung führen.

● Nehmen Sie den passenden Stromlaufplan (Näheres dazu im Kapitel »Die Stromlaufpläne«) zur Hand.

● Zuerst wird geprüft, ob der Schalter überhaupt Spannung geliefert bekommt; hierzu muß vielfach die Zündung oder die Beleuchtung eingeschaltet werden.

● Dann wird kontrolliert, ob der Schalter in entsprechender Stellung die Spannung weiterleitet.

● Am Beispiel des **Zündanlaßschalters** sieht das folgendermaßen aus:

● Das rote Kabel von Batterie-Plus muß ständig Strom führen.

● Das violette Kabel der Zündschloß-Klemme »R« führt in den Zündschloßrasten »I«, »II« und in der Anlaßstellung Strom.

● Das grüne Kabel der Zündschloßklemme 15 führt in Raststellung »II« und in Anlaßstellung Strom.

● Das schwarz/gelbe Kabel Klemme 50 führt nur in Anlaßstellung Strom.

Die Schaltrelais

Alles über die Schaltrelais und ihre Unterbringung im BMW erfahren Sie im Kapitel »Die Karosserie-Elektrik«.

Anzünder

Der elektrische Anzünder erhält Dauerstrom über die zuständige Sicherung. Falls der Anzünder trotz intakter Sicherung nicht funktioniert, ist der Heizwendeleinsatz locker oder durchgebrannt. Dieser Einsatz läßt sich abschrauben und austauschen.

Heizbare Heckscheibe

Die heizbare Heckscheibe wird nicht direkt über den Schalter in der Heizungsbetätigung am Armaturenbrett aus- und eingeschaltet. Vielmehr läuft der Stromkreis über ein Relais und von dort aus über den Antennenverstärker zu den Heizdrähten (Verschaltung siehe Kapitel »Die Stromlaufpläne«).
Variationen in der Bedienung ergeben sich bei Fahrzeugen mit Klimaanlage. Der Schalter der heizbaren Heckscheibe muß bei diesen Fahrzeugen nach jedem Abschalten des Motors erneut gedrückt werden. Die übrige Verschaltung ist jedoch identisch.

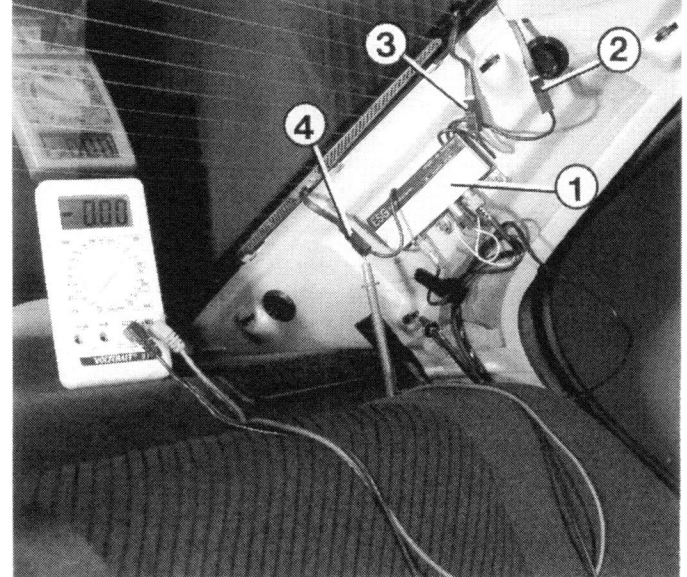

Am linken hinteren Dachpfosten ist nach Abziehen der Dachpfostenverkleidung der Antennenverstärker (1) zugänglich. Ferner zu sehen:
2 – Anschluß für UKW-Antenne (FM);
3 – Anschluß für Mittelwellen-Antenne (AM);
4 – Anschluß für heizbare Heckscheibe.
Im Bild wird geprüft, ob an der heizbaren Heckscheibe die volle Spannung anliegt.

Störungssuche

Falls die heizbare Heckscheibe kalt bleibt, kommen folgende Fehlermöglichkeiten in Betracht:
- **Sicherung defekt**.
- **Relais** für heizbare Heckscheibe **defekt** (Fehlersuche siehe Kapitel »Die Karosserie-Elektrik«).
- **Zuleitung** zur Heckscheibe **defekt**? Mit Meßgerät kontrollieren, ob an den Heizdrähten (im mittleren Scheibenbereich) etwa halbe Batteriespannung gegen Masse anliegt. An mehreren Drähten prüfen.
- **Drähte**, an denen gar keine Spannung anliegt, sind defekt.
- Sind einzelne Heizfäden beschädigt und dadurch unterbrochen, hilft Leitsilberlack. Dieser wird z. B. von Doduco, Postfach 480, 7530 Pforzheim, hergestellt und ist im Autozubehörhandel erhältlich.
- Ist an keinem der Drähte Spannung zu messen, ist die Zuleitung defekt. Steckeranschlüsse prüfen.
- **Koppler defekt** (rechter Steckanschluß der Heizheckscheibe)? Rechte Dachpfostenverkleidung abdrücken und die beiden von der Heckscheibe kommenden Kabel am Kopplerkästchen abziehen und abwechselnd gegen Masse halten. Wenn sich jetzt je ein Teil der Heckscheibe erwärmt, ist der Koppler defekt.
- **Antennenverstärker prüfen** (unter der linken Dachpfostenverkleidung – siehe auch Seite 233): Liegt am Eingangskabel (siehe Beschriftung am Antennenverstärker) Spannung an, an den Kabeln zur Scheibe dagegen nicht, ist der Verstärker defekt.
- Waren all diese Teile in Ordnung, bleibt als letzte Fehlermöglichkeit: **Schalter defekt**. Ausbauen.

Scheibenwischer und -wascher prüfen

Ständige Kontrolle

- Motor starten.
- Laufen die Scheibenwischer in beiden Geschwindigkeiten und gehen sie beim Ausschalten in die Parkstellung zurück?
- Funktioniert die Wischintervallschaltung und die Wisch/Wasch-Automatik?
- Spritzt Wasser aus den Wascherdüsen?
- Wird bei entsprechend ausgestatteten Wagen auf Tastendruck Intensivreiniger auf die Scheibe gesprüht und anschließend nachgewaschen?

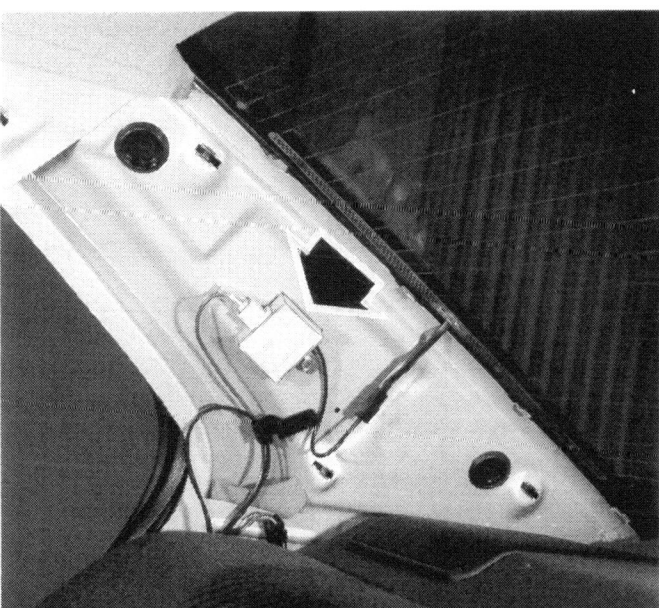

Unter der rechten Dachpfostenverkleidung ist der im Text erwähnte Koppler (Pfeil) untergebracht.

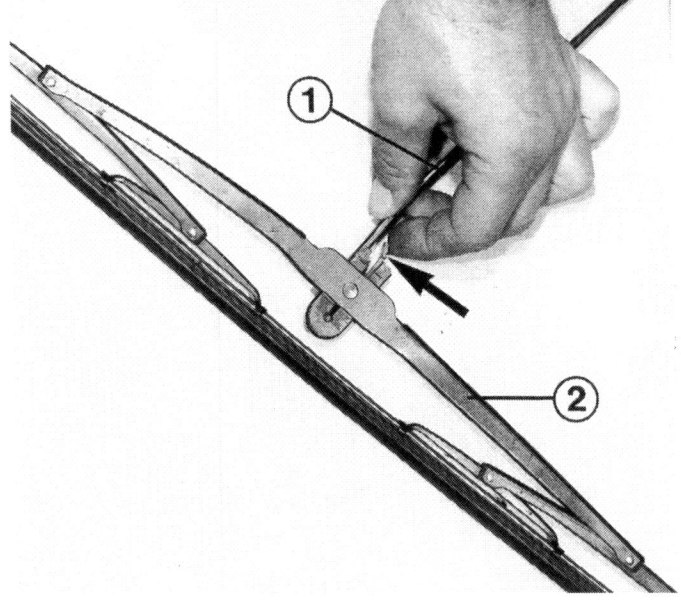

Abbau des Wischerblatts vom Wischerarm: Kunststoffhebel drücken (Pfeil), Wischerblatt (2) vom Wischerarm (1) abdrücken.

Scheibenwischer auswechseln

- Wischerarm zurückklappen.
- Geriffelte Halteraste nahe der Mittelachse des Wischerblatts nach unten drücken.
- Gleichzeitig das Wischerblatt zur Scheibe hin vom Wischerarm schieben.
- Beim Einbau Wischerblatt bis zum Einrasten der Haltenocke auf den Wischerarm drücken.

Wischergummi wechseln

Ist das Metallgestänge des Wischerblatts noch in Ordnung, braucht nur das Wischergummi ausgewechselt zu werden:

- Wischergummi nach Muster im Zubehörladen kaufen (Werkstätten haben sie selten vorrätig).
- An einem Ende ist das Wischergummi durch seine spezielle Ausformung mit einer Halteklammer des Wischerblattgestänges arretiert.
- Eben diese Halteklammer mit schmalem Schraubendreher ein Stück aufbiegen.
- Altes Gummi herausziehen und die beidseits eingelegten Metallstreifen am neuen Gummi einsetzen. Darauf achten, daß die Krümmung nach unten (zur Scheibe hin) zeigt.
- Neues Wischergummi einschieben und Halteklammer wieder zusammenquetschen.

Scheibenwischerarm ausbauen

- Motorhaube öffnen.
- Abdeckkappe am unteren Ende des Wischerarms von Hand abdrücken.
- Haltemutter lösen, Federscheibe abnehmen.
- Wischerarm von der Welle abziehen.
- Falls dies nicht möglich ist, beidseitig von der Scheibenwischerwelle zum Schutz der Abdeckung unter der Windschutzscheibe einen großen Lappen legen.
- Mit rechts und links angesetzten flachen Schraubendrehern den Wischerarm abhebeln.

<u>Fingerzeig:</u> Das lästige Rubbeln der Scheibenwischer auf der Scheibe liegt nicht immer an austauschreifen Wischergummis, deren Wischlippe nicht mehr elastisch genug ist. Häufig ist auch der Winkel

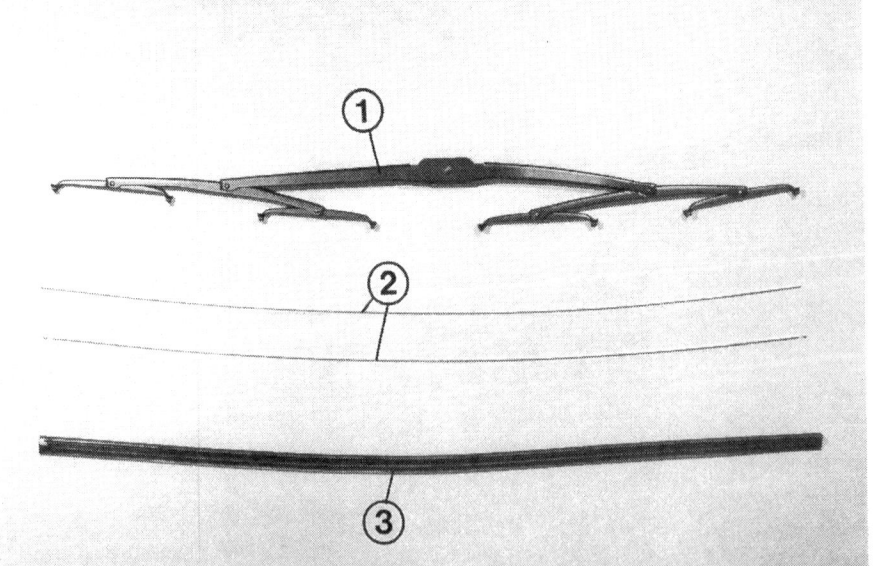

Das Wischerblatt zerlegt. Es bedeuten:
1 – Metallgestänge;
2 – Metallstreifen;
3 – Wischergummi.
Besonders Sparsame montieren lediglich auf der Fahrerseite einen neuen Scheibenwischer, der Beifahrer erhält den bisherigen linken Wischer. Beim nächsten Mal bauen sie wieder links einen neuen Scheibenwischer an und rechts den früheren linken; der alte Beifahrerwischer kommt nun auf den Müll.

Wischerarm ausbauen: Abdeckkappe (2) abhebeln, Mutter (3) abschrauben und Unterlegscheibe (4) abnehmen. Jetzt kann der Wischerarm (1) von der Wischerachse (5) abgezogen werden.

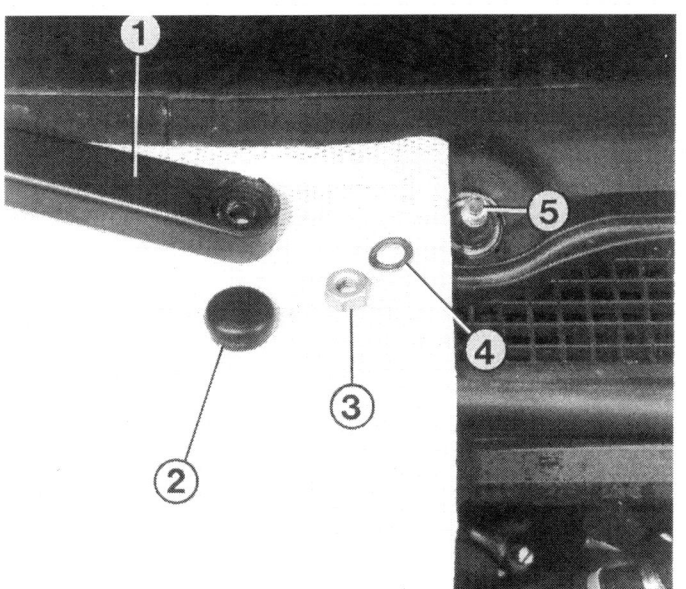

Wischerblatt/Scheibe falsch. Das Wischergummi muß nämlich genau im rechten Winkel zur Scheibe stehen. Tut es das nicht, Wischerarm mit einer Zange in sich verbiegen, bis der Winkel stimmt. Am besten geht das, wenn man den Scheibenwischer bis in halbe Scheibenhöhe hochlaufen läßt und dann die Zündung ausschaltet.

Wischermotor-Steuerung

Wie schon an anderer Stelle erwähnt, haben wir es im 3er mit zwei verschiedenen Steuerungen für den Wischermotor zu tun:
○ In der »Low-Version« (Standard-Version) ist das Wisch/Wasch-Modul allein für die Wischersteuerung zuständig.
○ Ist das Fahrzeug dagegen mit Intensivreinigungsautomatik ausgestattet, erfolgt die Wischersteuerung zusätzlich über ein Doppelrelais, und die Intervallzeit ist programmierbar – d.h. die Intervallzeit ist in gewissen Grenzen einstellbar. BMW nennt diese Ausstattung »High-Version«.

Geschwindigkeitsabhängige Wisch-Intervallzeit

Die Intervallzeit verändert der BMW abhängig von der gefahrenen Geschwindigkeit selbsttätig: Höhere Geschwindigkeit – kurzes Intervall; niedrige Geschwindigkeit – langes Intervall. Zusätzlich schaltet das Wisch/Wasch-Modul in Wischergeschwindigkeit »I« bei stehendem Wagen auf Intervallschaltung zurück.
Bei Fahrzeugen mit Wischersteuerung in »High-Version« läßt sich die Intervallzeit im Bereich zwischen 3 und 20 Sekunden frei programmieren. Das geht so:

● Wischerschalter kurz in Stellung Intervallwischen bringen.
● Ausschalten und innerhalb von 3–20 Sekunden den Schalter wieder in Stellung Intervallwischen bringen.
● Die Zeitspanne dazwischen ist die neu programmierte Intervallzeit.

Links: Das Doppelrelais-Modul bei Fahrzeugen mit Intensivreinigungsanlage (Pfeil) sitzt auf dem hier nach unten geklappten Relaishalter unter dem Armaturenbrett nahe der Lenksäule.
Rechts: Bei abgenommener linker Fußraumverkleidung und zurückgeschlagenem Teppichboden (2) ist das Wisch/Wasch-Modul (1) zugänglich. Das Wisch/Wasch-Modul übernimmt die Steuerung von Scheibenwischer und -wascher.

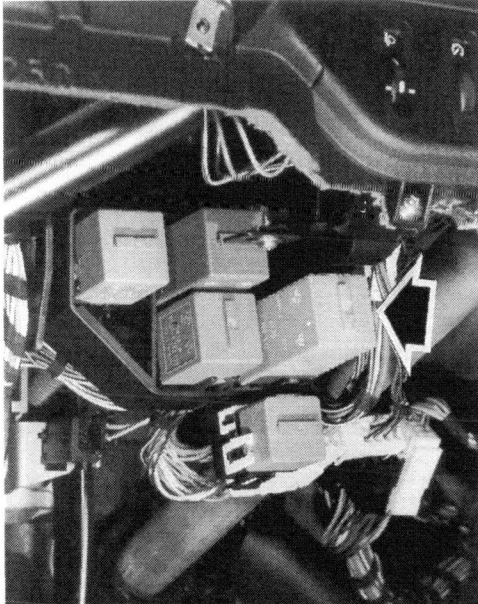
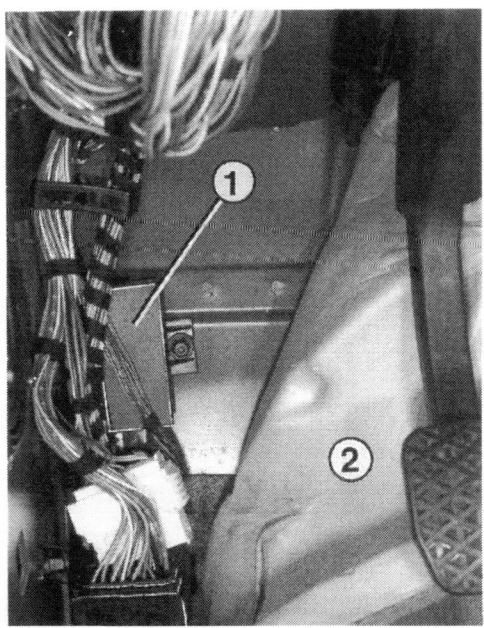

Der Scheibenwischermotor

Was den Wischermotor anbetrifft, ist es gleichgültig, welche Wischermotor-Steuerung eingebaut ist. Seine Grund-Funktionen bleiben dieselben.
An den vier Klemmen des Wischermotors tut sich folgendes:
○ Klemme **31** (Pin 1) ist die Masseverbindung des Motors.
○ Klemme **31b** Pin 4) ist die Steuerleitung für das Wisch/Wasch-Modul. Sie signalisiert vom Wischermotor aus, ob sich die Wischerblätter gerade in Ruhestellung befinden oder ob sie auf der Scheibe »unterwegs« sind.
○ Klemme **53** (Pin 2) hat mehrere Funktionen: Erstens liefert sie Strom für die erste Wischergeschwindigkeit. Zweitens fließt über sie auch nach Abschalten des Wischers am Schalter noch so lange Strom, bis die Wischer sich in Ruhestellung befinden.
Drittens wird diese Klemme sofort vom Wischerrelais auf Masse gelegt, wenn die Wischer in Ruhestellung gelaufen sind (Wischerschalter ausgeschaltet). Das bremst den Wischermotor schlagartig ab, und er kann nicht über die Endstellung hinauslaufen.
○ Klemme **53b** (Pin 3) des Wischermotors wird mit Strom versorgt, wenn die zweite Wischergeschwindigkeit eingeschaltet ist.

Fingerzeig: Außer in Zündschlüsselstellung »0« dürfen die Wischerblätter nicht außerhalb ihrer Parkstellung blockiert sein – etwa durch Schnee oder weil sie angefroren sind. Denn der Wischermotor erhält so auch im ausgeschalteten Zustand Strom vom Wisch/Wasch-Modul. Da sich der Elektromotor durch die festhängenden Wischerblätter nicht drehen kann, brennt er durch.

Störungsbeistand

Scheibenwischer

Die Störung	– ihre Ursache	– ihre Abhilfe
A Scheibenwischer laufen nicht	1 Sicherung defekt 2 Wischerschalter defekt 3 Wischermotor defekt 4 Wischerantriebskurbel lose 5 Wischerrelais defekt 6 Wisch/Wasch-Modul defekt	Austauschen Prüfen bzw. austauschen Prüfen (siehe folgenden Text) Festschrauben Prüfen Diagnose durchführen lassen
B Scheibenwischer laufen nicht in Stufe »II«	1 Klemme 53b des Wischermotors defekt 2 Siehe A 3, 5 und 6	Motor austauschen
C Scheibenwischer laufen nicht im Intervallbetrieb	Siehe A 3 und 6	
D Scheibenwischer haben keine definierte Ruhestellung	1 Kontakt 31 b am Wischermotor schaltet nicht mehr 2 Siehe A 6	Motor austauschen
E Wischermotor läßt sich nicht ausschalten	1 Siehe D 1 2 Siehe A 6	

Hier ist der Anschlußstecker (2) von den Kontakten des Wischermotors (1) abgenommen, um die Stromzufuhr prüfen zu können.

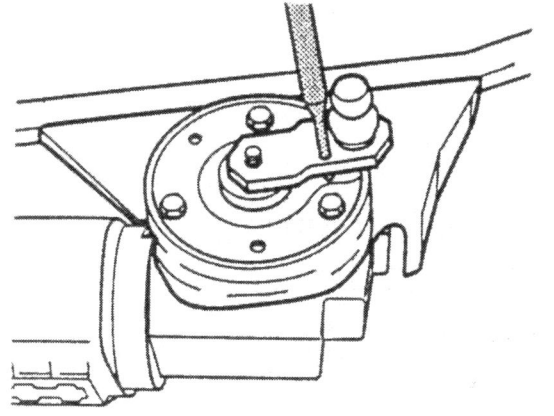
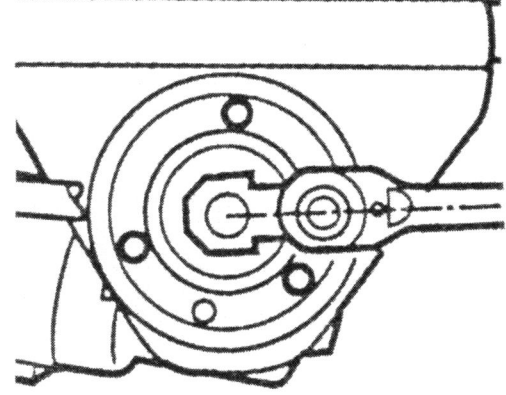

Links: Die Antriebskurbel muß am neuen Wischermotor so befestigt werden, daß sich ein Dorn durch die Fixierbohrungen an Kurbel und Konsole stecken läßt. Rechts: Die Mittelachsen der Motorkurbel und des Antriebsgestänges zum Beifahrer-Wischer müssen eine Linie bilden.

Wischermotor oder Zuleitung defekt?

Zur Klärung, ob der Wischermotor oder die Stromzuleitung (Leitungen, Schalter, Relais, Wisch/Wasch-Modul) defekt ist, führt die Werkstatt üblicherweise eine sogenannte Statusabfrage mit dem Service-Tester durch. Das geht schnell und bequem. Wer die Sache selbst in die Hand nehmen will, macht das mit folgender Prüfung:

- Luftsammelkasten ausbauen, wie im folgenden Abschnitt beschrieben.
- Steckverbindung für Wischermotor-Zuleitungskabel an der Stirnwand lösen (linksdrehen).
- Hilfskabel legen: Vom Batterie-Pluspol bzw. vom Plus-Abgriff zu Klemme 53 oder 53b am Wischermotor-Stecker (Anschluß des schwarz/rot/gelben bzw. schwarz/weiß/gelben Kabels).
- Zweites Hilfskabel von einem Massepunkt am Motor zu Klemme 31 am Wischermotor-Stecker (Anschluß des braunen Zuleitungskabels).
- Der Scheibenwischermotor muß jetzt – je nach benutzter Klemme – auf Stufe »I« oder »II« laufen. Tut er das nicht, ist er defekt. Andernfalls liegt der Fehler im Schalter, in der Wischer-Steuerung oder in der Zuleitung.

Scheibenwischermotor ausbauen

- Wischer in Ruhestellung laufen lassen und ausschalten.
- Wischerarme ausbauen.
- Abdeckgitter des Luftsammelkastens ausbauen.
- Abdeckung über den Wischerachsen direkt unter der Windschutzscheibe abziehen.
- Muttern der Wischerachsen lösen.
- Wischerachsen mit Isolierband abkleben, um Beschädigungen beim Herausziehen zu vermeiden.
- Luftführung aus dem Luftsammelkasten herausziehen.
- Schrauben des Kabelkanals oben im Luftsammelkasten lösen.
- Übrige Befestigungen des Kabelkanals lösen.
- Kabelkanal nach vorn biegen. Schrauben des rechten Halters des Luftsammelkastens lösen.
- Schraube links am Luftsammelkasten herausdrehen.
- Luftsammelkasten nach oben herausziehen.
- Abstützung rechts am Wischermotor lösen.
- Steckverbindung für Wischermotor-Zuleitungskabel an der Stirnwand lösen (linksdrehen).
- Wischermotor mit Konsole nach rechts unten aus der Karosserie »ausfädeln«.
- **Wischermotor von der Konsole trennen:** Antriebskurbel vom Wischermotor abschrauben.
- Motor von der Konsole abschrauben.
- **Beim Einbau des neuen Motors beachten:** Motor anschließen und in Parkstellung laufen lassen.
- Motor an der Konsole befestigen.
- Antriebskurbel so befestigen, daß der Dorn in die Fixierbohrungen an Kurbel und Konsole gesteckt werden kann.
- Dorn beim Anziehen der Mutter für die Wischerkurbel festhalten.
- Die Mittelachsen der Motorkurbel und des Antriebsgestänges zum Beifahrerwischer müssen eine Linie bilden.

Zum Ausbau des Wischermotors müssen der Luftansaugkasten der Heizung und die Blende links unter der Windschutzscheibe ausgebaut werden. Danach die hier mit Pfeilen bezeichneten Verschraubungen lösen.

An den gezeigten Punkten sollen die Wasserstrahlen der Wascherdüsen auf die Scheibe auftreffen.

Scheibenwaschwasser auffüllen

Ständige Kontrolle

- Erst Zusatzmittel und anschließend Wasser einfüllen, damit sich die Flüssigkeiten im Wascherbehälter gut vermischen.
- Bei tiefem Frost können die Wascherdüsen an Fahrzeugen ohne Düsenheizung doch einfrieren. Zur Vorbeugung empfiehlt sich hier die Zumischung von 1/3 Brennspiritus, der allerdings aufdringlich riecht.

- Fahrzeuge mit Intensivreinigungsanlage: Getrennten Vorratsbehälter mit BMW-Intensivreiniger auffüllen.
- Um Verstopfungen der Scheibenwaschwasserdüsen vorzubeugen, empfiehlt sich der Einbau eines handelsüblichen Benzinfilters in die Waschwasserleitung.

Spritzstrahl einstellen

- Nadel in das Loch der Spritzdüse stecken.
- Das Düsenloch selbst befindet sich in einer Kugel, die mit Hilfe der Nadel verdreht wird.
- Spritzdüse drehen, bis die Spritzwasserstrahlen wie im Bild oben gezeigt auf die Windschutzscheibe auftreffen.

Elektrisch beheizte Waschwasserdüsen

Trotz Frostschutzbeimischung kann das Scheibenwaschwasser durch den kalten Fahrtwind in den vorderen Spritzdüsen einfrieren. Dagegen hilft die gegen Aufpreis lieferbare Düsenbeheizung.
Direkt vor den Düsen sitzt ein Metallgehäuse mit einem temperaturgesteuerten Heizwiderstand. Mit dem Einschalten der Zündung erhält dieser Widerstand Spannung. Durch einen anfangs hohen Stromfluß werden die Düsen bei Frost schnell aufgetaut. Zum Halten der Temperatur fällt der Strom nach der Aufheizphase ab.

Störungssuche

Wenn die Wascherdüsenbeheizung nicht funktioniert, kontrollieren Sie folgendes (gegenüberliegende Seite):

Der Vorratsbehälter für Scheibenwaschwasser (2). Position »3« deutet auf die Wasserpumpe für die Scheibenwaschanlage, Position »1« zeigt die Wasserpumpe für die Scheinwerfer-Waschanlage.

Der Behälter der Intensivreinigungsanlage (2) mit zugehöriger Wasserpumpe (1) sitzt hier hinter dem rechten Federbeindom.

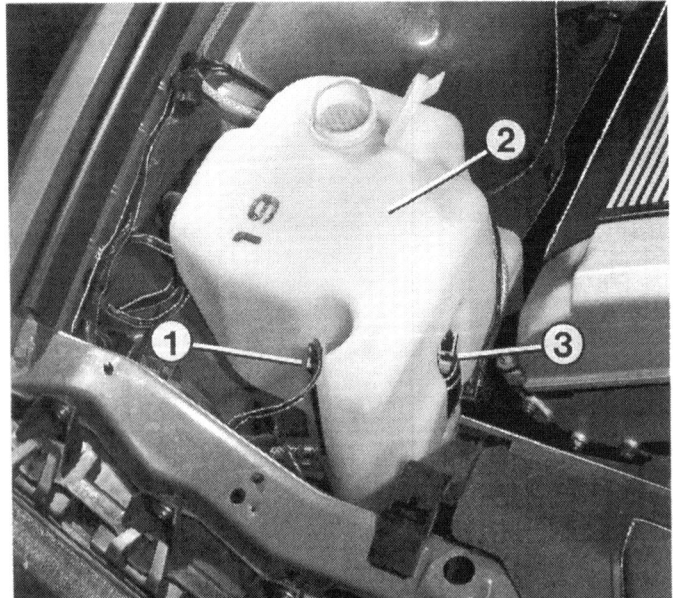
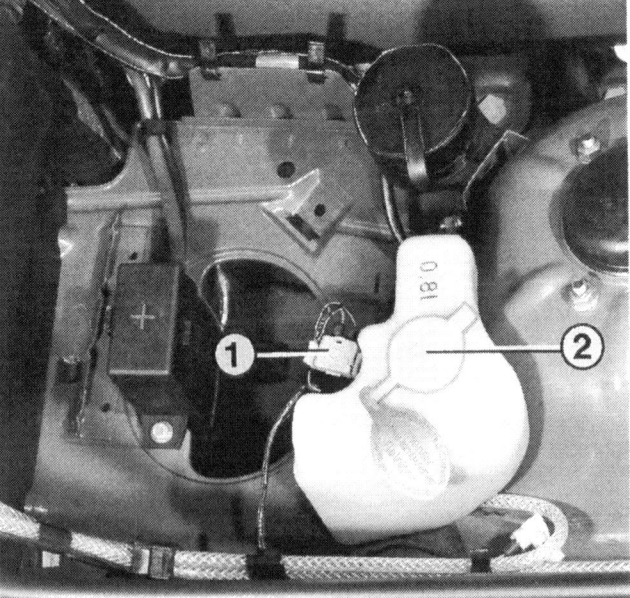

- Bei abgenommener Motorhaubenverkleidung Steckverbindung zur Düse trennen.
- Mit Spannungsprüfer bei eingeschalteter Zündung kontrollieren, ob Spannung anliegt bzw. die Masseverbindung intakt ist.
- Wenn nicht, Leitungsunterbrechung suchen.
- Fehlt es nicht an der Stromversorgung, muß die Düse ersetzt werden.

- Stecker, an der (den) Pumpe(n) abziehen.
- Kunststoff-Halteschraube(n) ganz hinten am Behälter lösen.
- Wasserschläuche vorsichtig an der (den) Pumpe(n) abziehen. Die Schlauchstutzen brechen – besonders bei Kälte – leicht ab.
- Behälter nach oben herausnehmen und über einem bereitgestellten Gefäß ausleeren.

Scheibenwaschwasserbehälter ausbauen

Störungsbeistand

Scheibenwaschanlage

Die Störung	– ihre Ursache	– ihre Abhilfe
A Wasser spritzt nicht beim Zug am Wascherhebel	1 Wascherbehälter leer	Auffüllen
	2 Im Winter: Waschwasser eingefroren	Höhere Frostschutzkonzentration verwenden
	3 Spritzdüsen verstopft	Schlauch abziehen, Düse ausbauen. Mit Preßluft durchblasen oder dünnem Draht durchstoßen. Evtl. Schlauch ebenfalls durchblasen
	4 Sicherung defekt	Ersetzen
	5 Wascherpumpe defekt	Stromversorgung (violett/schwarzes bzw. braun/violettes Kabel) bei eingeschalteter Zündung und gezogenem Hebel kontrollieren. Ggf. austauschen
	6 Waschpumpenkontakt am Wischerschalter defekt	Prüfen, ob braun/violettes Kabel bei gezogenem Hebel Massekontakt hat. Ggf. Schalter austauschen
B Einseitiger Spritzstrahl	Siehe A 3	

Die Intensivreinigungsanlage

Die Intensivreinigungsanlage (Sonderausstattung) für die Frontscheibe ist gewissermaßen ein Abfallprodukt aus dem Rennsport. Dort mußte eine Möglichkeit geschaffen werden, die Scheibe während der Fahrt auch von hartnäckigen Verschmutzungen, wie Fliegenreste und Silikon, zu reinigen.
In einen getrennten Behälter läßt sich ca. **1 Liter** Intensivreiniger einfüllen, der mit eigener Pumpe auf die Scheibe gesprüht und von den Scheibenwischern verteilt wird. Sofort anschließend erfolgt das Nachwaschen des Konzentrats mit normaler Scheibenwascherflüssigkeit.
Die Abfolge der Reinigungsvorgänge bestimmt das Wisch/Wasch-Modul.

Störungssuche

○ Zunächst kontrollieren, ob nach Drücken der Taste »Intensivreinigung« Spannung an der Pumpe des Intensivreiniger-Behälters anliegt.
○ Regt sich die Pumpe nicht, obwohl Spannung anliegt, ist sie defekt.
○ Kommt kein Strom an, Kontakt des Wischerschalters prüfen.
○ Als letzte Fehlermöglichkeiten bleiben nur noch das Wisch/Wasch-Modul, das Doppelrelais-Modul und die Kabelzuleitungen (Stromlaufpläne siehe Kapitel »Die Stromlaufpläne«).

Scheinwerfer-Waschanlage

Bei eingeschalteter Beleuchtung erhält eine zweite Pumpe des Waschwasserbehälters beim Zug am Wisch/Wasch-Hebelschalter über ein zwischengeschaltetes Relais ihren Arbeitsstrom. Sie pumpt das Wasser zu den Spritzdüsen im Stoßfänger unterhalb der Scheinwerfer. Die Leitungen münden jeweils in einen Hubzylinder. Ab einem bestimmten Leitungsdruck fährt er mit der vorn eingesteckten Wascherdüse aus, damit das Waschwasser im richtigen Winkel auf die Scheinwerfer-Streuscheibe auftrifft.
Zur Störungssuche gehen Sie gleich vor wie bei der normalen Waschanlage. Zusätzlich muß das Scheinwerfer-Reinigungsmodul (siehe Kapitel »Die Karosserie-Elektrik«) überprüft werden, was jedoch nicht mehr in Eigenregie erfolgen kann. Läßt die Reinigungswirkung zu wünschen übrig, die Funktion der Hubzylinder überprüfen. Ggf. muß der Spritzstrahl mit einer kräftigen Nadel eingestellt werden. Zum Einstellen die Spritzdüse aus dem Stoßfänger ziehen und mit einem passenden Holz- oder Kunststoffstück in voll ausgefahrener Stellung festklemmen.

Elektrische Spiegelverstellung

Störungssuche

Falls sich nach Betätigen des Schalters an der linken Tür bei eingeschalteter Zündung (Zündschlüsselraste »II«) nichts tut, prüfen Sie folgendermaßen:
- Sicherung in Ordnung (Kapitel »Die Karosserie-Elektrik«).
- Spiegelschalter aus der Armlehne ziehen und mit Prüflampe am grün/schwarzen Kabel kontrollieren, ob Spannung anliegt.
- Wenn ja, Schalter durchprüfen.
- Zuletzt Kabelführung zum Spiegel prüfen. Dazu Spiegelglas ausbauen und Verstellmotor abschrauben.

- War bisher alles in Ordnung, ist sicher der Verstellmotor des Spiegels defekt, den es jedoch nur zusammen mit dem Gehäuse zu kaufen gibt.
- Vorübergehend läßt sich der Außenspiegel durch Verdrehen des Spiegeleinsatzes von Hand verstellen.

Elektrisch verstellbaren Spiegel zerlegen

- **Spiegelglas ausbauen:** Arbeitshandschuhe anziehen, falls es Bruch gibt.
- Von unten breite Spachtel oder Kunststoffplättchen hinter das Spiegelglas schieben und Glas aus der Befestigung hebeln.
- Spiegelglas vorsichtig abnehmen.
- Evtl. Kabel der Spiegelbeheizung abziehen.
- **Verstellmotor ausbauen:** Im Spiegelgehäuse die vier Kreuzschlitzschrauben des Verstellmotors losdrehen.
- Kabel am Motor abziehen.
- Beim Zusammenbau darauf achten, daß die Kabel am Spiegelmotor richtig angeschlossen werden.

- **Spiegelglas einbauen:** Wieder Arbeitshandschuhe tragen.
- Spiegelglas in die Führungszapfen einsetzen und festdrücken, bis es einrastet.
- Wie der Spiegel komplett ausgebaut wird, steht im Kapitel »Die Karosserieteile«.

Fingerzeig: Die Versorgungsleitungen zu den elektrischen Verbrauchern und Schaltern in der Tür (Fensterheber, Spiegelverstellung, Zentralverriegelung) werden bei jedem Öffnen der Tür gebogen, was sie auf Dauer nicht immer durchhalten. Hier kann die Ursache für Fehlfunktionen der Stromverbraucher in der Tür liegen.

Elektrische Fensterheber

○ In Zündschlüsselstellung »I« lassen sich die elektrischen Fensterheber auf Knopfdruck bedienen.
○ Ein Sicherungsautomat rechts unterhalb des Kombi-Instruments schaltet die Stromzufuhr zu den Fensterhebern selbsttätig ab, wenn Überlastung oder Kurzschluß in der Anlage zu hohen Stromverbrauch hervorrufen. Zusätzlich kann der Sicherungsautomat als Hauptschalter zum Abschalten der ganzen Anlage benutzt werden.
○ Nach dem Abziehen des Zündschlüssels können die Fensterheber nur so lange betätigt werden, wie eine der Vordertüren geöffnet ist. Bei geschlossenen Türen blockiert das Komfortrelais aus Gründen des Diebstahlschutzes eine weitere Bedienung.
○ Sind vier Fensterheber eingebaut, können die hinteren durch Betätigen des mittleren Einzelschalters im

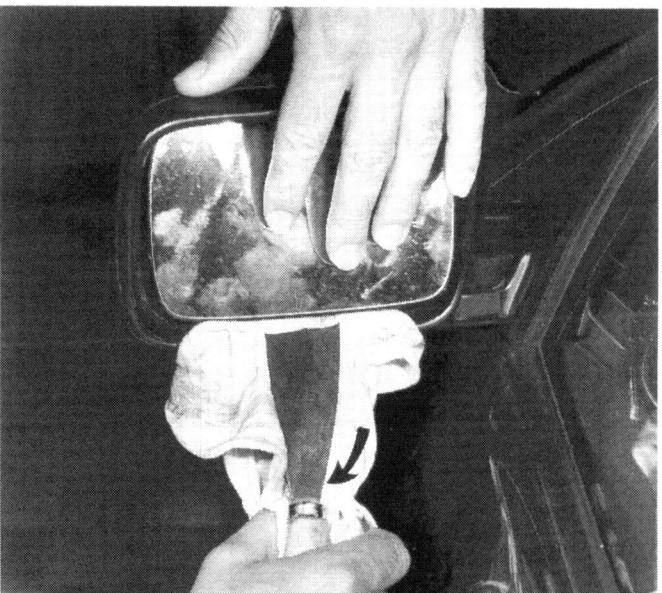

Das Spiegelglas des Außenspiegels wird mittels einer breiten Spachtel oder eines Kunststoffkeils abgedrückt. Vorsicht, Arbeitshandschuhe tragen, falls das Glas absplittert.

linken Fensterheber-Schalterblock abgeschaltet werden. Eine Maßnahme, um kleinen und großen Kindern auf dem Rücksitz den Spieltrieb zu nehmen.

Störungssuche

- Wenn sich keine Fensterscheibe mehr rührt, Sicherungsautomat rechts unter dem Kombi-Instrument kontrollieren.
- Ist die Taste herausgesprungen, lag eine Überlastung vor.
- Sicherungstaste eindrücken und durch Betätigen der einzelnen Fensterheber nacheinander feststellen, an welchem der Fehler zu suchen ist – also bei welchem die Sicherung erneut auslöst.
- Andere Fehlerquelle: Läuft nur ein Fensterheber nicht, bauen Sie den Schalterblock aus und überprüfen ihn, wie auf Seite 218 beschrieben.
- Ist der Schalter auch in Ordnung, Kabelverlauf zu den Türen kontrollieren.
- Dazu auch die Türverkleidung abnehmen und bei abgezogenem Kabelstecker prüfen, ob bei eingeschalteter Zündung und gedrücktem Schalter Spannung anliegt. Plus und Minus werden an den Kabeln umgepolt – je nach dem, ob der Fensterhebermotor vorwärts oder rückwärts laufen soll.
- Liegt Spannung wunschgemäß an, bleibt nur noch der Fensterhebermotor als Defektursache. Austauschen (Kapitel »Die Karosserieteile«).
- Schlechter Lauf einer Scheibe dürfte an einer verklemmten Fensterführung liegen.
- Laufen nur die hinteren Fensterheber nicht, Kindersicherung prüfen. Dazu den Schalter aus der Mittelkonsole hebeln.
- Wurden all diese Möglichkeiten durchprobiert, kann es eigentlich nur am Komfortrelais oder am Zentralverriegelungsmodul liegen. Da hilft nur eine Diagnose in der Werkstatt.

Behelf unterwegs

Bei streikendem Fensterheber brauchen Sie trotzdem nicht mit offenem Fenster durch Wind und Wetter zu fahren. Voraussetzung ist allerdings, daß der Fensterhebermotor selbst noch intakt ist und daß Sie zwei ausreichend lange Kabel zur Hand haben:
- Türverkleidung abbauen (Kapitel »Die Karosserieteile«).
- Kabelsteckverbindung in der Fensterheberleitung trennen.
- Je ein Kabel an Plus- und Minuspol der Batterie anschließen – darauf achten, sich die Enden nicht berühren.
- Kabel mit den Steckkontakten zum Fensterheber verbinden – der Motor befördert die Fensterscheibe nach oben. Läuft er nach unten, Kabel einfach gegeneinander austauschen (umpolen).
- Ist dagegen auch der Fensterhebermotor defekt, hilft nur noch eins: Fensterscheibe unten vom Fensterhebergestänge abbauen.
- Fensterscheibe nach oben schieben und mit Packband oder Isolierband über den oberen Fensterrahmen sichern.

Zentralverriegelung

Die Zentralverriegelung kann vom Fahrer- und vom Beifahrertürschloß innen und außen sowie vom Kofferraumschloß aus betätigt werden. Anders bei der Entriegelungssperre, die alle Tür-Entriegelungsknöpfe blockiert: Die läßt sich nur von den vorderen Türschlössern außen einlegen.
Um nach schweren Unfällen den Zugang zum Fahrzeug-Innenraum zu ermöglichen, ist die Zentralverriegelung mit einem Stoßschalter kombiniert. Der öffnet nach einem harten Anstoß automatisch alle Türverriegelungen. Parallel dazu schaltet er bei Wagen mit Innenlichtautomatik die Warnblinkanlage und die Innenbeleuchtung ein.

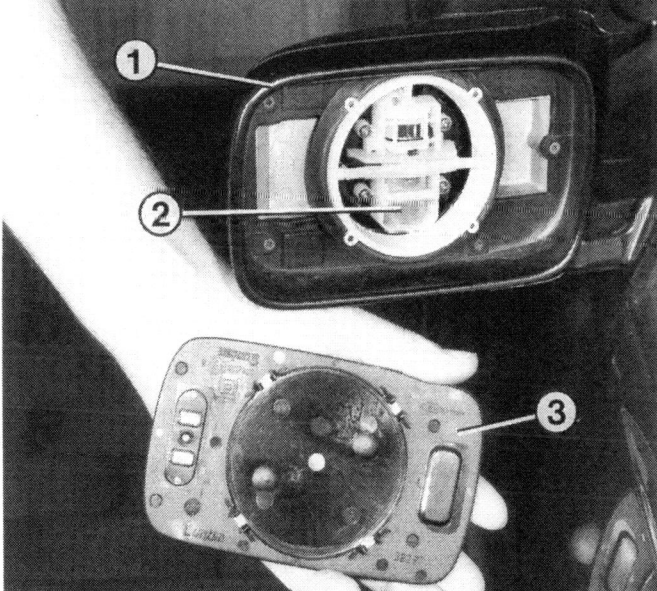

Der elektrisch verstellbare Spiegel ist hier zerlegt:
1 – Spiegelgehäuse;
2 – Verstellmotor;
3 – Spiegelglas.
Leider gibt es das Gehäuse nur komplett mit Motor zu kaufen.

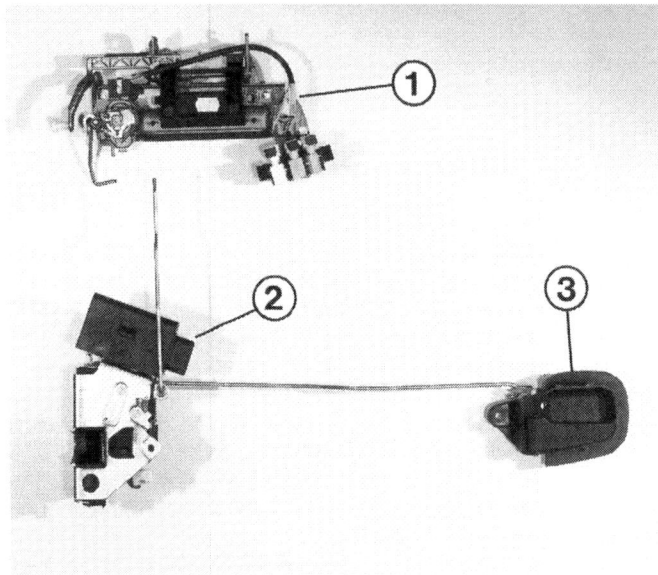

Der Schloßantrieb des Fahrertürschlosses ist hier ausgebaut. Es bedeuten:
1 – Türaußengriff mit Schließzylinder;
2 – Türschloß mit Stelltrieb;
3 – Türinnengriff.

Funktion

Die Schlösser an Vordertüren und Kofferraum, die mechanisch mit den jeweiligen Stelltrieben der Zentralverriegelung verbunden sind, geben den Öffnungs- oder Schließbefehl, der von den Stelltrieben zum Zentralverriegelungsmodul weitergeleitet wird. Das Modul leitet dann eben diesen Befehl an die übrigen Stelltriebe weiter. Damit das Modul weiß, wo die Stelltriebe wirklich stehen, sind alle Stelltriebe mit einem Schalter gekoppelt, der darüber Rückmeldung erstattet, ob die Verriegelung offen oder geschlossen ist (Ausnahme: Stelltrieb der Tankklappe). Das Abschließen aller Zugänge übernehmen kleine Elektromagneten.

Eine Überlastungssicherung verhindert thermische Überbelastung der Stelltriebe, etwa bei einem Kurzschluß oder bei häufigem Betätigen der Anlage kurz hintereinander. Die Zentralverriegelung wird dann zwei Minuten lang gesperrt.

Hinter den Schließzylindern der Vordertüren sitzt jeweils ein Mikroschalter. Er ist zuständig für die Entriegelungssperre (Türen sind verschlossen, die Entriegelungsknöpfe können jetzt nicht mehr von Hand hochgezogen werden. Der Dieb muß also durch die Fensteröffnung klettern). Diese Entriegelungssperre rückt ein zusätzlicher Stellmotor ein oder aus.

Störungssuche Zentralverriegelung

Bevor Sie mit der Störungssuche beginnen, prüfen Sie, ob die Schlösser und Schließzylinder in Ordnung sind und ob die Betätigungsstangen der Stelltriebe richtig eingehängt sind. Natürlich muß die Batterie geladen und die zuständigen Sicherungen müssen intakt sein.

Bei unserer Störungssuche beschränken wir uns auf die Zentralverriegelungs-Stelltriebe. Wir setzen voraus, daß eine der Türen nicht mehr verriegelt (wodurch sich die anderen Türen dann zum Anzeigen des Fehlers ebenfalls automatisch entriegeln). Einem Fehler an dieser Stelle ist leicht auf die Spur zu kommen. Wird in diesem Bereich bzw. an den Kabelzuführungen kein Defekt gefunden (was übrigens recht unwahrscheinlich ist), muß die Werkstatt mit dem Diagnose-Computer ran, denn am Zentralverriegelungsmodul kann der Heimwerker nichts ausrichten.

Ferner prüfen wir den Türschloß-Mikroschalter, der in Verdacht gerät, wenn die Verriegelung der Zentralverriegelung nicht mehr funktioniert.

Als Vorarbeit muß an der betreffenden Tür die Verkleidung abgenommen werden (Kapitel »Die Karosserieteile«).

Fingerzeig: Funktioniert die Zentralverriegelung an nur einer Tür nicht wunschgemäß, kann der Fehler auch an der Steckverbindung am vorderen Türpfosten liegen. Aber auch die Leitungen selbst zwischen Türpfosten und Tür können defekt sein. In diesem Bereich werden die Kabel beim Öffnen und Schließen der Tür besonders beansprucht

Messungen an den Stelltrieben

Die hier beschriebenen Prüfungen gelten für alle Türen – die Funktionen und Kabelfarben sind stets dieselben. Allerdings besitzen die hinteren Türen keine Mikroschalter. Für Kofferraumhaube und Tankklappe treffen die Beschreibungen ebenfalls zu, doch ist dort die Funktion »Zentralsichern« nicht eingebaut. Es sind also entsprechend weniger Kabel vorhanden.

○ Zunächst der Türkontaktschalter an der zu prüfenden Tür blockieren, damit ohne Störungsmeldung an der offenen Tür geprüft werden kann.
○ Alle anderen Türen müssen geschlossen sein.
○ Gemessen wird an den Zuleitungskabeln zum Stelltrieb und zum Mikroschalter (Vordertüren).
○ Zum Messen die Kabelisolierungen mit Meßspitzen bzw. -nadeln durchstechen.
○ Die folgenden Ergebnisse müssen bei den Messungen erzielt werden.

Bei Versagen des Stelltriebs (2) der Tankklappenverriegelung kann der Verriegelungsstift (1) von Hand zurückgedrückt werden. Hier ist der Stelltrieb bei ausgebauter rechter Kofferraumverkleidung gezeigt.

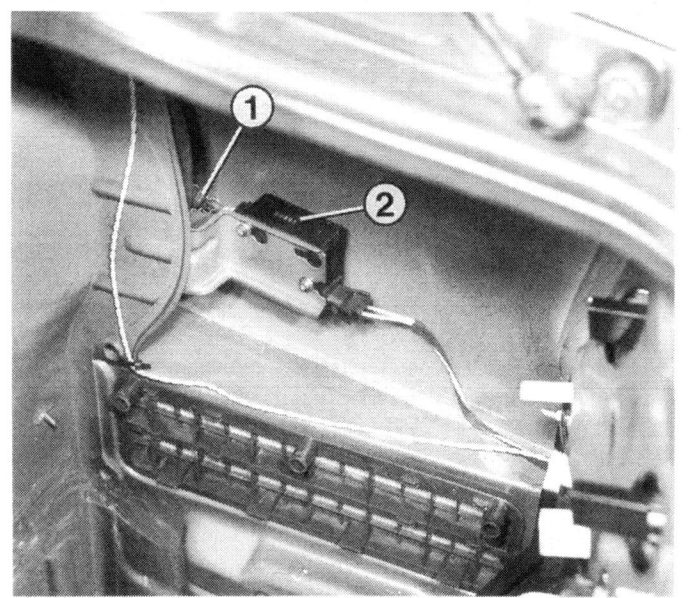

Stecker gelb zum Mikroschalter

Kabelfarbe	Meßergebnis
rot/grün	dauernd Batteriespannung
rot/weiß	Batteriespannung beim Drehen des Zündschlüssels auf »Verriegeln«

Stecker schwarz zum Stelltrieb

Kabelfarbe	Meßergebnis
rot/grün	dauernd Batteriespannung
weiß/grün	Batteriespannung bei Stellung »Geschlossen«
weiß/schwarz	Batteriespannung bei Stellung »Offen«
blau/grau	kurzzeitig Batteriespannung beim Öffnen
weiß	kurzzeitig Batteriespannung beim Schließen
schwarz	kurzzeitig Batteriespannung beim Betätigen der Verriegelung

Notbetätigung

○ Bei defekter Zentralverriegelung lassen sich die Türen und der Kofferraum weiterhin manuell öffnen und schließen.
○ Die Tankklappe kann entriegelt werden, nachdem die Batterieabdeckung im Kofferraum ausgebaut und die rechte Kofferraumverkleidung zurückgeschlagen wurde. Dann die Verriegelungsstange am Zentralverriegelungs-Stelltrieb zurückziehen.

Der Stecker am Stelltrieb der Zentralverriegelung (hier an der Fahrertür gezeigt) kann erst nach Verschieben der Haltespange abgezogen werden. Hier im Bild wird dazu ein Schraubendreher zu Hilfe genommen.

Bei abgenommener Fahrertürverkleidung sind hier zu sehen die Steckverbindungen für Türschloßheizung (1), Schloßschalter (2) und Türgriffschalter (3).

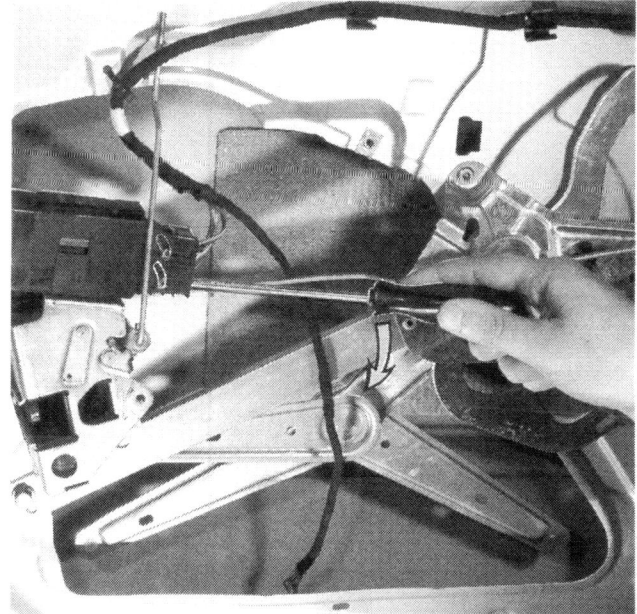
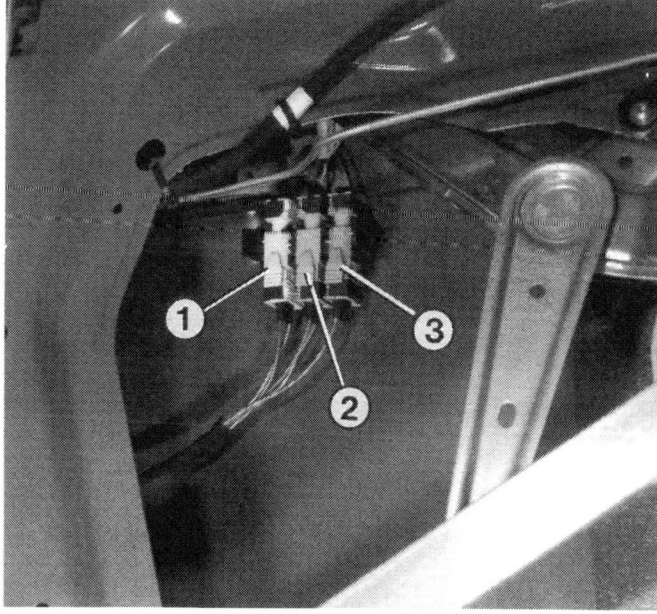

Elektrischer Schiebedachantrieb

Der Motor des elektrischen Schiebedachantriebs steckt samt einem Relais und einem Mikroschalter unter der Dachverkleidung vor dem Schiebedach. Der Mikroschalter signalisiert, wann sich das Schiebedach in »Geschlossen«-Stellung befindet. Über das Relais läuft die Stromversorgung des Elektromotors.

Schiebedach-Antriebsmotor auswechseln

- Abdeckung vorn in der Dachverkleidung abhebeln.
- Dach schließen. Bei defektem Motor Innensechskantschlüssel zu Hilfe nehmen (siehe folgenden Abschnitt).
- Drei Halteschrauben lösen, Steckverbindung trennen.
- Antriebsmotor abnehmen.
- Zum **Einbau** muß das Schiebedach geschlossen sein, der Motor muß in Nullage gebracht werden.
- Nullage des Motors: Der Zapfen im großen Getrieberad muß genau in der Flucht zwischen den Achsen beider Getrieberäder stehen.
- Motor ggf. mit Innensechskantschlüssel drehen, bis Nullage stimmt.
- Motor mit neuen mikroverkapselten Schrauben befestigen oder alte Halteschrauben mit Schraubensicherungsmittel einsetzen.

Behelf unterwegs

Versagt plötzlich der elektrische Schiebedachantrieb, braucht man sich trotzdem nicht vor einem Regenguß zu fürchten:

- Zuerst Sicherung kontrollieren (Kapitel »Die Karosserie-Elektrik«).
- Läuft der Antriebsmotor immer noch nicht, Abdeckung vorn in der Dachverkleidung abziehen.
- Innensechskantschlüssel aus dem Bordwerkzeug in der Achse des Schiebedachantriebs ansetzen und Dach schließen.

Störungsbeistand

Elektrischer Schiebedachantrieb

Die Störung	– ihre Ursache	– ihre Abhilfe
A Antriebsmotor bewegt sich nicht	1 Sicherung durchgebrannt	Auswechseln, siehe Kapitel »Die Karosserie-Elektrik«
	2 Schalter defekt	Ausbauen und prüfen
	3 Relais defekt	Ausbauen und prüfen
	4 Motor defekt	Auswechseln lassen
	5 Kabelunterbrechung	Kabel kontrollieren
B Antriebsmotor läuft, Schiebedach bewegt sich nicht	Anpreßdruck der Rutschkupplung zu gering	Rutschkupplung einstellen lassen
C Schiebedach geht nicht in Hebestellung	1 Siehe A 3	
	2 Dacheinstellung stimmt nicht	»Geschlossen«-Stellung instellen lassen
D Schiebedach geht beim Schließen sofort in Hebestellung	Mikroschalter defekt	Auswechseln lassen

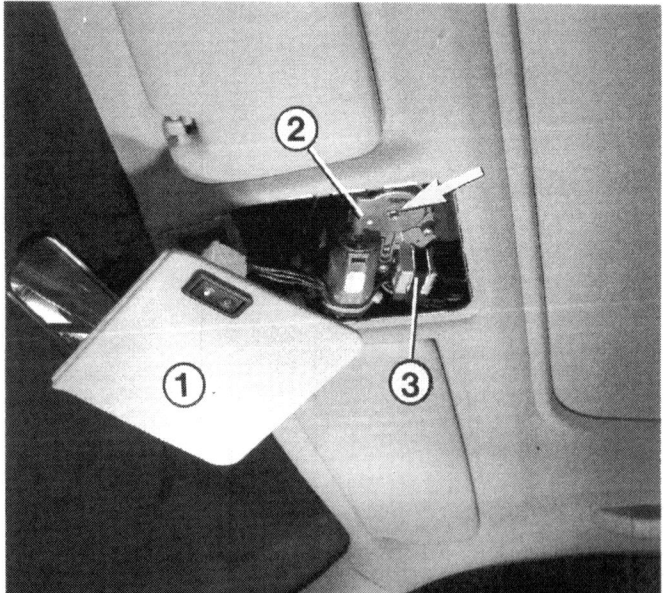

Streikt der elektrische Schiebedachmotor (2), kann der Selbsthelfer nur Sicherung, die Relais (3) und Schalter prüfen. Hilft das nicht, wird das Schiebedach notfalls bei abgenommener Verkleidung (1) mit einem Innensechskantschlüssel aus dem Bordwerkzeug geschlossen. Der Pfeil zeigt auf die Achse, in der der Innensechskantschlüssel angesetzt werden kann.

Dieses Radio (1) kann nach Abnehmen der Frontblende (2) ausgebaut werden, nachdem die beiden Innensechskantschrauben (Pfeile) gelöst wurden. Die Innensechskantschrauben drücken Verriegelungshaken seitlich gegen die Innenflächen des Radio-Einbauschachts.

Radio

In unseren Beschreibungen gehen wir lediglich auf den Einbau ab Werk ein. Bitte beachten Sie, daß sich selbst bei diesen Geräten die Einbauweise je nach Bauzeit und Ausführung von unserer Darstellung unterscheiden kann.

Radio ausbauen

- Bei einem Radio mit Anti-Diebstahl-Codierung **sicherstellen, daß die Code-Nummer vorliegt**.
- Batterie abklemmen.
- Beim **Radio mit vier Bohrungen** seitlich in der Frontblende: Entriegelungsbügel (bisweilen bei Radio-Einbausätzen mit dabei) in die vier Bohrungen seitlich an der Frontblende stecken und Radio aus der Mittelkonsole ziehen.
- Oder vier passende Nägel oder Drahtstifte in die Bohrungen schieben und damit die Haltefedern entriegeln.
- Radio nach vorn herausziehen, evtl. zusätzlich mit einem Schraubendreher vorsichtig heraushebeln.
- **Radio ohne Bohrungen:** Blende durch den Kassettenschacht mit einem schmalen Schraubendreher vorsichtig abheben.
- Die beiden kleinen Innensechskantschrauben rechts und links am Radio lösen.
- **Radio mit Drehriegeln:** Blende abziehen und Drehriegel mit Nägeln oder Ausziehhaken schwenken (siehe auch Bild unten links).
- **Alle:** Radio aus dem Einbauschacht ziehen.
- Stecker abziehen; evtl. kennzeichnen.
- Beim **Einbau** Radio bis zum Anschlag einschieben und ggf. Drehriegel nach außen klappen.
- Beim Einschieben darauf achten, daß der Haltebolzen an der Radio-Rückseite in die Aussparung im Armaturenbrett eingeschoben wird.
- Ggf. Besitzercode eingeben.

Links: Ausbau eines Radios mit Drehriegeln: Blende (2) abnehmen, Ausziehhaken – oder ersatzweise gebogenen Nagel – in den Drehriegeln (1) ansetzen und schwenken. Der Pfeil zeigt die Schwenkrichtung beim Ausbau. An einigen Radios muß vor Abnehmen der Blende der Drehknopf abgezogen werden.
Rechts: Radios mit Bohrungen seitlich in der Frontblende werden von Halteklammern im Ausschnitt gehalten. Ausgebaut werden sie, indem man passende Nägel (Pfeile) in die Bohrungen steckt und damit die Halteklammern niederdrückt. Radio an den Nägeln herausziehen.

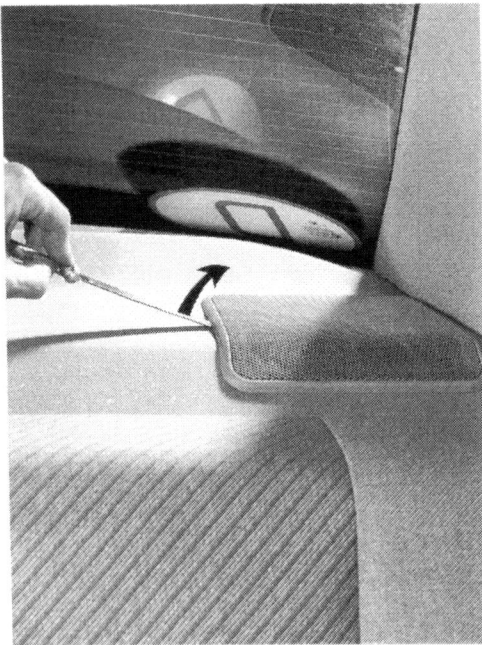 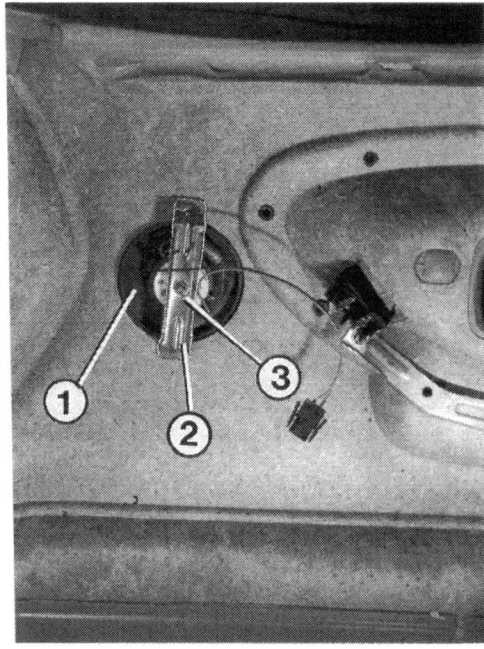

Links: Die hinteren Lautsprecher sitzen unter diesen Blenden. Die Blende wird zum Ausbau des Lautsprechers mit einem Schraubendreher abgehebelt (Pfeil). Rechts: In den Türverkleidungen sind die Lautsprecher (1) mit einem Blechbügel (2) und einer Haltemutter (3) befestigt. Das Bild zeigt die Rückseite der Türverkleidung.

Lautsprecher ausbauen

- **Lautsprecher im Fußraum**: An der linken Fahrzeugseite den Griff der Motorhauben-Entriegelung abschrauben sowie linke untere Armaturenbrettverkleidung abbauen (Kapitel »Der Innenraum«).
- An der rechten Fahrerseite Armaturenbrettverkleidung unter dem Handschuhfach ausbauen.
- Schnellverschluß der Kunststoff-Fußraumverkleidung mit breitem Schraubendreher um 90° drehen.
- Verkleidung abnehmen.
- Lautsprecher von der Seitenwand abschrauben.
- **Lautsprecher in der Türverkleidung:** Türverkleidung abbauen (Kapitel »Die Karosserieteile«).
- Haltemutter lösen, Bügel abnehmen.
- **Lautsprecher hinten:** Lautsprecherabdeckung vorsichtig aus der Heckablage herausheben.
- Von oben zwei Kreuzschlitzschrauben des Lautsprechers lösen, dabei Lautsprecher von einem Helfer unten im Kofferraum gegenhalten lassen.
- Lautsprecher abnehmen, Stecker abziehen.

Heckscheibenantenne

Hauptvorteil der Heckscheibenantenne: Sie bietet keinerlei Angriffspunkt für Mitmenschen mit Zerstörungswut. Außerdem kann sie in der Waschanlage keinen Schaden erleiden.

Als Antenne für Mittelwelle fungieren bei dieser Antennenart zwei Metall-Leiterbahnen ganz oben an der Scheibe. Dem UKW-Empfang dienen weitere gleichzeitig als Heizdraht verwendete Leiterbahnen im Scheiben-Mittelbereich.

Links: Nach Abschrauben des Haubenentriegelungsgriffes (2) ist der Schnellverschluß (Pfeil) für die linke Fußraumseitenverkleidung (1) zugänglich. Rechts: Unter der Fußraumseitenverkleidung befindet sich einer der Lautsprecher. Die Pfeile zeigen auf die Halteschrauben.

Anschlußplan der Heckscheibenantenne.

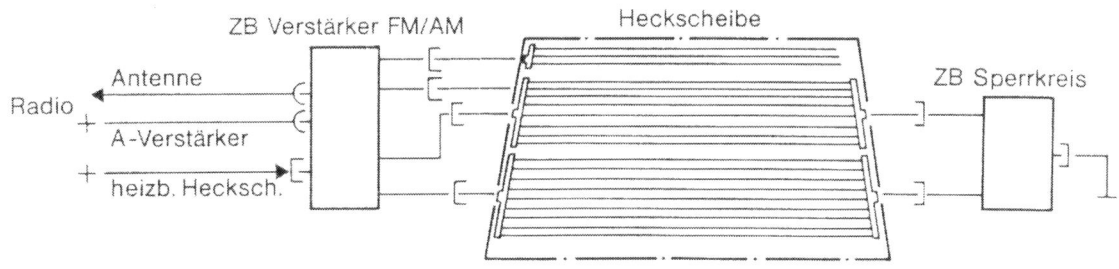

Die zweite Scheibenantennen-Version (anderer Hersteller) besitzt eine andere Aufteilung der Leiterbahnen: Die UKW-Leiterbahnen knicken in Scheibenmitte rechtwinklig nach unten ab, während die Mittelwellen-Antennendrähte nur einen Teil der Scheibenbreite einnehmen.
Ein Antennenverstärker unter der linken hinteren Dachpfostenverkleidung gleicht die fehlende Höhe dieser Antennenanlage aus.

● Beide Dachpfostenverkleidungen hinten vorsichtig abziehen.
● **Sichtprüfung:** Sind alle Steckanschlüsse korrosionsfrei? Kontakte vorsichtig abziehen und kontrollieren.
● Kontrollieren, ob der Antennenverstärker gute Masseverbindung an seiner Befestigung hat.
● Leiterbahnen auf der Heckscheibe genau kontrollieren: Liegt eine sichtbare Unterbrechung vor? Wenn ja, reparieren oder neue Heckscheibe einsetzen lassen.
● Die Anschlußkabel zur Heckscheibe dürfen nicht über Kreuz verlegt sein.

● **Elektrische Prüfung:** Stecker am Verstärker abziehen, Spannung am weißen Kabel gegen Masse messen. Dazu Radio einschalten.
● Batteriespannung vorhanden: Stromversorgung des Verstärkers ist in Ordnung. Keine Spannung: Leitungsunterbrechung beseitigen.
● Weitere Prüfmethoden stehen dem Heimwerker nicht zur Verfügung.
● **Weitere Möglichkeit:** Das Antennenkabel zum Radio ist defekt. Versuchshalber neues Kabel anschließen.

Störungssuche Heckscheibenantenne

Heizung und Lüftung

Wettergott

Serienmäßig ist der 3er mit einer elektronisch geregelten Heizung versehen, in Sonderausstattung kann eine Klimaanlage eingebaut sein.

Die Heizanlage

Funktion

Frische Luft tritt am Gitter unterhalb der Frontscheibe ein und wird vom Fahrtwind oder zusätzlich vom Gebläse in den Innenraum gedrückt. Der Luftstrom verläuft durch den Wärmetauscher, einen kleinen Heizkörper, durch den aufgeheiztes Motorkühlmittel bei geöffnetem Elektro-Wasserventil fließt.
Das Ventil öffnet nur nach Bedarf – also bei abgesunkener Innenraumtemperatur. Wann das zu geschehen hat, bestimmt die elektronische Heizungsregulierung.

Elektronische Heizungsregelung

Der BMW besitzt eine elektronische Heizungsregelung, die – im Rahmen des Machbaren – für eine konstante Innenraumtemperatur sorgt. Die gewünschte Temperatur wird am Heizungsregler eingestellt und so dem Steuergerät gemeldet.
Des weiteren bezieht das Steuergerät Informationen über die Luftaustrittstemperatur der Heizung. Dazu sitzt ein Fühler links am Heizgerät unter der unteren Armaturenbrettverkleidung.
Entsprechend der Abweichung vom eingestellten Sollwert – und abhängig von den Meßwerten der Fühler – wird der Wasserweg zur Heizung mehr oder weniger lange geöffnet. Bei zu kaltem Innenraum bleibt das betreffende Ventil also voll geöffnet, nach erfolgter Aufheizung läßt es nur noch stoßweise heißes Kühlmittel durch den Wärmetauscher fließen.

Fingerzeig: Sollte die Heizungsbetätigung ausfallen, öffnet das Heizventil voll, schaltet also auf volle Heizleistung. Abstellen der Heizung ist dann nur noch durch Schließen der Luftzufuhr möglich.

Heizung und Lüftung prüfen

Wartung Nr. 30

- Den Gebläse-Drehregler rechts langsam im Uhrzeigersinn drehen: Das **Gebläse** wird knapp über der »0«-Stellung eingeschaltet und steigert seine Geschwindigkeit in vier Stufen. Parallel dazu wird die Luftzufuhrklappe von »0« = geschlossen bis zur Stellung »1« mehr und mehr geöffnet.
- Drehregler für **Heizleistung** nach rechts drehen: Die Heizleistung nimmt zu. Das Wasserventil wird bei zu geringer Innenraumtemperatur geöffnet.
- Drehregler für **Luftverteilung** bei eingeschaltetem Gebläse langsam durchdrehen (er besitzt keinen Anschlag). Gemäß den Symbolen werden nacheinander die Austrittöffnungen unter der Windschutzscheibe und im Fußraum sowie die Düsen in Armaturenbrett-Mitte mit kalter oder warmer Luft versorgt.

Das Heizventil (Pfeil) sitzt eingekeilt zwischen Bremskraftverstärker und Ansaugkrümmer im Motorraum.

Elektronische Heizungsregelung defekt?

Bei einem Defekt an Heizungsregelung oder Wasserventil bleibt das Ventil voll geöffnet. Um dem Defekt auf die Spur zu kommen, prüfen wir die Komponenten der Heizungsregelung nacheinander:

- Zuerst die zuständige **Sicherung** prüfen (Kapitel »Die Karosserie-Elektrik«).
- **Wasserventil prüfen:** Heizungsregler am Armaturenbrett auf »Kalt« drehen.
- Stecker am Wasserventil abziehen, Prüflampe zwischen gelbem Kabel und gelb/braunem Kabel anschließen.
- Zündung einschalten.
- Bei intakter Regelung liegt Batteriespannung an, die Prüflampe leuchtet.
- Gegenprobe: Regler auf »Warm« drehen – die Prüflampe verlöscht.
- Logische Folgerung: Sind die Spannungswerte in Ordnung, die Störung in der Heizanlage aber immer noch vorhanden, muß das Wasserventil der Störenfried sein. Auswechseln.
- Wurde **keine** Spannung angezeigt, Spannung am Zuleitungskabel (gelb) gegen Masse (z.B. am Motorblock) messen.
- Zündung einschalten. Keine Spannung: Stromzufuhr von der Sicherung her unterbrochen.
- Prüfung der Massezufuhr (vom Steuergerät): Voltmeter am Pluspol-Abgriff der Batterie anschließen, anderes Meßkabel an die gelb/braune Leitung im Stecker. Es muß bei eingeschalteter Zündung (Regler auf »Kalt«) Batteriespannung anliegen. Sonst ist ein Teil der Heizungsregelung (Temperaturfühler oder Steuergerät) bzw. das Kabel defekt.
- **Temperaturfühler prüfen:** Als Vorarbeit die Armaturenbrettverkleidung links unten ausbauen (Kapitel »Der Innenraum«).
- Stecker hinten am Temperaturfühler abziehen, Fühler aus dem Heizkasten herausziehen.
- Ohmmeter zwischen den beiden Anschlüssen des Fühlers anklemmen. Es müssen bei unterschiedlichen Prüftemperaturen in etwa die genannten Widerstandswerte angezeigt werden:
  - Bei ca. 20°C (Umgebungstemperatur) ca. 10 Ω.
  - Bei ca. 30°C (in der Hand) ca. 6 Ω. Sonst den Temperaturgeber ersetzen.
- **Stromversorgung Steuergerät prüfen:** Die Betätigungseinheit für Heizung/Lüftung ausbauen.
- Voltmeter an Klemme 1 und 6 des Steckers hinten am Regler anklemmen (grün/gelbes und braunes Kabel). Bei eingeschalteter Zündung muß Batteriespannung anliegen. Sonst Stromversorgung samt Sicherung überprüfen.
- **Steuergerät prüfen:** Das Steuergerät selbst kann mit Eigenmitteln nicht geprüft werden. Wir gehen von folgender Überlegung aus: Ist die Stromzufuhr, das Wasserventil und der Temperaturfühler intakt, muß bei gestörter Heizungsregelung das Steuergerät defekt sein.

Das Luftgebläse

Der Gebläsemotor läuft in vier Geschwindigkeitsstufen, die durch den Drehschalter am Armaturenbrett eingestellt werden. Die Geschwindigkeitsstufen werden durch Zuschalten verschieden großer Widerstände bzw. durch direkte Stromversorgung erreicht. Die Widerstände bewirken eine verringerte Spannung am Motor und drosseln so seine Geschwindigkeit. Die volle Drehzahl erreicht der Gebläsemotor bei direkter Stromzuleitung.

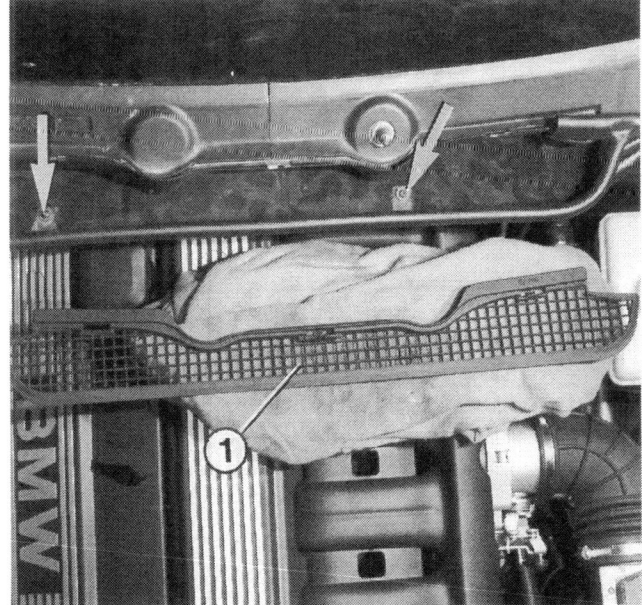

Ausbau des Heizungsgebläses: Nach Abnehmen des Schutzgitters (1) sind die Halteschrauben (Pfeile) für den Kabelschacht und die Luftführung im Lufteintrittkasten zugänglich.

Der Gebläsemotor selbst (Pfeil) ist erst nach Abbau des Lufteintrittkastens zugänglich.

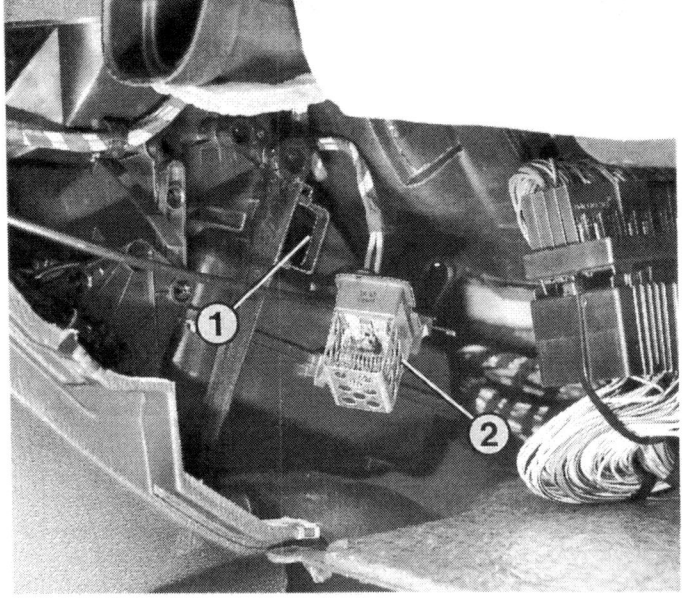

Nach Ausbau des Handschuhfachs können an der rechten Seite des Heizgeräts die Gebläse-Vorwiderstände (2) aus der Einbauöffnung (1) des Heizgeräts herausgenommen werden.

Störungssuche Gebläsemotor

- Wenn das Gebläse bei eingeschalteter Zündung **in keiner Schalterstellung** rauscht, kontrollieren Sie zuerst die zuständige **Sicherung** (Kapitel »Die Karosserie-Elektrik«).
- Ist die Sicherung intakt, kann der Fehler am **Lüfterrelais** liegen. Störungssuche und Einbauort siehe Kapitel »Die Karosserie-Elektrik«.
- War dieses in Ordnung, Gebläseschalter prüfen – dazu muß das Bedienteil Heizung/Lüftung ausgebaut werden.
- Zündung einschalten.
- Prüflampe oder Voltmeter an guten Massekontakt anschließen. Wir prüfen jetzt, ob die am Schalter angeschlossenen Kabel Strom führen. Dazu Kabelisolierung mit Nadelkontakt durchstechen:
- Beim grün/braunen Kabel (Stromzufuhr) muß die Prüflampe immer brennen bzw. der Voltmeter muß Batteriespannung anzeigen. Bei den Kabeln mit schwarzer, blauer oder grüner Umhüllung ist das nur bei entsprechender Schalterstellung der Fall.
- Funktion nicht, wie beschrieben: Fehler in der Stromzufuhr beheben bzw. Schalter austauschen.

- Waren Stromzufuhr und Schalter einwandfrei, muß der **Gebläsemotor** freigelegt werden, wie unter »Gebläsemotor ausbauen« beschrieben.
- Stromzufuhr zum Motor prüfen: Liegt am grün/grauen bzw. roten Anschlußkabel des Gebläsemotors bei eingeschalteter Zündung Spannung an (zweites Prüflampen- bzw. Voltmeterkabel am Motorblock befestigen)? Wenn nicht, Stromzufuhr prüfen.
- Spannung zwischen den beiden Anschlußkontakten am Gebläsemotor messen, Gebläseschalter auf Stufe »4« stellen. Jetzt muß Batteriespannung anliegen.
- Ist das der Fall, ohne daß sich der Gebläsemotor bewegt, ist er defekt. Austauschen.
- Ist keine Spannung vorhanden, liegt der Fehler an der **Sicherung auf der Widerstandsplatte**.
- Läuft das Gebläse nicht in allen Geschwindigkeiten oder läuft es nur auf Stufe »4«, ist möglicherweise einer der **Vorwiderstände** defekt.
- Vorwiderstände ausbauen. Sichtprüfung vornehmen. Ist einer der Widerstände durchgebrannt, kompletten Widerstandsträger ersetzen.

Gebläsemotor ausbauen

- Gummidichtung am Lufteintritt unter der Frontscheibe abziehen und Schutzgitter ausclipsen.
- Kabelschacht losschrauben (zwei Schrauben von oben).

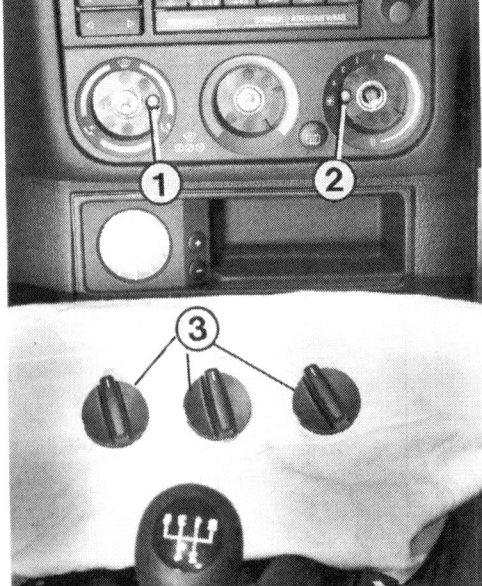
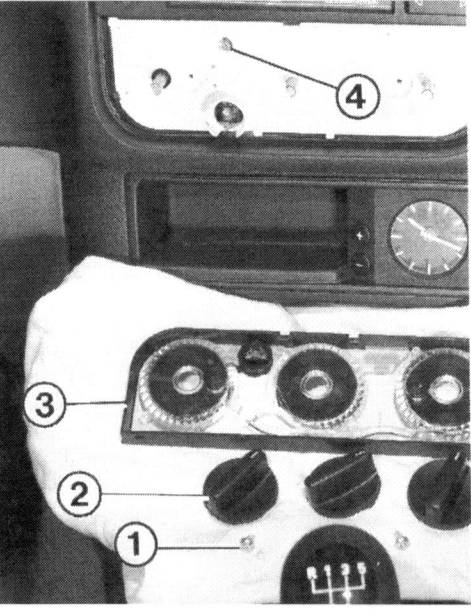

Ausbau der Bedienungseinheit. Links: Die Heizungsdrehregler (3) werden abgezogen und die beiden Halteschrauben (1 und 2) der Blende herausgedreht.
Rechts: Hier ist die Heizhebelblende (3) abgebaut. Sie sehen folgende Teile:
1 – Halteschraube für Blende;
2 – Drehregler der Heizungs-Betätigung.
4 – Lämpchen.

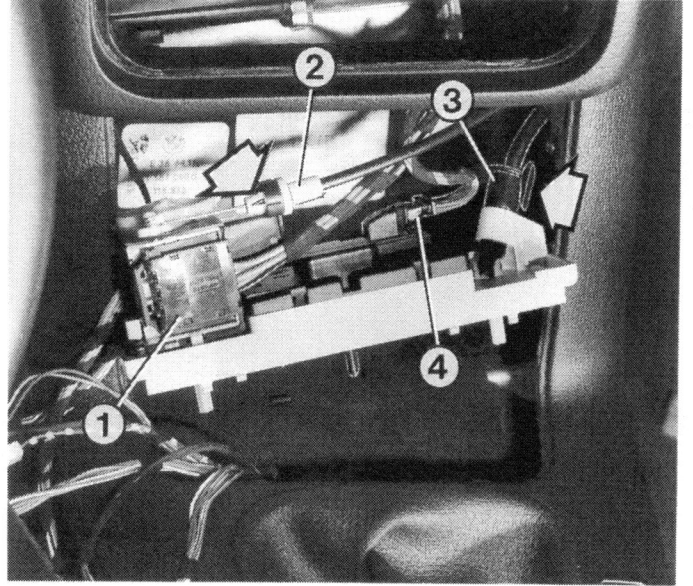

Ausbau der Bedienungseinheit für Heizungs- und Lüftungs-Betätigung. An der Rückseite der Bedienungseinheit müssen die Stecker (1 und 4) sowie der Betätigungszug (2) und die Welle des Luftverteilungshebels (3) abgebaut werden. Die beiden Pfeile zeigen auf die Halterasten zum Ausbau des Betätigungszugs und der Welle.

- Halter für Lufteintrittkasten rechts und links des Lufteintritts abschrauben.
- Lufteintrittkasten mit der richtigen Mischung aus Kraft und Gefühl abziehen.
- Abdeckung für Zylinderkopfdeckel ausbauen (Kapitel »Der Motor und sein Innenleben«).
- Deckel der Elektronikbox rechts an der hinteren Motorraumwand abschrauben.
- Kabelstecker am Gebläsemotor abziehen.
- Klammern der Abdeckung des Gebläsemotors lösen, Abdeckung abnehmen.
- Haltebügel des Gebläsemotors lösen und Motor herausnehmen.
- Lüftungswalzen nicht von der Motorwelle abnehmen oder darauf verdrehen, denn die Teile sind gemeinsam gewuchtet. Der Rundlauf wäre gefährdet.
- Beim **Einbau** darauf achten, daß der Elektromotor sorgfältig in die Aussparung im Gebläsekasten eingesetzt wird.

Gebläse-Vorwiderstände ausbauen

- Handschuhfach ausbauen (Kapitel »Der Innenraum«).
- Ganz vorn rechts am Heizgerät zwei Halteklammern ausrasten und Widerstandsträger herausziehen.
- Kabelstecker abziehen.

Heizungs/Lüftungs-Betätigung

Bedienungseinheit ausbauen

- Zuerst Zeituhr bzw. Bordcomputer ausbauen (Kapitel »Instrumente und Geräte«).
- Ablagefach ausheben und zur Seite legen.
- Drehknöpfe der Heizungs/Lüftungs-Betätigung abziehen.
- Darunter die Halteschrauben der Frontblende lösen.
- Blende abziehen.
- Bedienungseinheit nach hinten drücken und nach unten herausführen.
- Stecker abziehen, Bowdenzug lösen, Welle nach Ausklinken der Halteraste aushängen.

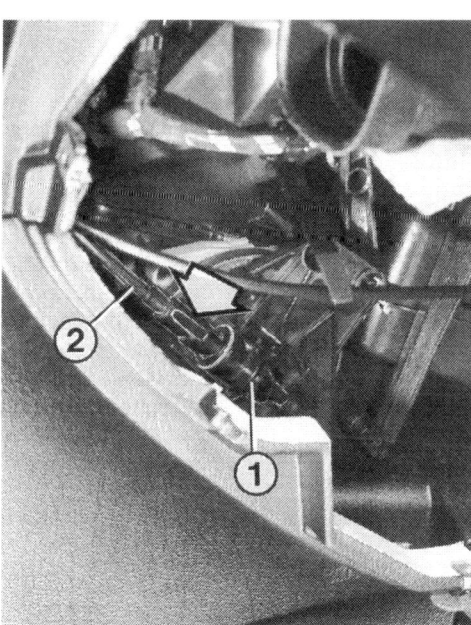 

Links: Die Betätigungswelle des Drehknopfes für Luftverteilung (1) endet an der rechten Seite des Heizgeräts (2). Zum Ausbau der Welle Halteraste (Pfeil) drücken.
Rechts: Bei ausgebautem Handschuhfach ist zu sehen, wo der Betätigungszug des Luftmengenreglers endet. Es bedeuten:
1 – Bowdenzughülle;
2 – Widerlager am Heizgerät;
3 – Halteclip;
4 – Zug.

Die Düseneinsätze oberhalb des Handschuhfachs sind auf die Haltebolzen lediglich aufgesteckt (Pfeile).

Das Düseneinbauteil mit Regler oberhalb des Handschuhfachs kann nach Abziehen der Düseneinsätze ausgebaut werden. Dazu die vier Kreuzschlitzschrauben (Pfeile) lösen.

Betätigungszug auswechseln

Ein sogenannter Bowdenzug verläuft vom Luftmengenregler in der Bedienungseinheit Heizung/Lüftung zum Heizgerät. Der Aus- und Einbau des Zugs verläuft wie folgt:
- Bedienungsteil Heizung/Lüftung ausbauen.
- Halterasten des Bowdenzug-Widerlagers zusammendrücken und Lager aus der Öse ziehen. Zug am Bedienungsteil aushängen.
- Handschuhfach ausbauen (Kapitel »Der Innenraum«).
- Am Heizgerät die Halterasten des Bowdenzug-Widerlagers zusammendrücken und Lager aus der Öse ziehen.
- Halteclip für Bowdenzug am Betätigungshebel des Heizgeräts aushängen und Zug aus dem Clip lösen.
- Der Halteclip am Heizgerät ist so konstruiert, daß sich der Zug nach dem **Einbau** von selbst einstellt.
- Dazu einfach den Regler von Anschlag zu Anschlag drehen. Der Zug verschiebt sich dabei im Clip an die richtige Stelle.

Luftdüsen im Armaturenbrett ausbauen

- **Luftdüse links des Kombi-Instruments**: Kreuzschlitzschraube unterhalb des Lichtschalters lösen.
- Lichtschalter mit Düse herausziehen.
- **Luftdüse rechts des Kombi-Instruments**:
- Radio ausbauen (Kapitel »Instrumente und Geräte«).
- Oben im Radioschacht zwei Kreuzschlitzschrauben herausdrehen.
- Düse herausziehen.

- **Luftdüsen oberhalb des Handschuhfaches**: Düseneinsätze mit Flachzange an einem der Querstege fassen und herausziehen. Oder mit Schraubendreher heraushebeln.
- Düsen-Einbauteil mit Regler nach Lösen von vier Schrauben herausziehen.

Wärmetauscher ausbauen

Der Wärmetauscher muß nur dann ausgebaut werden, wenn er undicht ist oder wenn er wegen schlechter Heizleistung entkalkt bzw. gereinigt werden soll. Leider ist diese Arbeit recht kompliziert und eignet sich kaum für den Selbsthelfer. Wer es dennoch wagen will, findet nachstehend die wichtigsten Arbeitsschritte:
- Kühlmittel ablassen und auffangen.
- Verkleidung links unter dem Armaturenbrett ausbauen.
- Gummidichtung am Lufteintritt unter der Frontscheibe abziehen und Schutzgitter ausclipsen.
- Kabelschacht losschrauben (zwei Schrauben von oben).
- Halter für Lufteintrittkasten rechts und links des Lufteintritts abschrauben.
- Lufteintrittkasten mit der richtigen Mischung aus Kraft und Gefühl abziehen.
- Flansch für Heizungsschläuche (an der hinteren Motorraumwand) abbauen, mit Preßluft das Wasser aus dem Wärmetauscher drücken.
- Doppelflansch der Heizungs-Wasserrohre am Wärmetauscher lösen.
- Schraube links oberhalb des Wärmetauschers herausdrehen, Wärmetauscher nach links aus dem Heizungskasten ziehen.

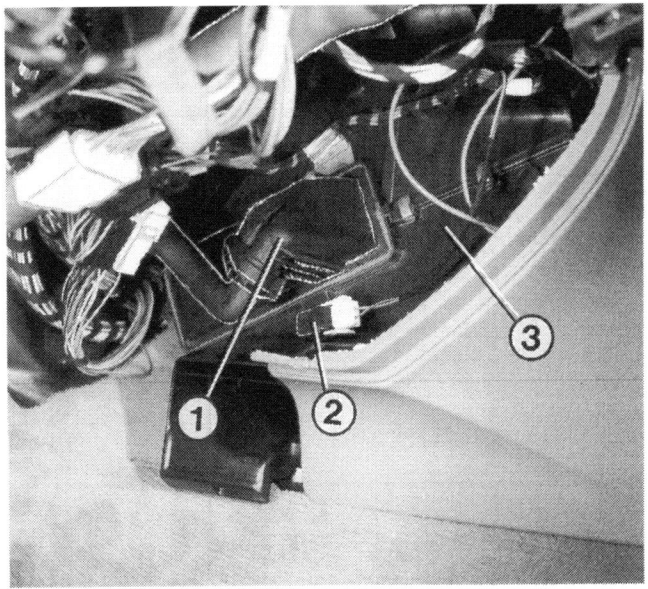
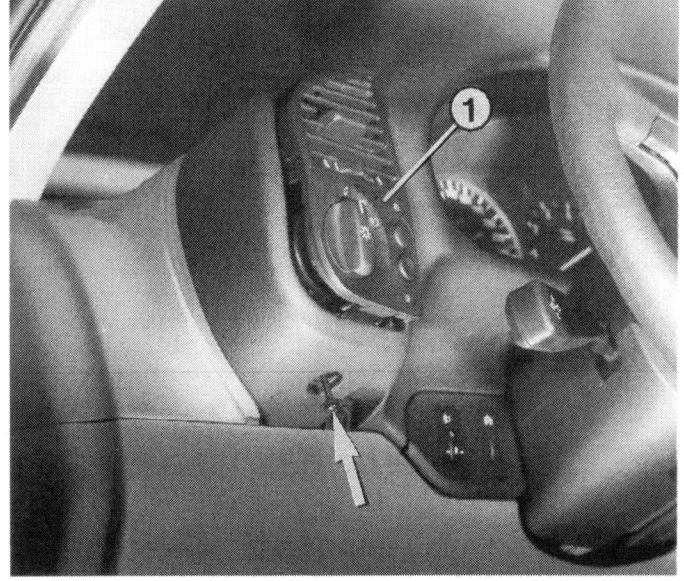

Bei abgenommener Armaturenbrettverkleidung links unten sind zu sehen: 1 – Heizungs-Wärmetauscher; 2 – Temperaturfühler der Heizung; 3 – Heizkasten.

Zum Ausbau der Luftdüse links des Kombi-Instruments (1) muß die Kreuzschlitzschraube unter dem Armaturenbrett (Pfeil) gelöst werden.

Mikrofilter der Heiz- bzw. Klimaanlage auswechseln

Wartung Nr. 7

- Lufteintrittkasten im Motorraum ausbauen, wie unter »Gebläsemotor ausbauen« beschrieben.
- Mikrofiltereinsätze rechts und links von den Ansaugkanälen des Gebläsemotors abziehen.
- Mikrofilter der **Klimaanlage**: Handschuhfach ausbauen (Kapitel »Der Innenraum«).
- Rechts am Gehäuse der Klimaanlage den runden Deckel mit Quergriff herausdrehen und abziehen.
- Mikrofiltereinsatz aus der Öffnung herausziehen (der Einsatz ist in eine Führung eingesteckt und knickt sich beim Einstecken zweimal ab).

Die Klimaanlage

Die Klimaanlage für den 3er-BMW mit elektronischer Temperaturregelung wird im BMW-Sprachgebrauch »IHKR« – Integrierte Heiz- und Klimaregelung genannt.
Selbsthilfe ist an der Klimaanlage – mit Ausnahme der Kontrolle des Keilrippenriemens (Kapitel »Die Lichtmaschine«) – nicht möglich. Auch von den BMW-Werkstätten versteht sich nicht jede auf die Reparatur der Anlage. Deshalb bei Defekten einen Betrieb mit speziell geschulten Fachkräften erfragen und aufsuchen.

Grundfunktion

Ähnlich wie zu Hause im Kühlschrank wird ein gasförmiges Kältemittel durch einen Kompressor verdichtet. Letzterer wird von der Motor-Kurbelwelle über einen Keilrippenriemen angetrieben. Beim Verdichten verflüssigt sich das Kältemittel und gelangt in den Verdampfer am Armaturenbrett. Der sieht aus wie ein Kühler. Darin verdampft das Kältemittel und kann hierdurch Wärme aufnehmen. Die durch den Verdampfer geführte Luft strömt abgekühlt in den Innenraum. Über einen Kondensator neben dem Wasserkühler im Motorraum gelangt das Kältemittel wieder zurück zum Kompressor. Zur verstärkten Kondensierung bläst ein Zusatzventilator dauernd Luft durch den Kondensator.
Die Luftverteilung im Fahrzeug-Innenraum muß auch bei der Klimaanlage manuell vorgenommen werden, doch die Temperatur hält die Anlage von selbst konstant.

Keilrippenriemen

Für einwandfreie Funktion der Klimaanlage muß der Keilrippenriemen des Kältekompressors richtig gespannt sein. Mehr darüber im Kapitel »Die Lichtmaschine«.

Die Karosserieteile

Ideen in Blech

Die gefällige Karosserieform des BMW täuscht darüber hinweg, daß sie weniger als Kunstwerk, denn als technisches Bauteil betrachtet werden muß. Viel Rechenarbeit steckt in jedem Winkel der Karosse, denn sie muß geringes Gewicht, Verwindungssteifigkeit, hohe Formfestigkeit der Fahrgastzelle und energievernichtende »Knautschzonen« an Bug und Heck aufweisen.

In diesem Kapitel geht es weder um die Kunst, noch um die Karosserieberechnung. Hier beschrieben ist der Ein- und Ausbau der wichtigsten Karosserieteile.

Die Fahrzeugfront

BMW-»Niere« ausbauen

- Schwarze Abdeckung über Kühler und Frontblech ausbauen. Dazu links und rechts Haltedübel abnehmen: Stift des Dübels mit einem Schraubendreher herausziehen. Anschließend Dübel abziehen.
- Kreuzschlitzschrauben lösen, Abdeckung zum Kühler hin aushängen und abnehmen.
- Mit leichtem Faustschlag von außen das Innenteil der BMW-Niere entriegeln. Das Innenteil fällt nach hinten.
- Chromring nach vorn vom Frontblech abziehen. Innenteil aus dem Ausschnitt herausnehmen.
- Zum Einbau BMW-Niere zusammenbauen. Chromring und Innenteil einfach zusammendrücken.
- BMW-Niere ins Frontblech einsetzen und andrücken.

Die Stoßfänger

Der BMW ist vorn und hinten mit Kunststoff-Stoßfängern ausgerüstet. Aufgehängt ist die ganze Konstruktion an stoßabsorbierenden Prallelementen.

Stoßfänger vorn ausbauen

- Stoßfänger unten losschrauben.
- Nebelscheinwerfer ausbauen (Kapitel »Die Beleuchtung«).
- Schwarze Stoßleiste auf dem Stoßfänger – beginnend neben dem Kennzeichenhalter – aus den Haltehaken herausheben.
- Seitenleisten der Stoßleiste nach vorn ziehen.
- Die jetzt zugänglichen vier Haltemuttern vorn am Stoßfänger herausdrehen.
- Stoßfänger mit Helfer nach vorn ziehen und auf dem Boden ablegen.
- Zum Einbau gemeinsam mit einem Helfer den Stoßfänger seitlich in die Führungen einhängen und Stoßfänger nach hinten schieben.
- Stoßfänger-Haltemuttern festdrehen.

Stoßfänger reparieren

Kleine Beschädigungen an der Kunststoff-Außenhaut des Stoßfängers können mit dem Kunststoff-Reparaturmaterial der Firma »3M« ausgebessert werden. Nicht repariert werden dürfen Beschädigungen in der Nähe von

Das Grillteil, bestehend aus Chromring und schwarzem Innenteil, ist hier zusammengesteckt. Die Pfeile zeigen auf diejenigen Stellen, an denen sich das Grillteil am Karosserieausschnitt hält.

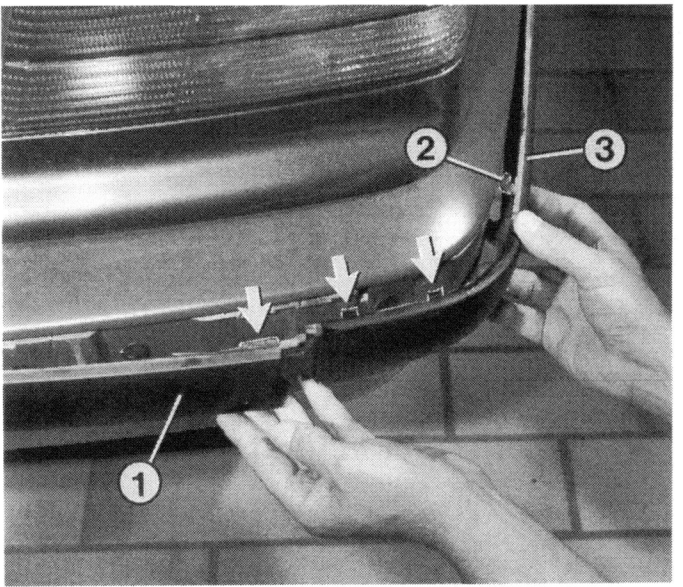

Demontage des vorderen Stoßfängers: Nach Aushaken der Stoßleiste sind rechts und links je zwei Haltemuttern (Pfeile) der Stoßfängerbefestigung zugänglich.

Karosserie-Befestigungspunkten, Abplatzungen, Brüche, Risse an Ecken und Kanten, Risse, die länger sind als 100 mm oder Löcher, größer als 100 mm². Teile mit solchen Schäden müssen ersetzt werden.
Bei der Arbeit die nötigen Schutzmaßnahmen beachten (Schutzmaske gegen Schleifstaub tragen, Dämpfe nicht einatmen, nur in gut belüfteten Räumen arbeiten, etc.). Die Arbeit verläuft wie folgt:

- Reparaturstelle mit Kunststoffreiniger »3M 8984« abreiben.
- 10 Minuten ablüften lassen.
- Reparaturbereich mit Schleifpapier der Körnung P 80 abschleifen.
- Beschädigte Stelle V-förmig mit Schleifpapier der Körnung P 36 ausschleifen.
- Bei durchgehenden Beschädigungen die Stoßfänger-Rückseite in gleicher Weise behandeln.
- Schleifstaub entfernen.
- Aluminium-Klebeband über die Vorderseite der Beschädigung kleben.
- Glasgitter-Gewebe »3M 9030« auf passende Größe zurechtschneiden.
- Reparaturmaterial »3M 5900« zurechtmischen und über die Rückseite der Reparaturstelle auftragen.
- Glasgittergewebe auflegen und erneut eine Schicht Reparaturmaterial darüberziehen.
- 20 Minuten bei Raumtemperatur aushärten lassen.
- Alu-Band abziehen und Reparaturbereich nochmals anschleifen und reinigen.
- Reparaturmaterial von der Vorderseite auftragen und härten lassen.
- Reparaturstelle mit Schleifpapier der Körnung P 80 planschleifen und mit der Körnung P 180 feinschleifen. Keine anderen Körnungen verwenden!

Fingerzeige: Leichte Unfallschäden ziehen die Karosserie des BMW nicht in Mitleidenschaft (siehe auch Kapitel »Der BMW stellt sich vor«). Oft genügt es, nur den Stoßfänger oder – je nach Aufprall – zusätzlich die Pralldämpfer auszuwechseln.

Links: Die Pfeile zeigen bei abgenommener Stoßleiste auf die Muttern, die zum Ausbau des Stoßfängers auf einer Fahrzeugseite gelöst werden müssen. Rechts: Bei ausgebautem Scheinwerfer sehen wir hier die Halteschrauben des Pralldämpfers, der bei nicht allzu schweren Kollisionen ausgewechselt werden kann, ohne daß weitere Karosserieteile ersetzt werden müssen.

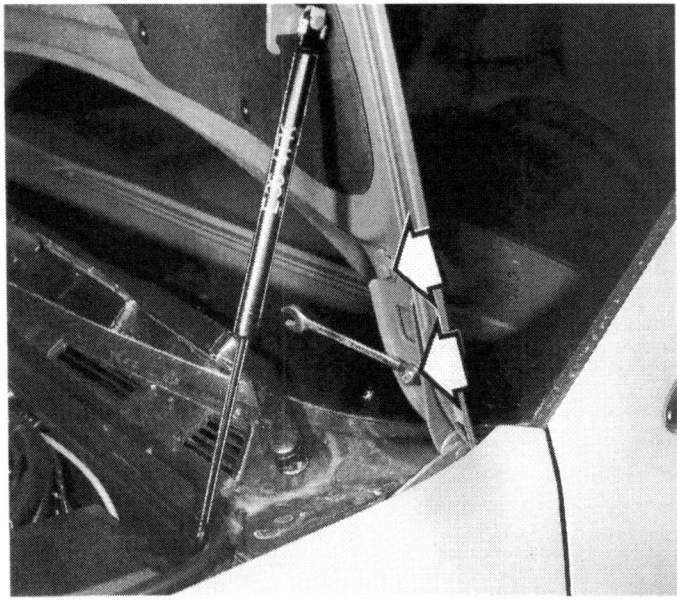

Die Pfeile zeigen auf die beiden Schrauben an jedem Scharnier, die zum Ausbau der Motorhaube losgeschraubt werden müssen. Zusätzlich den Gasdruckdämpfer aushängen.

Hinten werden die Pralldämpfer beim Ausbau des Stoßfängers mit abgebaut. Sie müssen also nur vom Stoßfänger abgebaut werden.
Vorn sind die Dämpfer an den Spitzen der Karosserie-Längsholme befestigt. Dort können sie nach Ausbau des Stoßfängers abgeschraubt werden.

Die Motorhaube

Haube ausbauen

- Motorhaube öffnen.
- Innenverkleidung der Haube so weit abbauen, bis man an die Abzweigstelle der Scheibenwaschwasserschläuche herankommt.
- Dazu die Stifte in den Haltedübeln mit einem Schraubendreher herausdrehen. Dann die Dübel abziehen.
- Bei einem Fahrzeug mit Intensivreinigungsanlage die Schläuche verwechslungssicher kennzeichnen.
- Schlauchklemmen öffnen, Schläuche abziehen und aus den Halterungen ausclipsen.
- Ggf. Stecker der Düsenbeheizung bzw. Motorraumleuchte abziehen.
- Massekabel von der Haube losschrauben.
- Sicherungsspangen an den Gasdruckdämpfern aushängen und Dämpfer mit Helfer abnehmen.
- Rechts und links Befestigungsschrauben der Motorhaube herausdrehen, dabei die Haube gut festhalten, damit sie nicht nach unten rutscht und Schäden verursacht.
- Motorhaube zusammen mit Helfer abnehmen.
- Wird dieselbe Haube wieder eingebaut, braucht die Haubeneinstellung bei dieser Ausbaumethode nicht korrigiert zu werden.

Fingerzeig: Für die Motorhaube gibt es eine »Werkstatt-Stellung«, die einen größeren Öffnungswinkel zuläßt. Zum Hochstellen der Haube den Kunststoff-Haken oben aus der linken Haubenstütze ausrasten. Bei neueren Fahrzeugen ist statt des Hakens eine SW-10-Schraube eingedreht. Haube hochstellen, bis

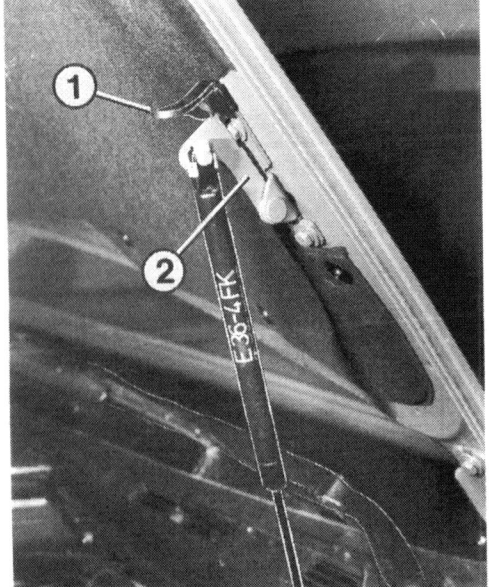
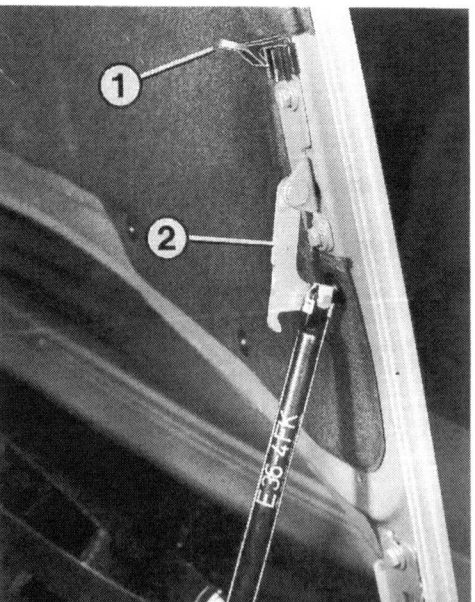

Die Motorhaube des BMW zur Verbesserung der Zugänglichkeit im Motorraum in eine »Werkstattstellung« bringen. Dazu bei älteren Bauserien den Kunststoffhaken (1) ausrasten und die Haube hochstellen, bis die Schwenkhebel rechts und links (2) unten an der Haube anliegen.
Bild links: »Normalstellung«, Bild rechts »Werkstattstellung«.

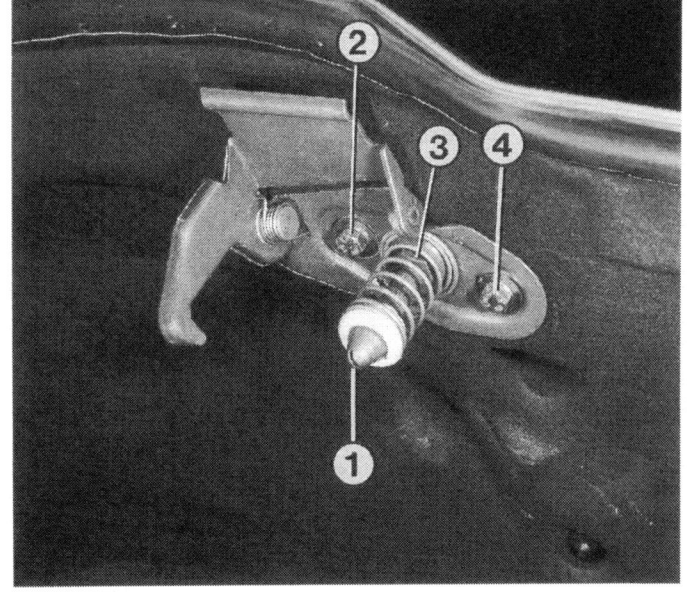

Das linke Motorhaubenschloß mit seinen Teilen:
1 – Schließzapfen;
2 und 4 – Halteschrauben;
3 – Kontermutter für Schließzapfen.

die Schwenkhebel unten anliegen. In dieser Haubenstellung darf der Wischer nicht betätigt werden, da es sonst zu Lackbeschädigungen kommt.

Motorhaube einstellen

Bei geschlossener Motorhaube muß der Abstand zu den beiden Kotflügeln gleich sein. An der Vorderkante soll die Haube mit den Kotflügeln fluchten. Auch die Höheneinstellung muß stimmen: Die Haube soll mit ihrer Oberkante in gleicher Höhe mit den beiden Kotflügeln stehen. Um diese Einbaulage zu erreichen, bestehen zwei Einstellmöglichkeiten, die im folgenden aufgeführt sind (Reihenfolge wie hier beschrieben).

- **Seiteneinstellung:** Scharniere an der Haube lockern und Motorhaube zu den Kotflügeln ausrichten.
- Scharnierschrauben wieder festziehen.
- **Höheneinstellung:** Halteschrauben der beiden Haubenschlösser vorn etwas lockern.
- Klappe einige Male schließen (nicht einrasten lassen), damit sich die Schlösser zentrieren.
- Kontermutter der Schließzapfen lösen.
- Schließzapfen durch Drehen um die eigene Achse in der Höhe verstellen, bis ein gleichmäßiger Spalt (rechts wie links) zwischen Haube, Front und Scheinwerfern vorhanden ist.
- Diese Einstellung muß mehrfach durch Schließen der Haube kontrolliert werden.
- Kontermuttern festziehen, ohne die Schließzapfen-Einstellung zu verändern.

Motorhauben-Entriegelungszug auswechseln

- Armaturenbrettverkleidung links unten abschrauben (Kapitel »Der Innenraum«).
- Seitenverkleidung links im Fahrer-Fußraum abbauen. Dazu den Entriegelungshebel abschrauben und Schnellverschluß um 90° linksdrehen.
- Entriegelungsschloß von der Seitenwand abschrauben.
- Sicherungsspange der Zughülle vom Entriegelungsschloß abdrücken.
- Zugende aushängen.
- Linken Scheinwerfer ausbauen (Kapitel »Die Beleuchtung«).
- Radhausverkleidung des linken vorderen Kotflügels ausbauen.
- Motorhauben-Entriegelungszug nach vorn durch die Stirnwand durchziehen.
- Zughülle aus den verschiedenen Haltern im Bereich der linken Seitenwand lösen.

Für die Werkstattstellung der Motorhaube wurde in neueren Bauserien der Kunststoffhebel durch eine Sechskantschraube (Pfeil) ersetzt. Bei hochgestellter Haube den Scheibenwischer nicht betätigen!

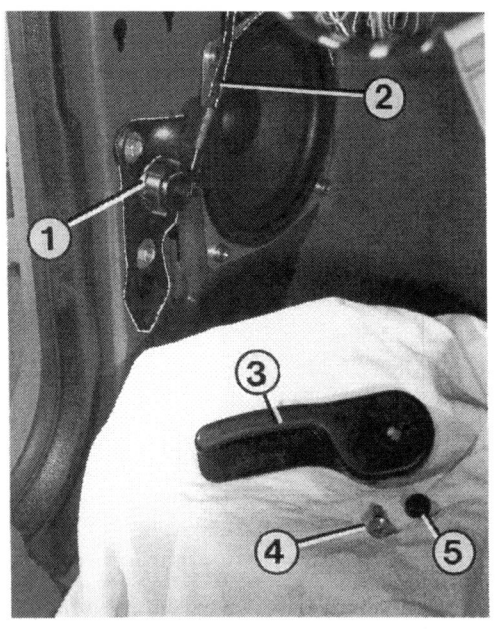 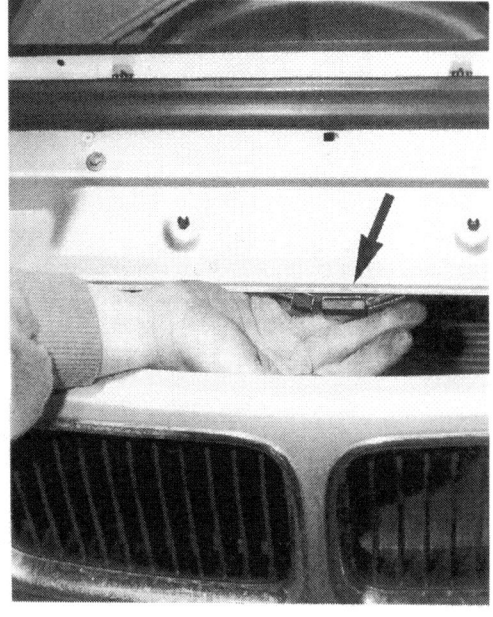

Links: Zum Ausbau des Motorhaubenzugs zuerst Abdeckkäppchen (5) abdrücken, Schraube (4) lösen und Entriegelungshebel (3) abziehen. Nach Abnehmen der linken Fußraumverkleidung wird dann das Entriegelungsschloß (1) von der Seitenwand abgeschraubt, um den Nippel des Entriegelungszuges und die Zughülle (2) aushängen zu können.
Rechts: Der Verbindungszug zwischen den beiden Motorhaubenschlössern muß spielfrei sein. Ggf. kann der Zug an dieser Schraube (Pfeil) gestrafft werden.

- Vorn am Haubenschloß das Ende der Zughülle aus der Führung ziehen und Nippel aus dem Schloß-Riegel aushängen.
- Beim **Einbau** den neuen Zug nicht knicken.
- Zug zunächst am Haubenschloß einhängen und dann in den Karosseriehaltern befestigen.
- Darauf achten, daß die Gummitülle an der Stirnwand dicht sitzt.

- Zuletzt den Nippel in das Entriegelungsschloß im Innenraum einhängen. Sicherungsspange aufdrücken.
- Ggf. den Verbindungszug zwischen den beiden Haubenschlössern spielfrei einstellen (Bild oben rechts). Das ist nur notwendig, wenn sich die Schlösser nicht gleichzeitig öffnen.

Kotflügel vorn

Ausbau

- Motorhaube öffnen.
- Blinkergehäuse ausbauen, siehe Kapitel »Die Beleuchtung«.
- Radhausverkleidung ausbauen.
- Am Motorhaubenscharnier unten die hintere Schraube lockern und die vordere Schraube ganz herausdrehen.
- Hinten an der Unterkante des Kotflügels (Bereich Türschweller) zwei weitere Schrauben losdrehen.
- Vorn im Radhaus drei Sechskantschrauben lösen. Dort ist der Kotflügel mit dem Frontteil verschraubt.
- Tür öffnen. Bei den Türscharnieren die beiden Sechskantschrauben herausdrehen.

- Kotflügel vorsichtig abnehmen, damit es nicht zu Lackschäden kommt.
- Neuen Kotflügel einpassen. Dabei auf den Spalt zur Tür und zur Motorhaube achten.
- Hintere Kotflügel-Unterkante mit Steinschlagschutz nachbehandeln.
- Stoßleiste umbauen.

Die Pfeile zeigen auf die Halteschrauben oben am Kotflügel.

Die Halteschrauben (Pfeile) im Türbereich des Kotflügels.

Die Kunststoff-Radhausverkleidung in den vorderen Kotflügeln bzw. die kleine Verkleidungen hinten verhindern, daß sich Schmutznester in den Winkeln an den Kotflügel-Innenseiten bilden. Denn an solchen Stellen gedeiht mit Vorliebe Rost.

Radhausverkleidung ausbauen

- **Vorn:** Wagen hochbocken.
- Betreffendes Vorderrad abbauen.
- Unten im Bereich des Stoßfängers drei Sechskantschrauben herausdrehen.
- Im Radhaus entlang der Verkleidung insgesamt sieben Sechskantschrauben lösen.
- Hinten an der Radhausverkleidung in der Kotflügel-Stoßleiste Haltedübel ausbauen. Dazu Stift des Dübels mit einem Schraubendreher herausziehen. Anschließend Dübel abziehen.
- Verkleidung aus dem Radhaus herausnehmen.
- **Hinten:** Wagen aufbocken. Das Hinterrad kann montiert bleiben.
- Haltedübel ausbauen, wie vorstehend beschrieben.
- Eine Kunststoffmutter lösen.
- Radhausverkleidung abnehmen.

Die Türen

BMW baut bei der Herstellung des Wagens die Türen nach der Lackierung wieder von der Karosserie ab, damit sie in bequemer Arbeitshaltung getrennt vom Wagen bestückt werden können. Erst dann erfolgt der endgültige Einbau der kompletten Tür.

Für diese Fertigungsart wurden spezielle Türscharniere entwickelt, die ein leichtes An- und Abbauen der Türen ohne Veränderung der Türeinstellung ermöglichen. Davon profitiert auch der Heimwerker: Nach der im folgenden beschriebenen Ausbaumethode demontiert man die Tür, ohne die Einstellung zu verändern. Natürlich bleibt noch die herkömmliche Ausbaumethode durch Abbauen der Scharniere mit anschließendem Einstellen. In diesem Fall die unbehandelten Flächen unter den Scharnieren nachlackieren.

Tür ausbauen

- Sechskantschraube im Bolzen des Türscharniers herausdrehen (bei dieser Methode braucht die Türeinstellung bei Wiedereinbau derselben Tür nicht verändert zu werden).
- Sicherungsscheibe unten im Bolzen des Türfeststellers abziehen, Bolzen nach oben herausdrücken.
- Bereiten Sie jetzt eine Abstellmöglichkeit für die Tür vor, so daß sie in Einbauhöhe neben dem Wagen stehen kann (Holzbalken, zwei Schemel etc.).
- Tür zu zweit nach oben aus den Scharnieren heben und auf die vorbereitete Unterlage stellen.
- Jetzt den Halterahmen der Kabelsteckverbindung an der Karosserie losschrauben, während der Helfer die Tür festhält.
- Stecker aus dem Türpfosten nehmen, Steckerriegel hochziehen und Steckverbindung trennen.

Tür einpassen

Zur Einstellung einer Tür muß der BMW mit allen Vieren waagrecht auf dem Boden stehen. Bei aufgebocktem Fahrzeug kann sich die Karosserie verwinden, so daß die Türjustierung anschließend nicht mehr stimmt.
○ Richtig eingestellt müssen die Türspalte vorn und hinten gleich breit sein. Angestrebt wird ein Spaltmaß von **5,5 mm**.

Ausbau der Vordertür: Sechskantschrauben (1 und 4) an den Bolzen der Scharniere lösen, Bolzen des Türfeststellers nach Abhebeln der Sicherung (2) herausziehen, Steckverbindung (3) abschrauben und trennen.

Die Schließplatte (2) kann zum Einstellen der Türhinterkante nach Lösen der TORX-Schrauben (1) verschoben werden.

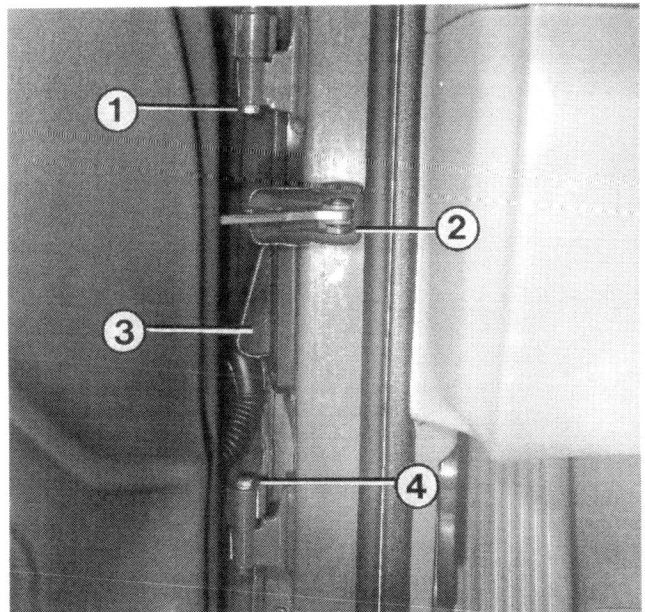
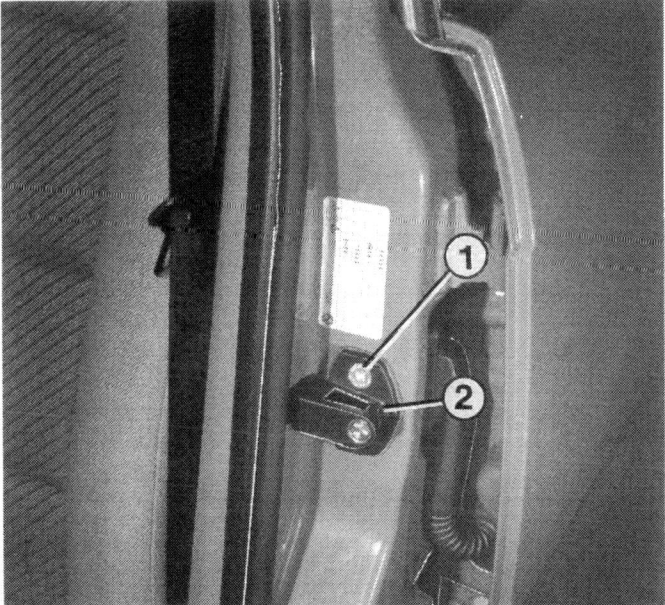

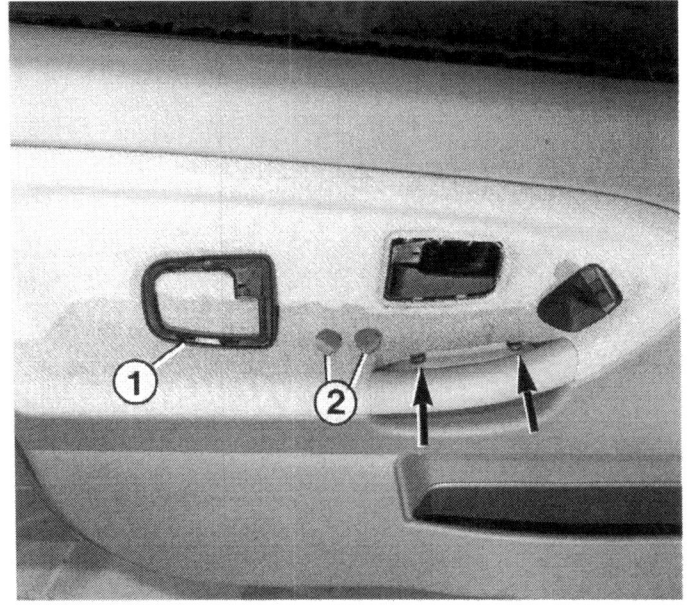

Arbeitsschritte zum Ausbauen der Türverkleidung: Blende des Tür-Innengriffes (1) nach vorn von der Griffmulde schieben. Stopfen (2) hinter dem Türgriff abdrücken und die TORX-Schrauben (Pfeile) lösen.

○ Die Türfläche darf nicht über die Fahrzeugkontur hinausragen. Angestrebt wird jedoch, daß die Vorderkante der jeweiligen Tür ca. **1 mm** weiter innen steht als das angrenzende Karosserieteil.
○ Auch die Höhe muß stimmen, was man an den Prägekanten kontrollieren kann.
Die zur Verfügung stehenden Einstellmöglichkeiten ermöglichen ein genaues Ausrichten der Tür:

● **Höheneinstellung:** Muttern an den Scharnieren lösen und Tür in den Langlöchern nach oben oder unten rücken. Muttern wieder festziehen.
● **Seiteneinstellung vorn:** Wenn die Tür an ihrer Vorderkante zu weit innen oder außen steht, läßt sich das durch Einbauen von Distanzplättchen zwischen Scharnier und Tür regulieren. Dazu Scharnier von der Tür abbauen. Distanzplättchen mit 0,5 und 1,0 mm Stärke gibt es im Ersatzteillager.

● **Seiteneinstellung hinten:** Hier kann die Schließplatte gelockert und weiter nach innen oder außen geschoben werden. Entsprechend steht die hintere Türkante. Nach oben und unten wird die Schließplatte nur verschoben, um mit dem Schloß in einer Höhe zu sein.
● Zum Lösen der Schließplatten-Schrauben wird ein TORX-Schlüssel T 40 benötigt.

Türverkleidung ausbauen

Diese Arbeit wurde aus dem Kapitel »Der Innenraum« vorgezogen, da sie für die weiteren Zerlegungsschritte der Tür wichtig ist.

● Zwei Stopfen hinter dem Tür-Innengriff abdrücken.
● Die jetzt freiliegenden beiden TORX-Schrauben T 20 herausdrehen.
● Schalter für Spiegelverstellung aus der Verkleidung hebeln, Stecker abziehen (siehe auch Kapitel »Instrumente und Geräte«).
● Blende für Tür-Innengriff nach vorn von der Griffmulde schieben.

● Türverriegelungsknopf losschrauben.
● Verkleidung rundum aus den Halteclips ziehen und abnehmen.
● Steckverbindung zum Lautsprecher trennen.
● Folie vom Türkasten abziehen und mit Klebefläche nach oben zur Wiederverwendung ablegen.

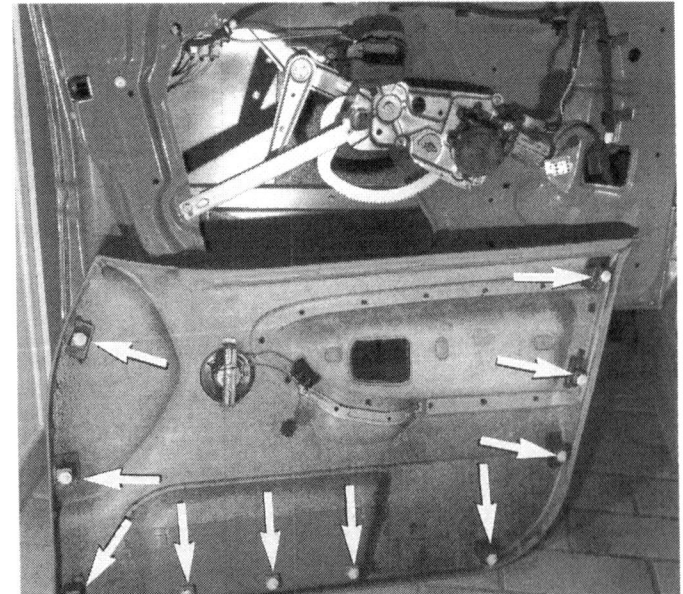

Hier ist die Türverkleidung abgebaut. Die weißen Pfeile zeigen auf die Halteclips der Verkleidung, die beim Einbau vorsichtig ausgerichtet und in die Bohrungen am Türkasten eingesteckt werden müssen.

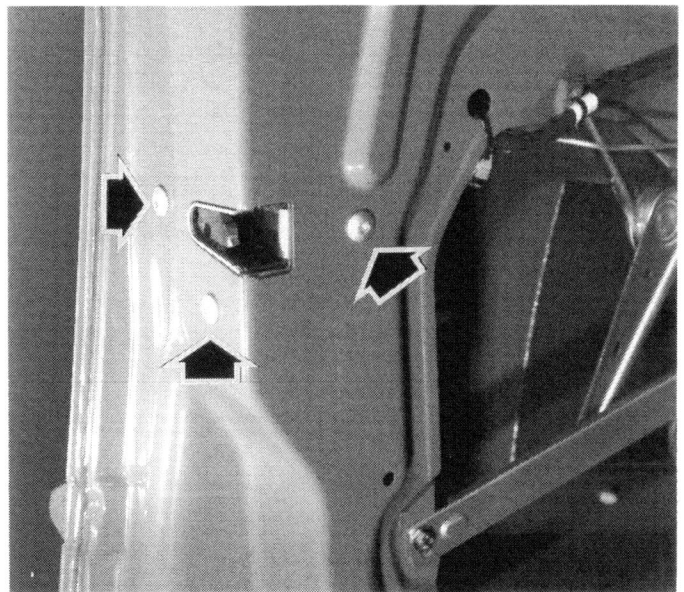

Die hier gezeigten Schrauben (Pfeile) müssen zum Ausbau des Türschloßmechanismus gelöst werden.

Türschloß und Türgriff ausbauen

- Türverkleidung abbauen.
- Türfenster ausbauen.
- Schraube unten an der hinteren Fensterführungsschiene lösen, Schiene abbauen.
- Tür-Innengriff abschrauben (TORX T20).
- Drei TORX-Schrauben T30 am Türschloß lösen.
- Abdeckstopfen in Türgriffhöhe an der hinteren Schmalseite der Tür abhebeln.
- Unter dem Stopfen den Riegel nach vorn schieben, bis sich die Türgriffblende löst. Blende dabei festhalten, daß sie nicht zu Boden fällt.
- Am Türgriff außen Ringmutter am Schließzylinder – wie im Bild unten rechts gezeigt – mit zwei gekreuzten Schraubendrehern lösen. Vorsicht, Gefahr von Lackbeschädigung. Sicherheitshalber umliegendes Türblech mit Klebeband abdecken.
- Vorn am Türgriff von der Tür-Innenseite her eine Sechskantmutter lösen.
- Türgriff zusammen mit Schloß aus dem Türkasten herausnehmen.
- Stecker abziehen.
- Beim Einbau darauf achten, daß beide Verbindungen zwischen Schloß und Griff eingehängt sind.
- Fensterführungsschiene vor dem Festschrauben an der Oberkante in den Türkasten einhängen.
- Vor dem Andrücken der Türverkleidung in ihre Clips Funktionsprobe durchführen.

Fensterheber ausbauen

Beschrieben ist der Ausbau der elektrischen Fensterheber an der Vordertür. Die Arbeitsschritte verlaufen an den hinteren Türen und bei mechanischen Fensterhebern nahezu identisch.

- Türverkleidung ausbauen.
- Schutzfolie vorsichtig abziehen.
- Befestigungsschraube des Tür-Innengriffes lösen und Innengriff aushängen.
- Scheibe ca. 30 cm absenken.
- Aus Sicherheitsgründen Stecker am Fensterhebermotor abziehen.
- Türfensterscheibe festhalten. Sicherungsspangen

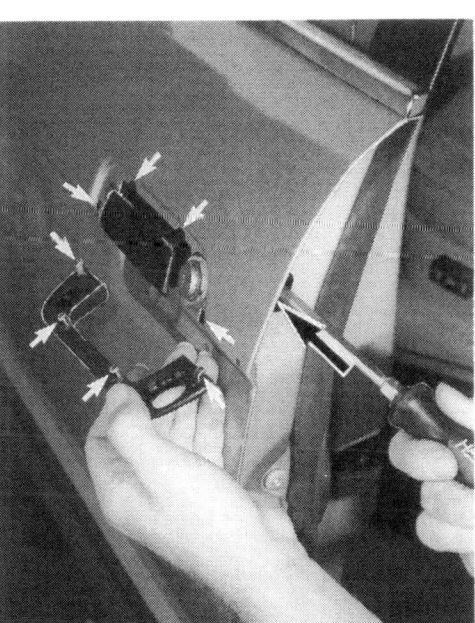
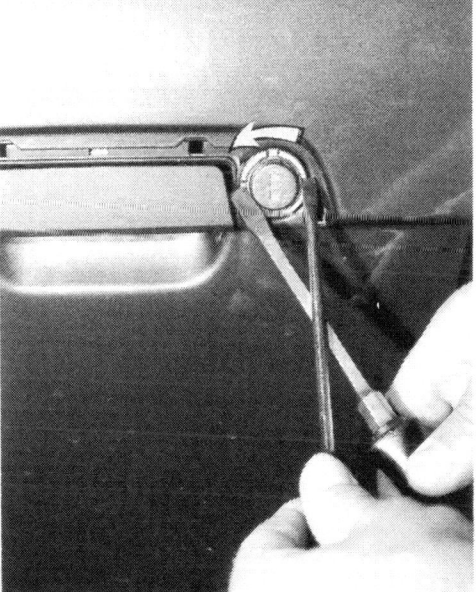

Links: Die Türgriffblende ist mit ihren Häkchen in die Aussparungen an der Tür eingesetzt. Mit dem Schraubendreher wird hier der Riegel (schwarzer Pfeil) gelöst, der von innen die Häkchen der Blende hält.
Rechts: Nach Abnehmen der Türgriffblende kann die Ringmutter mit zwei gekreuzten Schraubendrehern gelöst werden (gebogener Pfeil).

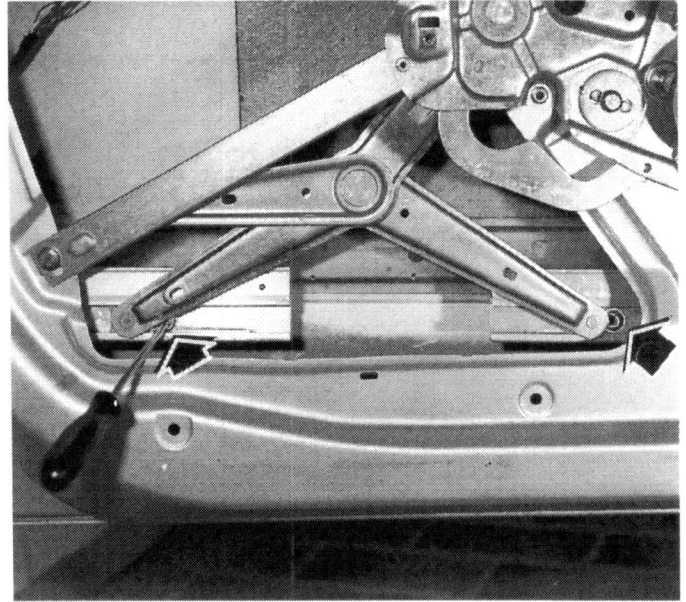

Die Pfeile in der Abbildung zeigen auf die beiden Sicherungsspangen an den Gleitstücken der Fensterheberlaufschiene, die zum Ausbau der Türfenster abgedrückt werden müssen.

an den Gleitstücken der Laufschiene (an der Scheiben-Unterkante) zur Seite herausziehen.
● Scheibe sichern.
● Fensterheberarme jetzt aus den Gleitstücken der Laufschiene ausrasten.
● Haltenniete der Fensterheberkonsole ausbohren – vorsichtig bohren, bis der Nietkopf abfällt. Türblech nicht anbohren.
● Nietreste mit passendem Durchschlag herausschlagen.
● Haltearm der Fensterheberkonsole links unten an der Tür losschrauben.

● Fensterheberkonsole zusammen mit dem Fensterhebermotor aus dem Türschacht herausheben.
● Halteschrauben des Elektromotors von der Rückseite her lösen.
● Beim Einbau werden die aufgebohrten Niete durch Sechskantschrauben M 6 × 10 mit passenden Muttern und Unterlegscheiben ersetzt (Anzugsdrehmoment 10 Nm).
● Anschließend Türfensterscheibe einstellen, siehe übernächsten Abschnitt.

Türfenster ausbauen

● Türverkleidung ausbauen.
● Schutzfolie vorsichtig abziehen.
● Fensterscheibe ca. 30 cm absenken.
● Sicherungsspangen an den Gleitstücken der Laufschiene (an der Scheiben-Unterkante) zur Seite herausziehen.
● Scheibe festhalten und Fensterheberarm aus der Laufschiene ausrasten.

● Fensterscheibe vorn etwas abkippen und nach oben aus dem Fensterschacht herausheben.
● Nach dem Einbau Fensterscheibe einstellen (folgender Abschnitt).

Türfenster einstellen

Die Türfensterscheibe muß parallel zum Fensterrahmen stehen und gleichmäßig in die Fensterdichtung eintauchen. Die Dichtung muß außen an der Fensterscheibe gleichmäßig anliegen. Eine falsch eingestellte Fensterscheibe kann Windgeräusche verursachen.

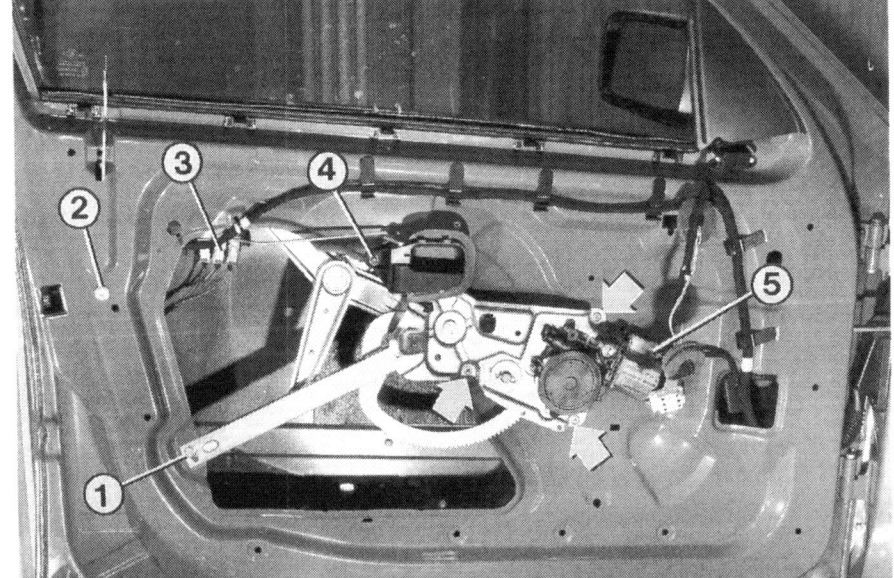

Bei abgenommener Türverkleidung sind die Niete (Pfeile) und die Schrauben (1) des Fensterhebermechanismus sichtbar. Hier sehen wir einen elektrischen Fensterheber (5). Ferner bedeuten:
2 – eine der Schrauben des Türschlosses;
3 – Steckverbindungen zum Türschloß, Mikroschalter, zur Türschloßheizung und zum Türgriffschalter;
4 – Halteschraube für Türöffner innen.

Die Halteschrauben (Pfeile) des Außenspiegels sind nach Abnehmen der Blende (1) im vorderen Fensterdreieck zugänglich.

- Türverkleidung ausbauen.
- Schutzfolie vorsichtig abziehen.
- Links neben dem Fensterhebermotor Halteschraube des Hauptanschlags etwas lockern.
- Durch Verstellen der Fensterführungsschiene Parallelität der Scheibe zum Fensterrahmen einstellen.
- Fensterscheibe bis zum gleichmäßigen Eintauchen in die Fensterdichtung schließen.
- Hauptanschlag nach unten schieben und Halteschraube wieder anziehen.

Die Außenspiegel

- **Ausbau:** Blende innen im Fensterdreieck oben ausclipsen und nach oben schieben.
- Stecker aus der Blende ausclipsen und Blende abnehmen.
- Innensechskant-Halteschrauben lösen.
- Steckverbindung trennen und Spiegel abnehmen.

- **Spiegelglas ersetzen:** Wie der Außenspiegel zerlegt wird, erfahren Sie im Kapitel »Instrumente und Geräte«.

Stoßleisten seitlich

Ausbau

- Leiste von den Kunststoff-Halteklammern abhebeln.
- Dazu eignet sich am besten ein flacher Schraubendreher, der zum Schutz vor Lackkratzern mit einem Lappen unterlegt wird.

Der Kofferraumdeckel

Ausbau

- Kofferraumdeckel öffnen.
- Kunststoffverkleidung am Kofferraumdeckel mit

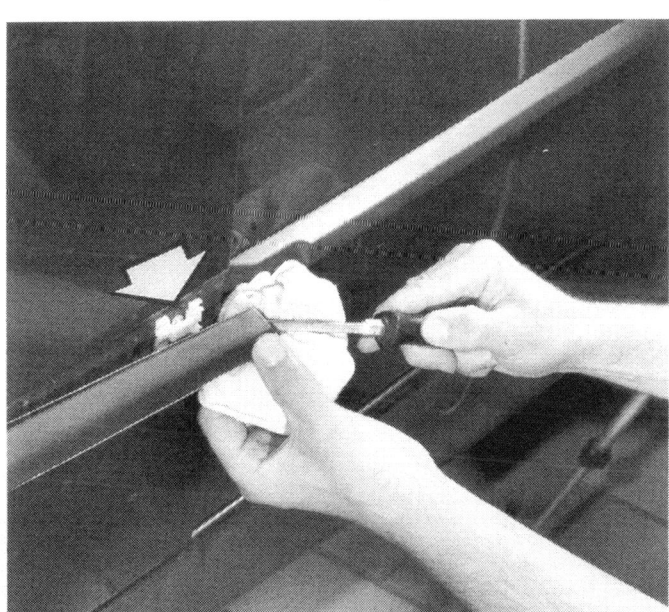

Die Stoßleisten der Türen sind auf Kunststoffhaltern (Pfeil) befestigt. Zum Abdrücken eignet sich ein Schraubendreher mit Lappen-Unterlage.

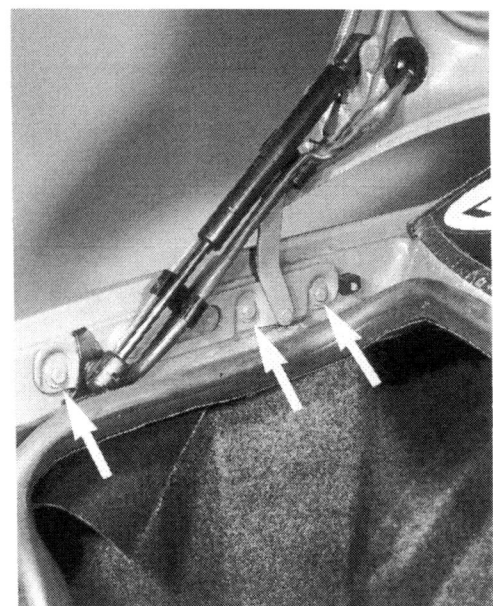

Links: Zum Demontieren der Kofferraumhaube müssen an jedem Haubenscharnier drei Sechskantschrauben (Pfeile) gelöst werden. Kabelzuführungen nicht vergessen.
Rechts: Der Gasdruckdämpfer (1) der Kofferraumklappe läßt sich nach Abdrücken der Sicherungsspange (2) vom Kugelbolzen ziehen.

einem breiten Schraubendreher vorsichtig ausclipsen.

● Kabelzuleitung zu den Kennzeichenleuchten, dem Kofferraumleuchten-Kontaktschalter und zur Zentralverriegelung ausstecken. Es gibt leider keine Sammel-Steckverbindung.

● Sicherungsklammern links und rechts mit einem kleinen Schraubendreher abhebeln, und Gasdruckstoßdämpfer von den Befestigungen am Kofferraumdeckel abdrücken.

● Kofferraumdeckel gemeinsam mit einem Helfer halten und links und rechts je zwei Schrauben am Scharnierbügel herausdrehen.

● Deckel von den Scharnieren abnehmen.

Kofferraumdeckel einstellen

Angestrebt wird ein gleich breiter Spalt zum rechten wie zum linken Seitenteil. An der Hinterkante muß die Haube flächenbündig abschließen. Die Oberseite der Haube soll mit den Seitenteilen in einer Ebene liegen.

● **Einstellung seitlich und in Längsrichtung:** Schrauben am Haubenscharnier lockern und Haube ausrichten.

● Damit das Schloß beim Einrasten die Haube nicht zur Seite zieht, müssen die Schrauben am Schließbolzen gelöst werden.

● **Höheneinstellung Hauben-Hinterkante:** Die beiden Gummipuffer rechts und links unten an der Haube ganz hineindrehen.

● Zwei Halteschrauben am Schließbolzen lockern, bis sich der Schließbolzen gerade verschieben läßt.

● Haube zuerst schließen und in Einstell-Position bringen: An der Hinterkante soll die Oberseite der Haube etwa 1 mm tiefer liegen als die Oberkanten der Seitenteile.

● Jetzt das Schloß vorsichtig öffnen.

● Schrauben am Schließbolzen wieder festziehen.

● Nach beendigter Einstellung die Gummi-Anschlagpuffer so weit herausdrehen, bis der Kofferraumdeckel in geschlossenem Zustand leicht vorgespannt ist und in einer Ebene mit den Seitenwänden steht.

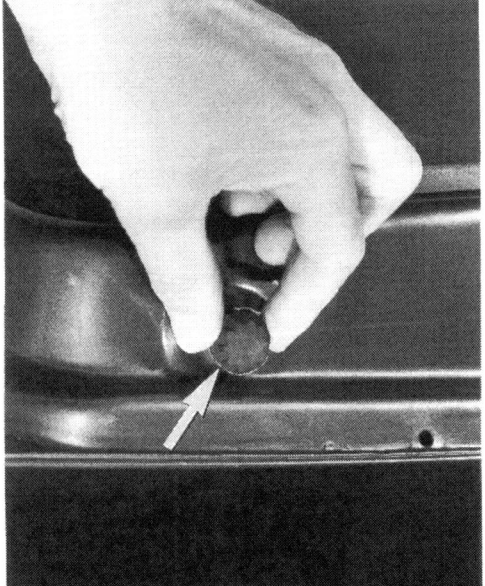

Links: Der Gummipuffer (Pfeil) läßt sich in der Höhe verstellen, damit die Haube satt aufliegt.
Rechts: Zum Ausrichten des Schließbolzens am Heckblech müssen die beiden Halteschrauben (1) gelöst werden.

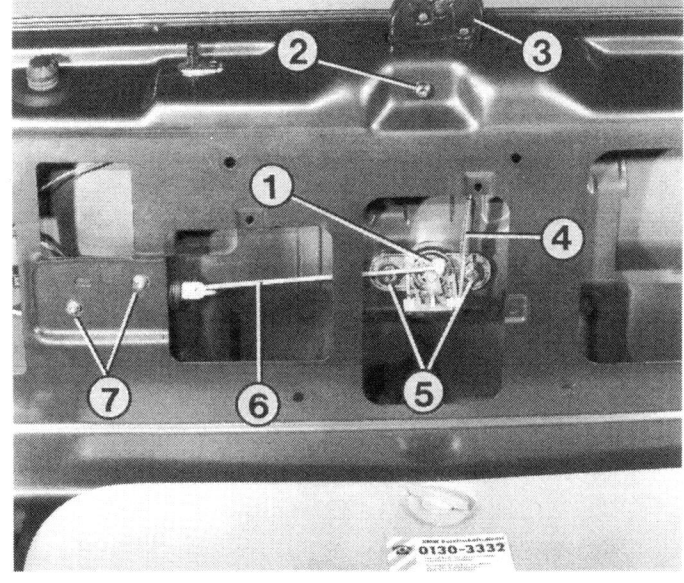

Die Teile des Kofferraumschlosses sind bei hochgeschlagener Verkleidung zu erkennen:
1 – Druckknopf;
2 – Schraube für Schloßteil;
3 – Schloßteil;
4 – Betätigungsstange Druckknopf/Schloßteil;
5 – Schrauben für Druckknopf;
6 – Betätigungsstange Druckknopf/Stelltrieb;
7 – Stelltrieb der Zentralverriegelung.

Schloß des Kofferraumdeckels ausbauen

- Kofferraumdeckel öffnen.
- Verkleidung des Kofferraumdeckels mit einem breiten Schraubendreher vorsichtig ausclipsen.
- Am **Druckknopf** die zwei Betätigungsstangen aushängen und beide Befestigungsschrauben herausdrehen.
- Druckknopf abnehmen.
- Am **Schloßteil** die drei TORX-Schrauben lösen und Schloßteil samt Betätigungsstange herausziehen.
- Zum Ausbau des **Antriebs der Zentralverriegelung** die beiden TORX-Schrauben herausdrehen.
- Antriebseinheit abnehmen und Kabelsteckverbindung trennen.

BMW-Zeichen abbauen

- An Front- und Heckhaube ist das BMW-Zeichen mit zwei kleinen Haltebolzen in Kunststoff-Führungen an der Haube eingesteckt.
- Plakette rundum gleichmäßig mit flachem Schraubendreher anheben und abnehmen.
- Lack mit einem Lappen schützen.
- Beim Einbau etwas Karosseriedichtmasse von unten auf die Plakette kleben.

Typbezeichnung abnehmen

- Die Modellbezeichnung an der Kofferraumklappe ist geklebt.
- Zum Abnehmen dünnen und doch stabilen Zwirn in Geschirrspülmittel tauchen und damit die Klebeschicht zwischen Plakette und Lack »durchsägen«.
- Noch leichter geht die Arbeit, wenn die Plakette mit einem Fön erwärmt ist.
- Neue Plakette auf 40–50°C erwärmen und Klebeseite kurz anpressen.

Stoßfänger hinten

Ausbau

- Wagen hinten aufbocken.
- Links und rechts die Radhausverkleidungen ausbauen, wie weiter vorn in diesem Kapitel beschrieben.

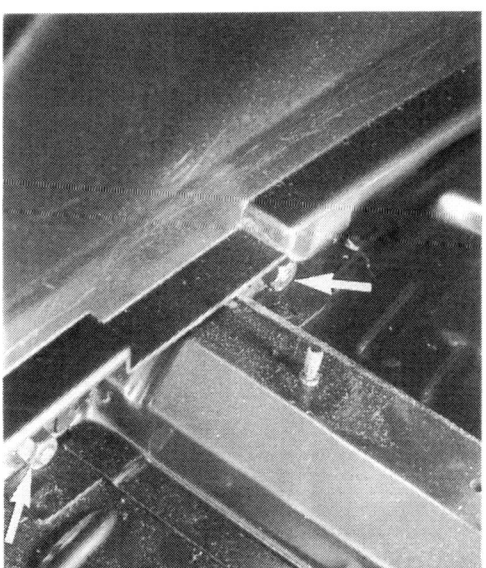

Links: Am Heckblech – erreichbar durch den Kofferraum – sitzen die hinteren Haltemuttern für den Stoßfänger.
Rechts: Unter den Radhausverkleidungen in den hinteren Radausschnitten sitzen die Befestigungsschrauben für die Stoßfänger-Seitenwangen (Pfeile).

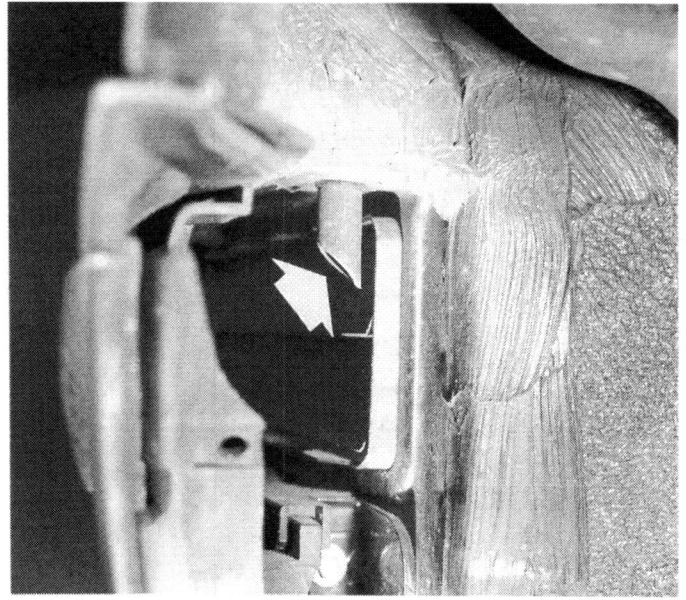

Die hinteren Wasserablaufrohre (Pfeil) des Schiebedaches enden zwischen Seitenblech und Seitenwangen des hinteren Stoßfängers. Zugänglich sind sie nach Ausbau der Radhausverkleidungen hinten.

- Seitliche Befestigungschrauben des Stoßfängers losdrehen.
- Im Kofferraum die Batterieabdeckung ausbauen. Darunterliegende Befestigungsmutter losdrehen.
- Links im Kofferraum die Kunststoffabdeckung ausbauen.
- Am Heckblech links und rechts je zwei Muttern losdrehen.
- Stoßfänger gemeinsam mit einem Helfer abnehmen.

Das Schiebedach

Dieses Fenster zum Himmel erfordert für problemlose Funktion eine exakte Einstellung, aber die hierzu notwendigen Beschreibungen würden den Rahmen dieses Buches sprengen.
Was bei Störungen am elektrischen Schiebedach zu tun ist, erfahren Sie im Kapitel »Instrumente und Geräte«. Ein undichtes Schiebedach hat seine Ursache in verstopften Ablaufrohren, von denen je eines an den vier Ecken des Schiebedachkastens angeschlossen ist. Zwar darf das Wasser eindringen, aber es muß auch wieder ablaufen können. Die **vorderen Ablaufrohre** münden – von außen unsichtbar – in das Hohlprofil des Türschwellers. Das eingetretene Wasser läuft durch die Ablauflöcher unten am Schweller aus. Dazu dürfen diese nicht verstopft sein (siehe Kapitel »Die Werterhaltung«). Die **hinteren Ablaufrohre** enden unter den Radhausverkleidungen der hinteren Radausschnitte.

- Bei undichtem Schiebedach alle vier Ablaufrohre durchstoßen.
- Diese sitzen an den vier Ecken des Schiebedachkastens – die vorderen sind naturgemäß gut zu erreichen, die hinteren selbst bei geöffnetem Schiebedach recht schwer.
- Zum Reinigen eignet sich z. B. eine alte Tachowelle. Manchmal genügt auch schon ein Draht.

Die Scheiben

Front- und Heckscheibe

Front- und Heckscheibe sind »kraftschlüssig verklebt«. Die Scheiben sind damit beim BMW 3er ein konstruktives Element und wurden in die Festigkeitsberechnungen der Karosserie mit einbezogen. Dieses Verfahren ist bei der Suche nach möglichst glattflächigen Karosserien nahezu unumgänglich.
Für den Selbsthelfer bedeuten die geklebten Scheiben das »Aus«. Ohne Spezialwerkzeug ist da nichts zu machen – ein Fall für die Werkstatt.

Der Innenraum

Empfangsraum

Nun folgt der »gemütliche Teil« dieses Handbuches. Denn hier geht es um den wohnlichen Teil unserer Fahrmaschine.

Sitze

Vordersitz ausbauen

- Sitz nach hinten schieben und Sitzhöhenverstellung in höchste Stellung bringen.
- Gurtstrammer an der Innenseite des Sitzes entschärfen: Knebel um 90° drehen und Bowdenzug nach oben aushängen.
- Abdeckkappen von den Befestigungsmuttern des Sitzes abhebeln. Muttern herausdrehen.
- Sitz nach vorn schieben und hintere Befestigungsschrauben lösen.
- Sitz etwas anheben und die Befestigungsschraube des Sicherheitsgurts losdrehen.
- Ggf. Steckverbindung für Sitzheizung oder elektrische Sitzverstellung trennen.
- Vordersitz aus dem Fahrzeug herausheben.
- Beim Einbau des Sitzes Bowdenzug des Gurtstrammers sorgfältig einhängen und Knebel wieder um 90° zurückdrehen. Ist der Zug nicht korrekt eingebaut, bleibt der Gurtstrammer bei einem Auffahrunfall ohne Funktion.

Gurtstrammer

Der BMW 3er ist grundsätzlich mit Gurtstrammern ausgestattet. Die straffen blitzartig die Sicherheitsgurte vorn: Die Fahrzeuginsassen können so nicht mehr in den lose übergelegten Gurt »fallen« und sich dabei Kopf- oder Beinverletzungen an Armaturenbrett oder Tür zuziehen.
Der Gurtstrammer arbeitet durch Zündung eines Festtreibstoffgemisches. Der Verbrennungsdruck wirkt auf einen Kolben, der das Gurtschloß am Sitz nach unten zieht.
Die Gasgeneratoren der Gurtstrammer unterliegen den Bestimmungen des Sprengstoffgesetzes. Der Umgang damit ist nur Fachkräften gestattet, denen die Sicherheitsbestimmungen bekannt sind, siehe auch unter »Airbag« im Kapitel »Radaufhängung und Lenkung«.

Kopfstützen ausbauen

- **Vordersitze:** Kopfstütze ganz hochziehen.
- Kopfstütze mit einem Ruck über den Endanschlag ziehen und abnehmen.
- Die Kopfstützen der **Rücksitze** werden auf die gleiche Weise wie vorn ausgebaut.

Rücksitz ausbauen
feststehende Rückenlehne

- **Sitzbank** nach oben aus den Halteklammern an der Vorderkante ziehen.
- Sitzbank nach vorn ziehen und aus dem Fahrzeug herausheben.
- Beim Einbau Beckengurt in der Mitte hochlegen und Sitzbank einbauen.
- **Rückenlehne:** Zuerst Rücksitzbank ausbauen.
- Oben an den Außenkanten Lehne mit einem Ruck aus der Verriegelung aushaken.
- Lehne unten links und rechts aus den beiden Haken herausziehen. Rückenlehne ein Stück weit umklappen.

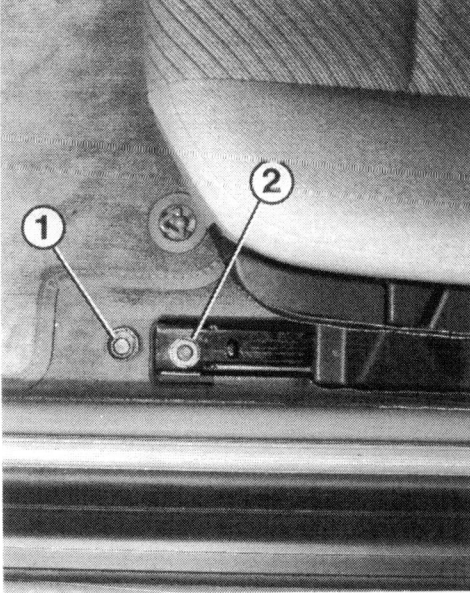 

Links: Nach Abhebeln der Abdeckkäppchen (1) sind die Befestigungsmuttern (2) der Sitze auf den Sitzschienen zugänglich.
Rechts: Vor Ausbau des Vordersitzes muß der Gurtstrammer entschärft werden: Knebel (Pfeil) um 90° drehen.

Die Rücksitzlehne ist an der Unterkante eingesteckt und an der Oberkante lediglich festgeklemmt. Die Pfeile im Bild zeigen auf die beiden Befestigungen an der rechten Fahrzeugseite.

- Die Lehne ist mit der darunterliegenden Dämm-Matte verklebt. Matte von der Rückenlehne ablösen.
- Rückenlehne aus dem Fahrzeug herausheben.

- Beim Einbau Rückenlehne zuerst unten einhängen, dann oben andrücken.

Das Armaturenbrett

Verkleidung links unten ausbauen

- Zwei bzw. drei Kreuzschlitzschrauben herausdrehen.
- Verkleidung links oben ausrasten, dazu Verkleidung vorsichtig nach hinten ziehen.
- Ggf. Leitungen für Warngong (Temperaturanzeige) ausstecken.

- Beim Einbau Verkleidung in die Führungen vorn unten und links oben einstecken.

Lenksäulenverkleidung ausbauen

- Lenkrad ausbauen (Kapitel »Radaufhängung und Lenkung«).
- Lenkrad-Höhenverstellung (sofern eingebaut) entriegeln.
- Oben und unten an der Verkleidung je eine Kreuzschlitzschraube lösen.

- Dübel, in die die Kreuzschlitzschrauben eingedreht sind, heraushebeln.
- Verhakungen zwischen unterer und oberer Verkleidungshälfte trennen.
- Die Verkleidungsteile können Sie jetzt einzeln abnehmen.

Ausbau der linken unteren Armaturenbrettverkleidung nach Lösen von zwei bzw. drei Kreuzschlitzschrauben (Pfeile). Dann die Verkleidung vorsichtig nach hinten ziehen und dabei an der linken Seite ausrasten.

Ausbau des Handschuhfaches: Luftdüseneinsätze oberhalb des Handschuhfaches heraushebeln und die mit Pfeilen bezeichneten Schrauben lösen. Dann Handschuhfach komplett herausziehen.

Handschuhfach ausbauen

- Handschuhfach öffnen.
- Beide Luftdüsen aus den Schächten herausziehen (Kapitel »Heizung und Lüftung«).
- Unterhalb der Düsenschächte beide Kunststoffabdeckungen mit einem schmalen Schraubendreher heraushebeln.
- Befestigungsschrauben des Handschuhfaches und des Düsenhalters herausdrehen, wie im Bild oben gezeigt.
- Handschuhfach zusammen mit dem Düsenhalter aus dem Ausschnitt herausziehen.
- Kabelstecker von der Handschuhfachleuchte abziehen.
- Kabelstecker zum Kontaktschalter abziehen.

Sicherheitsgurte prüfen

Wartung Nr. 31

Zeigen die Gurte einen der nachfolgend genannten Mängel, sollten sie ausgewechselt werden, damit sie im Notfall wirklich schützen können:
○ Welliges Gurtband
○ Ausgefranste Kanten
○ Aufgeriebenes Gewebe
○ Angerissene Nähte
○ Wenn ein »lahmer« Automatikgurt öfter zwischen Tür und Karosserie eingeklemmt wurde, wodurch er mit der Zeit an Festigkeit verliert

Fingerzeig: Schmutzige Gurte werden ausschließlich mit Seife und Wasser gesäubert. Benzin oder chemische Reinigungsmittel greifen die Gewebestruktur an.

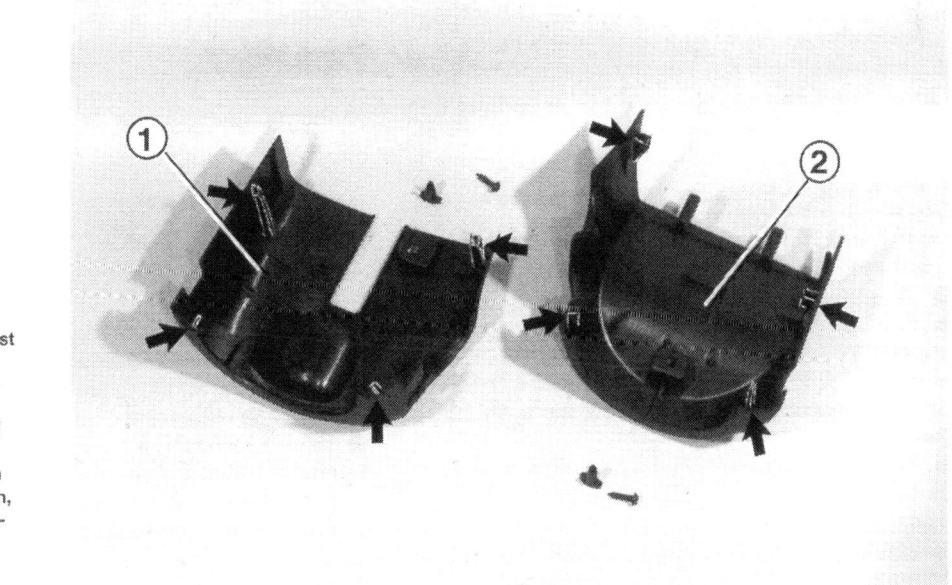

Zum Abnehmen der unteren Lenksäulenverkleidung müssen zwei Schrauben gelöst und die Dübel, in denen sie stecken, herausgehebelt werden (die Teile sind im Bild sichtbar). Dann können die Verhakungen (Pfeile) gelöst werden, die oberes (2) und unteres Verkleidungsteil (1) zusammenhalten.

Die Werterhaltung

Gepflegte Erscheinung

Während autowaschende Familienväter in den 60er Jahren aus dem samstäglichen Straßenbild nicht wegzudenken waren, bilden sich in den 90ern eher lange Schlangen vor den Autowaschanlagen. Der Grund für diese Veränderung liegt nahe: Das Verhältnis zum Auto ist auf eine andere Ebene gerückt. Der fahrbare Untersatz ist zur Selbstverständlichkeit geworden, und anspruchsloser ist er noch dazu. Beispiel dafür ist die aufwendige Rostvorsorge, die schon ab Werk an den BMW-Karosserien betrieben wird.

Wagenunterseite waschen

Eine wirkungsvolle und zugleich preiswerte Pflege für die Wagenunterseite ist – vor allem im Winter – das regelmäßige Abspritzen mit einem scharfen Wasserstrahl. Auftausalz und Straßenschmutz sollen sich nicht lange in den Kanten und Ecken des Bodens festsetzen können, denn sie binden Feuchtigkeit. Die ohnehin schlecht zugänglichen Ecken trocknen nie ganz aus, was letztendlich den Rostfraß erheblich fördert. Schmutzkrusten können sich an folgenden Stellen festsetzen:
○ Im Blechfalz am Rand der hinteren Radausschnitte
○ In den Radkästen
○ Im Spritzbereich der Hinterräder rechts und links des Kofferraums

Für die Unterwagenwäsche brauchen Sie zumindest einen Wasserschlauch mit Spritzdüse. Es gibt auch abgewinkelte Spritzdüsen (z.B. von APA), mit denen man den am Boden stehenden Wagen abspritzen kann, ohne selbst allzu naß zu werden. Am günstigsten ist allerdings ein Dampfstrahlgerät, wie es Tankstellen und Waschparks besitzen. Erkundigen Sie sich, ob es in Ihrer Nähe ein solches Gerät zur Selbstbedienung gibt.

Wasserablauflöcher reinigen

Wartung Nr. 45

Keine Schweißnaht ist so dicht, daß nicht Wasser eindringen kann. Aus diesem Grund sind in allen Hohlprofilen im Wagen Wasserablauflöcher angebracht. Sind diese durch Schmutz oder Unterbodenschutz verstopft, kann eindringendes Wasser nicht mehr ablaufen, sondern fördert den Rostfraß von innen heraus. Besonders gefährdet sind die Längsversteifungen der Karosserie.
Deshalb die Löcher regelmäßig mit einem Pfeifenreiniger, Draht oder Schraubendreher durchstoßen.

Lackierung prüfen

Wartung Nr. 46

● Steinschlagschäden an der Lackierung müssen schon bald ausgebessert werden, bevor sich Rostansatz breitmacht, was auf den verzinkten Teilen glücklicherweise nicht ganz so schnell geht.
● Dazu eignet sich sogenannter Tupflack, den es in kleinen Fläschchen samt Tupfpinsel zu kaufen gibt.
● Ist eine beschädigte Lackstelle bereits unterrostet, Rost abschleifen – je nach Umfang mit Glasfaser-Radierstift, Schleifpapier oder elektrischem Winkelschleifer.
● Vor dem Decklack Rostgrundierung auftragen.

Unterbodenschutz kontrollieren

Wartung Nr. 44

Die Schutzschicht der Wagenunterseite muß sorgsam geprüft und ggf. nachgearbeitet werden. Das können Sie selbst machen, wenn Sie eine sichere Aufbockmöglichkeit für den BMW haben (Hebebühne, Auffahrrampe).
● Unterboden gründlich waschen.
● Gesamte Unterseite mit einer hellen Lampe ableuchten und auf schadhafte Stellen untersuchen.
● Beschädigte Stellen im Unterbodenschutz mit Spachtel, Schaber und Drahtbürste bis aufs blanke Blech freilegen.
● Rostansätze so weit als möglich blankschleifen.
● Gesäuberte Fläche mit Rostprimer oder Bleimennige bestreichen.
● Ebene oder größere Flächen werden mit streichbarem Unterbodenschutzmaterial behandelt.
● Für schwer zugängliche Fugen und Ecken ist eine Sprühdose mit Unterbodenschutz günstiger.
● Nicht alle Unterbodenschutzmaterialien eignen sich für die Verwendung am BMW. So kann es Haftprobleme bei Materialien auf Bitumenbasis geben.
● Besser ist Wachs-Unterbodenschutz: Er kann sowohl zum zusätzlichen Konservieren der werkseitig aufgespritzten PVC-Unterbodenschutzschicht verwendet werden wie auch zum Behandeln von Reparaturstellen.

Die Wasserablauflöcher unten an den Türschwellern sind beim BMW erfreulich groß ausgefallen. Sorgen Sie dafür, daß diese Öffnungen nicht verstopft sind, sonst staut sich Wasser in den Hohlräumen und fördert den Rostfraß.
Übrigens führen auch die vorderen Ablaufrohre des Schiebedaches in die Schweller, sodaß ablaufendes Wasser aus dem Schiebedachkasten ebenfalls durch diese Löcher ins Freie gelangt.

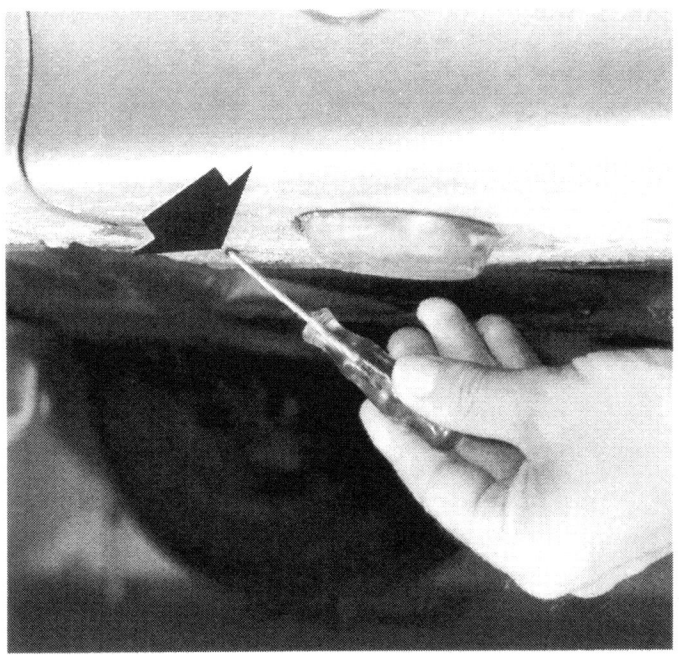

Fingerzeig: Beim Sprühen von Unterbodenschutz müssen die Bremsen mit Papierbogen oder Kunststoffolie gegen den schmierigen Nebel abgedeckt werden.

Durchrostungs-Garantie

Die aufwendigen Rostschutzmaßnahmen veranlassen BMW dazu, eine Garantie über sechs Jahre dafür zu geben, daß keine Durchrostung am Wagen auftritt. Das schaffen die 3er natürlich problemlos. Übrigens wird in der Garantie ausdrücklich von »Durchrostungen« gesprochen, nicht etwa von anderen Rostschäden.
Die Gewährleistung kann natürlich nicht ohne Einschränkungen gelten:
○ Ein durch Steinschlag oder Bodenberührung beschädigter Unterbodenschutz darf nicht sich selbst überlassen, sondern muß repariert werden.
○ Gleiches gilt für Kratzer oder Steinschläge auf den lackierten Flächen der Karosserie.
○ Wenn bei einer Unfallreparatur Lackierung und Rostschutz der neuen Teile nicht nach BMW-Richtlinien ausgeführt wurde, ist die Garantie hinfällig.
Auf die genannten Punkte wird bei der Jahresinspektion geachtet und ein kleines Protokoll über den Karosseriezustand angefertigt. Ebenso wird vermerkt, ob die anstehenden Arbeiten ausgeführt wurden – auf Ihre Kosten, versteht sich. So kann es im Normalfall gar nicht zu einer Durchrostung kommen. Wer also den Karosseriezustand selbst überwacht, wird nach sechs Autojahren ebensowenig Durchrostungen an seinem BMW feststellen wie derjenige, der Nacharbeiten in der Werkstatt vornehmen läßt. Womit eine Garantie eigentlich gar nicht mehr nötig ist.

Defektsuche mit System

Störungsdienst

Wir gehen bei unserer Fehlersuche davon aus, daß der Motor keine mechanischen Leiden hat. Weiter nehmen wir an, daß das Triebwerk unvermittelt stehenblieb bzw. nicht mehr anspringen will.

Dreht der Anlasser den Motor durch?

Tut er's nicht oder nur unwillig, lesen Sie bitte weiter unter »Fehlerquelle Elektrik«. Wird der Motor dagegen flott durchgedreht, müssen zur weiteren Eingrenzung die folgenden Fragen der Reihe nach beantwortet werden.

Funken die Zündkerzen?

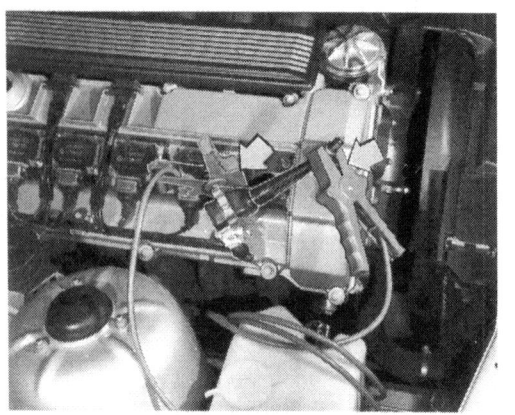

Eine der Zündspulen ausbauen, Kerze herausschrauben (siehe Kapitel »Die Zündanlage«). Spule und Kerze wieder zusammenstecken und diese so auf dem Motorblock befestigen, daß sie sicheren Massekontakt hat und von der Motorbewegung nicht abgeschüttelt werden kann (z.B. Gewindeteil der Kerze mitttels Klemme eines Starthilfekabels mit dem Motor verbinden). Von einem Helfer den Anlasser durchdrehen lassen. **Zündkerze nicht berühren**, siehe Seite 182. Springen Funken über? Wenn ja, ist zumindest an dieser Zündspule Zündstrom vorhanden und damit die Zündanlage aller Wahrscheinlichkeit nach in Ordnung. Nächste Frage abklären. Keine Funken: Weiterlesen unter »Fehlerquelle Zündung«.

Wird die Einspritzanlage mit Kraftstoff versorgt?

Kraftstoffschlauch am Verteilerrohr abziehen (Pfeil) und in ein Gefäß halten. Von Helfer den Anlasser kurz durchdrehen lassen: Spritzt Benzin heraus, ist die Kraftstoffversorgung intakt. Wenn nicht, lesen Sie bitte unter »Fehlerquelle Kraftstoffversorgung« weiter. Bleibt die Einspritzung selbst als Fehlerquelle.

Zuerst die Sichtprüfung

○ Offensichtlich lose Kabel, abgerutschte Stecker oder Luftschläuche im Motorraum? Ist der große Zentralstecker links hinten im Motorraum richtig verriegelt?
○ Stromverteilerkasten öffnen. Alle Sicherungen – besonders die der Motronic – in Ordnung (Seite 143)?
○ Alle Relais und Steuergeräte fest im Halter, Oxidation am Relaissockel? Insbesondere die Relais der Motorelektrik (drei Stück außen am Stromverteilerkasten – Seite 182) prüfen. Relaisbelegung siehe Seite 140.
○ Benzingeruch im Motorraum? Kraftstoffschlauch undicht oder gelockert?
○ Schäden durch Marderbisse?

Fehlerquelle Elektrik

○ Die Kontrollampen im Armaturenbrett brennen nicht bei eingeschalteter Zündung: Batterie ist völlig entladen oder die Batterieklemmen sind lose.
○ Kontrollampen verlöschen beim Betätigen des Anlassers: Batterie stark entladen oder altersschwach oder Anlasser hat Kurzschluß.
○ Kontrollampen werden beim Schlüsseldreh geringfügig dunkler; Anlasser dreht sich nicht: Magnetschalter klemmt bzw. defekt oder Anlasser defekt.
○ Kontrollampen brennen hell beim Schlüsseldreh; Anlasser dreht sich nicht: Klemme-50-Kontakt im Zündschloß defekt, Klemme-50-Leitung am Magnetschalter lose oder Magnetschalter defekt.

Fehlerquelle Zündung

○ Zylinderkopfabdeckung abnehmen (Seite 182).
○ Alle Steckeranschlüsse an den Zündspulen richtig aufgesteckt? Kabel nicht beschädigt (verquetscht)?
○ Alle Zündspulen festgeschraubt, Massebänder fest angeschraubt und nicht oxidiert?
○ Vergußmasse an den Zündspulen prüfen. Risse oder Verwerfungen deuten auf einen Schaden.
○ Elektronik-Box rechts in der hinteren Motorraumwand öffnen (Seite 180). Sind die Steckeranschlüsse am Motronic-Steuergerät fest? Ist evtl. ein einzelner Steckkontakt im Mehrfachstecker zurückgerutscht?
○ Bereich um die Zündspulen verölt, steht gar Öl in einem Zündkerzenschacht? Öl entfernen, Zylinderkopfdeckeldichtung wechseln.

Fehlerquelle Kraftstoffversorgung

○ Kein Benzin im Tank – das ist nicht so abwegig, wie Sie vielleicht denken. Wagen aufschaukeln und horchen, ob es im Tank plätschert.
○ Elektrische Kraftstoffpumpe defekt.
○ Benzinfilter verstopft.
○ Bei intaktem Benzinnachschub gerät – z. B. bei ständigen Startproblemen – die Einspritzanlage in Verdacht.

Verzeichnis der Störungsbeistände

Über das Buch verteilt finden Sie Störungsbeistände zu den einzelnen Bauteilen. Hier die Zusammenstellung:

Bauteil	Seite	Bauteil	Seite	Bauteil	Seite
○ Anlasser	178	○ Getriebegeräusche	88	○ Ölverbrauch	23
○ Antiblockiersystem	128	○ Heckscheibenantenne	233	○ Radeinstellung	99
○ Antriebswellen	95	○ Heizbare Heckscheibe	219	○ Reifenlaufbild	132
○ Batterie	176	○ Heizungsregelung	235	○ Schalter	218
○ Beheizte Waschdüsen	224	○ Hupen	202	○ Schaltrelais	143
○ Blinker	200	○ Intensivreinigungsanlage	225	○ Scheibenwischer	222
○ Bordcomputer	212	○ Kardanwelle	93	○ Scheibenwaschanlage	225
○ Bremsbelag-Verschleißanzeige	210	○ Kompressionsdruck	37	○ Schiebedach	252
○ Bremsen	125	○ Kühlerventilator	60	○ Service-Intervallanzeige	211
○ Bremskontrolleuchte	210	○ Kühlmittel-Temperaturanzeige	208	○ Servolenkung	111
○ Bremsleuchten	201	○ Kühlsystem	61	○ Stoßdämpfer	100
○ Einspritzanlage	80	○ Kupplung	87	○ Tankanzeige	208
○ Elektrische Fensterheber	227	○ Lagerschaden	44	○ Thermostat	59
○ Elektrische Kraftstoffpumpe	65	○ Lenkungsspiel	107	○ Zentralverriegelung	238
○ Elektrische Spiegelverstellung	226	○ Lichtmaschine	176	○ Zündanlage	182
○ Elektrischer Schiebedachantrieb	230	○ Motor-Undichtigkeiten	36	○ Zündkerzen	185
○ Gebläsemotor	236	○ Öldruckkontrolle	211	○ Zylinderkopfdichtung	40

Werkzeug und andere Hilfen

Hardware

Mit dem Autopflege-Hobby verhält es sich wie beim Computer: Die Software – also die Wissensseite – stellt dieses Handbuch dar. Mit der Hardware – dem Werkzeug – läßt sich manches in die Tat umsetzen.

Werkzeug-Grundausstattung

In der nachfolgenden Liste haben wir zusammengestellt, was uns als vielseitig verwendbare Grundausstattung empfehlenswert erscheint:

○ 4 Doppel-Gabelschlüssel, 6 x 7, 8 x 10, 13 x 15, 17 x 19
○ 2 Gabel/Ringschlüssel kurz, SW 10 bzw. 13 beidseitig
○ 2 Ringschlüssel gekröpft, 10 x 13 und 17 x 19
○ 1 Steckschlüssel 8 x 10
○ 1 Satz Innensechskantschlüssel, 2–8 mm
○ 1 Zündkerzenschlüssel, SW 16 ausziehbar
○ 1 Radschraubenschlüssel, SW 17
○ 3 Schraubendreher für Querschlitzschrauben, 3, 6 und 8 mm breit
○ 2 Schraubendreher für Kreuzschlitzschrauben, verschiedene Größen
○ 1 Schraubendreher für Querschlitzschrauben, kurz mit kräftigem Griff
○ 2 Winkelschraubendreher für Kreuzschlitze und Querschlitze
○ 1 Kombizange
○ 1 Rohrzange, 240 mm lang
○ 1 Seitenschneider
○ 1 Schlosserhammer, 300 g schwer
○ 1 Satz Fühlerblattlehren, 0,05–0,7 mm
○ 1 Flachmeißel
○ 1 Durchschlag, 3 mm Durchmesser
○ 1 Elektrik-Prüflampe bzw. Spannungsprüfer mit Leuchtdioden zum Prüfen von Elektronik-Bauteilen

Weitere Werkzeuge

TORX-Schlüssel: TORX-Schrauben sehen ähnlich aus wie Innensechskantschrauben, doch besitzen sie statt statt Innensechskant einen sternförmigen Einsatz. Am BMW häufiger verwendet subd die Größen T25, T30 und T40. Kauf von weiteren Schraubenschlüsseln nur nach Bedarf.

Stecknüsse mit den dazugehörigen Verlängerungsstücken und Betätigungswerkzeugen, wie Knarre (Rätsche) und Hebel, ermöglichen wesentlich schnelleres Arbeiten. Zum Einstecken der Betätigungswerkzeuge haben die Steckeinsätze ein Vierkantloch mit 1/2" (Zoll) oder 3/8" Kantenlänge. Die 3/8"-Ausführung ist dabei weniger verbreitet, jedoch in vielen Fällen handlicher beim Autobasteln. Für Stecknüsse ab SW 24, die es nur mit ½"-Vierkant gibt, kann man ein Adapterstück kaufen.

Drehmomentschlüssel: Für den Heimwerker genügt die Ausführung mit Skala durchaus. Unerläßlich ist der Drehmomentschlüssel bei allen Schrauben, die mit dem richtigen Drehmoment angezogen werden sollen.

Bremsleitungsschlüssel: Mit ihm lassen sich die Überwurfmuttern der Bremsleitungen leicht lösen, ohne daß die Flanken rundgedreht werden. Er sieht aus wie ein aufgesägter Ringschlüssel und ist beispielsweise im Zubehörhandel von der Firma Hazet erhältlich.

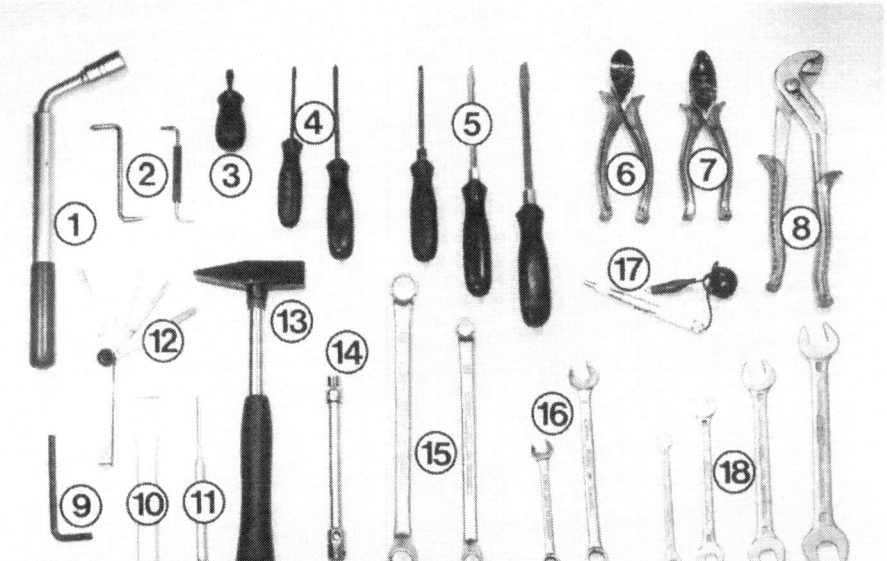

Werkzeuge der Grundausstattung:
1 – Radschraubenschlüssel;
2 – Winkelschraubendreher;
3 – kurzer Querschlitzschraubendreher;
4 – Kreuzschlitzschraubendreher;
5 – Querschlitzschraubendreher;
6 – Seitenschneider;
7 – Kombizange;
8 – Rohrzange;
9 – Innensechskantschlüssel;
10 – Flachmeißel;
11 – Durchschlag;
12 – Fühlerblattlehren;
13 – Hammer;
14 – Steckschlüssel;
15 – Ringschlüssel, hoch gekröpft;
16 – Gabel/Ringschlüssel;
17 – Elektrik-Prüflampe;
18 – Gabelschlüssel.

Sinnvolle Hilfsmittel

Stab-Handlampe: Sie gibt helles Licht, hat an der Rückseite einen Blendschutz und kann auch auf den Boden fallen, ohne Schaden zu nehmen.

Drahtbürste: Sie ist unentbehrlich zum Reinigen von verrosteten Schraubengewinden und Fahrwerksteilen.

Waschpinsel: Er leistet gute Dienste bei der Motorwäsche und der Reinigung ölverschmierter Fahrzeugteile. Ölhaltiger Schmutz darf nur an einem Waschplatz mit Ölabscheider abgewaschen werden!

Kabelbinder: Wenn ein Kabel oder ein Bowdenzug an der Karosserie befestigt werden soll, ist ein Kunststoff-Kabelbinder die ideale Verbindung. Das eine Ende des Kabelbinders wird durch die Öse an seinem anderen Ende gezogen. Eine Sperrklinke verhindert das Herausrutschen, so daß die Schlaufe erhalten bleibt.

Karosserie-Dichtmasse: Sie wird gebraucht, um etwa ein Bohrloch in der Karosserie abzudichten oder um ein Kabel zu entklappern. Sie eignet sich aber auch für allerhand Improvisationslösungen unterwegs.

Lüsterklemmen, wie sie der Elektriker verwendet, eignen sich nicht nur zum Verbinden von zwei Kabeln. Sie können genauso gut zum Flicken des Gaszugs oder der Heizungszüge verwendet werden.

Flüssige Hilfen

Rostlöser für festgerostete Verschraubungen gibt es genügend im Angebot. Besonders gut fanden wir die sofort wirkenden Schnellrostlöser. Herkömmliche Lösemittel brauchen eine gewisse Einwirkzeit.

Isoliersprays sind ebenfalls ausgesprochen kriechfähig. Vielfach sind die Rostlöser zugleich solche Isoliersprays, die bei Feuchtigkeit in der Autoelektrik den feinen Wasserfilm unterwandern und dadurch verhindern, daß Batteriestrom über den leitenden Wasserfilm als Kurzschluß oder Kriechstrom abwandert.

Kaltreiniger dient zum Säubern des ölverschmierten Motors und sonstiger fettiger Fahrzeugteile. Die Reinigungsflüssigkeit gibt es in Spraydosen oder – billiger – in Kanistern und Dosen.

Korrosionsschutzwachs nach der Motorwäsche angewandt verhindert im Motorraum Korrosionserscheinungen unter winterlicher Streusalzeinwirkung.

Schraubensicherungsmittel; z. B. »Loctite« wird dann verwendet, wenn sich eine Verschraubung keinesfalls lösen darf. Man trägt es zunächst flüssig auf das Gewinde auf. Im festgeschraubten Zustand findet eine chemische Reaktion statt, das Sicherungsmittel wird zähhart und füllt alle Gewinde-Zwischenräume aus.

Spezial-Schmierstoffe

Haushaltsöl in kleinen Spritzkännchen ist dünnflüssiges Universalöl, das man überall dort verwenden kann, wo keine besonderen Schmieransprüche gestellt werden.

Graphitöl enthält den »Festschmierstoff« Graphit, der die Schmierwirkung des Öles verbessert. Am günstigsten ist eine Sprühdose, die einen feinen, aber langen Strahl versprüht.

Kupferfett, auch Heißschrauben-Compound genannt, verhindert das Festrosten von Verschraubungen, die extrem hohen Temperaturen ausgesetzt sind. Im Auto sind das z. B. die Auspuffschrauben. Aber auch andere Schrauben und Muttern bleiben immer gängig, wenn sie mit diesem Schmierstoff behandelt wurden.

Schmierstoff-Suspensionen liegen an der Grenze zwischen Öl und Fett. Sie sind für seltener beanspruchte Gleitflächen, wie die Sitzschienen, vorteilhaft. Nach dem Auftragen bilden sie einen wachsähnlichen Schmierfilm, der erst bei Druckbeanspruchung flüssig wird und auch gegen Rost schützt.

Silikonpaste oder -spray eignet sich für viele Schmierstellen. Sie schmutzt nicht, ist hitzefest und stößt Feuchtigkeit vollkommen ab. Die Paste eignet sich außerdem zum Abdichten.

Säureschutzfett, auch Polfett genannt, ist ein gegen elektrische Ströme, Säure und Feuchtigkeit isolierender Schmierstoff für die Pflege der Batteriepole. Konkurrenzlos ist das Bosch-Säureschutzfett »Ft 40 v 1«.

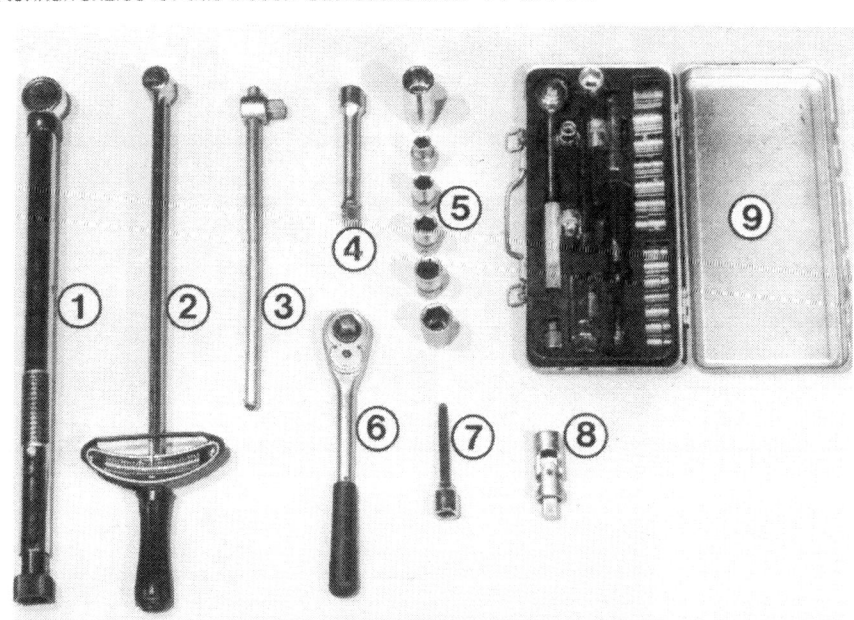

Stecknüsse und Zubehör:
1 – Drehmomentschlüssel einstellbar oder in Skalenausführung (2);
3 – Betätigungshebel;
4 – Verlängerung;
5 – Stecknüsse in allen benötigten Größen einschließlich Zündkerzen-Stecknuß SW 16;
6 – Rätsche;
7 – Steckeinsatz für TORX-Schrauben;
8 – Kardangelenk.
Alle diese Werkzeuge gibt es in ½"- und ⅜"-Ausführung. Als Ergänzung empfiehlt sich ein Rätschenkasten in ¼" (9) für kleine Schlüsselweiten.

Schleppen und Abschleppen

An der Leine

Nicht nur das Reparieren eines defekten Wagens will gekonnt sein, sondern auch das Schleppen desselben. Was dazugehört, will dieses Kapitel vermitteln. Doch auch das Ziehen eines Anhängers ist hier angesprochen.

Abschleppseil

Der voll beladene 325i kann etwas mehr als 1800 kg wiegen. Das verwendete Seil muß dieses Gewicht natürlich verkraften können, sonst reißt die Verbindung.

Welche Ausführung?

○ **Perlonseile** dehnen sich beim Abschleppen und verhüten so am besten, daß beim Anrucken an den beiden Fahrzeugen etwas verbogen wird. Dafür sind Perlonseile hitze- und scheuerempfindlich. Wenn sie an den heißen Auspuff kommen oder an einer Karosserie- bzw. Stoßstangenkante schaben, sind sie schnell hin. Ein Perlonseil braucht deshalb unbedingt verschiebbare Manschetten zum Schutz vor Auspuffwärme und Kanten.
○ **Hanfseile** sind besonders preiswert, aber dick und unelastisch.
○ **Stahlseile** sind bei der Handhabung ziemlich störrisch und wenig nachgiebig. Wollen Sie ein derartiges Seil kaufen, dann nur mit »Ruckdämpfer« – ein Gummistück oder eine Stahlfeder bildet aus der Seilmitte eine dehnfähige Schlinge.

Abschleppstange

Besonders für ein ungeübtes Schleppteam ist eine Abschleppstange sehr zu empfehlen. Denn bei stehendem Motor arbeitet natürlich auch der Bremskraftverstärker nicht, und dann muß um ein Vielfaches stärker als normal auf das Pedal getreten werden. Falls Sie beim Abschleppen mit Seil zu schwach oder einen Sekundenbruchteil zu spät auf das Bremspedal treten, kann der Abstand zum Schleppwagen schon gefährlich kurz sein. Mit der Schleppstange ist es unproblematisch, da muß allenfalls der Vorausfahrende Ihren Wagen mitbremsen. Achten Sie jedoch darauf, daß die Schleppstange beim Bremsen nicht zur Seite wegknickt.

**Fingerzeige: Die Abschleppöse des 3er-BMW liegt beim Bordwerkzeug. Im vorderen oder hinteren Stoßfänger die kleine Kunststoffabdeckung heraushebeln und die Schleppöse bis zum Anschlag fest in das darunterliegende Gewinde eindrehen.
Wird man abgeschleppt, Belüftung schließen, sonst atmet man die Abgase des abschleppenden Wagens ein.**

Im Schlepptau

Beim Abschleppen mit einem Seil besteht der wichtigste Punkt darin, daß das Schleppseil möglichst immer straff gespannt bleibt. Abrupte Reaktionen unbedingt vermeiden. Dann bleibt auch das Rucken aus, das beim

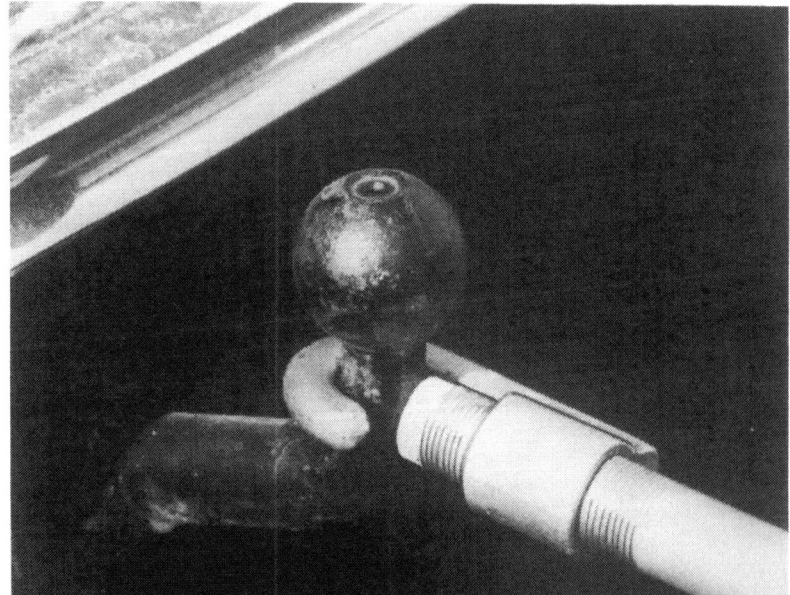

Mit einer Schleppstange stellen Sie die sicherste Verbindung zwischen zwei Fahrzeugen her. Hier im Bild gezeigt die Abschleppstange »Nr. Sicher«, die im Autozubehörhandel erhältlich ist. Sie läßt sich auch in einer Anhängekupplung einhängen.

Anfahren oder Schalten die Gefahr birgt, daß das Seil reißt oder die Kräfte an den Befestigungspunkten zu stark werden. Der Fahrer des Abschleppwagens muß viel mit der Kupplung arbeiten, um die Übergänge beim Anfahren und Schalten weich zu gestalten. Im geschleppten Wagen bleibt die Fußspitze des Fahrers stets in geringem Abstand über – nicht auf – dem Bremspedal. Er muß die Verkehrssituation vor seinem Zugwagen beobachten und beinahe vorausahnen, denn er muß eher bremsen als sein Helfer vorn; ihn also praktisch mitbremsen, damit das Seil straff bleibt.

Vereinbaren Sie vor der Schleppfahrt einige Zeichen der Verständigung untereinander. Und nicht vergessen: **Warnblinkanlage einschalten**, denn das ist laut StVO Vorschrift.

Schleppfahrt mit Automatik

Äußerst angenehm ist es, wenn der abschleppende Wagen eine Getriebeautoatmik besitzt, denn damit geht die Schleppfahrt fast ruckfrei. Bei einem weniger leistungsstarken Zugwagen sollte man allerdings statt im Fahrbereich »D« in Stellung »2« fahren. Weiter ist nichts zu beachten.

Einige Probleme tauchen jedoch auf, wenn unser BMW 3er mit Automatik abgeschleppt werden muß. Er darf nur in Wählhebelstellung »N« und nur mit einer Höchstgeschwindigkeit von 70 km/h allenfalls auf eine Entfernung von 150 km geschleppt werden. Längere Stecken sind für das Getriebe gefährlich, da dessen Ölpumpe nur bei laufendem Motor das Getriebe schmiert. Müssen weitere Entfernungen im Schlepp zurückgelegt werden, muß der die Kardanwelle ausgebaut werden. Soll ein Abschleppunternehmen beauftragt werden, bestellen Sie am besten gleich einen Tieflader.

Abschleppen nach Gesetz

Werfen wir kurz einen Blick auf die rechtliche Seite der Schlepperei: Nach den Gesetzen ist Abschleppen eine Notmaßnahme. Es darf nur dazu dienen, den aus eigener Kraft nicht fahrfähigen Wagen in die nächste zumutbare Werkstatt oder seinen nahegelegenen Heimatort zu bringen. Die Autobahn ist an der nächsten Ausfahrt zu verlassen. Für den Fahrer des abschleppenden Wagens genügt der Führerschein Klasse 3, und vom Lenker im gezogenen Auto wird gar kein Führerschein verlangt – er muß aber lenken und bremsen können. Wird allerdings ein Wagen mit leerer Batterie angeschleppt, braucht dessen Fahrer einen Führerschein; in diesem Fall gilt das Auto nämlich als fahrfähig.

Die Versicherung des Abschleppenden kommt für Schäden auf, die während der Schleppfahrt entstehen, sofern dem Lenker des abgeschleppten Autos nicht schuldhaftes Verhalten nachgewiesen werden kann. Das Anhängsel muß daher noch in verkehrssicherem Zustand sein und sein Fahrer damit umgehen können.

Soll ein Fahrzeug weiter als bis zur nächsten Werkstatt geschleppt werden, muß man sich bei der Zulassungsstelle eine Schleppgenehmigung besorgen, wozu man einige Auflagen erfüllen muß.

Fingerzeig: In zurückliegender Zeit mußte, wer einen abgemeldeten Wagen zum Schrottplatz schleppte, den Führerschein Klasse 2 und eine behördliche Schleppgenehmigung besitzen. So stimmt es nicht mehr, denn der Bundesgerichtshof hat diese Auslegung des Begriffes »Abschleppen« als zu eng aufgegeben (Az 4 StR 192/69). Danach ist nicht nur die Beseitigung eines ausgefallenen Fahrzeugs von der Straße ein »Abschleppen«, sondern auch der Abtransport eines betriebsunfähigen, abgemeldeten Wagens von seinem gewöhnlichen Standort zur Werkstatt oder zum Verschrottungsbetrieb. Allerdings muß das Abschleppen notwendig sein und darf nur über eine möglichst kurze Entfernung erfolgen.

Anhängekupplung

Wer mit seinem BMW einen Boots-, Last- oder Wohnanhänger ziehen will, braucht eine Anhängekupplung, die nach dem Einbau vom TÜV begutachtet und in die Fahrzeugpapiere eingetragen wird. Solche Anhängevorrichtungen gibt es im BMW-Zubehörprogramm und von verschiedenen Herstellern im Autozubehörhandel.

Selbsteinbau der Anhängevorrichtung

Der eigenhändige Einbau ist für den routinierten Selbsthelfer kein Problem, zumal der neu gekauften Anhängerkupplung eine ausführliche Einbauanleitung beiliegt. Alle zum Einbausatz gehörenden Befestigungsteile müssen verwendet werden. Das prüft der TÜV-Ingenieur anhand der Einbauanweisung, die Sie bei der TÜV-Abnahme vorlegen müssen.

Für die Elektroinstallation der Anhängersteckdose können Sie einen kompletten Elektrosatz kaufen. Wer »elektrisch vorbelastet« ist, kann die Teile preisgünstiger selbst zusammenstellen. Sie brauchen ein Blinkrelais für Anhängerbetrieb, eine Anhänger-Blinkkontrolleuchte am Armaturenbrett, eine Anhängersteckdose sowie Kabel und Steckverbinder. Denken Sie daran, daß eine einzige Kabelfarbe rundum in der Steckdose spätere Störungssuche fast unmöglich macht. Deshalb die Kabelenden mit den Klemmenbezeichnungen versehen, wenn Sie nicht die BMW-üblichen Kabelfarben verwenden. Zuletzt noch das Schild der zulässigen Stützlast ankleben. Bei unseren BMW-Modellen sind das 50 kg. Das Schild können Sie auf dem Stoßfänger oder im Heckfenster anbringen.

Technische Daten

Datendrang

Motor

		320i	325i
Typ		320i	325i
Bauart		Vornliegender wassergekühlter Sechszylinder-Viertakt-Reihenmotor	
Bohrung	mm	80	84
Hub	mm	66	75
Hubraum effektiv	cm³	1991	2494
Hubraum nach deutscher Steuerformel	cm³	1976	2476
Verdichtung		10,5	10,5
Höchstleistung	kW	110	141
bei Drehzahl	1/min	5900	5900
Höchstes Drehmoment	Nm	190	245
bei Drehzahl	1/min	4700	4700
Ventilsteuerung		Durch zwei obenliegende Nockenwellen über hydraulische Tassenstößel auf hängende Ventile	
Kompressionsdruck	bar	mind. 10–11	mind. 10–11
Ventilsitzbreite	mm	1,4–1,9	1,4–1,9
Ventilsitzwinkel		45°	45°
Ventilführung Innen-Ø			
Originalmaß	mm	7,0 H7	7,0 H7
1. Übermaß	mm	7,1 H7	7,1 H7
2. Übermaß	mm	7,2 H7	7,2 H7
Außen-/Bohrungs-Ø			
Originalmaß	mm	12,5 u6/12,5 M7	12,5 u6/12,5 M7
1. Übermaß	mm	12,6 u6/12,6 M7	12,6 u6/12,6 M7
2. Übermaß	mm	12,7 u6/12,7 M7	12,7 u6/12,7 M7
Ventilschaft Ø			
Originalmaß	mm	7,0	7,0
1. Übermaß	mm	7,1	7,1
2. Übermaß	mm	7,2	7,2
Kippspiel des Ventils zulässig/verschlissen	mm	0,5/0,8	0,5/0,8
Schmiersystem		Druckumlaufschmierung durch Rotorölpumpe System Eaton, Ölfilter im Hauptstrom, Druckregelventil im ungefilterten Ölkreis	
Öldruck			
im Leerlauf	bar	2,0	2,0
bei Höchstdrehzahl	bar	4,0	4,0
Schaltpunkt des Öldruckschalters	bar	0,2–0,5	0,2–0,5

Kühlsystem

	320i	325i
Art	Wasserumlaufkühlung mit Flügelradpumpe, Thermostat und motorgetriebenem Kühlerventilator mit Viskokupplung	
Verschlußdeckel		
Überdruckventil öffnet bei	2,0 ± 0,1 bar	2,0 ± 0,1 bar
Unterdruckventil öffnet bei	0,09 bar	0,09 bar
Thermostat öffnet bei	80°C	88°C
Kühlerventilator		
Axialspiel des Rotors	max. 0,4 mm	max. 0,4 mm
Radialspiel	0,5 mm	0,5 mm
Zuschalttemperatur	82 ± 4°C	82 ± 4°C
Abschalttemperatur	≥60°C	≥60°C
Durchmesser	410 mm	410 mm
Blattzahl	11	11

Kraftstoffanlage

System		Bosch Motronic M 3.1
Druckregler Systemdruck	320i	3,0 ± 0,06 bar
	325i	3,5 ± 0,06 bar
Temperaturfühler		
Wasser bzw. Luft		
Prüfwerte	bei −10°C	8,2–10,5 kΩ
	bei +20°C	2,2–2,7 kΩ
	bei +80°C	0,3–0,36 kΩ
Einspritzventile		
Leckage bei Systemdruck		1 Tropfen/Minute
Spulenwiderstand bei 20°C		15–17,5 Ω
Spritzwinkel		ca. 30°

Kraftübertragung

Schaltgetriebe		
eingebaut in	320i, 325i ab 11/90	325i bis 10/90
Getriebe-Bezeichnung	GS 5D 200/4.23 G (220/5)	GS 5D 310/4.20 Z (55−31)
Kennbuchstaben	AKK, AKG (320i), HDJ (325i)	HDJ
Art	5-Gang	5-Gang
Übersetzungen		
1. Gang	4,23	4,20
2. Gang	2,52	2,49
3. Gang	1,67	1,67
4. Gang	1,22	1,24
5. Gang	1,00	1,00
Rückwärtsgang	4,04	3,89
Automatikgetriebe		
eingebaut in	320i A	325i A
Getriebe-Bezeichnung	GAE 5S 310/3.66 Z (5 HP 18)	GAE 5S 310/3.66 Z (5 HP 18)
Art	5-Gang	5-Gang
Kennbuchstaben	JG, KC	JK, KA, KE, HW
Übersetzungen		
1. Gang	3,67	3,67
2. Gang	2,00	2,00
3. Gang	1,41	1,41
4. Gang	0,74	0,74
Rückwärtsgang	4,08	4,08
Hinterachsgetriebe		
Übersetzung	3,45	3,15

Fahrwerk

Vorderradaufhängung	Einzelradaufhängung mit zwei Querlenkern unten, Federbeinen und Stabilisator
Lenkung	Zahnstangen-Servolenkung mit Sicherheits-Lenksäule
Hinterradaufhängung	Einzelradaufhängung mit je einem Zentrallenker und je zwei Querlenkern pro Fahrzeugseite
Achseinstellung	Siehe Tabelle Seite 98
Reifen und Felgen	Siehe Tabelle Seite 129

Bremsanlage

Fußbremse vorn	Einkolben-Faustsattelbremse, innenbelüftete Bremsscheiben
Bremsscheibenstärke vorn	Siehe Tabelle Seite 116
Belagstärke ohne Trägerplatte	minimal 2,0 mm
Fußbremse hinten	Einkolben-Faustsattelbremse
Bremsscheibenstärke hinten	Siehe Tabelle Seite 116
Belagstärke ohne Trägerplatte	minimal 2,0 mm
Handbremse	Über Seilzug auf zusätzliche Bremstrommeln an der Hinterachse wirkend
Antiblockiersystem	Teves/ATE (bei 320i bis 9/91 Sonderausstattung)

Elektrische Anlage

Bordspannung	12 Volt
Batterie	Siehe Seite 168
Generator	Siehe Seite 172
Anlasser	1,7 kW
Zündanlage	Bosch Motronic M 3.1
Zündkerzen	Bosch FO 3 DAR
Glühlampen	Siehe Seite 188

Abmessungen

Länge	4433 mm	Spurweite vorn (bei zul. Achslast)	1408 mm
Breite	1698 mm	Spurweite hinten	
Höhe (unbelastet)	1393 mm	(bei zul. Achslast)	1421 mm
Radstand	2700 mm	Kleinster Spurkreisdurchmesser	9,4 m
Vordere Überhanglänge	748 mm	Kleinster Wendekreis-	
Hintere Überhanglänge	985 mm	durchmesser	10,4 m

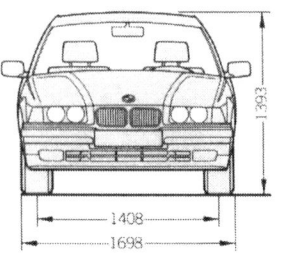

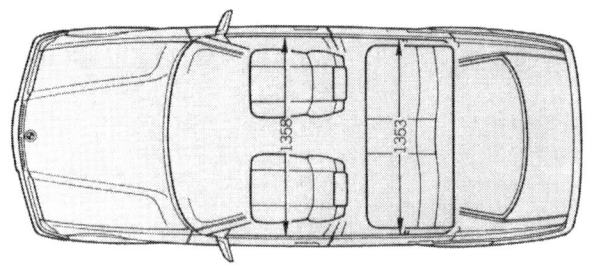

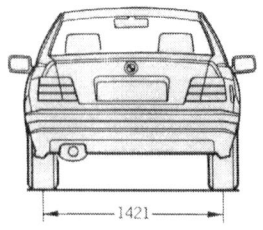

Füllmengen

Tank	65 l	Kühlsystem	mit Heizung		10,5 l
Scheibenwaschanlage	ca. 2,5 l		mit Klimaanlage		11,0 l
Scheibenwaschanlage mit		Schaltgetriebe		320i	1,0 l
Scheinwerfer-Waschanlage	ca. 8,5 l			325i	1,2 l
Intensivreinigungsanlage	ca. 1,0 l	Automatikgetriebe			3,0 l
Motorölinhalt		Hinterachsgetriebe		320i	1,1 l
mit Ölfilterwechsel	6,5 l			325i	1,7 l
ohne Ölfilterwechsel	5,75 l				

Gewichte

	320i	325i		320i	325i
Leergewicht			Anhängelasten		
Schaltgetriebe	1270 kg	1295 kg	ohne Bremse	600 kg	600 kg
Automatikgetriebe	1305 kg	1330 kg	mit Bremse bis		
Zul. Gesamtgewicht			max. 12% Steig.	1300 kg	1300 kg
Schaltgetriebe	1730 kg	1755 kg	Zul. Deichselstützlast	50 kg	50 kg
Automatikgetriebe	1765 kg	1790 kg	Zul. Dachlast	75 kg	75 kg
Zul. Achslast vorn	870 kg	870 kg			
Zul. Achslast hinten	1000 kg	1030 kg			

BMW-Betriebsstoffempfehlungen (Auszüge)

Motoröl

Marken-Motoröl für Ottomotoren gemäß den Spezifikationen auf Seite 23 (keine besonderen Freigaben)

Synthetik-Motoröl

Agip sint 2000
Aral Super LL
Autol Carrera
Avia Multigrade
Avia Topsynt
Avia Turbo CFE
BayWa Rennklasse Turbo 2000
BMW Super Power
BP Strato
Castrol TXT
Castrol TXT softec
Castrol Formula RS
Castrol Syntron
Castrol Syntron X
Divinol Synthetic LLS
Duckhams XQR
Econo-Veritas LS
ELF moins

ELF prestigrade m
Esso Superlube EX-2
Esso Ultra Oil
Fanal varia light CD
Fuchs Titan Unic 1040 MC
IP Sintiax Motor Oil
Jet Nr. 1
Mobil 1
Mobil Super XHP
Mobil Super Formula XHP
Mobil Rally Formula XHP
Mobil 1 Rally SHC
Motorex MC Plus
Motorex Select MC
Motul Synergie
Neste Alfa 2
Oest Eta
Q8 Auto 8

Shell TMO
Shell Super 3
Shell Helix
Texaco Alpha
Texaco Havoline X1
UK-ProMotor FE MC-Klasse
UK-ProMotor Formel »e«
Valvoline Syn Gard Plus
Veedol Synthron
Veedol Synthetic Oil
Veedol Synthetic Oil Spezial R
Veedol Spezial R
Veritas Syntholube
Westfalen WXD
Wintershall Primalub Alpha
Wintershall VIVA 1
Yacco VX 300

Kühlmittel Frostschutz

BASF Glysantin G 46/11
BASF Glysantin G 48/00

Hoechst Genantin VP 1719
ICI Antifreeze 012

Shell ANF

ATF für Schaltgetriebe und automatisches Getriebe

Agip Dexron II D-21 103
Adrumol ATF Dexron II D-22042
Amalie Dexron II D-22209
Ampol A.T.F. Type DXR II D-20353
Ampol A.T.F. Super II D-21592
Antar Dexron II D-22329
Aral Getriebeöl ATF 22 D-22144
Aseol ATF DB Universal 16-715 D-22098
Autol Getriebeöl D-21523
Avia Fluid ATF 86 II D-21523
Beverol Dexron II D-20727
BP Autran DX D-21105, 20137, 20349, 21523, 22119, 22081
Caltex Transmatic Fluid Dexron II D-20139
Castrol TQ Dexron II D-21130, 20180, 20815, 20354, 20451, 21293, 22106, 21945
Cera Honeylupe ATF DX II D-20137
Chemico Lubro Dexron II D-21294
Chevron Automatic Transmission Fluid D-21871, 21461
Cidisol Fluis II D-20137
Cidisol Fluis D-II D-21666
Condamatic II D-21258
Deltinol ATF Universal Dexron II D-21523
Deluxol Transmatic Fluid Dexron II D-20726, 22232

Deutz Oel Dexron II D-21666
Elfmatic G 2 Dexron D-22329
Ellmo Fluid Dexron D-21869
Esso Automatic Transmission Fluid Dexron D-21065, 22079
Euro Oil ATF II D-21869
Fiat Tutela GI/A D-21105
Fina Dexron D-21869
Finke Aviaticon Dexron II D-20112
Fuchs Renofluid 4000 D-22173
Hafa Transmatic BD II D-20781
Hessol Dexron D-20112
Hessol Fluid C N D-12523
Hilbert Xorbol ATF Dexron II D-20383
Homberg Getr.-Fluid Dexron D-22042
Huiles Renault Diesel Dexron D-22329
Hürlimann Rollsynol ATF Dexron II D-21121
IP dexron Fluid II D-21627
Irokal Dexron II D-22042
Käppler Selectol Fluid Getriebeöl Dexron D-20112, 21523
Kendall Dexron II D-22092
Kompressol Fluid-matic D 52 Dexron D-21666
Lubrication 1107 Automatic Transmission Fluid D-21452

Martin Giromatic Dexron C/D D-20112
Mobil ATF 220 D-20104, 21790, 21412, 21297
Motorex ATF Dexron II D-21121
Norol Automatgirolje II D-21105
ÖMV Elan Austromatic Dexron II D-21374
Oest ATF Dexron D-21523
Opalfluid TA/D-20728
Optimol ATF-DF-D-21523
Orlymatic ATF Dexron II D-21362
Panolin ATF Dexron Multi D-21996
Pennzoil Hydra-F 10 Dexron II D-21735
Petrogal Gaslp Transmatic D II D-21084
Prinz-Schulte Aero-Line ATF Dexron D-20101, 22232
Q8 Auto 14 D-21677
Raff Matic II D-20101
Repsol Telex 3 Dexron II D-21824
Sholl ATF II D-20137, 21666, 21464, 21774
Shell MAC ATF Dexron II D-21666
Sunamatic 149 D-20101
Sunamatic 153 D-22232
Texaco Texamatic 9226 D-20112
Texaco Lastona Fluid II D-20112
Total Dexron D-20356
Total ATF H 5421 D-21647

ATF für Schaltgetriebe und automatisches Getriebe

Trek Dexron II D-22142
Turbo Getriebeöl ATF Dexron II D-20383
UK Fluid Dexron II D-21666
Unil Matic Dexron II D-21523, 20101
Valvoline ATF Dexron II D-21270
Veedol ATF Dexron II D-20816, 20808, 21945
Westfalen ATF Dexron D 86 D-22042
Wevag Automatic Getriebeöl ATF Dexron D-20383, 21523
Wintershall STF Dexron D-22042
Wisura ATF Dexron D-20112, 20383
Yacco ATF II D-20806

Öl für Hinterachsgetriebe ohne Sperrdifferential

Aral Getriebeöl EH
BP Getriebeöl BM 90
Castrol Hypoy G 728
Deltinol Hinterachsöl BM
Esso Getriebeöl B 80 W-90
Fina Pontonic BM 90
Fuchs Renogear H 90
Mobil Hinterachsgetriebeöl BM
Motul Hypo BM
Oest Getriebeöl BM 90
Shell Achterasolie BMW
Shell Hinterachsöl BMW
Schindler Frontol Spezialgetriebeöl BAV 96
Sunoil Sunfleet L 901
Texaco Geartex HGB SAE 90
Valvoline Magnet S 90
Veedol Multigear AX
Westfalen Getriebeöl Hypoid BMW
Wintershall Wiolin Hypoid EW 90

Öl für Hinterachsgetriebe mit Sperrdifferential

Agip BMW HLS
Aral Getriebeöl EH-LS90
Avia Getriebeöl Hypoid 90 BM Super
BP Getriebeöl BLS 90
Castrol G 728 LS plus
Fina Pontonic BMS 90
Frontol Getriebeöl BAV 90 Universal
Fuchs Renogear HLS 90
Mobil Hinterachsgetriebeöl BMS
Motorex Gear Oil HLS 90
Motul Hypo BM LS
Oest Getriebeöl HLS 90
Shell Achterasolie LS BMW
Shell Hinterachsöl LS BMW
Texaco Geartex BHS SAE 90
Tranself MB-LS 90
UK Ecusynth Hyp 75W-90
Valvoline Magnet HLS-90
Veedol MLS 90 G plus
Westfalen Hypo BMWS
Wintershall Wiolin EWS
Wisura Getrieböl WSD 90

ATF für Servolenkung

Für Erst- und Nachfüllung; zum reinen Nachfüllen stehen wesentlich mehr als die hier aufgeführten Produkte zur Verfügung.

Agip F.1 ATF Dexron
Aral Öl P 319 Dexron
Avia Fluid ATF 77 Dexron
BP Autran DX II
Caltex Texamatic Fluid Dexron II
Castrol TQ Dexron II
Esso ATF Dexron
Frontol Getriebeöl DXS Dexron C/D
Shell Dexron II
Texaco Texamatic 9226
Veedol ATF Dexron II

Bremsflüssigkeit

ATE SL-DOT 4 Bremsflüssigkeit
BASF Hydraulan DOT 4 Typ 75 974
Castrol Disc Brake Fluid DOT 4
DOW ET 504
Shell DONAX YB BF 4,5 DOT 4
Veedol Disc Brake Fluid DOT 4

Stichwortverzeichnis

Begriff	Seite
Abgase	50, 72, 77
Abgasentgiftung	50
Abgasmessung	77, 78
Achsgelenk	97
Airbag	109
Aktivkohlebehälter	62
Altöl	25
Anlasser	177
Anschieben und Anschleppen	171
Antiblockiersystem (ABS)	126
Antriebswellen	94
Anzünder	218
Anzünderbeleuchtung	199
API-Spezifikationen	23
Armaturenbrett	204, 254
Aufbocken des Wagens	18, 133
Ausgleichbehälter	53, 55
Ausgleichgetriebe	28, 94
Auspuffanlage	47
Ausrücklager	81, 86
Außenspiegel	249
Automatic Transmission Fluid (ATF)	26, 90
Automatisches Getriebe	90
Batterie	168, 176
Batterie-Ladezustand	170
Batterie-Säurestand	169
Beleuchtung	188
Benzin siehe unter Kraftstoff	
Bereifung	129
Betriebstemperatur	53
Bleifreier Kraftstoff	62
Blinkanlage	200
Blinkerhebel	213
Blinkerkontrolleuchte	200, 209
Blinkleuchten	192
Blinkrelais	200
Bordcomputer	212
Bremsanlage	12, 112
Bremsbeläge	116
Bremsbelagstärke	115
Bremsbelag-Verschleißanzeige	210
Bremsflüssigkeit	113, 210
Bremskontrolleuchte	208
Bremskraftverstärker	122
Bremsleitungen	123
Bremsleuchten	200
Bremslichtschalter	200
Bremssattel	117, 119
Bremsscheiben	114, 116, 118
Bremsschläuche	124
Bremstrommel	120
Check-Control	13, 212
CO-Messung	77, 78
Defektsuche	258
Destilliertes Wasser	169
Diagnose	13, 19
Differential	28, 94
Digitaluhr	212
Diode	136
Drehmomentwandler	90
Drehstrom-Lichtmaschine	172
Drehzahlbegrenzung	36, 72, 181
Drehzahlen	36
Drehzahlgeber	68, 127
Drehzahlmesser	207
Dreieck-Masseelektrode	185
Drosselklappe	70
Drosselklappen-Potentiometer	70, 74
Einpreßtiefe (ET)	130
Einspritzanlage	61
Einspritzventile	69, 73, 76
Elektrische Fensterheber	215, 226, 247
Elektrische Stromlaufpläne	145
Elektrischer Schiebedachantrieb	216, 236
Elektrische Spiegelverstellung	216, 226, 249
Elektrodenabstand der Zündkerzen	186
Elektronik	136
Elektronische Getriebesteuerung	90
Elektroventilator	235
Ersatzlampen	188
Fahren mit defekter Lichtmaschine	174
Fahren mit defekter Kupplungsbetätigung	84
Fahrwerk	12, 97
Faustsattelbremse	115
Fehlerspeicher	19
Federbein	101
Felgen	130
Fenster	247, 248
Fernlichtkontrolle	208
Filter der Kraftstoffanlage	67
Frontgrill	240
Frostschutz	54
Gaszug	76
Gebläse	235
Gefrierschutzmittel	54
Gelenkwellen	94
Generator	172
Getriebe	88
Getriebeautomatik	90
Getriebeöl	26
Glühlampen	188
Halbleiter	136
Handbremse	120, 121
Handschuhfachleuchte	197
Haubenschloß	243
Haubenzug	243
Hauptbremszylinder	122
Hebelschalter	213
Heckleuchten	192
Heckscheibenantenne	218, 232
Heizbare Heckscheibe	218, 232
Heizkörper	238
Heizung	234
Heizungsregelung	233
Heizventil	234
Hinterachse	12, 98, 103
Hinterachsgetriebe	28, 94
Hitzdraht-Luftmassenmesser	70, 74, 76
Höchstdrehzahl	36
Hupe	201
Hydraulischer Ventilspielausgleich	33
Hydrostößel	33
Innenleuchte	193
Innenenlichtsteuerung	194
Instrumente	204
Instrumentenbeleuchtung	196
Intensivreinigungsanlage	255
Kaltstart	72
Kapazität der Batterie	168
Kardanwelle	93
Karosserie	10, 240
Karosserie-Elektrik	139
Katalysator	48, 50, 00
Keilrippenriemen	60, 174
Kennzeichenbeleuchtung	192
Kettenspanner	34, 39, 40
Klemmenbezeichnungen	139
Klimaanlage	239
Kofferraumdeckel	249
Kofferraumleuchte	196
Kofferraumschloß	251
Kolben	31
Kombi-Instrument	13, 204
Kompressionsdruck	37
Kontrollampen	204, 208
Kopfstützen	253
Korrosionsschutz	257
Kotflügel	244
Kraftstoff	62
Kraftstoffanzeige	63, 207
Kraftstoff-Einspritzanlage	68
Kraftstoffilter	67
Kraftstoffleitungen	64
Kraftstoffpumpe	63, 65, 66
Kraftstoffqualität	62
Kraftstofftank	62
Kraftstoff-Verbrauchsanzeige	207
Kühler	55
Kühlerventilator	60
Kühlflüssigkeit	53, 57
Kühlmittel-Temperaturanzeige	208
Kühlsystem	53
Kühlsystem-Verschlußdeckel	53, 58
Kupplung	81

	Seite
Kupplungshydraulik	81
Kurbelgehäuse-Entlüftung	35
Kurbelwelle	32
Ladekontrolle	172, 210
Lagerschaden	44
Lambda-Sonde	51, 72, 75
Lampen	188
Lautsprecher	232
Leerlauf	77
Leerlaufregelventil	70, 74
Lenk/Anlaß-Schloß	217
Lenkgetriebe	12, 105
Lenkrad	109
Lenkungsspiel	107
Leuchten	188
Leuchtweitenregulierung	191
Lichthupe	203
Lichtmaschine	172
Lichtschalter	214
Luftdruck der Reifen	131
Luftfilter	78
Luftgebläse	235
Luftmassenmesser	70, 74, 76
Magnetschalter	177
Masse	139, 145
Mehrbereichsöl	23
Meßgeräte	137
Mikrofilter	239
Mitnehmerscheibe	81
Modic	20, 206
Motorausbau	44
Motorhaube	29, 242
Motorhaubenschloß	243
Motor-Lebensdauer	36
Motoröl siehe unter Öl	
Motorraum	14
Motorschmierung	34
Motronic	68, 179
M+S-Reifen	134
Nachlauf	98
Nebelscheinwerfer	193
Nenndrehzahl	36
Nennkapazität	168
Nockenwelle	33
Normklemmen-Bezeichnungen	139
Oberer Totpunkt (OT)	38, 180
Öldruckkontrolle	210
Öldruckschalter	210
Ölfilter	26
Ölmeßstab	22
Ölpumpe	35
Ölspezifikationen	23
Öltemperaturen	35
Ölverbrauch	22
Ölviskosität	23
Ölwechsel	26

	Seite
Pflegeplatz	18
Primärstromkreis	180, 184
Prüfgeräte	137
Querlenker	102, 104
Radio	231
Radlager	99
Radunwuchten	132
Radwechsel	133
Regler der Lichtmaschine	173
Reifen	129
Reifenbezeichnungen	129
Reifendruckwerte	131
Reifengrößen	129
Relais	66, 128, 139
Rostlösemittel	261
Rostschutz	256
Rückfahrleuchten	192
Rückfahrlichtschalter	192
Rückleuchten	192
Rückspiegel	226, 249
SAE-Klassen	23
Schadstoffe im Abgas	50
Schalter	213, 218
Schaltgetriebe	88
Scharniere	29, 242, 245, 250
Scheiben	248, 252
Scheibenbremsen	115
Scheibenwaschanlage	224
Scheibenwischer	219
Scheinwerfereinstellung	190
Scheinwerfer-Waschanlage	225
Schiebedach	230, 252
Schleifkohlen	174, 177
Schließzylinder	29
Schlösser	29, 247, 251
Schlußleuchten	192
Schmiersystem	34
Sekundärspannung	180, 184
Service-Intervallanzeige	15, 211
Service-Tester	19
Servolenkung	12, 28, 110
Sicherheitsgurte	10, 253, 255
Sicherungen	143, 145
Sicherungstabelle	143
Signalhorn	201
Sitze	253
Sonderfelgen	130
Spannungsregler	173
Spreizung, Spur und Sturz	98
Spurstangen	106, 108
Stabilisator	103
Standlicht	189
Steuerkette	34, 39, 40
Steuerzeiten	33, 40
Störungsbeistände	259
Stoßdämpfer	12, 100, 103
Stoßfänger	240, 251

	Seite
Stromlaufpläne	145
Stromverteilerkasten	140
Superkraftstoff	62
Synchronisierung	88
Tachometer	206
Tank	62
Tankanzeige	63, 207
Tank-Entlüftung	62
Temperaturanzeige	208
Thermostat	58
Totpunkt	38, 180
Türen	29, 245
Türkontaktschalter	194
Türschlösser	29, 247
Türverkleidung	246
Überdrehzahlen	36
Unterbodenschutz	256
Unwucht der Reifen	132
Ventilator	235
Ventile	30
Ventilsteuerung	33
Verbrauchsanzeige	207
Vierventilmotor	30
Viscokupplung	60
Viskosität	23
Vollsequentielle Einspritzung	72
Vorderradaufhängung	11, 98, 101
Wagenheber	18
Wärmetauscher	238
Wärmewert	187
Warnblinkanlage	200, 215
Wartungsplan innen auf der hinteren Umschlagseite	
Wasserablauflöcher	256
Wasserpumpe	59
Werkzeug	260
Winterreifen	134
Wischermotor-Steuerung	221
Wisch/Wasch-Modul	221
Wisch/Wasch-Schalter	213
Zähflüssigkeit	23
Zeituhr	212
Zentralverriegelung	227
Zentralverriegelungsmodul	228
Zündfolge	184
Zündkerzen	185
Zündschloß	217
Zündspule	180, 184, 187
Zündzeitpunkt	179, 184
Zweimassenschwungrad	32
Zweikreisbremse	112
Zylinderkopf	33, 41
Zylinderkopfdichtung	34, 40

Zeitfracht Medien GmbH
Ferdinand-Jühlke-Straße 7
99095 Erfurt, Deutschland
produktsicherheit@kolibri360.de

Druck:
CPI Druckdienstleistungen GmbH
im Auftrag der
Zeitfracht Medien GmbH
Ein Unternehmen der Zeitfracht - Gruppe
Ferdinand-Jühlke-Str. 7
99095 Erfurt